ALLE ZEIT WACH 1842

Jörg Matschullat German Müller (Hrsg.)

Geowissenschaften und Umwelt

Mit 164 Abbildungen und 44 Tabellen

Springer-Verlag
Berlin Heidelberg New York
London Paris Tokyo
Hong Kong Barcelona
Budapest

Dr. Jörg Matschullat
Prof. Dr. Dr. h.c. German Müller
Institut für Sedimentforschung
Universität Heidelberg
Postfach 10 30 20
D-69020 Heidelberg

Die Abbildung auf dem Einband ist nach einem Photo von Jörg Matschullat entstanden

ISBN 3-540-58028-X Springer-Verlag Berlin Heidelberg New York

Die Deutsche Bibliothek – CIP-Einheitsaufnahme
Geowissenschaften und Umwelt: mit 44 Tab. / Jörg Matschullat und German Müller (Hrsg.). – Berlin; Heidelberg; New York; London; Paris; Tokyo; Hong Kong; Barcelona; Budapest: Springer, 1994
ISBN 3-540-58028-X
NE: Matschullat, Jörg [Hrsg.]

Hersteller: Herta Böning, Heidelberg
Einbandgestaltung: Erich Kirchner, Heidelberg
Satz: Reproduktionsfertige Vorlage von Anne Marie de Grosbois und Jörg Matschullat, Heidelberg
30/3130-5 4 3 2 1 0 - Gedruckt auf säurefreiem Papier

"... Viel zu wenig scheint mir dagegen die Rolle des Menschen im Bilde der von der Geologie erforschten Vorgänge behandelt worden zu sein. Auch diese Wissenschaft wird sich der Fragestellung nicht entziehen dürfen: Welche Rolle spielt der Mensch im Ablauf der geologischen Vorgänge? ... Es scheint, daß die einst von Lyell geäußerte Ansicht, daß der Mensch als geologischer Faktor nicht in Betracht komme, auch heute noch die herrschende ist. ..."

Ernst Fischer (1916): Der Mensch als geologischer Faktor
Zeitschrift der Deutschen Geologischen Gesellschaft 67. Band: 106-148

Vorwort

Die letzten Jahrzehnte haben einen bislang einzigartigen Schub von Wissensvermehrung gebracht, den viele mit gemischten Gefühlen betrachten. Dabei wird auch das Paradigma der Fachdisziplinen in Frage gestellt. Die klaren "Schubladen" der Wissensgebiete sind löchrig geworden und eine wachsende Zahl von Querverbindungen und Vernetzungen resultiert in neuen Fächerkombinationen und Arbeitsweisen. Der Münchner Physiker und Wissenschaftstheoretiker Hans-Peter Dürr spricht von der Notwendigkeit der T-Intelligenz, einem fundierten Spezialwissen in die Tiefe, verbunden mit einem gut ausgebildeten und wachen Verständnis in die Breite der jeweiligen Randgebiete.

Bei nüchterner Betrachtung wird deutlich, daß es neben den Inhalten der traditionell angewandten Sparten der Geowissenschaften zahlreiche Fragestellungen gibt, die einen weiten und oft neuen Zugang erfordern. Diese Sicht wird von vielen jüngeren und auch älteren Kolleginnen und Kollegen geteilt und spiegelte sich in der immensen Resonanz auf die DGG-Tagung zur geowissenschaftlichen Umweltforschung am 5. und 6. November 1993 in Heidelberg wider, die einer Abstimmung für die Umwelt-Geowissenschaften mit Füßen (besser: mit Köpfen) gleichkam. So verwundert es nicht, daß inzwischen eine Gesellschaft für Umweltgeowissenschaften (GUG) gegründet werden konnte, die sich dem breiten Arbeitsfeld als Plattform darbietet. Erfreulicherweise konnte diese Gesellschaft als Tochter der Deutschen Gesellschaft für Geologie (DGG) eingerichtet werden, mit voller Unterstützung der dort beheimateten Gruppierungen.

Geowissenschaftliche Umweltforschung/Umweltgeologie – schon seit Jahren wirbeln diese Begriffe beträchtlichen Staub auf. In unseren Nachbardisziplinen hat es diesen Wirbel nicht gegeben: an der Heidelberger Universität wurde bereits 1974 das "II. Physikalische Institut" offiziell in "Institut für Umweltphysik" umbenannt und Umweltchemie, Umweltmedizin, Umweltschutztechnik und (selbst) Umweltpsychologie sind heute selbstverständliche Begriffe für Forschung, Lehre und Praxis auf Wissensgebieten, die erfreulicherweise mit einer gewissen Unschärfe behaftet sind, die es aber zuläßt, daß der erwünschte Wissenszuwachs aus benachbarten Disziplinen möglich ist. Im angelsächsischen Sprachraum gibt es auch bei den Geowissenschaftlern keinerlei Skrupel, von "Environmental Geoscience" und "Environmental Geology" zu sprechen. Der Rechtsunterzeichner rechnet es sich als Ehre an, daß eine aus seinem Institut stammende Arbeit (Förstner u. Müller 1973) schon zwei Jahre später in die von Betz (1975) herausgegebenen "Bench Mark Papers in Geology" mit dem Titel "Environmental Geology" aufgenommen wurde. Das 1973 von Strahler u. Strahler publizierte Buch "Environmental Geoscience: Interaction between Natural Systems and Man" enthält in seiner Überschrift bereits die Aufgabenstellung für die geowissenschaftliche Umweltforschung.

Die Breite und Qualität der anläßlich der Heidelberger Tagung 1993 eingereichten Themen und Arbeitsmethoden zeigte eine Bewegung in den Geowissenschaften, die unser Fach dringend braucht. Frische Gedanken und Engagement, um den Anforderungen sowohl aktueller Fragestellungen als auch des Arbeitsmarktes gerecht zu werden. Wir müssen zeigen, daß wir jetzt und in Zukunft in der Lage sind, kreative und innovative Lösungen zu entwickeln und dem Nachwuchs Chancen für seine berufliche Zukunft zu eröffnen. Diesen Schwung spiegeln die Beiträge im vorliegenden Band wider. Dennoch wird hier kein Tagungsband vorgestellt, sondern eine Reihe ausgewählter Arbeiten, die nach erfolgreicher Begutachtung aus der Gesamtzahl der eingereichten Aufsätze (ca. 80) angenommen werden konnten. Dem Bemühen der Autoren, sich an den engen Zeitrahmen zu halten, wie auch dem Engagement der 70 Gutachter, die ebenfalls in kurzer Zeit eine sorgfältige Begutachtung von zumeist zwei bis drei Beiträgen vornehmen mußten, ist es zu verdanken, daß dieser vielseitige Band schon nach einem dreiviertel Jahr erscheinen kann. Um diese großartige Unterstützung vor allem der Gutachter zumindest ideell hervorzuheben, ist neben der Liste der Autoren auch eine Gutachterliste aufgeführt. Daß nicht jeder der Gutachter auch den Beitrag veröffentlicht sieht, der ihm oder ihr vorlag, ergibt sich aus dem Zweck der Begutachtung. Beiden, Autoren und Gutachtern, soll an dieser Stelle noch einmal ein herzliches Dankeschön für die engagierte und vor allem auch pünktliche Arbeit gesagt werden. Der resultierende Querschnitt kann nicht alle Bereiche umfassen – es fehlen z.B. Arbeiten zum Thema Umweltverträglichkeitsprüfung, Umwelt-Auditing, Geo-Informationssysteme, Umweltrecht, Naturkatastrophen – und die Gewichtung entspricht nicht zwangsläufig der quantitiven Bedeutung des Themas in der derzeitigen Forschungslandschaft. Aus den erwähnten, die fachlichen "Schubladen" sprengenden Gründen, kann die Gliederung nur Anhaltspunkte für die jeweils folgenden Beiträge geben. Oft wäre eine andere Plazierung ebenso zutreffend gewesen.

Mit diesem Buch wird ein Etappenstein gesetzt, der die Vielfalt und Güte geowissenschaftlicher Umweltforschung eindrucksvoll dokumentiert. Das diskutierte Spektrum wird sowohl dem Praktiker Anregungen für weitere Arbeiten geben, als auch dem Studiker Orientierungshilfen vermitteln.

Heidelberg im Juli 1994

Jörg Matschullat und German Müller

Inhaltsverzeichnis

1 Umwelt und Geowissenschaften

2 Bodenschutz

3 Gewässerschutz

4 Sedimente – Senke und Quelle

5 Meeres- und Klimaforschung

6 Terrestrische Ökosystemforschung

7 Geotopschutz

8 Altlasten und Deponien

9 Sanierung und Melioration

Autorenverzeichnis

Barsch, Prof. Dr. Dietrich
Geographisches Institut
Universität Heidelberg
Im Neuenheimer Feld 348
D-69 120 Heidelberg

Bettmer, Dipl. Chem. Jörg
Institut für Chemo- und Biosensorik
Universität Münster
Wilhelm-Klemm-Str. 8
D-48 149 Münster

Billen, Dipl. Agr. Biol. Norbert
Institut für Bodenkunde und
Standortslehre
Universität Hohenheim
D-70 593 Stuttgart

Bozau, Dipl. Geol. Elke
Institut für Sedimentforschung
Universität Heidelberg
Im Neuenheimer Feld 236
D-69 120 Heidelberg

Bracke, Dipl. Chem. Guido
Institut für Mineralogie - Geochemie
Universität Tübingen
Wilhelmstr. 56
D-72 074 Tübingen

Brand, Dr. Karlheinz
Landesamt für Wasserwirtschaft
Rheinland Pfalz
Am Zollhafen 9
D-55 118 Mainz

Brumsack, Prof. Dr. Hans-Jürgen
Institut für Chemie u. Biologie des
Meeres (ICBM)
Universität Oldenburg
Postfach 25 03
D-26 111 Oldenburg

Calmano, Dr. Wolfgang
Umweltschutztechnik
Technische Univ Hamburg-Harburg
Postfach 90 10 52
D-21 073 Hamburg

Cammann, Prof. Dr. Karl
Institut für Chemo- und Biosensorik
Universität Münster
Wilhelm-Klemm-Str. 8
D-48 149 Münster

Che, Dr. Guangwei
MPI für Medizinische Forschung,
AG Molekülkristalle
Jahnstr. 29
D-69 120 Heidelberg

Dahmke, Dr. Andreas
FB Geowissenschaften
Universität Bremen
Postfach 33 04 40
D-28 334 Bremen

Dott, Prof. Dr. Wolfgang
Fachgebiet Hygiene
Technische Universität Berlin
Amrumer Str. 35
D-13 353 Berlin

Droll, Dipl. Geol. Manfred
FB Geowissenschaften
Universität Bremen
Postfach 33 04 40
D- 28 334 Bremen

Elfering, Dipl. Chem. Heidrun
Geologisches Institut
Universität Münster
Corrensstr. 24
D-48 149 Münster

Eiswirth, Dipl. Geol. Matthias
Institut für Angewandte Geologie
Technische Universität Karlsruhe
Kaiserstr. 12
D-76 128 Karlsruhe

Faber, Dr. Eckhard
Bundesanstalt für Geowissenschaften und Rohstoffe (BGR)
Stilleweg 2
D-30 655 Hannover

Fänger, Dipl. Geol. Reinhard
Geochemisches Institut
Universität Heidelberg
Goldschmidtstr. 1
D-37 077 Göttingen

Färber, Dipl. Chem. Harald
Hygiene Institut
Universität Bonn
Sigmund-Freud-Str. 25
D-53 127 Bonn

Fillibeck, Chemiker Jürgen
Institut für Wasser-, Boden- u. Lufthygiene des Bundesgesundheitsamtes
Paul-Ehrlich-Str. 29
D-63 225 Langen

Förstner, Prof. Dr. Ulrich
Umweltschutztechnik
Tech. Universität Hamburg-Harburg
Postfach 90 10 52
D-21 073 Hamburg

Gerling, Dr. Peter
Bundesanstalt für Geowissenschaften und Rohstoffe (BGR)
Stilleweg 2
D-30 655 Hannover

Grathwohl, Dr. Peter
Geologisches Institut
Universität Tübingen
Sigwartstr. 10
D-72 076 Tübingen

Gude, Dipl. Geogr. Martin
Geographisches Institut
Universität Heidelberg
Im Neuenheimer Feld 348
D-69 120 Heidelberg

Halves, Dipl. Biol. Jens
II. Zoologisches Institut
Universität Göttingen
Berliner Straße 28
D-37 073 Göttingen

Hamer, Dr. Kay
FB Geowissenschaften
Universität Bremen
Postfach 33 04 40
D-28 334 Bremen

Hammer, Dipl. Geol. Jürgen
Institut für Wasser-, Boden- u. Lufthygiene des Bundesgesundheitsamtes
Paul-Ehrlich-Str. 29
D-63 225 Langen

Heinrichs, Dr. habil. Harmut
Geochemisches Institut
Universität Göttingen
Goldschmidtstr. 1
D-37 077 Göttingen

Heling, Prof. Dr. Dietrich
Institut für Sedimentforschung
Universität Heidelberg
Im Neuenheimer Feld 236
D-69 120 Heidelberg

Hild, Dipl. Geol. Andreas
Institut für Chemie u. Biologie des Meeres (ICBM)
Universität Oldenburg
Postfach 25 03
D-26 111 Oldenburg

Hollederer, Dipl. Ing. Gorch
Umweltschutztechnik
Technische Univ Hamburg-Harburg
Postfach 90 10 52
D-21 073 Hamburg

Huch, Dipl. Geol. Monika
Lindenring 6
D-29 352 Adelheidsdorf

Ilmberger, Dr. Johann
Institut für Umweltphysik
Universität Heidelberg
Im Neuenheimer Feld 236
D-69 120 Heidelberg

Isenbeck-Schröter, Dr. Margot
FB Geowissenschaften
Universität Bremen
Postfach 33 04 40
D-28 334 Bremen

Jahn, Dr. Reinhold
Institut für Bodenkunde und Standortslehre
Universität Hohenheim
Schloß
D-70 593 Stuttgart

Kämpfer, Dr. Dr. habil. Peter
Fachgebiet Hygiene
Technische Universität Berlin
Amrumer Str. 35
D-13 353 Berlin

Kasig, Prof. Dr. Werner
Geologisches Institut
RWTH Aachen
Wüllnerstr. 2
D-52 056 Aachen

Kasten, Dipl. Geogr. Sabine
FB Geowissenschaften
Universität Bremen
Postfach 33 04 40
D-28 334 Bremen

Kleiner, Dr. Joachim
Betriebs- und Forschungslabor der Bodenseewasserversorgung
D-88 662 Überlingen

Klenke, Dr. Thomas
Institut für Chemie und Biologie des Meeres (ICBM)
Universität Oldenburg
Postfach 25 03
D-26 111 Oldenburg

Kreutzer, Dr. Lutz Hermann
Geologische Bundesanstalt
Postfach 127
A-1031 Wien
Österreich

Kropp, Dr. Jürgen
Potsdam - Institut für Klimafolgenforschung e.V.
Telegrafenberg
D-14 412 Potsdam

Lagally, Dr. Ulrich
Bayerisches Geologisches Landesamt
Heßstr. 128
D-80 797 München

Lauterbach, Dipl. Geogr. Georg
Institut für Geologie und Dynamik der Lithosphäre
Universität Göttingen
Goldschmidtstr. 3
D-37 077 Göttingen

Lehmann Dipl. Ing. Agr. Andreas
Institut für Bodenkunde und Standortslehre
Univ. Hohenheim
Schloß
D-70 593 Stuttgart

Leßmann, Dr. Dieter
II. Zoologisches Institut
Universität Göttingen
Berliner Str. 28
D-37 073 Göttingen

Lewin, Dipl. Geol. Peter
Geologisch- Paläontologisches Inst.
Universität Münster
Corrensstr. 24
D-48 149 Münster

Lührte, Dipl. Geol. Rebecca von
FB Geowissenschaften
Universität Bremen
Postfach 33 04 40
D-28 334 Bremen

Matschullat, Dr. Jörg
Institut für Sedimentforschung
Universität Heidelberg
Im Neuenheimer Feld 236
D-69 120 Heidelberg

Mäusbacher, Prof. Dr. Roland
Institut für Geographie
Universität Jena
Löbdergraben 32
D-07 740 Jena

Merz, Dr. Christoph
Rohstoff- und Umweltgeologie,
Freie Universität Berlin
Malteserstr. 74-100, Haus B
D-12 249 Berlin

Meyer, Dr. Diethard E.
FB Bio- und Geowissenschaften
Gesamthochschule Essen
Universitätsstr. 2
D-45 117 Essen

Michaelis, Dr. Walter
Institut für Biogeochemie und
Meereschemie
Universität Hamburg
Bundesstraße 55
D-20 146 Hamburg

Müller, Dipl. Geol. Erich R.
Büchi und Müller AG
Zürcherstr. 34
CH-8501 Frauenfeld 1
Schweiz

Müller, Prof. Dr. Dr. h.c. German
Institut für Sedimentforschung
Universität Heidelberg
Im Neuenheimer Feld 236
D-69 120 Heidelberg

Nkusi, Dr. Gérard
Institut für Sedimentforschung
Universität Heidelberg
Im Neuenheimer Feld 236
D-69 120 Heidelberg

Pekdeger, Prof. Dr. Asaf
Rohstoff- und Umweltgeologie
Freie Universität Berlin
Malteserstr. 74-100, Haus B
D-12 249 Berlin

Perez Postigo, Dr. Victoriano
Institut für Geologie u. Mineralogie
Universität Erlangen-Nürnberg
Schloßgarten 5
D-91 054 Erlangen

Poll, Prof. Dr. Kurt Gerhard
Geologisches Institut
Universität Münster
Corrensstr. 24
D-48 149 Münster

Pöllmann, Prof. Dr. Herbert
Institut für Mineralogie u. Geologie
Universität Erlangen
Schloßgarten 5a
D-91 054 Erlangen

Raffius, Dipl. Chem. Barbara
Institut für Wasser-, Boden- u. Lufthygiene des Bundesgesundheitsamtes
Paul-Ehrlich-Str. 29
D-63 225 Langen

Robecke, Dr. Marlene
Chemisch-Biologische Laboratorien
der Stadt Düsseldorf
Auf dem Draap 15
D-40 221 Düsseldorf

Rück, Dr. Friedrich
Institut für Bodenkunde und
Standortslehre
Universität Hohenheim
Schloß
D-70 593 Stuttgart

Ruppert, Prof. Dr. Hans
Institut für Geologie und Dynamik
der Lithosphäre
Universität Göttingen
Goldschmidtstr. 3
D-37 077 Göttingen

Sagemann, Dipl. Geol. Jens
FB 5 Geowissenschaften
Universität Bremen
Postfach 33 04 40
D-28 334 Bremen

Satir, Prof. Dr. Muharrem
Institut f. Mineralogie – Geochemie
Universität Tübingen
Wilhelmstr. 56
D-72 074 Tübingen

Schaefer, Prof. Dr. Matthias
II. Zoologisches Institut
Universität Göttingen
Berliner Straße 28
D-37 073 Göttingen

Schafmeister, Dr. Maria Theresia
Rohstoff- und Umweltgeologie
Freie Universität Berlin
Malteserstr. 74-100, Haus B
D-12 249 Berlin

Schierbling, Dipl. Geogr. Silvia
FB 5 Geowissenschaften
Universität Bremen
Postfach 33 04 40
D-28 334 Bremen

Schleyer, Dr. habil. Ruprecht
Institut für Wasser-, Boden- u. Lufthygiene des Bundesgesundheitsamtes
Paul-Ehrlich-Str. 29
D-63 225 Langen

Schneider, Prof. Dr. Jürgen
Institut für Geologie und Dynamik der Lithosphäre
Universität Göttingen
Goldschmidtstr. 3
D-37 077 Göttingen

Schöler, Prof. Dr. Heinz Friedrich
Institut für Sedimentforschung
Universität Heidelberg
Im Neuenheimer Feld 236
D-69 120 Heidelberg

Schubert, Dipl. Min. Michael
ARUP Environmental
13 Fitzroy Street
GB-London W1P 6BQ
England

Schukraft, Dr. Gerd
Geographisches Institut
Universität Heidelberg
Im Neuenheimer Feld 348
D-69 120 Heidelberg

Schulte, Dr. Achim
Geographisches Institut
Universität Heidelberg
Im Neuenheimer Feld 348
D-69 120 Heidelberg

Schulz, Prof. Dr. Horst D.
FB Geowissenschaften
Universität Bremen
Postfach 33 04 40
D-28 334 Bremen

Skowronek, Dipl. Geol. Frank
FB 5 Geowissenschaften
Universität Bremen
Postfach 33 04 40
D-28 334 Bremen

Sohns, Dr. Eberhard
Bundesanstalt für Geowissenschaften und Rohstoffe (BGR)
Stilleweg 2
D-30 655 Hannover

Sokotnejat, Dipl. Geol. Rahim
Rohstoff- und Umweltgeologie
Freie Universität Berlin
Malteserstr. 74-100, Haus B
D-12 249 Berlin

Stäblein, Prof. Dr. Gerhard (†)
FB 5 Geowissenschaften
Universität Bremen
Postfach 33 04 40
D-28 334 Bremen

Stahr, Prof. Dr. Karl
Institut für Bodenkunde und Standortslehre
Universität Hohenheim
D-70 593 Stuttgart

Stasch, Dipl. Ing. Dorothea
Institut für Bodenkunde und
Standortslehre
Universität Hohenheim
D-70 593 Stuttgart

Stiefel, Dipl. Geophys. Andreas R.
Büchi und Müller AG
Zürcherstr. 34
CH-8501 Frauenfeld 1
Schweiz

Stockmeyer, Dr. Michael R.
Büchi und Müller AG
Zürcherstr. 34
CH-8501 Frauenfeld 1
Schweiz

Stroetmann, Dipl. Biol. Irmgard
Fachgebiet Hygiene
Technische Universität Berlin
Amrumer Str. 35
D-13 353 Berlin

Sudbrack, Dipl. Biol. Ralf
II. Zoologisches Institut
Universität Göttingen
Berliner Straße 28
D-37 073 Göttingen

Taubald, Dipl. Min. Heinrich
Institut f. Mineralogie – Geochemie
Universität Tübingen
Wilhelmstr. 56
D-72 074 Tübingen

Urban, Prof. Dr. Hans
Institut für Geochemie
Universität Frankfurt
Senckenberganlage 28
D-60 054 Frankfurt/Main

Wefer, Prof. Dr. Gerold
FB Geowissenschaften
Universität Bremen
Postfach 33 04 40
D-28 334 Bremen

Wiedenbein, Dr. Friedrich Wilhelm
Institut für Geologie u. Mineralogie
Universität Erlangen
Schloßgarten 5
91 054 Erlangen

Winkler, Dr. Andreas
Rohstoff- und Umweltgeologie
Freie Universität Berlin
Malteserstr. 74-100, Haus B
D-12 249 Berlin

Yahya, Dr. Alfred
Institut für Sedimentforschung
Universität Heidelberg
Im Neuenheimer Feld 236
D-69 120 Heidelberg

Zauner, Dipl. Ing. agr. Gerhard
Institut für Bodenkunde und
Standortslehre
Universität Hohenheim
D-70 593 Stuttgart

Zereini, Dr. Fathi
Institut für Geochemie
Universität Frankfurt
Senckenberganlage 28
D-60 054 Frankfurt/Main

Gutachterverzeichnis

Aschenbrenner, Dr. Frank
Inst. f. Angew. Geowissenschaften
Universität Gießen
Diezstr. 15
D-35 390 Gießen

Backhaus, Dr. Egon
Geologisches Institut
Technische Hochschule Darmstadt
Schnittspahnstr. 9
D-64 287 Darmstadt

Bahadir, Prof. Dr. Dr. Müfit
Institut für Ökologische Chemie und Abfallanalytik
Technische Univ. Braunschweig
Hagenring 30
D-38 106 Braunschweig

Bambauer, Prof. Dr. Hans Ulrich
Institut für Mineralogie
Universität Münster
Corrensstr. 24
D-48 149 Münster

Beuge, Prof. Dr. Peter
Institut für Mineralogie
TU Bergakademie Freiberg
Brennhausgasse 14
D-09 599 Freiberg

Brüggemann, Dr. Rainer
GSF-Forschungszentrum für Umwelt und Gesundheit GmbH
Ingolstädter Str. 1
D-91 465 Ergersheim-Neuherberg

Brumsack, Prof. Dr. Hans-Jürgen
Institut für Chemie und Biologie des Meeres (ICBM)
Universität Oldenburg
Postfach 25 03
D-26 111 Oldenburg

Cramer, Dr. Stefan
Institut für Denkmalpflege
Nieders. Landesverwaltungsamt
Rammelsberger Str. 86
D-38 640 Goslar

Cyffka, Dr. Bernd
Geographisches Institut
Universität Göttingen
Goldschmidtstr. 5
D-37 077 Göttingen

Dörhöfer, Dr. Gunter
Niedersächsisches Landesamt für Bodenforschung
Stilleweg 2
D-30 655 Hannover

Furrer, Dr. Rüdiger
Institut für Sedimentforschung
Universität Heidelberg
Im Neuenheimer Feld 236
D-69 120 Heidelberg

Grathwohl, Dr. Peter
Inst. für Geologie u. Paläontologie
Universität Tübingen
Sigwartstr. 10
D-72 076 Tübingen

Grösser, Dr. Joachim R.
Institut für Geowissenschaften und Lithosphärenforschung
Universität Gießen
Senckenbergstr. 3
D-35 390 Gießen

Heinrichs, Dr. habil. Hartmut
Geochemisches Institut
Universität Göttingen
Goldschmidtstr. 1
D-37 077 Göttingen

Heling, Prof. Dr. Dietrich
Institut für Sedimentforschung
Universität Heidelberg
Im Neuenheimer Feld 236
D-69 120 Heidelberg

Hiller, Dr. Dieter
Institut für Bodenkunde
Universität Bonn
Nußallee 13
D-53 115 Bonn

Hötzl, Prof. Dr. Heinz
Institut für Angewandte Geologie
Technische Hochschule Karlsruhe
Kaiserstr. 12
D-76 131 Karlsruhe

Huch, Dipl. Geol. Monika
Lindenring 6
D-29 352 Adelheidsdorf

Isenbeck-Schröter, Dr. Margot
FB Geowissenschaften
Universität Bremen
Postfach 33 04 40
D-28 334 Bremen

Kempe, Prof. Dr. Stephan
Institut für Biogeochemie u. Meereschemie ZMK
Universität Hamburg
Bundesstr. 55
D-20 146 Hamburg

Kinzelbach, Prof. Dr. Wolfgang
Institut für Umweltphysik
Universität Heidelberg
Im Neuenheimer Feld 366
D-69 120 Heidelberg

Krumbein, Prof. Dr. Wolfgang E.
Institut für Chemie und Biologie des Meeres (ICBM) – Geomikrobiologie
Universität Oldenburg
Postfach 25 03
D-26 111 Oldenburg

Kulke, Prof. Dr. Holger
Institut f. Geologie – Erdölgeologie
Technische Universität Clausthal
Leibnizstr. 10
D-38 678 Clausthal-Zellerfeld

Kuntze, Prof. Dr. Herbert
Niedersächsisches Landesamt für Bodenforschung
Friedrich-Mißler-Str. 46-48
D-28 211 Bremen

Levsen, Prof. Dr. Kurt
Fraunhofer Institut für Toxikologie und Aerosolforschung
Nikolai-Fuchs-Str. 1
D-30 625 Hannover

Lux, Dr. Wolfgang
Institut für Bodenkunde
Universität Hamburg
Allende-Platz 2
D-20 146 Hamburg

Malessa, Dr. Volker
Niedersächsisches Landesamt für Bodenforschung
Stilleweg 2
D-30 655 Hannover

Matschullat, Dr. Jörg
Institut für Sedimentforschung
Universität Heidelberg
Im Neuenheimer Feld 236
D-69 120 Heidelberg

Meischner, Prof. Dr. Dieter
Institut f. Geologie u. Paläontologie
Universität Göttingen
Goldschmidtstr. 3
D-37 077 Göttingen

Merkel, Prof. Dr. Broder
Lehrstuhl für Hydrogeologie
TU Bergakademie Freiberg
Gustav-Zeuner-Str. 12
D-09 599 Freiberg

Müller, Prof. Dr. Dr. h.c. German
Institut für Sedimentforschung
Universität Heidelberg
Im Neuenheimer Feld 236
D-69 120 Heidelberg

Müller, Prof. Dr. Jens
Allgemeine, Angewandte und
Ingenieur-Geologie
Technische Universität München
Lichtenbergstr. 4
D-85 747 Garching

Niehoff, Dipl. Geogr. Norbert
Geographisches Institut
Universität Göttingen
Goldschmidtstr. 5
D-37 077 Göttingen

Obermann, Prof. Dr. Peter
Lehrstuhl Geologie III
Ruhr-Universität Bochum
Universitätsstr. 150
D-44 801 Bochum

Pekdeger, Prof. Dr. Asaf
Institut für Geologie, Geophysik
und Geoinformatik
Freie Universität Berlin
Malteserstr. 74-100, Haus B
D-12 249 Berlin

Pernicka, Dr. Ernst Josef
Max-Planck-Institut für Kernphysik
Saupfercheckweg 1
D- 69 029 Heidelberg

Peula, Dipl. Min. Frincisco
Institut für Sedimentforschung
Universität Heidelberg
Im Neuenheimer Feld 236
D-69 120 Heidelberg

Plein, Prof. Dr. Eberhard
Institut für Sedimentforschung
Universität Heidelberg
Im Neuenheimer Feld 236
D-69 120 Heidelberg

Pörtge, Dr. Karl-Heinz
Geographisches Institut
Universität Göttingen
Goldschmidtstr. 5
D-37077 Göttingen

Pöllmann, Prof. Dr. Herbert
Institut für Mineralogie u. Geologie
Universität Erlangen
Schloßgarten 5a
D-91 054 Erlangen

Prause, Dr. Bernd
Institut für Mineralogie
Technische Universität Clausthal
Adolph-Roemer-Str. 2A
D-38 678 Clausthal-Zellerfeld

Puchelt, Prof. Dr. Harald
Inst. f. Petrographie u. Geochemie
Technische Hochschule Karlsruhe
Kaiserstr. 12
D-76 128 Karlsruhe

Reik, Prof. Dr. Gerhard
Institut für Geologie
– Ingenieurgeologie
Technische Universität Clausthal
Leibnizstr. 10
D-38 678 Clausthal-Zellerfeld

Reimann, Dr. Clemens
Geological Survey of Norway
P.O. Box 30 06
N-7002 Trondheim
Norwegen

Rohmann, Dr. Ulrich
Engler-Bunte-Institut
Technische Hochschule Karlsruhe
Richard-Willstätter-Allee 5
D-76 131 Karlsruhe

Ruppert, Prof. Dr. Hans
Institut für Geologie und Dynamik der Lithosphäre
Universität Göttingen
Goldschmidtstr. 3
D-37 077 Göttingen

Salomons, Prof. Dr. Wim
Institute for Agro-Biology and Soil Fertility Research
P.O. Box 129
NL-9750 RA Haren (Gn)
Holland

Sauerbeck, Prof. Dr. Dieter
Bonhoefferweg 6
38 116 Braunschweig

Schenk, Prof. Dr. Dietmar
Institut für Geowissenschaften
Universität Mainz
Becherweg 21
D-55 099 Mainz

Schidlowski, Prof. Dr. Manfred
Max-Planck-Institut für Chemie
Otto-Hahn-Institut
Postfach 30 60
D-55 020 Mainz

Schleyer, Dr. Ruprecht
Institut f. Wasser-, Boden- und Lufthygiene d. Bundesgesundheitsamtes
Paul-Ehrlich-Str. 29
D-63 225 Langen

Schneider, Prof. Dr. Jürgen
Institut für Geologie und Dynamik der Lithosphäre
Universität Göttingen
Goldschmidtstr. 3
D-37 077 Göttingen

Schöler, Prof. Dr. Heinz-Friedrich
Institut für Sedimentforschung
Universität Heidelberg
Im Neuenheimer Feld 236
D-69 120 Heidelberg

Schukraft, Dr. Gerd
Geographisches Institut
Universität Heidelberg
Im Neuenheimer Feld 348
D-69 120 Heidelberg

Schulte, Dr. Achim
Geographisches Institut
Universität Heidelberg
Im Neuenheimer Feld 348
D-69 120 Heidelberg

Schulz, Prof. Dr. Horst D.
FB Geowissenschaften
Universität Bremen
Postfach 33 04 40
D-28 334 Bremen

Schulz, Prof. Dr. Rüdiger
Niedersächsisches Landesamt für Bodenforschung
Postfach 51 01 53
D-30 631 Hannover

Sobott, Dr. Robert
Königsberger Str. 53
D-29 225 Celle

Song, Dipl. Chem. Yigang
Institut für Sedimentforschung
Universität Heidelberg
Im Neuenheimer Feld 236
D-69 120 Heidelberg

Teutsch, Prof. Dr. Georg
Geologisches Institut – Lehrstuhl für Angewandte Geologie
Universität Tübingen
Sigwartstr. 10
D-72 076 Tübingen

Tobschall, Prof. Dr. Heinrich-Jürgen
Institut für Geologie u. Mineralogie
Universität Erlangen
Schloßgarten 5
D-91 054 Erlangen

Vees, Dr. Roland
Institut für Geophysik
Technische Universität Clausthal
Arnold-Sommerfeld-Str. 1
D-38 678 Clausthal-Zellerfeld

Vogt, Dipl. Geol. Richard
Landesdenkmalamt Baden-Württemberg
Gartenstr. 24
D-78 345 Moos/Weiler

Wagner, Prof. Dr. Günter A.
Max-Planck-Institut für Kernphysik
Forschungsstelle Archäometrie
Postfach 10 39 80
D-69 029 Heidelberg

Wiedenbein, Dr. Friedrich Wilhelm
Institut für Mineralogie u. Geologie
Universität Erlangen
Schloßgarten 5
D-91 054 Erlangen

Winkler, Dr. Andreas
Institut für Geologie, Geophysik und Geoinformatik
Freie Universität Berlin
Malteserstr. 74-100, Haus B
D-12 249 Berlin

Wohnlich, Prof. Dr. Stefan
Institut für Allgemeine und Angewandte Geologie
Universität München
Luisenstr. 37
D-80 333 München

Yahya, Dr. Alfred
Institut für Sedimentforschung
Universtät Heidelberg
Im Neuenheimer Feld 236
D-69 120 Heidelberg

Zachmann, Dr. Wolfram Dieter
Institut für Geowissenschaften
Technische Universität Braunschweig
Postfach 33 29
D-38 023 Braunschweig

Zauner, Dr. Gerhard
Institut für Bodenkunde und Standortslehre
Universität Hohenheim
Schloß
D-70 593 Stuttgart

Zeeh, Dr. Stefan
Geologisch-Paläontologisches Inst.
Universität Heidelberg
Im Neuenheimer Feld 234
D-69 120 Heidelberg

1 Umwelt und Geowissenschaften

Der Umweltmarkt boomt – keine Branche erreicht die Zuwachsraten, die derzeit im Geschäft mit der Umwelt erreicht werden. Diese Situation hat sich seit Mitte der siebziger Jahre stetig entwickelt, ein Ende ist nicht abzusehen. So wurden Ingenieur- und Hydrogeologen und selbst Paläontologen und Kristallographen plötzlich zu Umweltspezialisten. Nicht, weil sie dafür besonders gut ausgebildet gewesen wären, sondern weil das Potential des Geowissenschaftlers gefragt war. Die meisten haben es geschafft, konnten sich die notwendigen Spezialkenntnisse rechtzeitig aneignen und bilden heute den Stamm einer wachsenden Zahl von Kolleginnen und Kollegen, die in den Bereichen Consulting, Sanierung, und den zahllosen, daran angeschlossenen Dienstleistungsbetrieben tätig sind. Zugleich ist der Markt enger geworden und heute ist fachliche Qualifikation schon vom Hochschulabgänger gefragt – zu teuer ist die Ausbildung vor allem für kleinere und mittlere Unternehmen. Hier setzt die Verantwortung der Universitäten und Fachhochschulen ein, die nach längerer Zeit des Zögerns nunmehr ihre Aufgabe ernst nehmen, Nachwuchs auch für diesen Markt auszubilden. Hier profitieren jene Institutionen, die z.T. schon vor Jahren umweltrelevante Projekte aufgegriffen oder sogar initiiert haben und nun auf einen reichen Erfahrungsschatz zurückgreifen können (→ 1.3).

Daneben gibt es eine wachsende Zahl umweltrelevanter Arbeiten, die eher in der Grundlagen- als in der Angewandten Forschung angesiedelt sind. Denn es spricht sich herum, daß die Geowissenschaften zwar ein großes, auch methodisches Potential zur Verfügung stellen können, daß jedoch zugleich Fragen aufgeworfen werden, die wir derzeit nicht beantworten können. Hier bedarf es intensiver Forschung und – dem weiteren Abbau von Hemmschwellen gerade auch innerhalb der Geowissenschaften (→ 1.1). Der Mut, sich auf "unbefestigtes" Terrain zu wagen, den Blick über den engeren fachlichen Bezug zu riskieren ist nicht nur lohnend, er ist notwendig – sowohl für die Bearbeitung umweltrelevanter Fragestellungen vor Ort als auch für das Verständnis regionaler oder gar globaler Umweltfragen, bei denen wir Geowissenschaftler die Wahl haben, ob wir uns vornehm aus der Diskussion heraushalten wollen oder die Herausforderung annehmen (→ 1.2).

1.1 Das ökologische Gleichgewicht aus geowissenschaftlicher Sicht

Dietrich Heling

Einleitung

Umweltgeologie ist ihrem Wesen nach Aktuogeologie, die ihr Ziel nicht mehr allein rückwärtsgewandt zum Verständnis erdgeschichtlicher Vorgänge in der Vergangenheit sucht, sondern sich überwiegend in prospektiver Vorausschau zukünftigen Entwicklungen zuwendet. Dabei erfordern die Eingriffe des Menschen in die Stoff- und Energieflüsse – als nicht mehr zu vernachlässigende Umweltfaktoren – die dominierende Berücksichtigung für Strategien eines anzustrebenden globalen Umweltmanagements. Beispiele dafür sind die vielen internationalen Forschungsprogramme, wie das "Internationale Geobiosphärenprogramm (IGBP)", die vom Bundeskabinett beschlossene Forschungsrahmenkonvention "Globale Umweltveränderungen" oder das "Weltklimaforschungsprogramm". Voraussetzung für die von den Geowissenschaften zu erwartenden Prognosen sind quantitative Aussagen über die Systeme der Geosphäre, z.B. die Kreisläufe von Kohlenstoff, Stickstoff oder Schwermetallen.

Wie unmittelbar geowissenschaftliche Forschungsergebnisse in die politische Willensbildung eingehen, wird u.a. an den zahllosen Bürgerinitiativen der Ökobewegung deutlich, wo Dispute über erstaunlich detaillierte Spezialfragen wie etwa die Plastizität von Hartsalz unter Druck, der Stofftransport in Sedimentgesteinen durch Diffusion, oder der Grundwasserfluß in ungesättigten Bodenzonen zwar amateurhaft, aber dafür umso leidenschaftlicher ausgetragen werden.

Die Geowissenschaften sind also nicht mehr unter sich. Sie müssen sich von einer breiten Öffentlichkeit an der Gültigkeit ihrer Aussagen messen lassen. Daraus erwächst den Wissenschaftlern eine erhöhte Verantwortung. Ein Beispiel für die derart geforderten Geowissenschaften sind die intensiv diskutierten Prognosen der künftigen Klimaentwicklung. Die Paläoklimatologie ist, seit Buffon, Alexander von Humboldt, Lyell, Penck, Milankovitch und bis in die Gegenwart zu Schwarzbach, ein wesentlicher Bestandteil der Erdwissenschaften. Die Ursachen der Eiszeiten werden seit rund 200 Jahren unter Geowissenschaftlern kontrovers diskutiert. Der Treibhauseffekt ist ja nicht erst bekannt, seit der Anstieg des atmosphärischen CO_2-Gehaltes als Folge der Verbrennung fossiler Energieträger zu ernster Sorge Anlaß gibt.

Geowissenschaften und Umwelt
Herausgegeben von J. Matschullat und G. Müller

Gleichgewichtszustände in Geosystemen

Der Begriff des Gleichgewichtes wird sehr vielfältig verwendet. In der elementaren Mechanik werden stabile, instabile, metastabile und indifferente Gleichgewichtszustände definiert. Ein chemisches System befindet sich definitionsgemäß im Gleichgewicht, wenn unter den gegebenen äußeren Bedingungen kein Vorgang ablaufen kann, der mit einer Stoff- oder Energieumwandlung verbunden ist. Bleiben die äußeren Bedingungen unverändert, so kann das System beliebig lange im Gleichgewichtszustand verharren. Dabei ist die räumliche Größenordnung, in der die Vorgänge betrachtet werden, von Bedeutung. Am Beispiel des Adsorptionsgleichgewichts wird der Einfluß der Größenordnung deutlich: Bedingung für Adsorptionsgleichgewichte ist, daß die Anzahl der pro Zeiteinheit adsorbierten Gasmoleküle gleich der Anzahl der desorbierten Moleküle ist. Makroskopisch besteht dann ein stationärer Zustand (gleichbleibende äußere Bedingungen, wie Druck, Temperatur, Konzentration u.a. vorausgesetzt). In der molekularen Dimension spielen sich dagegen fortwährend Energieumwandlungen und Ortsveränderungen ab.

Gleichgewichte – wie sie für geologische Systeme charakteristisch sind – haben neben der räumlichen eine zeitliche Relation. So kann an einer Subduktionszone in einem Beobachtungszeitraum von einigen Jahren ein stabiles tektonisches Gleichgewicht beobachtet werden, während im Zeitraum von 1 Million Jahren allenfalls ein dynamisches Gleichgewicht zwischen den an einer Subduktionszone wirkenden Kräften erkannt werden kann. Von stationären geologischen Gleichgewichtszuständen kann also annäherungsweise nur dann gesprochen werden, wenn die betrachteten Zeiträume und die damit verbundenen Änderungsbeträge minimal sind.

Die Zeitabhängigkeit eines geologischen Systems wird an dem einfachen Modell der Oberflächenerosion deutlich: Durch tektonische Heraushebung wird potentielle Reliefenergie erzeugt. Die Höhe der Niederschläge bestimmt in Verbindung mit dem Gefälle und der Resistenz des Gesteins die Erosionsleistung. Erosive Abtragung und tektonische Heraushebung wirken bekanntlich gegenläufig. Sie sind zeitlich veränderlich. Auch die Niederschlagsmenge ist zeitlich variabel. Der erosive Abtragungsbetrag ist außerdem von der Vegetation abhängig, die wiederum mit der Einebnung des Reliefs und mit klimatischen Faktoren verbunden ist. Die Oberflächenerosion erweist sich somit als ein System mit vielen untereinander verknüpften und zeitvarianten Einflußfaktoren. Für einen Zeitraum in der Größenordnung von Stunden ist das System in stabilem Gleichgewicht; in einer Größenordnung von Tagen befindet es sich bereits in einem Fließgleichgewicht; innerhalb von einigen Hundert Jahren ist es partiell instabil und in einem Zeitraum von Hunderttausend Jahren (in denen säkulare Klimaänderungen und regionaltektonische Kräfte wirksam werden können) ist es instabil.

Um den erwähnten Begriff des "Fließgleichgewichtes" etwas deutlicher zu machen, werden exemplarisch die verhältnismäßig einfachen Wechselwirkungen zwischen den Kohlendioxidgehalten in der Atmosphäre und im Wasser der

Ozeane angeführt. Wir wissen, daß das Gleichgewicht zwischen den CO_2-Partialdrucken in der Atmosphäre und im Ozeanwasser nicht stationär ist, sondern von einer Reihe zeitlich und räumlich veränderlicher Parameter abhängt. Die wichtigsten dieser Parameter sind die Temperatur, der barometrische Druck, die photosynthetischen Reaktionen, der Abbau der Biomasse nach dem Absterben der Organismen, die meteorologisch bestimmte Rauhigkeit der Ozeanoberfläche (Wellen), ozeanische Zirkulationen, die Tiefenwasser in Oberflächennähe bringen. Dadurch gelangt Tiefenwasser an die heutige Oberfläche, das dort vor einigen Hundert Jahren im Gleichgewicht mit der damaligen – geringeren – CO_2-Konzentration der Atmosphäre war. Dieses Wasser kann heute CO_2 aus der Atmosphäre aufnehmen. Ferner spielt die katalytische Beeinflussung der CO_2-Löslichkeit durch die im Ozeanwasser gelösten Bestandteile – in erster Linie NaCl, aber auch Hydrogenphosphate, Borate, Tellurate u.a., sowie die Erwärmung des Ozeanwassers durch den Treibhauseffekt (wodurch CO_2 freigesetzt wird) – eine Rolle. Gleichzeitig mit der Erwärmung wird Calciumcarbonat vermehrt abgeschieden. Andererseits führt die Ozeanerwärmung zu vermehrter Wolkenbildung und damit zur Herabsetzung der Sonneneinstrahlung mit vielfachen Konsequenzen.

Der Austausch von CO_2 zwischen Ozean und Atmosphäre ist also keineswegs stationär. Da die Systemparameter sowohl zeitlich wie räumlich veränderlich sind – es sei nur an die differenzierte Verteilung der Temperatur oder der Meeresströmungen erinnert – herrschen keine Fließgleichgewichte, denn als Bedingung von Fließgleichgewichten gilt, daß die Zu- und Abfuhr von Stoffen und Energien so aufeinander abgestimmt sind, daß keine nennenswerten Änderungen des Gesamtsystems eintreten. Diese Bedingung ist beim CO_2-Austausch Ozean/Atmosphäre nicht erfüllt. Ein momentan bestehender stationärer Zustand ist nur durch Berücksichtigung des Gesamtsystems abschätzbar und gilt dann nur für sehr kurze Zeitintervalle. Zur Modellierung müssen klimatologische, ozeanographische und physikochemische Effekte – neben den geologischen – mitberücksichtigt werden. Dies gilt vor allem für Prognosen.

Das "Ökologische Gleichgewicht"

Noch viel weiter als das angeführte Beispiel der CO_2-Verteilung zwischen Ozean und Atmosphäre sind die weit komplexeren Ökosysteme von definierbaren Gleichgewichtszuständen entfernt. Das "Ökologische Gleichgewicht" bezeichnet den Zustand eines Ökosystems, in dem phänomenologisch innerhalb eines Beobachtungszeitraumes keine Veränderungen erkennbar sind. Ursprünglich wurde der Begriff rein biologisch definiert, heute wird er zunehmend auch auf Systeme mit abiotischen Bestimmungsgrößen angewendet. Systeme im sogenannten Ökologischen Gleichgewicht fallen im allgemeinen bei geringen Störungen wieder in den Ausgangszustand zurück. Bei stärkeren Störungen kann der Zustand des Systems allerdings labil und irreversibel gestört werden.

Ökosysteme können wegen der Vielzahl ihrer Einflußgrößen kein stabiles Gleichgewicht erreichen. Auch der erläuterte Begriff des Fließgleichgewichtes ist für Ökosysteme unzureichend. Wenn also mit Bezug auf ökologische Systeme von Ökologischen Gleichgewichten gesprochen wird, können damit nur phänomenologische pseudostationäre Zustände gemeint sein, die in Teilbereichen durch verzögerte Reaktionen auf Änderungen der Einflußparameter vorgetäuscht werden. Wegen der Einbeziehung biologischer Elemente steht die Definition eines Ökologischen Gleichgewichtes vor einer schwindelerregenden Unübersichtlichkeit untereinander vernetzter Zusammenhänge. Das Konzept der Fließgleichgewichte kann sich nur auf enge Ausschnitte eines ökologischen Systems beziehen. Auch stabilisierende Wechselwirkungen im Sinne von Rückkoppelungen bleiben unzulängliche Modelle zur Beschreibung der Vielfalt der kausal interdependenten Phänomene von Ökosystemen. Für praktisch brauchbare Aussagen über ein Ökosystem müssen zunächst folgende Rahmenbedingungen festgelegt werden:

1. das zeitliche Intervall,
2. der räumliche Umfang und
3. das ökologische Merkmal.

Trotz solcher Einschränkungen bleiben die Aussagen unvollkommen. Am geeignetsten scheint das Konzept der "Ökologischen Stabilität" zur Beschreibung des komplexen und dynamischen, d.h. zeitabhängigen Zusammenspiels zu sein. Unter ökologischer Stabilität soll das Verharren des Großzustandes eines ökologischen Systems und – als Voraussetzung dafür – seine Fähigkeit, nach Veränderung in seine Ausgangslage zurückzukehren, verstanden werden. Wegen des dynamischen Verhaltens der Systeme setzt sich die ökologische Stabilität aus Konstanz, Zyklizität, Resistenz und Elastizität zusammen. Im einzelnen bedeuten:

- Konstanz: Das unveränderte Bestehenbleiben, und zwar beim Fehlen eines Störfaktors,
- Zyklizität: Regelmäßig wiederkehrende Störeinflüsse,
- Resistenz: Beharrungsvermögen,
- Elastizität: Fähigkeit zur Rückkehr in die Ausgangslage nach Abklingen eines effizienten Störfaktors.

Der tropische Urwald als Modellfall für ein Ökosystem besitzt demnach Konstanz-Stabilität, ist aber bezüglich großflächiger Rodung weder resistent noch elastisch, sondern instabil, weil das System nicht wieder in die Ausgangslage zurückkehrt (d. h. es gibt keine selbständige Restauration der Vegetation nach einer Rodung).

Das Konzept der ökologischen Stabilität erweist sich somit als realitätsbezogener als das des Gleichgewichtes, besonders, wenn komplizierende biologische Einflüsse mit einbezogen werden müssen. Abiotische Umweltbedingungen verändern sich und schaffen immer wieder Ungleichgewichte bzw. Instabilitäten – und bilden dadurch die Voraussetzungen für die Evolution. Über regional begrenzte Bereiche hinaus ist kein Zustand biotisch beeinflußter Systeme definierbar, der die Bezeichnung "Gleichgewicht" verdient. Ökologische Gleichgewichte sind demnach abstrakte Fiktionen. Da in Ökosystemen nie zeitunabhängige Randbedingungen herrschen, kann man hier auch nicht von Fließgleichgewichten sprechen. Dagegen werden für ökologische Systeme Quasi-Gleichgewichtszustände vorgetäuscht, die durch Regulationsvorgänge in Form von Rückkoppelungen gekennzeichnet sind.

Bei der Diskussion um die sogenannten ökologischen Gleichgewichte wird oft übersehen, daß nachhaltige Störeinflüsse auf die irdischen Ökosysteme nicht allein durch anthropogene, sondern auch durch exogene Ursachen hervorgerufen werden. Der Blick auf die Erdgeschichte zeigt, daß Evolutionsschübe mit drastischen Einschnitten und spontanen Veränderungen der physischen Lebensbedingungen durch Naturkatatrophen hervorgerufen werden, etwa durch Veränderungen des globalen Strahlungshaushaltes nach starken Vulkanausbrüchen, durch Impaktereignisse oder Erdbeben.

Biologisch evolutionäre Veränderungen gehen oft mit Kontinentalverschiebungen einher. Häufig beobachtete lokale Veränderungen physischer Ökosystem-Parameter durch Erdrutsche oder Erosion sind aktuogeologich nichts besonderes und in ihren Auswirkungen quantifizierbar. Unsere Lebensbedingungen werden also nicht allein durch menschliche Aktivitäten verändert.

Den Mernschen auf Luzon (Philippinen) in der Nähe des Pinatubo oder in Kalifornien nahe der San Andreas Zone werden die unabänderlichen Risiken öfter ins Bewußtsein gerufen, obwohl auch in Mitteleuropa niemand auszuschließen oder zu bestätigen vermag, ob und wann etwa der Vulkanismus in der Eifel wieder auflebt oder ein Riesereignis sich wiederholt. Gegenwartsanthropologisch wird die Furcht vor der Instabilität unserer phyischen Lebensbedinmgungen dahingehend interpretiert, daß sie aus dem Bedürfnis entspringt, sich vor den Bedrohungen einer der vermeintlichen Beherrschung durch den Menschen entglittenen Natur zu schützen. Die Relativierung der oft aus partikulären Interessen geschürten Verunsicherung durch das Menetekel einer Umweltkatastrophe bleibt eine nützliche Aufgabe geowissenschaftlicher Aufklärung der Öffentlichkeit.

Aufgaben der Umweltgeologie

Den vorstehenden, gedrängten Bemerkungen zum Begriff des ökologischen Gleichgewichts seien einige Anmerkungen zur allgemeinen Situation der Umweltgeologie angefügt, deren Grundzüge durch das bisher Gesagte exemplarisch hindurchschimmern sollten.

1. Prognosen der zukünftigen Entwicklung der Geosphäre, wie sie von den Geowissenschaften erwartet werden, verlangen globale Ansätze.
2. Quantitativ prognostizierende Aussagen als Ergebnisse prospektiver Aktuogeologie sind nur im interdisziplinären Verbund und aufgrund von Modellrechnungen möglich.
3. Für Prognosen, die für politische Entscheidungsträger brauchbar sein sollen, müssen nicht alleine die Naturwissenschaften, sondern auch die Wirtschafts-

und Sozialwissenschaften mit einbezogen werden. Damit erweist sich die Umweltgeologie als ein Glied eines multidisziplinären Wissenschaftsverbundes.

4. Die Politische Exekutive erwartet von den Umweltwissenschaften Entscheidungsoptionen. Dies erfordert eine auf dieses Ziel ausgerichtete zweckorientierte Forschung. Nur diese wird mit der Finanzierung durch die öffentliche Hand rechnen dürfen.

Neben diesen sachlichen Vorgaben ist für unsere Geowissenschaften eine weitere Aufgabe wichtig, nämlich die der öffentlichen Bewußtseinsbildung, ohne die präventiver Umweltschutz nicht realisierbar ist. In der öffentlichen Diskussion der Daseinvorsorge ist deutlich geworden, daß der Weg zur angestrebten "Dauerhaften Entwicklung (Sustainable Development)" – und damit ist die Reduzierung der Inanspruchnahme aller natürlichen Ressourcen auf jenes Maß gemeint, das durch natürliche Regeneration wieder ausgeglichen werden kann – nur über rigorosen Konsumverzicht führt. Das, was heute unter dem Begriff "Sustainable Development" subsummiert wird, ist nicht neu: Anthropologen bestätigen, daß der steinzeitliche Jäger seine Jagdreviere vor der Erschöpfung durch eine über die natürliche Reproduktionsfähigkeit hinausgehende Nutzung dadurch zu schützen wußte, daß er den Umfang seiner Beute weise beschränkte; er somit die Balance zwischen Entnahme und Nachwuchs aufrecht erhielt.

Das globale Bevölkerungswachstum verbunden mit steigendem Pro-Kopf-Verbrauch von Energie und Rohstoffen zwingen zu sparsamem Haushalten mit allen vorhandenen Ressourcen. Die notwendigen Beschränkungen setzen Einsichten voraus, zu deren allgemeiner Akzeptanz die Geowissenschaften beitragen können. Unser Wissen über die Erdgeschichte lehrt, daß die Erde in einem ständigen Entwicklungsprozess begriffen ist, in deren Verlauf Arten ausgestorben und neue entstanden sind. Dabei unterliegt die Gattung des *homo sapiens* denselben Abhängigkeiten von den herrschenden Umweltbedingungen wie alle übrigen Mitbewohner der Erde. Die Vermittlung dieser Einsichten an eine breite Öffentlichkeit ist eine starke Herausforderung der Geowissenschaften in unserer Gegenwart.

Danksagung. Der Verfasser dankt den Gutachtern, Frau Dipl. Geol. M. Huch, Adelheidsdorf, und Herrn Prof. Dr. J. Schneider, Göttingen, für wertvolle Hinweise und Korrekturen.

1.2 Globale Aspekte einer ganzheitlich orientierten Umweltgeologie

Monika Huch

Einleitung

Menschliche Eingriffe in den Naturraum Erde gibt es, seit der Mensch begann, sich mit Hilfe von Werkzeugen und später von Maschinen die Erde untertan zu machen. Jahrtausendelang geschah dies überwiegend im Einklang mit der Natur, auch wenn es regional durchaus zu irreparablen Schäden kam. Als Geologen wissen wir, daß es auch vor der Existenz des Menschen Umweltkatastrophen gab, die das Leben auf der Erde empfindlich störten. Die Grenzen der Erdzeitalter markieren im Grunde weiträumige, wenn nicht globale Ereignisse, die zu dramatischen Faunenbrüchen führten (Kaufmann u. Walliser 1990). Inzwischen ist bekannt, daß der technische Fortschritt seit Mitte des 19. Jahrhunderts das Leben auf der Erde empfindlich beeinträchtigen kann. Die Definition von Katastrophen bezieht sich ja darauf, daß sie Gefahren für die Menschen darstellen.

Zur Überlegung, wie eng oder wie weit der Begriff "Umweltgeologie" gefaßt werden sollte, möchte ich anhand einiger globaler Aspekte aufzeigen, welche Möglichkeiten allein die Geowissenschaften für eine multidisziplinäre Ökosystemforschung bereithalten. Die Ansätze der bisherigen Ökosystemforschung beziehen sich auf einzelne Bereiche wie Wald und Boden, Gewässer, Landwirtschaft. Dort können die Geowissenschaften mitwirken, Lücken zu schließen. Die Geowissenschaftler sind aber schon durch ihr Wissen um die erdgeschichtlichen Abläufe in der Vergangenheit sowie ihre Tätigkeiten heute prädestiniert, auch fachübergreifend zu wirken. In meinen fünf Thesen möchte ich schon Bekanntes in einen neuen Zusammenhang stellen.

These 1: Das dynamische System "Erde" ist gefährdet

Eine der größten Gefahren für das Gesamtsystem Erde, und damit auch für den Menschen, droht durch die Veränderungen in der Atmosphäre. Innerhalb weniger Jahrzehnte haben die anthropogen erzeugten Anreicherungen von Spurengasen und Aerosolen in der Atmosphäre dazu geführt, daß z.B. die Ozonschicht in 25 km Höhe vor allem auf der Süd-, inzwischen aber auch – nur weniger ausgeprägt – auf der Nordhalbkugel immer dünner wird (Fabian 1992). Zwar werden die Auswirkungen der menschlichen Aktivitäten auf das Klimageschehen nach wie vor kontrovers diskutiert, über den Einfluß z.B. von chlorierten Kohlenwasserstoffen in der Atmosphäre auf den Ozonabbau besteht jedoch Einigkeit. Aber auch bei der Betrachtung von Ereignissen, die "nur" auf der Erde geschehen, den

Geowissenschaften und Umwelt
Herausgegeben von J. Matschullat und G. Müller

Geowissenschaftler also "direkt" angehen, gibt es unzählige Beispiele: Hangrutschungen, zusedimentierte Stauseen, leergepumpte Aquifere, Grundwasserabsenkungen durch tiefe Bauvorhaben oder Tagebaue, durch Überdüngung versalzene landwirtschaftliche Nutzflächen, durch Müll langfristig vergiftete Siedlungsflächen, um nur einige zu nennen. Viel zu wenig wissen wir darüber hinaus über deren Verstärkung durch Mehrfachbelastungen auf die belebte Natur. Warnecke (1992) versteht den Menschen als Teil des Gesamtsystems "Erde" und stellt ihn in Beziehung zu diesem dynami-schen System. In dem komplexen Wechselwirkungssystem Mensch-Erde macht er deutlich, daß der Mensch durch die Messung und Beobachtung von Wirkungen mittels Erkenntnis sein Verhalten bewußt steuern kann. Dadurch ist er aber auch in der Lage, Veränderungen herbeizuführen.

These 2: Wir leben in einer Risikogesellschaft

Ursprünglich bezog Beck (1986) diesen Begriff auf die *industrielle* "Risikogesellschaft". Kurz vor Erscheinen seines gleichnamigen Buches sah er sich durch die Ereignisse der Tschernobyl-Katastrophe dazu veranlaßt, ihn zu relativieren. Mit dem Hinweis auf Tschernobyl legt er dar, daß es seitdem für bestimmte Katastrophen keine "Nichtbetroffenheit" mehr geben kann.

Heute leben rund 80, vielleicht sogar schon 90 % der Weltbevölkerung in Gegenden mit einer hohen natürlichen Gefahrenstufe: an Flußmündungen und Küsten, wo sie durch Flutkatastrophen und Meeresspiegelanstieg, in Bergregionen, wo sie durch Lawinen und Bergrutsche, in entsprechenden Gegenden auch durch Vulkanausbrüche bedroht werden, in Gebieten, die eine hohe Erdbebengefährdung aufweisen. Zwei Beispiele dafür, wie Menschen die Natur herausfordern, beschrieben von McPhee (1989) in seinem Buch "The Control of Nature", bekamen seit dem Sommer 1993 neue Akzente. Die Regulierung des Mississippi und seiner Nebenflüsse führte im Juli 1993 nach überdurchschnittlichen Regenfällen zwischen St. Paul und St. Louis zur Überflutung. Auch das Weihnachtshochwasser 1993/94 in Westdeutschland wird auf die Regulierung des Rheins und seiner Nebenflüsse zurückgeführt (vgl. auch Lutz u. Wiedersich 1993). Die Bewohner am Hang der San Gabriel-Berge bei Los Angeles sind naturgemäß durch Buschfeuer und Schlammströme gefährdet. Im Frühjahr 1994 traten beide Naturgewalten kurz nacheinander auf, nachdem bereits im Dezember 1993 Teile der Stadt durch ein Erdbeben zerstört worden waren. Hinzu kommen die Gefahren, die inzwischen durch menschliche Aktivitäten selbst verursacht werden: Öltankerunglücke, die Meere und Küsten verseuchen und Fischgründe zerstören; langzeittoxischer Müll, der jahrzehntelang ungeregelt deponiert wurde; Raubbau mit Grund- und Oberflächenwasser; Überweidung und Überdüngung, aber auch das Ozonloch und Atomkatastrophen wie Tschernobyl oder Giftgasunfälle wie Bophal oder Seveso. Diese inzwischen weltweit wirkenden "Unfälle", die ja nicht "gewollt", eher "geduldet" sind, bedrohen die belebte Natur zunehmend (Beck 1986).

These 3: Fortschritt durch Verzicht

Bleibt uns also wirklich nur noch "Fortschritt durch Verzicht"? So betitelte der Biochemiker Friedrich Cramer 1978 sein Buch, in dem er fragt, ob das biologische Wesen Mensch seiner Zukunft gewachsen ist. Inzwischen mehren sich die Stimmen, die diesen Verzicht fordern, auch bei Unternehmern. Schmidheiny (1992), zusammen mit dem Business Council for Sustainable Development, plädiert für einen "Kurswechsel" und zeigt "globale unternehmerische Perspektiven für Entwicklung und Umwelt".

Eines der drängendsten Probleme, das eng mit dem Bevölkerungswachstum zu tun hat, besteht in der Entsorgung des Mülls. Nicht nur Herrmann (1992) vertritt hierzu das Prinzip der 3 V: Verwertung, Verminderung, Vermeidung. Zur Verminderung und zur Vermeidung sind alle aufgerufen, die konsumieren. Doch wie sieht es mit der Verwertung aus? Aus dem 2. Hauptsatz der Thermodynamik leitet z.B. Schneider (1992) ab, daß jeder Energieeinsatz – also auch Recycling – die Unordnung erhöht, die zum Kollaps führt. Das Konzept einer nachhaltigen Entwicklung (sustainable development) wird aber auf Recycling (= Verwertung) nicht verzichten können. Rechtzeitiges Umstellen auch auf Verminderung und Vermeidung, wo immer es möglich ist, könnte den Zeitraum der Verwertung verlängern.

Ein Mittel zur Anpassung an veränderte Produktionsbedingungen wird bei Umweltmanagern bereits diskutiert, z.T. in Unternehmen auch schon praktiziert: Ökobilanzen. Zweck einer Ökobilanz, erklärt Lutz (1992), besteht darin, die Umweltbelastungen durch ein Unternehmen zu minimieren und sämtliche Betriebsvorgänge ökologisch sinnvoll zu gestalten. Eine strikte Anwendung von Ökobilanzen würde z.B. das Ungleichgewicht der bisherigen Berechnung des Bruttosozialprodukts (BSP) abmildern. Kritiker des BSP heben hervor, daß die sogenannten "freien" Güter wie Luft, Wasser, Boden nicht in die Berechnung einfließen, wohl aber zum Beispiel die Säuberungsaktivitäten nach einer Öltankerkatastrophe oder der Schrott eines Unfallautos. Ein anderes Stichwort ist "Kreislaufwirtschaft", das hier nicht näher erläutert werden soll.

These 4: Das Bewußtsein bestimmt das Sein

Seit den 70er Jahren haben Bürgerbewegungen von "Atomkraft – Nein Danke" bis hin zur Bildung von Grünen Parteien bewirkt, daß das Thema "Umwelt" nicht auf Einzelne beschränkt blieb, sondern Eingang in die Politik gefunden hat. Weltweit treffen Abgeordnete von Staaten zusammen, um über die gemeinsame Zukunft des "Raumschiffs Erde" zu diskutieren und zu gemeinsam gültigen Entscheidungen zu kommen.

Ernst Ulrich von Weizsäcker (1992) plädiert für einen grundlegenden ökologischen Strukturwandel, der die Unternehmen betrifft, aber genauso Politiker und andere Entscheidungsträger. Ein Umdenken muß dahingehend einsetzen, daß – wie Gore (1992) fordert – unsere besten Köpfe darin ermutigt werden müssen, ihre Begabung auf das Verständnis des Ganzen zu konzentrieren und nicht auf die Untersuchung kleiner und kleinster Teile, wie bisher.

Bei der Bewältigung der Probleme im Umweltbereich ist die interdisziplinäre Zusammenarbeit unabdingbar. Ob es um Nutzungskonflikte in der Raumplanung oder um vorbeugende Maßnahmen zur Abwehr von Naturkatastrophen geht – immer kommt es darauf an, die unterschiedlichsten Disziplinen zusammenzuführen. Geowissenschaftliche Disziplinen werden dabei in den meisten – wenn nicht sogar in allen – Fällen vertreten sein. Die Verantwortung der Geowissenschaftler liegt meines Erachtens nicht nur darin, ihr Wissen zur Behebung von "Unfällen" einzusetzen, sondern bereits vorbeugend tätig zu werden.

These 5: Global denken - lokal handeln

Wie können Geologen, die sich als Geowissenschaftler verstehen und die Erde als ein ganzheitliches System betrachten, in diesem Sinne wirken? Die Geowissenschaften verfügen bereits über das Know-how und die Instrumente. Seit wenigen Jahren sammeln sie auch Erfahrungen in internationalen und interdisziplinären Forschungsprogrammen, insbesondere als Meteorologen, Hydrogeologen und Hydrologen, Sedimentologen, Strukturgeologen, Vulkanologen, Geomorphologen und Geophysiker in Klimaforschungs- und Klimafolgenforschungsprojekten, die zwar global orientiert sind, aber vor allem die lokalen Bestandsaufnahmen benötigen (z.B. Plate 1993). Auch der Einsatz von Remote Sensing und die Auswertung von Satellitenbildern zur Beobachtung der Vegetationsgürtel, der Ozeane, der Küstenentwicklung, der Eisbedeckung oder geodätische und geophysikalische Methoden zur vorbeugenden Erkundung z.B. von Erdbeben, Vulkanausbrüchen und Tsunamis nimmt zu (z.B. Meissner u. Wycisk 1993). Mit Hilfe leistungsfähiger Computer sind Wissenschaftler in der Lage, umfangreiche Geographische Informationssysteme oder die Modellierung komplexer Systeme vorzunehmen (z.B. Schellnhuber u. Sterr 1993).

Die Erde - ein Ökosystem?

Am Beispiel von Hamburg und dem Unterelberaum hat Oßenbrügge (1993) aufgezeigt, welche Auswirkungen die wirtschaftliche Entwicklung auf eine Region hat. Ausgehend von dem Gedanken, auch solch einen wirtschaftlich überprägten Raum als Ökosystem zu betrachten, ist er der Meinung, daß "die bisher vorliegende Ökosystemforschung ... das Problem der Koordination von Umweltbelastungen und Nutzungsinteressen nur unvollkommen" löst. Vielmehr plädiert er für eine Ökosystemforschung, die Handlungsanweisungen geben kann, um zu Maßnahmen und Regelungen zu kommen, die darauf hinauslaufen, die menschliche Nutzung an den jeweiligen Naturraum anzupassen. Das bedeutet z.B., daß dort, wo die Raumplanung konkret wird, neben den Interessen der Kommunen und der Wirtschaft auch die Interessen der Natur, sprich: der Umwelt, sprich: unseres Lebensraumes vertreten werden.

Eichler (1993) geht sogar noch einen Schritt weiter und wagt es, die gesamte Erde als Ökosystem zu betrachten. Solch ein Ökosystem Erde würde in seiner planetarischen Dimension im Sinne der Systemhierarchie zugleich die denkbar größte Systemstruktur darstellen. Wenn Wissenschaftler heute in der Lage sind, umfangreiche Geographische Informationssysteme oder komplexe Systeme auf leistungstarken Computern zu modellieren, dann dürfte es nur eine Frage der Zeit sein, wann die Anwendung der Ökosystemforschung auf ein "Ökosystem Erde" möglich ist.

Literatur

Beck U (1986) Risikogesellschaft. Auf dem Weg in eine andere Moderne. 392 S.; Edition Suhrkamp, Frankfurt a.M.

Cramer F (1978) Fortschritt durch Verzicht. Ist das biogische Wesen Mensch seiner Zukunft gewachsen? 238 S.; Fischer, Frankfurt a.M.

Eichler H (1993) Ökosystem Erde. Der Störfall Mensch - eine Schadens- und Vernetzungsanalyse. 128 S.; Meyers Forum, B.I. Taschenbuch Verlag, Mannheim

Fabian P (1992) Atmosphäre und Umwelt: Chemische Prozesse, Menschliche Eingriffe. 144 S.; 4. Aufl., Springer-Verlag Berlin

Gore A (1992) Wege zum Gleichgewicht. Ein Marshallplan für die Erde. 383 S.; Fischer, Frankfurt a.M.

Herrmann AG (1992) Dynamische Prozesse in der Natur als Kriterien für die langfristig sichere Deponierung anthropogener Abfälle. In: Warnecke, Huch, Germann: Tatort Erde - Menschliche Eingriffe in Naturraum und Klima: 86-111; Springer-Verlag Berlin

Kaufmann EG, Walliser OH (Hrsg) (1990) Extinction Events. 432 S., Lecture Notes in Earth Sciences 30; Springer-Verlag Berlin

Lutz L, Wiedersich B (1993) Grundlagen der Geologie und Landschaftsformen. 348 S.; Deutscher Verlag für Grundstoffindustrie, Leipzig

Lutz R (Hrsg) (1992) Innovations-Ökologie. Ein praktisches Handbuch für umweltbewußtes Industrie-Management. 239 S.; Aktuell, Stuttgart

McPhee J (1989) The Control of Nature. - 272 S.; The Noonday Press, Farrar, Straus and Giroux, New York

Meissner B, Wycisk P (Hrsg) (1993) Geopotential and Ecology - Analysis of a Desert Region. 199 S.; Catena Supplement 26, Catena, Cremlingen

Plate E (Hrsg) (1993): Naturkatastrophen und Katastrophenvorbeugung. Bericht zur IDNDR. 550 S.; VCH Weinheim

Oßenbrügge J (1993) Umweltrisiko und Raumentwicklung. Wahrnehmung von Umweltgefahren und ihre Wirkungen auf den regionalen Strukturwandel in Norddeutschland. 344 S.; Springer-Verlag, Berlin

Schellnhuber HJ, Sterr H (Hrsg) (1993) Klimaänderung und Küste. Einblick ins Treibhaus. 400 S.; Springer-Verlag, Berlin

Schmidheiny S (1992): Kurswechsel. Globale unternehmerische Perspektiven für Entwicklung und Umwelt- 448. S.; Artemis & Winkler, München

Schneider J (1992) Ist Meeresbergbau vertretbar? Gefahrenpotential eines künftigen marinen Bergbaus. In: Warnecke, Huch, Germann: Tatort Erde: 112-134; Springer-Verlag, Berlin

Warnecke G (1992) Atmosphäre und Umwelt. In: Warnecke, Huch, Germann: Tatort Erde. Menschliche Eingriffe in Naturraum und Klima: 137-144; Springer-Verlag, Berlin

von Weizsäcker EU (1992) Erdpolitik. Ökologische Realpolitik an der Schwelle zum Jahrhundert der Umwelt. 298 S.; Wissenschaftliche Buchgesellschaft, Darmstadt

1.3 Umweltgeologie – Herausforderung für Forschung, Praxis und Studium

Werner Kasig und Diethard E. Meyer

Einführung

Im November 1993 wurde nach Heidelberg eingeladen, um einen Beitrag zur Standortbestimmung der geowissenschaftlichen Umweltforschung in Deutschland zu leisten. Während einige Stimmen für eine Fachsektion "Umweltgeologie" sprachen, waren andere dagegen, ohne sich ernsthaft mit den von Kasig u. Meyer (1984), Poll (1990) und Köwing (1991) zur Diskussion gestellten Inhalten der Umweltgeologie auseinanderzusetzen (s.a. Brühl 1990, 1993; Burghardt 1990; Fachschaftsrat 1989; Krauter 1989; Matschullat 1989; Michel 1989). Es soll deshalb im folgenden erneut auf die Inhalte und die große Bedeutung dieser breiten integrierenden Wissenschaftsdisziplin "Umweltgeologie" hingewiesen werden.

Der Begriff "Umweltgeologie"

Umweltgeologie (environmental geology) ist erstmals 1974 in Deutschland verwendet worden. Kasig u. Meyer (1984) versuchten, die "Umweltgeologie" zu systematisieren und ihre wesentlichen Grundlagen, Aufgaben und Ziele darzustellen. Die sich daraus ergebende Definition ist bewußt so weit gefaßt worden, sodaß sie bis heute sachlich unverändert bleiben konnte. Der Arbeitskreis "Umweltgeologie" des BDG formulierte 1990 eine Definition, die sich jedoch in allen wesentlichen Inhalten der von Kasig u. Meyer (1984) anschloß. Auch Poll (1989), Köwing (1991) und Rosenfeld (1992) setzten sich inhaltlich mit der Umweltgeologie auseinander. Unterdessen wird dieser Begriff in steigendem Maße benutzt. Zahlreiche Geologische Institute und Landesämter in Deutschland nennen bereits die Umweltgeologie. In der Geopraxis und in geowissenschaftlichen Veröffentlichungen wird dieser Name immer gebräuchlicher (Tollmann 1986). An zahlreichen Hochschulen soll eine umweltgeologische Ausbildung realisiert werden, um den wachsenden Anforderungen und Herausforderungen in der Praxis gerecht zu werden. Es besteht eine dringende Nachfrage nach Forschung im Bereich der Umweltgeologie (umweltgeologische Kreisläufe). Der Begriff "Umweltgeologie" hat sich in Kürze und Prägnanz zur Benennung dieser breiten interdisziplinären und integrierenden geowissenschaftlichen Disziplin bewährt. Die Inhalte werden in ihrer ganzen Breite (Meyer 1993) bisher nicht von den Spezialwissenschaften Ingenieur- und Hydrogeologie vertreten (z.B. Bilanzen zu anthropogen beeinflußten Stoffkreisläufen).

Geowissenschaften und Umwelt
Herausgegeben von J. Matschullat und G. Müller © 1994 Springer Verlag

Beiträge der Umweltgeologie zu Umweltschutz und Daseinsvorsorge

Im Mittelpunkt der Umweltgeologie stehen die Abhängigkeit des Menschen von der geologischen Umwelt sowie die anthropogenen Eingriffe. Sie befaßt sich fachübergreifend mit den durch anthropogene Kräfte ausgelösten Prozessen und ihren komplexen Wechselwirkungen mit den Prozessen in der Natur. Besonders die direkten Auswirkungen sowie die längerfristigen Folgewirkungen anthropogener Eingriffe müssen nach Art und Umfang erfaßt werden (z.B. Meyer 1986). Nur so können bereits eingetretene Schäden wirkungsvoll saniert und künftige Störungen von Stoffkreisläufen und Gleichgewichten vermieden werden. Der Mensch als herausragender geologischer Faktor hat durch seine schwerwiegenden Eingriffe in geologische Prozesse Folgewirkungen verursacht, die das Leben auf der Erde gefährden. Deshalb ist es dringend erforderlich, die anthropogenen Kreisläufe besser in die natürlichen Stoffkreisläufe einzubinden. Wesentliche Beiträge der Umweltgeologie bestehen in der Erfassung und Bilanzierung von anthropogenen Veränderungen im Bereich der Erdkruste, von Umweltbelastungen und ihren Folgen sowie der Störungen von Prozessen und Stoffkreisläufen im Hinblick auf die Folgen für die Evolution des Lebens. Die folgenden Hauptaufgaben sind Beiträge zu Umweltschutz und Daseinsvorsorge :

- Berücksichtigung der Abhängigkeit menschlicher Existenz vom Geopotential,
- Erfassung und Evaluierung temporärer sowie langandauernder anthropogener Veränderungen geologischer Gegebenheiten,
- Begrenzung anthropogener Eingriffe und der Verschiebung natürlicher Gleichgewichte durch den Geofaktor Mensch,
- Prognose schädlicher Rückwirkungen in Folge anthropogener Eingriffe in umweltgeologische Kreisläufe,
- Sicherung der menschlichen Umwelt durch prospektive Natur- und Umweltschutzmaßnahmen,
- Ermittlung und Bewertung des Geopotentials bzw. Naturraumpotentials für Planungszwecke insbesondere durch Vermeidung von Nutzungskonflikten,
- Schaffung integrierter anthropogen-geodynamischer Stoffkreisläufe.

Die Bewältigung dieser Aufgaben erfordert den gezielten Einsatz von Grundlagen- und Spezialkenntnissen aus dem Bereich der Geowissenschaften sowie benachbarter Natur- und Ingenieurwissenschaften. Umweltgeologische Erkenntnisse müssen aber vor allem mit geowissenschaftlichen Methoden umgesetzt werden. Besonders ist durch die integrierende Funktion der Umweltgeologie die interdisziplinäre Zusammenarbeit notwendig. Ziel muß sein, die Begrenztheit des Geopotentials zu erkennen und dabei insbesondere die Umweltverträglichkeit anthropogener Eingriffe in bezug auf die aktuogeologischen Prozesse und deren Projektion in die geologische Zukunft zu beachten. Das kann durch eine gezielte geologische Öffentlichkeitsarbeit (Geopfade, Besucherbergwerke, Exkursionen, Vorträge, Museen) wirkungsvoll unterstützt werden.

Konsequenzen und Empfehlungen

Die Herausforderung für Forschung, Praxis und Studium besteht deshalb darin, die genannten Gefahren zu erkennen und ihnen mit umweltgeologischem Sachverstand zu begegnen. Ein breit fundiertes Grundstudium der klassischen Geo- und Naturwissenschaften und im Hauptstudium eine Schwerpunktbildung in umweltgeologisch relevanten Fächern sind notwendig. Dazu kommen Aufbau-, Zusatz-, Ergänzungs- und sonstige weiterbildende Studiengänge und Seminare. Der ständige Kontakt mit der Praxis schon während des Studiums ist sehr wertvoll. So erlangt der Absolvent die umweltgeologische Kompetenz, wobei die ganzheitliche Betrachtungsweise entscheidend ist. Darauf hat bereits Hohl (1974) hingewiesen und einen Umweltgeologen im heutigen Sinne gefordert. Eine wirksame geologische Öffentlichkeitsarbeit ist erforderlich, damit die Entscheidungsträger umweltgeologische Fakten und Wege zur Problemlösung bewußter erkennen.

Ausblick

Der Begriff Umweltgeologie wird inzwischen in steigendem Maße verwendet. Die Weiterentwicklung dieser zukunftsweisenden integrierenden Disziplin ist zwangsläufig. Der Name ist kurz und prägnant. Ein grundlegendes Verständnis für umweltgeologische Zusammenhänge ist erforderlich. Die Umweltgeologie (environmental geology) stellt somit im Umwelt-Bereich einen Integrationsfaktor ersten Ranges dar. Sie kann und muß einen wichtigen zentralen Beitrag zur Lösung der Umweltprobleme leisten. Deshalb kommt auch den Geowissenschaften insgesamt eine wachsende Bedeutung zu.

Von Engelhardt (1974) hat die Geologie als Basis jeder Umweltwissenschaft bezeichnet und bedauert, daß "viele Kerndisziplinen der Geowissenschaft(en) erst am Rande an der Umweltforschung teilnehmen". Die Geowissenschaften haben deshalb eine hohe Verantwortung für die Zukunft der Lebensgrundlagen und des Lebens auf der Erde.

Literatur:

Brühl H (1993) Wozu eine Fachsektion "Umweltgeologie"? FH-DGG Infoblatt 5:14-15; Hannover

Brühl K (1990) "Umweltgeologie", Berufsfeld oder Fach? (eine Antwort auf die Frage: Brauchen wir eine Fachsektion "Umweltgeologie"? Nachr Dt Geol Ges 42:92-94; Hannover

Burghardt O (1990) Brauchen wir eine Fachsektion "Umweltgeologie"? Nachr Dt Geol Ges 42:97-100; Hannover

Engelhardt W von (1974) Die Geowissenschaften und die Bedeutung für die Zukunft der Zivilisation. Geol Rdsch 63:793-819; Stuttgart

Fachschaftsrat Universität Münster (1989) Unsere Verantwortung für die Umwelt – Über die Notwendigkeit eines neuen Fachgebietes innerhalb der Geologie. Nachr Dt Geol Ges 41:136-137; Hannover

Hohl R (1974) Anthropogene Endo- und Exodynamik im Territorium, ein neues Grenzgebiet zwischen Geologie, Geographie, Technik und Ökonomie. Z geol Wiss 2,8:947-961; Berlin

Kasig W, Meyer DE (1984) Grundlagen, Aufgaben und Ziele der Umweltgeologie. Z dt Geol Ges 135:383-402; Hannover

Köwing K (1991) Umweltgeologie - eine aktuelle Aufgabe der Staatlichen Geologischen Dienste Westeuropas. Die Heimat, Z Natur- Landeskunde Schleswig-Holstein Hamburg, 98,6/7:149-156; Neumünster

Krauter E (1989) Gründung einer Fachsektion "Umweltgeologie" in der DGG? Nachr Dt Geol Ges, 41:135; Hannover

Matschullat J (1989) Zur Rolle der Umweltgeologie in den Geowissenschaften. Nachr Dt Geol Ges 42: 95-97; Hannover

Meyer DE (1986) Massenverlagerung durch Rohstoffgewinnung und ihre umweltgeologischen Folgen. Z dt Geol Ges 137:177-193; Hannover

Meyer DE (1993) Umweltgeologie. In Kuttler W (Hrsg) Handbuch zur Ökologie. Handbücher zur angewandten Umweltforschung, 1:475-483; Berlin

Michel G (1989) ist die Gründung einer Fachsektion "Umweltgeologie" notwendig und sinnvoll? Nachr Dt Geol Ges 41:134; Hannover

Poll K (1989) "Umweltgeologie", eine aktuelle und zukunftsbezogene Teildisziplin der Geowissenschaften. Nachr Dt Geol Ges 41:127-133; Hannover

Rosenfeld U (1992) Aktuogeologie-Anthropogeologie-Umweltgeologie: Begriffe, Versuch einer Standort-bestimmung. Z dt geol Ges 143:9-21; Hannover

Tollmann A (1986) Geologie von Österreich. Gesamtübersicht III:781 S.; Wien

2 Bodenschutz

"Der Boden ist der Dreck, der die Geologie verhüllt". Mit diesem Spruch ist mancher Student der Geowissenschaften bedacht worden und tatsächlich vermag ein echter "Hardrocker" diesen für ihn rezenten Bildungen meist ebensowenig abzugewinnen wie der gesamten Quartärgeologie. Inzwischen stellen wir fest, daß diese Ablehnung vielleicht auch aus der Scheu vor einem Themenkomplex herrührt, der in seiner Komplexität und Dynamik zum Teil deutlich verwirrender ist als manche metamorphe Serie. "Der Boden ist die Haut der Erde", sagen alte Mythen und in der Tat läßt sich dieses Umweltkompartiment an der Schnittstelle zwischen Atmosphäre und Lithosphäre recht anschaulich so beschreiben.

Bodenschutz wird seit langem von Bodenkundlern betrieben, die sich nicht von der Schwierigkeit einer quantitativen Beschreibung schrecken ließen. Zunehmend begegnen sich – oft ausgelöst durch Umweltfragestellungen – traditionelle Bodenkunde und Zweige der Geowissenschaften. Wir lernen, neue Fragen an die Prozesse der Verwitterung und der Bodenbildung zu stellen, erkennen die Bedeutung der geogenen versus der anthropogenen Anreicherung bestimmter Stoffklassen in Bodenhorizonten (→ 2.1, 2.2, 2.6) und stellen fest, daß zahlreiche Umweltprobleme, auch historische, sich mit der Nichtbeachtung von Prinzipien des präventiven Bodenschutzes erklären lassen (→ 2.3 bis 2.5).

Während zur Bedeutung des Bodens für anorganische Stoffe in den letzten Jahren und Jahrzehnten zahlreiche Arbeiten Grundlegendes geleistet haben und inzwischen Landes- und Bundesbehörden nicht nur in Deutschland flächendekkende Elementverteilungskarten im Repertoir haben, stehen wir bei der Frage nach dem Verbleib und der Umwandlung organischer Spezies noch weitgehend vor Neuland. Dabei haben z.B. Fragen nach den Huminstoffen in der Bodenlösung und deren komplexierender Wirkung, bzw. nach dem Zersatz organischer Schadstoffe und deren Metaboliten, wesentliche Bedeutung für das Verständnis nicht nur der bodeninternen Prozesse, sondern darüber hinaus als Inputgröße in das nächste Kompartiment, die Hydrosphäre und Biosphäre (→ 2.6, 2.7, 6.1).

2.1 Einfluß periglazialer Deckschichten auf die natürlichen Schwermetallgehalte von Böden

Hans Ruppert

Welche Faktoren prägen die natürlichen Elementgehalte in Böden?

Die heutigen Böden haben sich im wesentlichen nach der letzten Eiszeit im Laufe von etwa 12 000 Jahren (Holozän) aus den an der Oberfläche anstehenden Lokker- und Festgesteinen gebildet. Folgende Faktoren bestimmen die natürlichen (geogenen) Elementgehalte in terrestrischen Böden (nach Ruppert u. Schmidt 1987; Ruppert 1991a,b):

1. Die Zusammensetzung der Ausgangsgesteine der Bodenbildung (lithogene Gehalte). Böden aus basischen, ultrabasischen und tonreichen Gesteinen haben durchwegs hohe Gehalte an V, Cr, Mn, Fe, Co, Ni, Cu, Zn und Mo, wobei Cr und Ni die Bodengrenzwerte der Klärschlammverordnung (100 mg Cr/kg, 50 mg Ni/kg) erheblich überschreiten können. Bei hohen Glimmeranteilen gilt dies auch für Böden aus Gneisen und Glimmerschiefern. Umgekehrt haben Böden mit hohem Quarzanteil (z.B. Sandböden) sehr niedrige Grundgehalte bei allen Metallen. In diesen Böden prägen vor allem Art und Anteile an Schwermineralien, Fe-Oxidhydroxiden und Feldspäten die Metallgehalte. Die Blei- und Thalliumgehalte in Böden aus Sandsteinen und Graniten sind weitgehend durch den Anteil an Alkalifeldspäten und deren Gehalte bestimmt. Schluffreiche Böden (z.B. aus Löß bzw. Lößlehm) und Böden aus Grauwacken, Mergelsteinen, Geschiebelehmen und granitischen Gesteinen haben Gehalte, die zwischen Tongesteins- und Sandböden liegen. Böden mit extremen Werten wie z.B. über Erzmineralisationen sind zumeist auf kleine Areale beschränkt. In Auenböden von Bächen, in deren Einzugsgebiet Vererzungen sind, können ebenfalls erhebliche Gehalte auftreten.

In der Regel steigen die Schwermetallgehalte mit dem Anteil an Tonmineralen und Oxidhydroxiden von Fe und Mn. Vereinzelt können hohe Kalifeldspatanteile zu erhöhten Tl- und Pb-Gehalten, hohe Plagioklasanteile zu erhöhten Be, Cu- und Co-Gehalten führen; Schwermineralanreicherungen (einschließlich Beryll) können die Gehalte z.B. von Cr, Ni, Sn und Be steigern. Quarz und Karbonate (Ausnahme Mn, Cd) und die organische Substanz verdünnen die natürlichen Metallgehalte.

Geowissenschaften und Umwelt
Herausgegeben von J. Matschullat und G. Müller © 1994 Springer Verlag

2. Die Bodenbildung einschließlich der Bioturbation (pedogene Gehaltsveränderungen). • Humusbildung: Anreicherung von Kohlenstoff, Stickstoff und Wasserstoff in den Humusauflagen und den humushaltigen Mineralbodenhorizonten; Verdünnung der mineralischen Komponenten; Extrembeispiel: Moore. • Podsolierung: bei durchlässigen und sauren Böden Verlagerung von Humussubstanzen, von Fe, Al und Mn und einigen Schwermetallen (z.B. Pb) aus dem Oberboden; Ausfällung von Humus sowie von Fe-, Al- und Mn-Oxidhydroxiden und Sorption von Schwermetallen in den Unterbodenhorizonten. • Lessivierung: Tonverlagerung aus den A-Horizonten in die Unterbodenhorizonte. • Auflösung von Karbonaten unter Anreicherung silikatischer Komponenten aus der Lösungsverwitterung, meist Ton- und Fe-Oxidhydroxidreich. • Redoxeinflüsse bei vergleyten Böden können zu einer Mobilisierung und Fixierung insbesondere von Fe und Mn führen. Beide Elemente werden im oxidierenden Bereich als Oxidhydroxide ausgefällt und können im reduzierenden Bereich in Anwesenheit von Schwefelwasserstoff als Sulfide fixiert werden. • In versauerten Böden sind vertikale, bei entsprechender Hangneigung auch laterale Elementverlagerungen bis hin zum Grundwasser möglich. • Vermischung der Horizontgrenzen je nach Ausmaß der Bioturbation z.B. durch Bodenwühler oder durch Umfallen von Bäumen.

Die Rolle der Verwitterung und Bodenbildung für die natürlichen Elementgehalte vieler Böden unseres Klimabereiches ist weniger bedeutsam als die Zusammensetzung der Ausgangsgesteine der Böden, insbesondere bei Böden mit günstigem Verhältnis zwischen Pufferkapazität und Verwitterungsintensität. Untersuchungen an zahlreichen Bodenprofilen in Bayern zeigen, daß in den Oberbodenhorizonten aus Silikatgesteinen die leicht mobilisierbaren Elemente wie Na, Li, Rb, Ca, Mg, Sr, Ba, U gegenüber vergleichbaren Unterbodenhorizonten nicht verarmt sind. Bei den Gesamtelementgehalten ist also keine Stoffbestandsverschiebung zu erwarten. Ausnahmen: podsolierte Böden aus wenig gepufferten Substraten (z.B. karbonatfreie Sandböden); Böden aus Karbonatgesteinen (Weglösung von Ca und Mg und Anreicherung von Residualkomponenten); Böden mit starken Redoxgradienten (z.B. Gleye) (freundl. Mitteilung eine anonymen Gutachters, 1994). Bei allen Böden verändern sich unter Einfluß zunehmender Versauerung zusätzlich die Parameter, die an die Oberflächeneigenschaften der Bodenpartikel gekoppelt sind wie z.B. Belegung mit Na-, K-, Ca-, Mg-, H-, Al-, Fe-, Mn- und Phosphat-Ionen.

3. Erosion und Ablagerung. Materialabtrag und -sedimentation kann auf Standorten mit Hangneigungen > 2° beim Anbau von Feldpflanzen ohne durchgängige Bodenbedeckung von erheblicher Bedeutung sein (z.B. bei Intensivkulturen wie Obst-, Wein- und Hopfenbau; bei Maisanbau), vor allem, wenn auf größere Zeiträume extrapoliert wird. Im Erosionsbereich bestimmen tiefere, durch den Abtrag freigelegte Schichten den Elementinhalt der Böden, im Akkumulationsbereich das oben abgetragene Material (Kolluvium).

4. Überflutungen im Auenbereich von Fließgewässern. Überschwemmungen im Auenbereich können durch die Umverlagerung von Sedimenten und Böden mit einer erheblichen Stoffdynamik einhergehen. Der Auenbereich und die Kolluvien sind im Holozän die einzigen Bereiche in Mitteleuropa, in denen Böden merklich mit neuem Material überschichtet werden.

5. natürliche Staubeinträge. Auf der Grundlage einer Bilanzierung der Staubeinträge in zwei Hochmooren in Schleswig-Holstein (nach Daten von Menke 1987; Hartmann et al. 1992) läßt sich berechnen, daß im gesamten Holozän etwa 140-170 bzw. 100 t Staub pro Hektar entsprechend einer Staubschichtdicke von etwa 9 bis 11 bzw. 7 mm eingetragen wurden. Staubeinträge im Holozän spielen gegenüber den vorhandenen Ausgangsmaterialien nur eine sehr untergeordnete stoffbestandsbestimmende Rolle (Ruppert 1991b).

Zusätzlich kommen zu diesen natürlichen stoffbestandsbestimmenden Faktoren noch technogene Faktoren (Synonym: anthropogene Faktoren) wie direkter Eintrag von Stoffen (Klärschlamm, Düngemittel, Biozide etc.) oder Eintrag über die Atmosphäre. Eine weiterführende Überprägung erfolgte durch Bodenbearbeitung, durch die der ursprüngliche Aufbau der oberen Bodenhorizonte und auch Bodeneigenschaften erheblich verändert wurde: z.B. wurde die ursprüngliche Gliederung der Waldböden in drei bis fünf Horizonte unter natürlichem Bewuchs durch Bodenbearbeitung vollkommen nivelliert. Anthropogene Auftragsböden, Haldenmaterialien usw. haben zumeist keinerlei Verband mehr zu den natürlichen Ausgangsgehalten.

Periglaziale Deckschichten

Was sind periglaziale Deckschichten? Während der pleistozänen Eiszeiten (> 11 000 vor heute) herrschte im Gebiet zwischen der Eiskappe in Nordeuropa und der alpinen Vereisung Permafrost. Die Vegetation der eisfernen Areale bestand vorwiegend aus Gräsern (Tundra- und Kaltsteppenvegetation ohne Bäume). Auf den Landoberflächen bewegte sich während des Sommers in den Auftauzonen durch Kryoturbation Gesteins- und schon vorhandenes Bodenmaterial sowohl vertikal als auch lateral. Dieses Material war häufig schon vorverwittert. Der Lateraltransport von hangaufwärts befindlichen Materialien (Gelisolifluktion) setzte schon bei Hangneigungen von knapp 2° aufwärts ein. Die lateralen Transportweiten betrugen je Länge und Ausprägung des Hanges häufig wenige bis mehrere Zehner Meter, selten auch bis zu 1 km. Die Mächtigkeit dieser Schichten ist auf nicht erodierten Standorten etwa 30-70 cm. Sie entspricht den zu erwartenden Auftautiefen.

Gleichzeitig wurden am Rande der Eismassen aus den vegetationsfreien Sander- und Schotterflächen durch starke Luftdruckgegensätze sandige, schluffige und tonige Materialien ausgeweht. Die Stäube lagerten sich begünstigt durch die Vegetation in den eisfreien Gebieten ab und wurden in die dort befindlichen

Kryoturbationsdecken eingearbeitet. Die Anteile dieser äolischen Sedimente können sehr variabel sein. Beim Transport dieser Stäube erfolgte eine Sortierung: In der Nähe der Liefergebiete waren sie sandiger (Flugsande bis Sandlöß), mit zunehmender Entfernung schluffiger und etwas tonreicher (Löß). Verbreitung: In eisfreien Gebirgsbereichen ist der Anteil an Gesteinsschutt in den Deckschichten relativ hoch, während in Ebenen sowie in den östlichen Leelagen von Erhebungen der Lößanteil sehr hoch sein kann. In günstigen Positionen wie z.B. nördlich des Mittelgebirgsrandes ist Löß bis zu einigen Zehner Meter mächtig.

Abgesehen von den früheren Vereisungsgebieten und den Auenbereichen entwickelten sich also während des Holozäns die oberen Bodenhorizonte nicht aus den im Untergrund anstehenden Gesteinen, sondern aus den während der Eiszeit entstandenen Deckschichten. Ausnahmen sind erodierte Standorte, Areale postholozäner Sedimentation (z.B. Auenbereiche der Flüsse) und Bereiche von Gebieten, die bis zuletzt vereist waren. Nach dem AK Bodensystematik lassen sich die Deckschichten folgendermaßen gliedern (Schilling u. Spies 1991):

Oberlage: spätpleistozäne bis holozäne Deckschicht (flächenmäßig unbedeutend; kommt bei Felsdurchragungen und an Steilhängen vor); zumeist steinig,

Hauptlage: auch Decklage; spätpleistozäne Deckschicht, die auf nicht-erodierten Standorten fast immer vorhanden ist; meist 30-70 cm mächtig und häufig relativ homogen durch Kryoturbation; deutliche äolische Anteile bis hin zum reinen Löß, Sandlöß und Flugsand; in einigen Gebieten Einmengungen von Laacher-See-Aschen aus dem Alleröd (10 800-12 000 v. heute),

Mittellage: ist meist nur in erosionsgeschützten Positionen in ebener bis schwach geneigter Lage erhalten; hat meist höhere äolische Anteile, aber keine Lacher-See-Aschen,

Basislage: besteht aus vertikal bzw. lateral umgelagertem, durch Frost aufbereitetem Material der im Untergrund befindlichen Gesteine oder aus alten Verwitterungsdecken; keine oder sehr selten geringe äolische Beimengungen; meist skelettreich; ist häufiger als die Mittellage erhalten, fehlt jedoch an stärker erosionsgefährdeten Standorten wie im Kuppen-, Rückenbereich, an Oberhängen und konvexen Hangabschnitten.

Haupt-, Mittel- und Basislagen sind eventuell in verschiedenen Eiszeiten, wahrscheinlich jedoch in verschieden Zyklen einer Eiszeit gebildet worden. Äolische Aufwehungen > 1 m stellen ein eigenes geologisches Substrat der Bodenbildung dar und werden nicht mehr den Deckschichten zugeordnet. Analoges gilt für die Auenablagerungen sowie für Moore.

Kartierung von Deckschichten. Eine erhebliche Komplikation bei der Kartierung von Deckschichten und damit der Erfassung des Stoffbestandes ist die Erosion: In Mitteleuropa wurden spätestens ab dem Mittelalter fast alle ackerfähigen

Böden gerodet. Schon ab Hangneigungen um 2° besteht die Gefahr von Bodenabträgen. Nach Bork (1983) kam es beispielsweise im südöstlichen Niedersachsen (südwestliches Harzvorland und Untereichsfeld) nach massiven mittelalterlichen Rodungsmaßnahmen vor allem ab dem Hochmittelalter (etwa 1250-1500 n. Chr.) auf den mächtigen Lößablagerungen zu erheblichen Erosionen, die im Durchschnitt etwa 2,3 m betrugen. Die Niederschlagsrate beträgt im Mittel etwa 600-800 mm/Jahr, die mittleren Hangneigungen der Teilgebiete 3 bis 14 %. Davon wurden 88 % auf den Hängen und in den Auenbereichen akkumuliert, der Rest ausgetragen.

Eine weitere Komplikation: Großmaßstäbige bodenkundliche Kartenwerke umfassen bisher nur eine geringe Fläche Deutschlands. Abgesehen von Lößarealen und den früher vom Eis überdeckten Gebieten können vor allem auf den älteren Karten keine eindeutigen Beziehungen zu den Ausgangsgesteinen der Bodenbildung hergestellt werden. Geologische Karten sind hierfür ebenfalls meist nur wenig geeignet:

- häufig werden nur stratigraphische Gliederungsmerkmale differenziert,
- verschiedenste Gesteinseinheiten werden zusammengefaßt, so daß eine eindeutige lithofazielle Zuordnung nicht möglich ist (z.B. Wechsellagerung von Ton-, Schluff- und Sandsteinen),
- oft wird aus den geologischen Karten die sog. abgedeckte Stratigraphie wiedergegeben; d.h. äolische Aufwehungen von wenigen dm Mächtigkeit sind auf den Karten nicht berücksichtigt. Ausnahmen: z.B. Gebiete mit mächtigeren Löß- oder Flugsandablagerungen, Kolluvien und Auensedimente, Gebiete ehemaliger Vereisung, auf denen sich keine Deckschichten ausbilden konnten (z.B. Moränen, Schotterflächen).

Anmerkung: Der Kartierer (insbesondere der Geologe) muß sich klarmachen, daß der Boden aus Material besteht, das meist äolisch beeinflußt ist und lateral verlagert sein kann, und somit nicht das im Untergrund anstehende Gestein repräsentiert.

Periglaziale Deckschichten bestimmen den natürlichen Stoffbestand (Beispiele)

Gerade wegen der aufgezeigten Schwierigkeiten wie Ansprache und stoffliche Charakterisierung der Decklage, bodengenetische Veränderungen, Erosion, Mangel an Gesteinsdaten usw. ist zur Abschätzung der natürlichen Grundgehalte in den Böden eine umfangreiche Bestimmung des Stoffbestandes der einzelnen Horizonte unumgänglich. Dies ist nur möglich, wenn Gesamtelementgehalte vorliegen. Vor dieser Basis können dann technogene Zusatzgehalte bzw. Einträge quantifiziert werden. Umgekehrt können die geochemischen Analysen, kombiniert mit bodenkundlichen Befunden, die Entstehung und die Entwicklung der Böden klären helfen, wie die folgenden Beispiele zeigen werden. Die Auswahl der Profile erfolgte nicht nach Repräsentativität in der Landschaft, sondern nach dem Kontrast zwischen den einzelnen Substraten. Die Interpretation erfolgt hier weitestgehend Profil-immanent aus dem Vergleich der Beziehungen und Trends der Elementgehalte in den einzelnen Horizonten. Besser ist natürlich eine Interpretation der Daten auf der Grundlage von Catenen oder sogar von Flächen, was jedoch in dieser Abhandlung nicht erfolgen kann.

Methodik. Die hier vorgestellten Bodenproben wurden von Schilling und Spies 1988-1990 in Franken horizontweise entnommen und in den bodenkundlichen und geochemischen Laboratorien des Bayerischen Geologischen Landesamtes untersucht. Die Proben wurden gesiebt; die Fraktion < 2 mm (Feinboden) fein gemahlen. Die gemahlenen Proben wurden in einer speziell entwickelten Aufschluß- und Abrauchapparatur mit einem Gemisch aus Flußsäure-Perchlorsäure-Salpetersäure unter Druck aufgeschlossen, abgeraucht, aufgenommen und 1:500 verdünnt (Ruppert 1992). Die Quantifizierung der Elementgehalte erfolgte mit ICP-OES (Spectroflame der Fa. Spectro) und ICP-Massenspektrometrie (Elan 250 der Fa. Sciex-Perkin Elmer) direkt aus den Aufschlußlösungen (Ruppert 1990). Die Elementgehalte sind in mg/kg luftgetrockneten Bodens (ppm) angegeben, die Tiefe in cm. Der angegebene Wert unter dem Elementsymbol stellt die Konzentration dar, die maximal dargestellt wird. Überschreiten Werte dieses Maximum, so sind sie an der Basis des Kästchens ausgedruckt. Hinweis: Alle im folgenden aufgezeigten Elementtrends und Interpretationen beziehen sich auf den Feinboden, auch wenn die Böden zum Teil erhebliche Skelettanteile (Fraktion > 2 mm) aufweisen.

Profil 1. Pseudogley-Podsol aus Dünensand über Feuerletten (Hangrücken nördlich Nürnberg; Kiefernbewuchs; Schilling 1990). Dieses einfach aufgebaute Waldbodenprofil besteht bis in 90 cm Tiefe aus Dünensanden als Hauptlage und darunter aus angewittertem tonreichem Feuerletten (IIPSd) als geologisches Substrat. Erwartungsgemäß verdünnen die sehr hohen Quarzgehalte der Hauptlage alle hier ausgeführten Elemente. Die Kalifeldspatgehalte der Dünensande liegen rechnerisch bei etwa 11 %. An die Kalifeldspäte dürften weitestgehend Al und auch die durchwegs geringen Gehalte von Na, Li, Rb, Cs, U, Ba, Sr, Tl sowie Y, La und Ce gebunden sein. Bei Al bleibt ein Überschuß von 0,5 %, der rechnerisch in etwa 2 % Kaolinit stecken dürfte. Na ist das einzige Element, das in den Dünensanden höher konzentriert ist als in im Feuerletten. Der Feuerletten selbst hat verglichen mit typischen Tonsteinen (Ruppert 1990) sehr niedrige Gehalte an Na, Ca und Sr, dagegen sehr hohe Werte an Li, Rb, Cs, Ba, Y, La, Ce, Mn, Bi und Tl. Der über dem Feuerletten liegende SwSd-Horizont (eventuell Mittellage) hat Gehalte zwischen denen des Feuerlettens und der Sande; der Feuerlettenanteil dürfte zwischen 10-30 % liegen.

In den sorptionsstärkeren Humus- und sesquioxidreichen Bvs- und Bsh-Horizonten sind Li, Cs, Mg, Y, La, Ce, Al, Fe, Mn, V, Cr, Ni, Be, Co, Cu, Zn, Cd, Pb und Bi gegenüber dem Eluvial-Horizont (Ae) stark angereichert. Dennoch sind die durch die Podsolierung verursachte Verlagerung und Anreicherung gegenüber den sehr unterschiedlichen, von den Ausgangsgesteinen aufgezwungenen Gehalten (z.B. Feuerletten-Horizont IIPSd) unbedeutend.

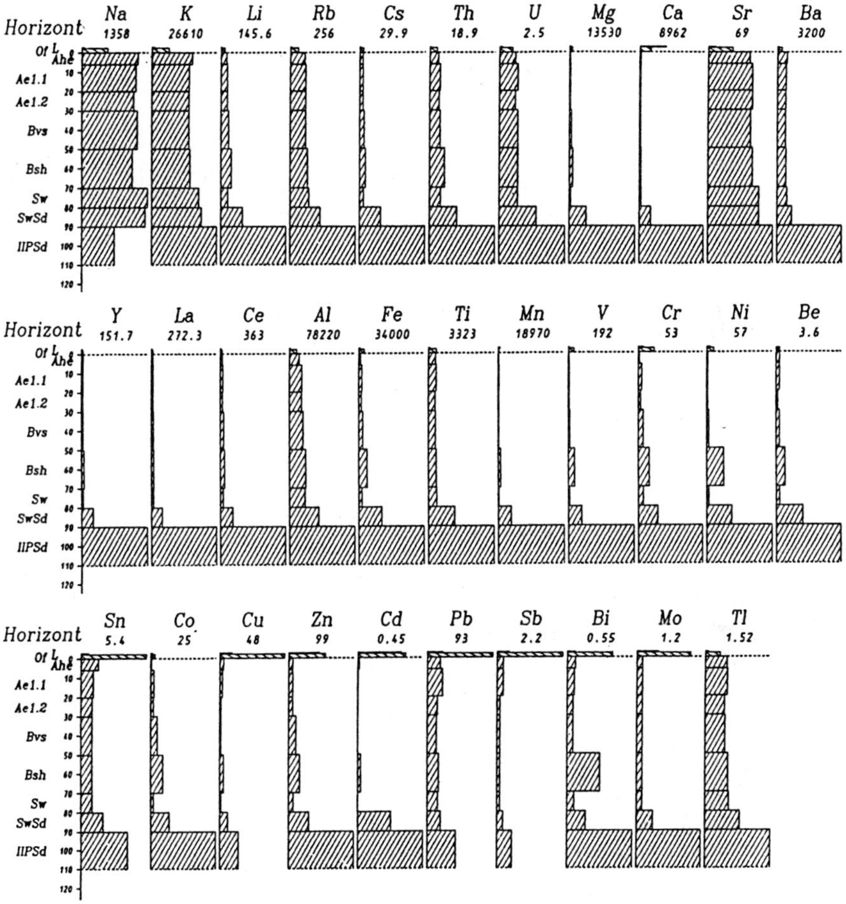

Abb. 1. Profil 1: Tiefenverteilung von Elementgehalten in einem Pseudogley-Podsol aus Dünensand über Feuerletten (Schilling 1990); Gehalte in [mg/kg], Tiefe in [cm]

Da der Dünensand sehr niedrige geogene Elementgehalte aufweist, sind insbesondere in der stark fixierenden Humusauflage (Ruppert u. Schmidt 1987) sehr gut technogene Anreicherungen festzustellen bei Mn, Fe, V, Cr, Ni, Sn, Cu, Zn, Cd, Pb, Sb, Bi und Mo (Ca-Anreicherung durch Düngemaßnahmen). Insbesondere bei Mn, Fe, V, Cu, Zn, Mo und Ca muß davon ausgegangen werden, daß auch pflanzenphysiologische Prozesse zu geringen Anreicherungen führen können. Hinweise: Im Feuerletten werden die Bodengrenzwerte nach der Klärschlammverordnung von 1982, nach der KLOKE- oder Holländischen Liste (Hein u. Schwedt 1991) bei folgenden Elementen überschritten (Grenzwerte in Klammern in mg/kg): V (50), Ni (50), Tl (1), Ba (2000; Kategorie Sanierungsuntersuchung). Die Bodengrenzwerte dürfen nicht auf die Humusauflage sondern nur auf landwirtschaftlich genutzte Böden angewandt werden.

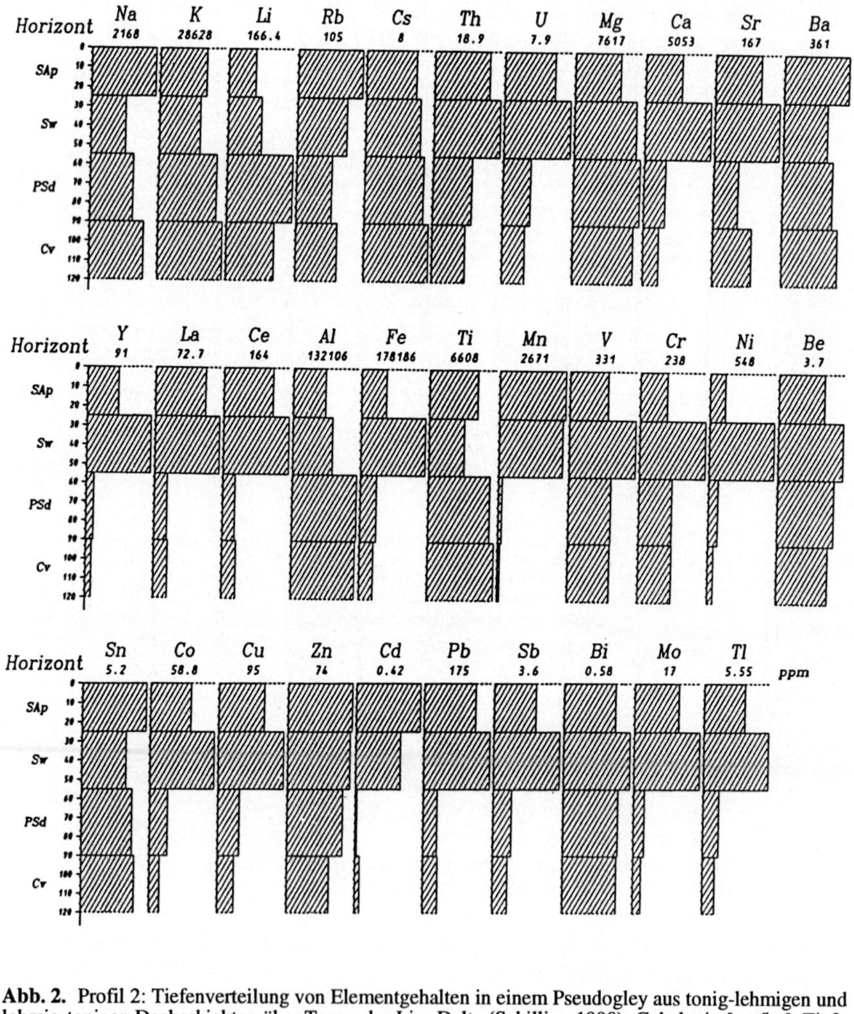

Abb. 2. Profil 2: Tiefenverteilung von Elementgehalten in einem Pseudogley aus tonig-lehmigen und lehmig-tonigen Deckschichten über Tonen des Lias Delta (Schilling 1990); Gehalte in [mg/kg], Tiefe in [cm]

Profil 2. Pseudogley aus tonig-lehmigen und lehmig-tonigen Deckschichten über Tonen des Lias Delta (etwa 10 km ENE von Erlangen; ebene Lage; Ackernutzung; Schilling 1990). Dieses Profil besteht im SAp-Horizont aus dunkelbraunem tonigen Lehm, im Sw-Horizont aus orange- bis dunkelbraunem lehmigen Ton, im PSd-Horizont aus bläulich-grauem und braungelbem lehmigen Ton (eventuell Lias Epsilon) und im Cv-Horizont aus blaugrauem und gelben lehmigen Ton (Lias Delta). Insgesamt kann von 3-4 verschiedenen bodenbildenden Substraten ausgegangen werden, wobei der PSd- und Cv-Horizont geochemisch sehr ähnlich sind.

Die Neben- und Spurenelemente sind eindeutig an den Verlauf der phasenbildenden Hauptelemente wie Al, Fe und K gekoppelt. Im Sw-Horizont sind an die vermutlich oxidhydroxidischen Fe-Phasen die Elemente U, Y, La, Ce, Mn, V, Cr, Ni, Be, Co, Cu, Zn, Pb, Sb, Bi, Mo und Tl gebunden, während in dem Kaolinit- und K-Al-Silikat-reichen PSd- und Cv-Horizont Na, Li, Cs, Mg, Ba, Ti und Sn stärker vertreten sind.

Der SAp-Horizont ist wahrscheinlich eine Mischung aus schluffreichem äolischem Material mit Tonen des Lias. Auch bei diesem Profilen spielen abgesehen von einer eventuellen Entkalkung pedogenetische Prozesse für den Stoffbestand nur eine vernachlässigbare Rolle.

Technogene Anreicherungen sind wegen den relativ hohen natürlichen Gehalten und der verdünnenden Wirkung der Bodenbearbeitung kaum auszumachen, mit Ausnahme eventuell bei Cd, das im SAp-Horizont die höchsten Gehalte hat. Dennoch werden bei zahlreichen Elementen auf Grund der erhöhten natürlichen Ausstattung Bodengrenzwerte bzw. tolerierbare Gesamtgehalte (in Klammern in mg/kg) überschritten: U (5), Ti (5000), V (50), Cr (100), Ni (50), Co (50), Pb (100), Mo (5), Tl (1).

Profil 3. Lockerbraunerde aus lößlehmhaltigem, sandigem Diabastuffschutt über Diabastuff (5 km NE von Bad Steben, Frankenwald; Gipfelbereich; Mischwald; Spies 1991). Das Profil ist vom Geländebefund her gegliedert in 3 skelettreiche Hauptlagen (Ah, BvAh, CvBv; BvCv; lCv), eine Kluftausfüllung (IImCv) und den Diabastuff (mCn). Die Diabase gehören zu den sekundär veränderten basaltischen Gesteinen und haben erwartungsgemäß erhöhte Gehalte an Ca, Mg, Sr, Fe, Ti, V, Cr, Ni und Co. Die lößlehmbeeinflußten Mineralbodenhorizonte sind erstaunlich einheitlich zusammengesetzt (abgesehen von der nicht erklärbaren Cs-Anreicherung der Kluftfüllung). Bei den meisten Elementen ist ein geringer, aber kontinuierlicher Anstieg der Gehalte innerhalb der Hauptlagen festzustellen, dem eine geringfügige Abnahme äolisch angelieferter Quarzanteile mit der Tiefe entspricht. Die Homogenität der Hauptlagen und der Spaltenfüllung und ihre erstaunlich hohen Mg-, Sr-, Cr-, Ni- und Co-Werte, die nur um etwa Faktor 2 geringer sind als im Diabastuff, lassen folgende Bildungsmechanismen der lößhaltigen Horizonte zu: 1) Ein Großteil des Löß ist lokal aufgewehtes Material, das sich mit ferntransportiertem Material vermischt hat und abgelagert wurde. Einem solchen Mechanismus widersprechen jedoch die hohen Skelettanteil in den Hauptlagen, die zwischen 48 und 86 % betragen. 2) Löß- und vorverwittertes Diabastuff-Material wurden durch kryoturbate Prozesse homogenisiert, wobei der Diabastuff sicher weiter verkleinert wurde. Der 2. Mechanismus ist der wahrscheinliche. Zusätzlich kann Diabastuffreicher Lokallöß angeliefert worden sein.

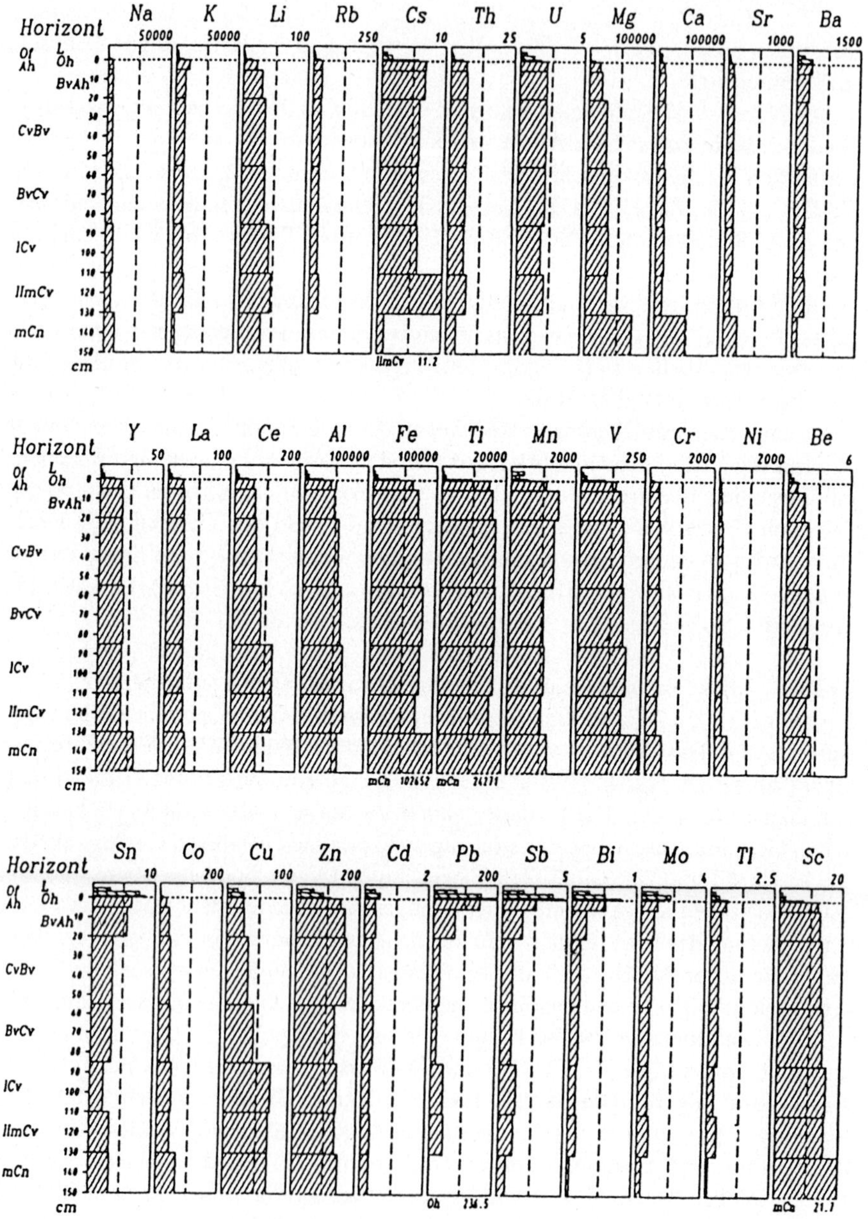

Abb. 3. Profil 3: Tiefenverteilung von Elementgehalten in einer Lockerbraunerde aus lößlehmhaltigem, sandigem Diabastuffschutt über Diabastuff (Spies 1991); Gehalte in [mg/kg], Tiefe in [cm]

Vom Ausgangsgestein her liegen folgende Gehalte über den Bodengrenzwerten (in Klammern in mg/kg): Ti (5000), V (50), Cr (100), Ni (50). In den Humusauflagen sind Sn, Cd, Pb, Sb, Bi und Tl durch technogene Prozesse eindeutig erhöht.

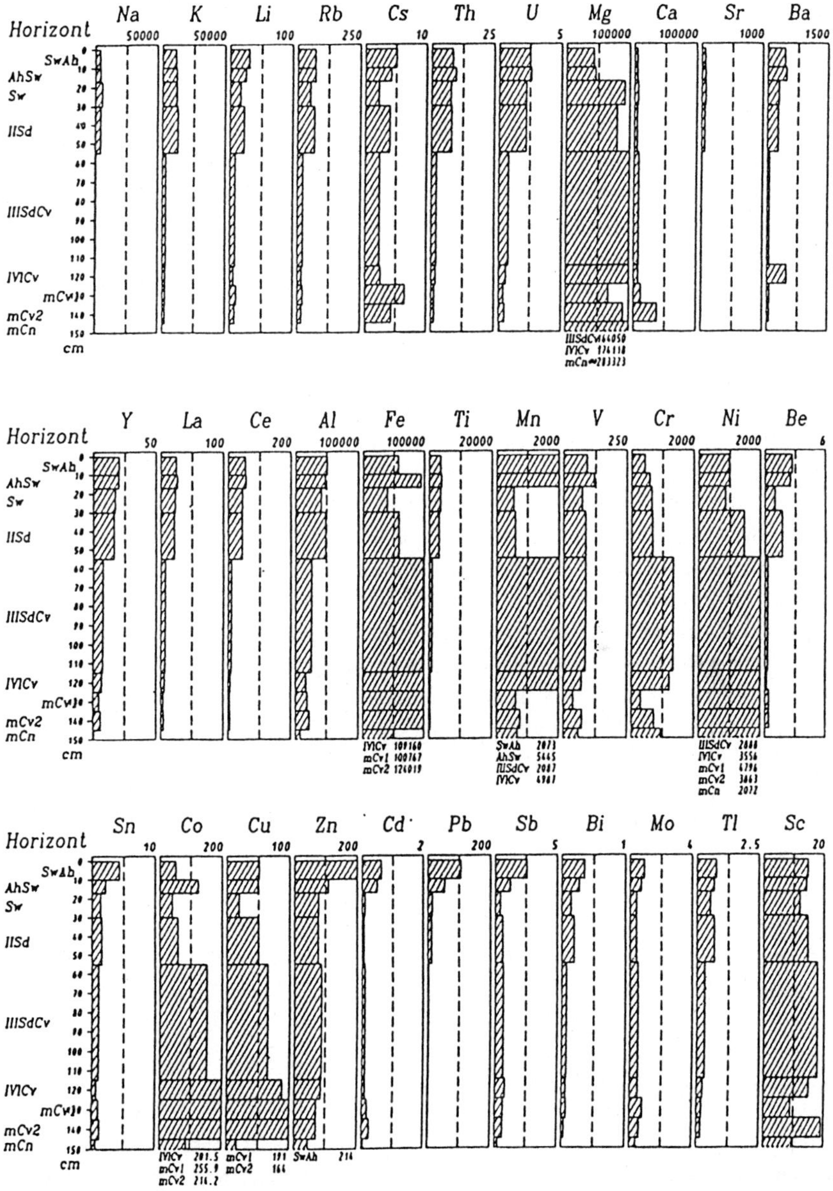

Abb. 4. Profil 4: Tiefenverteilung von Elementgehalten in einem Pseudogley aus geschichtetem, schluffhaltigem Serpentinit- und Lößlehm über Serpentinit-Schuttlehm-Basisfließerde (Spies 1991); Gehalte in [mg/kg], Tiefe in [cm]

Profil 4. Pseudogley aus geschichtetem, schluffhaltigem Serpentinit- und Lößlehm über Serpentinit-Schuttlehm-Basisfließerde (8 km S von Münchberg auf Münchberger Hochfläche; Oberhang eines Serpentinitrückens; Grünland; Spies 1991). Das Profil wurde im zentralen Bereich einer weitgespannten flachen Hangmulde im Oberhangbereich eines Serpentinitrückens entnommen. Es ist sehr inhomogen aufgebaut durch wechselnde Anteile von Lößlehm- und Serpentinitmaterial. Der Serpentinit dürfte teilweise zu verschiedenen Ni-reichen Tonmineralien verwittert sein.

Hauptlage: Der SwAh-Horizont besteht aus schluffreichem Lehm mit 2 %, der AhSw aus schluffigem Lehm mit 10 %, der Sw aus lehmigem Schluff mit 65 % Skelettanteil; Mittellage: Der IISd ist ein schluffiger Lehm mit 31 % Skelettanteil. Die IIISdCv(Basisfließerde)- und IVlCv-Horizonte sind beide schwach tonige Lehme mit Skelettgehalten von 61 bzw. 71 %. Die Lagen mit hohen Anteilen an verwittertem Serpentinit können sehr gut an an stark erhöhten Gehalten von Mg, Fe, Mn, Cr, Ni, Co und Cu bei parallel niedrigen Gehalten der übrigen Elemente festgestellt werden. Letztere sind in der Lößlehmkomponente angereichert. Wie die für Lößlehme untypisch erhöhten Mg- und Fe-Gehalte zeigen, sind Serpentinkomponenten in allen Horizonten vertreten. Das bedeutet, daß Lößlehmanlieferung und der Antransport von hangaufwärts anstehendem Material keinesfalls in festen Proportionen erfolgte. Es ist wahrscheinlich, daß der Lößlehm auf den Solifluktionsdecken abgelagert und während der lateralen Verlagerung in die Decken eingarbeitet wurde. Die kryoturbate Vermischung der beiden Materialien reichte jedoch vermutlich aus zeitlichen Gründen nicht für eine vollständige Homogenisierung aus.

Eine Bilanzierung der jeweiligen Anteile ist erschwert, da die Horizonte mit den stärksten Anteilen an Serpentinverwitterungsmineralien unterschiedliche Verhältnisse ihrer charakteristischen Elemente aufweisen. Die reine Serpentinzusammensetzung dürfte am besten am mCn-Horizont abzulesen sein, der nahezu ausschließlich aus diesem Mineral besteht. Ein Vergleich des mCn-Horizontes mit Verwitterungsprodukten des Serpentins legen nahe, daß Mg bei der Verwitterung weggeführt worden ist zu Gunsten einer Anreicherung von Fe, Mn, Cr, Ni, Co und Cu und in geringerem Maße von Al und Zn. Die Lößkomponente ist vorwiegend in der Haupt- und Mittellage enthalten, was sehr gut an Na, K, Li, Rb, Cs, Th, U, Sr, Ba, Y, La, Ce, Al, Be, Sn und Tl ablesbar ist. Die hohen Gehalte an Ni und Cr weisen jedoch darauf hin, daß die Serpentinkomponenten mehr als 30 % des Stoffbestandes der Haupt- und Mittellage ausmachen. Anmerkung: Üblicherweise wird der Schluffgehalt der Deckschichten als Indiz für den Anteil an äolischem Material herangezogen. Da die Verwitterungsprodukte ebenfalls sehr schluffreich sind, kann bei diesen Profilen auf Grundlage des Schluffgehaltes alleine nicht auf den Anteil äolischer Komponenten geschlossen werden.

Wie es für Böden aus Basalten und ultrabasischen Gesteinen zu erwarten ist, werden natürlicherweise die Bodengrenzwerte (in Klammern in mg/kg) vor allem von Cr (100) und Ni (50) aber auch von Co (50), Cu (100) und V (50) erheblich überschritten. In den beiden humusreichen Oberbodenhorizonten sind technogene Anreicherungen bei Sn, Cu, Cd, Pb, Sb und Bi feststellbar.

Danksagung. Den Kollegen B. Schilling (Bayerisches Geologisches Landesamt) und E.-D. Spies (Geologisches Landesamt Rheinland-Pfalz) sei gedankt für die Ansprache der Profile und Entnahme der Proben. Meinen früheren Mitarbeitern Herrn Dittrich und Frau Junker bin ich zu Dank verpflichtet wegen ihrer Zuverlässigkeit und Stetigkeit bei der Durchführung der geochemischen Analysen zahlloser Bodenproben.

Literatur

Bork HR (1983) Die holozäne Relief- und Bodenentwicklung in Lößgebieten - Beispiele aus dem südöstlichen Niedersachsen. Catena Suppl 3:1-93

Hartmann KG, Blume HP, Kalk E, Lange H (1992) Mineralveränderungen holozäner Staubeinträge eines norddeutschen Hochmoores. Mitt Deutsch Bodenkundl Ges 68:243-246

Hein H, Schwedt G (1991) Richtlinien und Grenzwerte -Luft-Wasser-Boden-Abfall. 2. Aufl., Würzburg

Ruppert H (1990) Anwendung der ICP-MS bei der Untersuchung von Böden, Mineralien, Gesteinen und Wasser. 18 S.; Seminarführer zur Veranstaltung "Plasma-Massensspektrometrie (ICP-MS)"; Haus der Technik, Essen

Ruppert H (1991a) Natürliche Spurenmetallgehalte in Böden und ihre anthropogene Überprägung. Mitt Österr Geol Ges (Themenband Umweltgeologie) 83:243-265; Wien

Ruppert H (1991b) Zur Problematik der Abschätzung anthropogener Stoffgehalte in Böden am Beispiel von Schwermetallen. GLA-Fachberichte 6:37-55; München

Ruppert H (1992) Totalaufschluß von Böden, Schlämmen, Lockersedimenten und Festgesteinen mit Säuren zur nachfolgenden Bestimmung der Element-Gesamtgehalte. Entwurf zur Vornorm an das Deutsche Institut für Normung in Berlin, 15 S.

Ruppert H, Schmidt F (1987) Natürliche Grundgehalte und anthropogene Anreicherungen von Schwermetallen in Böden Bayerns. GLA-Fachberichte 2:97 S.; München

Schilling B (1990) Die Böden im Keuper-Lias-Land Frankens, ihr Aufbau, ihre Deckschichten und ihre Umwelteigenschaften. Dissertation Universität Erlangen-Nürnberg, 203 S.

Schilling B, Spies ED (1991) Die Böden Mittel- und Oberfrankens. Bayreuther Bodenkundl Ber 17:68-82

Spies ED (1991) Böden und Deckschichten der Münchberger Hochfläche und des Frankenwaldes. Mitt Deutsch Bodenkundli Ges 64:139-210

2.2 Abschätzung geogener Schwermetallgehalte von Böden der südwestdeutschen Schichtstufenlandschaft

Gerhard Zauner, Reinhold Jahn und Karl Stahr

Einleitung

Da anthropogene Schwermetall(=SM)-Belastungen von Böden wegen oft höherer Mobilitäten meist kritischer zu bewerten sind als geogene (Filipinski et al. 1987), ist es wünschenswert, geo- und anthropogene SM-Anteile getrennt zu erfassen. Dies ist auch im Rahmen des Bodenschutzes von grundsätzlicher Bedeutung.

In der südwestdeutschen Schichtstufenlandschaft mit ihren relativ jungen Landoberflächen sollten die geogenen SM-Gehalte der Böden diejenigen ihrer Ausgangsgesteine reflektieren und aus der Gesteinsverbreitung der geogene SM-Anteil solcher Böden prognostizierbar sein. Hierfür wurden zunächst die SM-Gehalte von Gesteinen aus dem Jura und Keuper Südwestdeutschlands an 180 Bohrkernproben untersucht. Im folgenden wurden gezielt SM-reiche Ausgangsgesteine und entsprechende Böden beprobt und analysiert. Hieran lassen sich die Möglichkeiten und Grenzen der Abschätzung geogener SM-Gehalte von Böden darstellen. Die primäre Fragestellung dieser Untersuchungen, nämlich die ökologische Bedeutung hoher geogener SM-Gehalte von Böden zu charakterisieren, wird hiermit noch nicht beantwortet.

Methoden

Gesteine: Gesamt-Cd, Königswasser, AAS; andere Gesamt-SM, RFA; Gipsgehalt, Umfällung von $CaSO_4$ zu $BaSO_4$, Ba-Verbrauch → Gipsgehalt; Karbonatgehalt, Berechnung aus karbonatischem C (Wösthoff) und karbonatischem Ca, Mg und Fe (EDTA-Extrakt; Jahn et al. 1992). Böden und zugehörige Gesteine (sowie wβ-Proben in Abb. 1): Gesamt-SM, Druckaufschluß HF/HNO_3, AAS; Anreicherungsfaktor Gesteine (→ Karbonatgehalt), Karbonatlösung mit HCl in Essigsäure/Acetat-Puffer bei pH > 4,5, Wägung des Lösungsrückstandes; Karbonatgehalt Böden: karbonatischer C (Wösthoff) als $CaCO_3$ gerechnet; Gehalt an organischer Substanz, 2 • organischer C (Wösthoff, Differenz aus Gesamt- und organischem C); pH-Werte, elektrometrisch in 0,01 m $CaCl_2$ bei Boden/Lösung = 1/2,5.

Geowissenschaften und Umwelt
Herausgegeben von J. Matschullat und G. Müller © 1994 Springer Verlag

Prognosen geogener SM-Gehalte in Böden

Eine großflächige Prognose geogener SM-Gehalte in Böden könnte ohne die Analyse einzelner Böden erfolgen, wenn eine Zuordnung von Böden und Ausgangsgesteinen möglich ist und wenn die Dekarbonatisierung (und Entgipsung im Gipskeuper) als wichtigster Anreicherungsprozeß berücksichtigt wird. Sie wird erschwert durch Mischungen von Ausgangsgesteinen (z.B. periglaziale Fließerden, Lößbeimengungen, Auensedimente; Alaily 1984) und durch pedogenetische Veränderungen der SM-Gehalte, die nicht aus dem Ausgangsgestein kalkulierbar sind (z.B. Erosion, Auswaschung). Die Güte der Prognose wird prinzipiell begrenzt durch die Variabilität der SM-Gehalte in den Ausgangsgesteinen und durch die Genauigkeit der (litho-)stratigraphischen Einordnung (z.B. brauner Jura → brauner Jura δ → Subfurkatenoolith im b δ2). Beispielsweise können innerhalb stratigraphischer Einheiten, die denen geologischer Karten (1:25 000) entsprechen, noch Spannbreiten der SM-Gehalte in den Ausgangsgesteinen von mehr als 2 Zehnerpotenzen auftreten. Sehr homogene Sedimentfolgen (z.B. Opalinuston = bα) zeigen hingegen entsprechend enge Spannbreiten (Abb. 1). Diese auf karbonatfreies Material bezogenen SM-Gehalte kann man als potentiellen Beitrag von Gesteinen zur SM-Grundlast von Böden ansehen. Die Bewertung kann dann z.B. mit den Grenzwerten der Klärschlammverordnung geschehen.

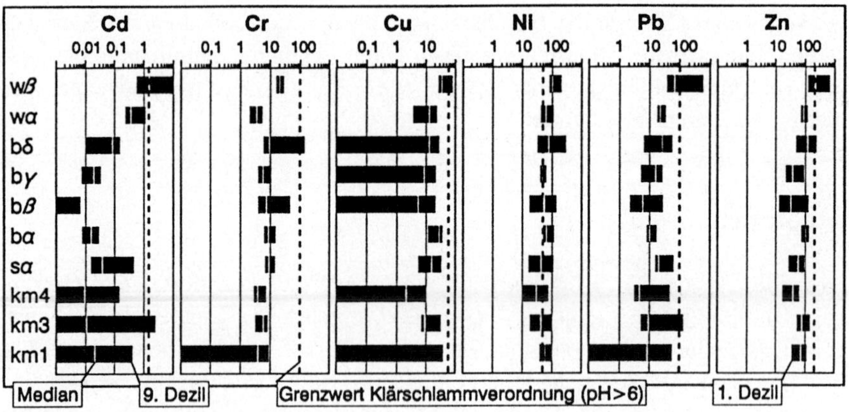

Abb 1. Schwermetallgehalte in Gesteinen des südwestdeutschen Juras und Keupers
Einheiten: *mg/kg. Die Werte sind auf karbonatfreies Material bezogen. (Nur Gruppen mit $n \geq 9$ Proben sind dargestellt. Berühren die Balken den linken Rand der angegebenen Skala, so sind die entsprechenden Werte kleiner als die Nachweisgrenze. w = weißer Jura, b = brauner Jura, s = schwarzer Jura, km = mittlerer Keuper. Da die Beprobung der Bohrkerne für diese Probenserie gezielt (also gerade nicht als zufällige Stichprobe) erfolgte, ist die übliche statistische Beschreibung der Spannbreiten (Mittelwert und Standardabweichung) nicht angebracht. Ebenso wurde auf die Angabe der Extremwerte (Minimum und Maximum) verzichtet, um das Bild nicht zu verzerren (z.B. durch extrem hohe Pb-Gehalte der km1-Bleiglanzbank). Um trotzdem eine übersichtliche Darstellung der Daten zu ermöglichen, wurden der Median, bzw. das 1. und 9. Dezil der Probengruppen verwendet)*

Hohe Gehalte solcher SM, die auch in karbonatischer Bindung in den Gesteinen vorkommen können (vor allem Cd und Mn, auch Cu, Pb, Zn; Zauner et al. 1993) sind in Böden karbonatreicher Ausgangsgesteine (hier Weißjura β) zu erwarten. Die hohen Cr- und Zn-Gehalte (9. Dezil) im bδ sind auf Fe-oolithische Schichten zurückzuführen. Die hohen Cd-Gehalte im km3 wurden in Proben aus dem Kieselsandstein gemessen (Maximum = 21 mg Cd/kg). Diese hohen Cd-Anreicherungen sind im Kieselsandstein möglich, jedoch, nach Ergebnissen weiterer Analysen, nicht weit verbreitet. Ausgesprochen niedrige Cd-Gehalte hingegen zeigt der braune Jura, insbesondere der bβ. Böden aus solchen Ausgangsgesteinen eignen sich also beispielsweise gut zur Abschätzung ubiquitärer Cd-Belastungen. Daß Ni-Gehalte über 50 mg/kg in Jura-Böden die Regel sind, ist bekannt (LFU 1990) und wird durch diese Gesteinsanalysen bestätigt.

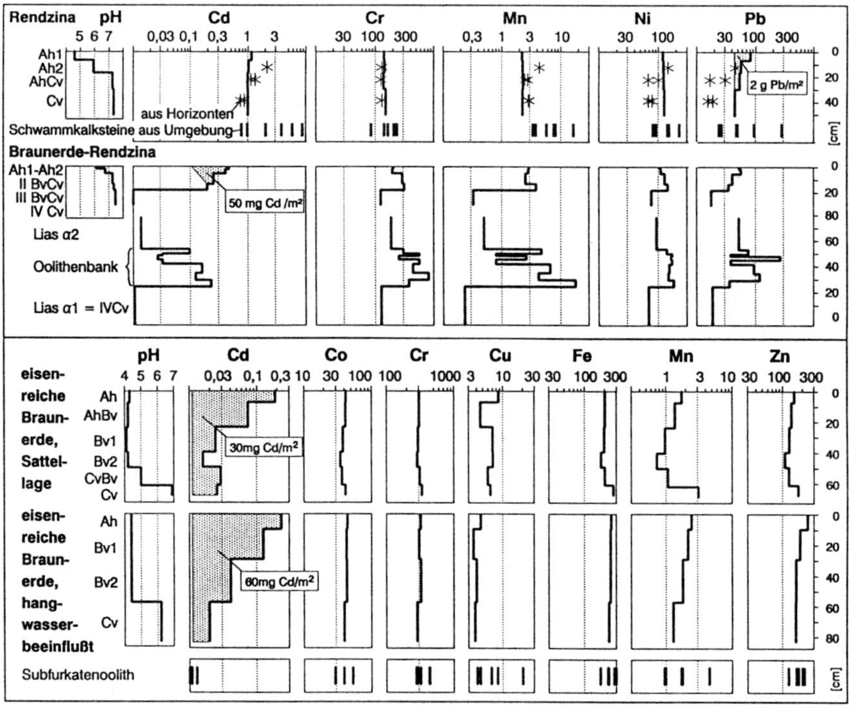

Abb 2. Schwermetallgehalte in Ausgangsgesteinen und Böden des südwestdeutschen Juras
Einheiten: Fe und Mn: g/kg, andere: mg/kg. Die Werte sind auf Material frei von Karbonat- und organischer Substanz bezogen. Die Schichtmächtigkeiten der Oolithenbank-Bänkchen sind um ihren Karbonatgehalt, die Horizontmächtigkeiten der zugehörigen Braunerde-Rendzina um ihre Gehalte an Karbonat, organischer Substanz und ihr Porenvolumen verringert, um die Tiefenfunktionen besser vergleichen zu können.

Eine genauere Prognose geogener SM-Gehalte ist (bei höherem Aufwand) möglich, indem Ausgangsgesteine und Böden in enger räumlicher und lithostratigraphischer Übereinstimmung untersucht werden. Diejenigen SM-Anteile, die sich nicht mit einer geogen bedingten Variabilität der Ausgangsgesteine und mit pedogenetischen Veränderungen erklären lassen, stellen ein erfaßbares Mindestmaß für eine anthropogene SM-Komponente dar (Abb. 2). Ein prinzipielles Problem bleibt hierbei der Verlust des eigentlichen bodenbildenden Ausgangsgesteins eben während der Bodenbildung. Die Analyse der in den Horizonten noch vorhandenen Steine kann zu Fehlinterpretationen führen, da sich bei möglichen Unterschieden in Verwitterungsstabilität und SM-Gehalten die verwitterungsresistenteren Gesteinsphasen im Bodenskelett anreichern, während die anderen die Feinerde bilden. Wird dagegen die gesamte bodenbildende Gesteinsschicht an anderer Stelle (z.B. an Kernen einer nahegelegenen Bohrung oder an einem frischen Aufschluß) unverwittert beprobt und analysiert, so können laterale Stoffbestandsunterschiede Fehlinterpretationen verursachen.

Die SM-Gehalte der Böden in Abbildung 2 lassen sich folgendermaßen erklären:

Rendzina aus Weißjura β Schwammkalken. Als Ausgangsgestein (Problematik siehe oben) dieser Rendzina wurden sechs Kalksteine aus der näheren Umgebung sowie fünf Kalksteine aus Horizonten des Bodenprofils analysiert, die folgende Aussagen ermöglichen:

- auch kleinräumig sind noch Variabilitäten bis zu einer Zehnerpotenz im Ausgangsgestein möglich (Cd, Mn, Pb),
- Cr, Ni, Pb: Bei SM mit geringen Anteilen karbonatischer Bindung (Zauner et al. 1993) sind die SM-Gehalte der Böden praktisch vollständig als Residualakkumulation erklärbar. Die dargestellte Prognosemethode ist hierfür brauchbar,
- Pb: Die Tiefenfunktion weist oben deutlich höhere Gehalte auf. Da die Tiefenfunktionen der anderen SM wegen ihres gleichmäßigen Verlaufs auf eine entsprechende Homogenität des Solums schließen lassen, kann mindestens der punktierte Pb-Anteil als anthropogene Komponente abgegrenzt werden. Die Cd-Tiefenfunktion könnte in gleicher Weise interpretiert werden, dies würde jedoch die analytische Genauigkeit der Messungen überfordern,
- Cd, Mn: Bei Cd errechnet sich aus den meisten, bei Mn aus allen analysierten Kalksteinen ein höherer Gehalt als dann im Boden gemessen wurde. Unter der Annahme, daß diese Kalksteine die bodenbildenden Schwammkalke hinreichend reflektieren, können bei SM mit hohen Anteilen karbonatischer Bindung Auswaschungsverluste bereits während der Entkalkung auftreten. Die SM würden dann also nach Lösungsfreisetzung bei der Karbonatverwitterung trotz hoher pH-Werte nicht vollständig am Lösungsrest readsorbiert oder als Oxide gefällt. Dies wäre bei Anwendung obiger Prognosemethode zu berücksichtigen. Für den Fall einer nicht repräsentativen Beprobung der Schwammkalke (es würden Kalke mit niedrigerem Karbonatgehalt und/oder solche mit niedrigerem SM/Karbonat-Verhältnis fehlen) würde sich dies als bedeutend schwieriger herausstellen als ursprünglich angenommen.

Braunerde-Rendzina. Dieser Boden ist unter Beteiligung der Oolithenbank des Lias α entstanden, welche mit ihren liegenden und hangenden Gesteinen nahe bei dem Profil in einer Baugrube beprobt werden konnte:

- Der SM-Gehaltssprung des Liegenden zu den Bänkchen der Oolithenbank paust sich deutlich in die Feinerde des Profils durch.
- Cr, Mn, Ni, Pb: Die Gehalte in Ah1-IIIBvCv sind etwas niedriger als in den entsprechenden Bänkchen der Oolithenbank. Mögliche Gründe hierfür sind: Anteile von hangendem Lias $\alpha 2$ in der Feinerde; laterale Gehaltsvariabilitäten innerhalb der Oolithenbank; zur Feinerde tragen überwiegend die oberen Bänkchen der Oolithenbank bei, während die unteren im wesentlichen in der Steinfraktion erscheinen.
- Cd: Im Gegensatz zu oben ist hier keine Abnahme der Gehalte gegenüber dem Ausgangsgestein zu verzeichnen, sondern eine Zunahme, die sich von den unteren zu den oberen Horizonten immer deutlicher ausprägt. Mindestens der Cd-Anteil, welcher der punktierten Fläche entspricht, ist nicht aus Ausgangsgestein und Pedogenese erklärbar und muß daher anthropogenem Eintrag zugeschrieben werden.

Eisenreiche Braunerden. Beide sind aus dem Subfurkatenoolith des braunen Jura $\delta 2$ entstanden, welcher selbst an einem Tagaufschluß in der Nähe der Böden beprobt werden konnte. Die Profile sind ca. 100 m voneinander entfernt und können in catenarem Zusammenhang betrachtet werden (Sattel $\rightarrow$ Hang):

- Co, Cr, Cu, Fe, Mn, Zn: Die Gehalte sind alleine schon aus der Variabilität des Ausgangsgesteins erklärbar.
- Cd: Der Überschuß (punktierte Fläche) der Böden ist nur durch anthropogenen Eintrag erklärbar, da Fremdgesteinsbeimischungen (Löß, Hangendes) hier nach der Landschaftsgeschichte nicht anzunehmen sind.
- Sattellage: Die Tiefenfunktionen der relativ mobilen SM (Cd, Mn und Zn) zeigen ein deutlich ausgeprägtes Gehaltsminimum im Bv2. Neben möglichen primären Gehaltsunterschieden im Ausgangsgestein (nur für Mn und Zn, da Cd fast vollständig anthropogen) ist es vorstellbar, daß hieran laterale Auswaschungsverluste über dem dichteren CvBv-Cv beteiligt sind. Der Bv2 weist die günstigsten Voraussetzungen für eine SM-Mobilisierung auf: niedriger pH-Wert und bessere Wasserzügigkeit im Vergleich zu den tieferen sowie längere Naßphasen nach Niederschlägen im Vergleich zu den höheren Horizonten.
- Hangwassereinfluß: Unter den gleichen Einschränkungen wie oben (primäre Gehaltsunterschiede bei Mn und Zn) wäre hier bei ähnlich niedrigen pH-Werten aber länger niedrigen und/oder niedrigeren Redoxpotentialen eine noch intensivere SM-Mobilisierung als in Sattellage zu erwarten. Da das Hangzugswasser jedoch aus Böden stammt, die ebenfalls aus dem Subfurkatenoolith entstanden sind, ist es möglich, daß SM-Auswaschungsverluste durch eine Vorsättigung des Hangzugswassers kompensiert werden oder daß auf Grund einer Vorsättigung eine bedeutende SM-Mobilisierung ausbleibt. Sogar eine Erhöhung der SM-Gehalte ist auf diese Weise möglich. Die höheren Mn- und Zn-

Gehalte in den oberen Horizonten können also geogen/pedogen bedingt sein, sodaß hier eine anthropogene Komponente nicht auszumachen ist (im Gegensatz zur ähnlich verlaufenden Pb-Tiefenfunktion der Rendzina aus Schwammkalken).

Schlußfolgerungen

Geogen bedingte SM-Gehalte von Böden lassen sich prinzipiell aus den SM-Gehalten ihrer Ausgangsgesteine prognostizieren. Die Güte dieser Prognose hängt dabei jedoch von der Variabilität der SM-Gehalte in den Ausgangsgesteinen (bei Mischung verschiedener Ausgangsgesteine, z.B. in Fließerden oder bei Lößbeimengungen, sind zusätzlich deren Mischungsverhältnisse zu berücksichtigen) und von der Kalkulierbarkeit möglicher und wirklicher pedogenetischer Veränderungen ab. Bei vielen Böden reicht dabei die Berücksichtigung von Entkalkung (und Entgipsung) als wichtigsten Konzentrierungsprozess aus, da andere Prozesse wie z.B. Humusakkumulation, Auswaschung und Tonverlagerung meist geringere Wirkung haben. Von anthropogenen SM-Belastungen läßt sich derjenige SM-Anteil diagnostizieren, der so groß ist, daß er nicht mehr durch pedogenetische Veränderungen aus den Ausgangsgesteinen erklärbar ist. Hierbei kann die Betrachtung mehrerer Elemente eines Bodens sowie mehrerer Böden in einer Catena sehr hilfreich sein (Sommer 1993).

Literatur

Alaily F (1984) Heterogene Ausgangsgesteine von Böden. Die Rekonstruktion und Bilanzierung von Böden aus heterogenen Ausgangsgesteinen. Landschaftsentwicklung Umweltforsch, TU Berlin 25:236 S.

Filipinski M, Pluquet E, Kuntze H (1987) Löslichkeit anthropogen, pedogen und geogen angereicherter Schwermetalle. Mitt Deutsch Bodenkundl Ges 55:307-311; Oldenburg

Jahn R, Stahr K, Zauner G (1992) Natürliche Schwermetallgehalte in Gesteinen und Böden der südwestdeutschen Schichtstufenlandschaft. Projekt Wasser-Abfall-Boden. Bericht über das 3. Statuskolloquium am 18.2.1992 in Karsruhe. KfK PWAB 13; Karlsruhe

LFU (1990) Schwermetallgehalte von Böden aus verschiedenen Ausgangsgesteinen in Baden-Württemberg. Sachstandsbericht 4, Landesanstalt für Umweltschutz Baden-Württemberg, Arbeitsgruppe Bodenschutz. 13 S.; Karlsruhe

Sommer M (1992) Musterbildung und Stofftransport in Bodengesellschaften Baden-Württembergs. Dissertation, Univ Hohenheim, 230 S.; Stuttgart

Zauner G, Papenfuß KH, Jahn R, Stahr K (1993) Gesteine als Quelle von Schwermetallen in Böden. Mitt Deutsch Bodenkundl Ges, 72:477-480; Oldenburg

2.3 Beitrag der Flächenstillegung zum Grundwasserschutz

Norbert Billen, Andreas Lehmann, Reinhold Jahn und Karl Stahr

Einleitung

Seit der Nitrat-Grenzwert im Trinkwasser von 90 auf 50 mg/l (EEC 1980) gesenkt wurde, befassen sich vermehrt Arbeitsgruppen mit Maßnahmen zum Schutz des Grundwassers, insbesondere für den Bereich der Landwirtschaft (z.B. DBG 1992; Stahr et al. 1992). Eine tiefgreifende Form der Flächennutzungsänderung ist die Flächenstillegung. Sie hat aufgrund der Umsetzung marktpolitischer Regelungen der EG seit 1988 zunehmend an Bedeutung gewonnen. 1993 waren 15 % der Ackerfläche in der BRD betroffen (EU 1994). Es stellt sich die Frage, ob diese Nutzungsänderung einen positiven Beitrag zum Grundwasserschutz durch Reduzierung des Nitrataustrages leisten kann. Um diesen Beitrag abzuschätzen, wurde ein Versuchsprogramm konzipiert. Folgende differenzierende Faktoren wurden untersucht: die Bodenart des Oberbodens (Sand, Schluff und Lehm, Ton und toniger Lehm), hohe Humusgehalte (z.B. bei den Bodentypen Anmoor und Niedermoor), der Vegetationstyp (d.h. mit größeren Anteilen stickstoffixierendem Klee oder ohne diesen) und die Bracheformen Rotationsbrache oder Dauerbrache. Weiterhin interessierte, inwieweit positive Bracheeffekte durch die Wiederinkulturnahme verringert werden.

Untersuchungsobjekte und Methoden

Bei der Auswahl der Versuchsflächen wurden die Extreme der Bodenart und der organischen Substanz (Humus) sowie die klimatische Streubreite der pflanzenbaulich relevanten Ackerstandorte Südwestdeutschlands berücksichtigt. Hierzu wurden an fünf Orten Feldversuche mit den Varianten Acker (Fruchtfolge: Winterweizen, Sommergerste bzw. Körnermais), Rotationsbrache (*Phacelia*) und Dauerbrache (Gras, gemulcht) angelegt. Die Bestandesentwicklung der Graseinsaat (*Festuca rubra* L.) verlief auf den Standorten mit Ton- und Sandböden langsam und die Aufwuchsmenge blieb gering. Auf den moorigen und anmoorigen Böden bildete sich dagegen rasch eine wüchsige Grasvegetation. Zur Ermittlung der Auswaschungsgefährdung wurden Nitratkonzentrationen in Bodenwasserproben gemessen, die von Saugsonden in 75 cm Tiefe stammten. Begleitend wurde die N-Freisetzung nach Raison et al. (1987) im Oberboden der Varianten Acker und Dauerbrache ermittelt. Die Ergebnisse der Messungen im Bodenwasser können mit den Ergebnissen der N-Freisetzung überprüft werden. Je höher die freige-

Geowissenschaften und Umwelt
Herausgegeben von J. Matschullat und G. Müller © 1994 Springer Verlag

setzten N-Mengen und je geringer der Pflanzenentzug ist, desto mehr Nitrat wird im Sickerwasser gefunden und kann ins Grundwasser gelangen. Beide Parameter wurden auf vier Versuchsstandorten über zwei Jahre hinweg bestimmt, bei dem Niedermoor aus organisatorischen Gründen nur über ein Jahr.

Die für weitere Untersuchungen ausgewählten ca. 30 Beobachtungsflächen spiegeln weitgehend das Spektrum südwestdeutscher Ackerstandorte wider (Tabelle 1). Der Bewuchs auf diesen Standorten war durch die Maßnahmen der Flächennutzer vorgegeben. Mit Ausnahme der Brachen auf tiefgründigen Lößböden war die Vorgeschichte der herangezogenen Flächen durch eine mäßig intensive Bewirtschaftung gekennzeichnet. Untersucht wurden mögliche standortsspezifische Unterschiede der nach dem Bracheumbruch freigesetzten Stickstoffmenge. Oberbodenproben von ca. 30 Beobachtungsflächen wurden hierzu im zweiten und vierten Brachejahr (Frühjahr 1990 und 1992) entnommen. Eine Bebrütung nach Zöttl (1958) fand bei 20 °C und 60 % der maximalen Wasserkapazität statt. Die freigesetzten N-Mengen in den Bebrütungsproben nach 14 Tagen wurden als Maß für das kurzfristige und nach 180 Tagen (entsprechend einer Vegetationsperiode) als Maß für das langfristige Mineralisierungspotential gewertet.

Tabelle 1. Spektrum der 31 untersuchten Stillegungsflächen in Südwestdeutschland

	Untersuchungsstatus							
Bodenart	Bracheanzahl		[m NN]	[°C/a]	[mm/a]	Oberboden		
	Gras	Klee				pH	C_{org} [%]	N_t [%]
Sand	Versuchsfläche: Bänderparabraunerde aus Schwemmlöß ü.Terrassenkies u.Sanden (lS)							
	1	-	122	9,6	886	5,2	1,1	0,11
	Beobachtungsflächen:							
	4	1	108-625	7,6-10,1	737-1100	4,1-6,2	0,59-3,2	0,05-0,31
Schluff u.	Versuchsfläche: Pararendzina aus Löß (U)							
Lehm	1	-	153	9,2	753	7,3	1,4	0,15
	Beobachtungsflächen:							
	7	8	108-706	6,5-10,1	698-1309	4,3-7,4	0,81-3,3	0,11-0,34
Ton u.	Versuchsfläche: Terra fusca aus Löß über Weißjura-delta-Kalkstein (tL)							
toniger	1	-	706	6,5	902	6,8	2,2	0,22
Lehm	Beobachtungsflächen:							
	5	4	370-770	6,5-8,7	678-952	5,8-7,4	2,1-5,8	0,22-0,65
org.	Versuchsfläche: entwässerter Anmoorgley aus Niedermoortorf über Terrassenkies							
(0-25cm)	1	-	505	7,9	742	6,4	14,4	1,2
org.	Versuchsfl.: entw. Niederm. (vererdet) aus Torf ü.tonigen Sedime. ü. sandigem Kies							
(0-180cm)	1	-	452	7,4	730	7,1	16,4	1,4

[m NN] = Höhe über dem Meeresspiegel; [°C/a] = Jahrestemperatur; [mm/a] Jahresniederschläge

Ergebnisse

Nitrat im Bodenwasser. Der Vergleich der Nitratkonzentrationen in Saugsondenproben von Mineralböden unter Acker und unter (mehr als ein Jahr alter) Dauerbrache zeigt einen deutlichen Rückgang infolge der Stillegung (Abb. 1). Die grobporenarme Pararendzina ist gegenüber den grobporenreichen Böden Terra fusca und Bänderparabraunerde gut abzugrenzen. Grobporen entstehen bei der Terra fusca durch Regenwurmgänge, abgestorbene Wurzeln und Risse im quellfähigem Ton, bei der Bänderparabraunerde durch die sandige Bodenart und den hohen Steinanteil. Schnelle Versickerung (preferential flow, vgl. Ghodrati u. Jury 1990) des in den Grobporen befindlichen Wassers, aber auch die überproportionalen Anteile dieser leicht beweglichen Bodenwasserfraktion in den Saugsonden, ist typisch für die genannten Standorte. Eine häufige Ursache für Nitratpeaks bei grobporenreichen Standorten ist nitrathaltiges Wasser, welches so rasch in den Bereich einer Saugsonde gelangt, daß die Pflanzenwurzeln nicht in der Lage sind, dieses Wasser und die darin gelösten Stoffe aufzunehmen. Infolge des Unterdrucks in einer Saugsonde werden zudem die Grobporen sehr viel schneller als die Mittelporen entleert. So finden sich in den Saugsondenproben ein hoher Anteil an Grobporenwasser, selbst wenn im Boden dieselbe Wassermenge in Grob- und in Mittelporen gebunden ist. Aufgrund dieses spezifischen Verhaltens der Saugsonden (Grossmann 1988) sind die Werte nicht uneingeschränkt für Bilanzierungen verwendbar. Unter mit *Phacelia* eingesäter Rotationsbrache zeigt nur die umsatzschwache Terra fusca eine wesentliche Nitratverminderung.

Die Veränderungen der gemessenen Nitratkonzentrationen weichen bei anmoorigen und moorigen Böden von denen der Mineralböden und untereinander ab. Beim entwässerten Anmoorgley kommt es unter Dauerbrache zwar ebenfalls zu einer starken Verringerung der Nitratkonzentrationen, jedoch ist trotz intensiven Graswuchses ein Anstieg der Nitratwerte auch bei fortgeschrittener Brachedauer zu beobachten. Grund hierfür ist die anthropogene Entwässerung, welche die Umkehrung des Stoffumsetzungstyps von einem Akkumulations- zu einem Mineralisationstyp herbeiführt. Noch deutlicher sind die Folgen der Entwässerung bei dem Niedermoor.

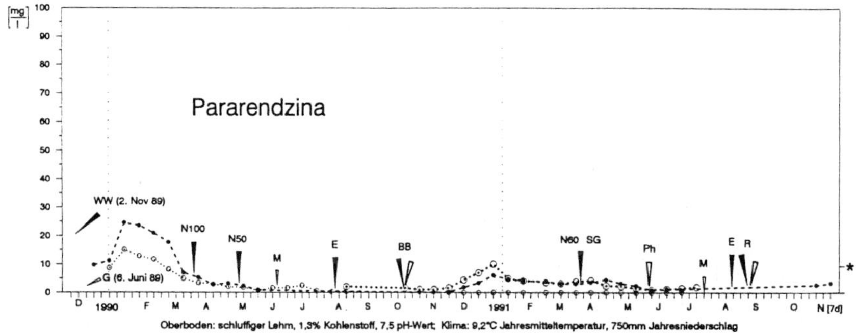

Abb. 1. Nitratkonzentrationen [NO_3-N] im Bodenwasser, mit Saugsonden in 75 cm Tiefe gewonnen

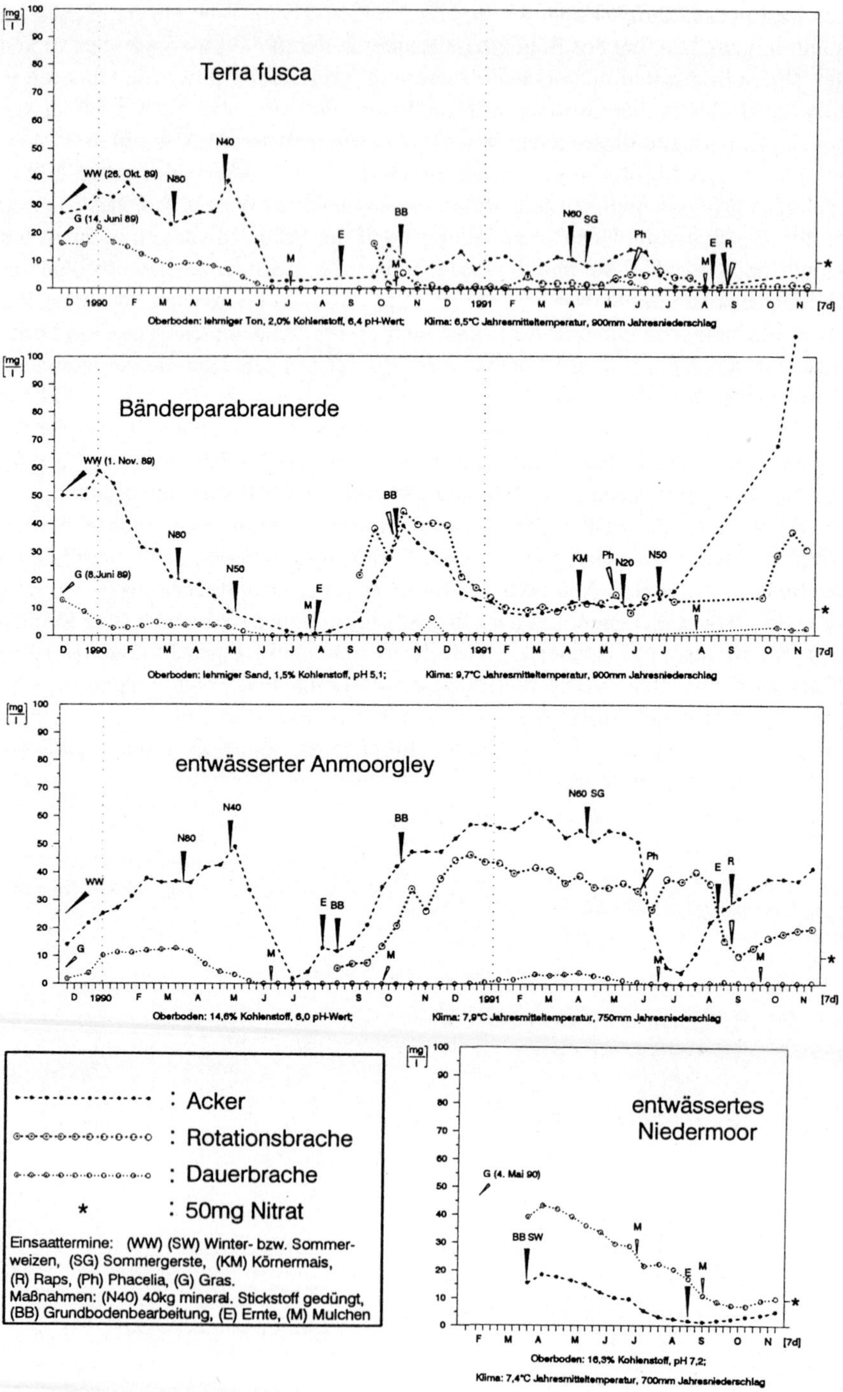

Abb. 1. Nitratkonzentrationen [NO_3-N] im Bodenwasser, mit Saugsonden in 75 cm Tiefe gewonnen

Die Werte unter Brache sind hier immer höher als die unter Acker. Angesichts einer vergleichbaren Stickstofffreisetzung im Oberboden von ca. 200 kg im Jahr unter Acker und Brache kann eine verringerte Denitrifikation durch ein erhöhtes Sauerstoffangebot begründet werden. Die im Jahresverlauf kontinuierliche und hohe Transpiration der wüchsigen Brachevegetation scheint eine stärkere Austrocknung und damit ein höheres Sauerstoffangebot im Boden zu verursachen. Mit dem Verzicht auf Bodenbearbeitung und Befahren wird an diesem Moorstandort die Oberbodendichte sehr rasch veringert und das durchschnittliche Luftvolumen erhöht (Stählin u. Büring 1971). Nach Einsaat der Rotationsbrache mit *Phacelia* auf dem Anmoorgley (für das Niedermoor liegen keine Messungen vor) kommt es zu meist höheren Nitratkonzentrationen in den Saugsondenproben als unter Acker.

Bei Ausschluß des stark anthropogen überprägten Niedermoorstandortes als Sonderfall, lassen die sehr verschiedenartigen Standortsgegebenheiten der ausgewählten Orte eine deutliche Veringerung der Nitratkonzentrationen durch Dauerbrache in der Reihenfolge Bänderparabraunerde < entwässerter Anmoorgley < Terra fusca << Pararendzina erkennen.

Für die Rotationsbrache läßt sich keine einheitliche Tendenz zur Verringerung der Nitratkonzentrationen festellen und dementsprechend auch nicht für die Anfangsphase der Dauerbrache. Hohe, auswaschbare N-Rückstände aus dem Ackerbau und geringer Pflanzenwuchs kennzeichnen, soweit keine besonderen Vorkehrungen getroffen werden, den Beginn einer Brache.

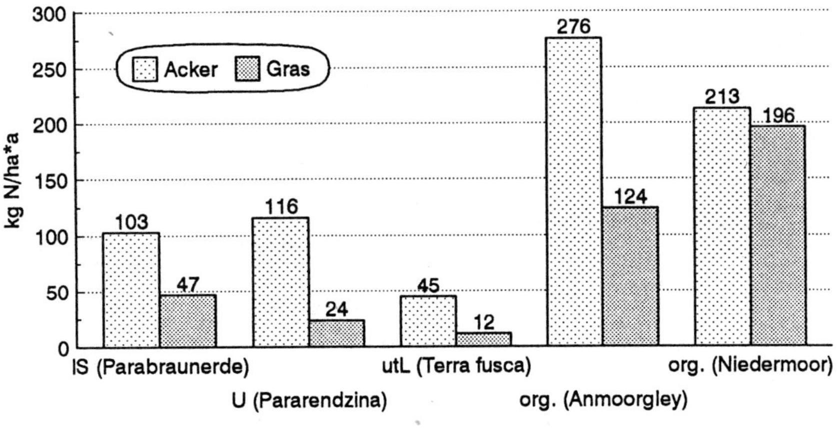

Abb. 2. N-Freisetzung im Freiland, in den Oberböden von fünf Versuchstandorte mit Gras-Brache (gemulcht) und Acker (aufsummiert und über die Untersuchungsjahre gemittelt)

N-Freisetzung im Freiland. Die im Freiland gemessene N-Freisetzung wurde aufsummiert und über die Untersuchungsjahre gemittelt. Mit Ausnahme des Niedermoores ist die N-Freisetzung unter Dauerbrache um mehr als die Hälfte gegenüber der Freisetzung unter Acker reduziert (Abb. 2). Eine etwas geringere Reduzierung der N-Freisetzung zeigt sich auf den grobstrukturierten Standorten (Terra fusca, Bänderparabraunerde). Die größten N-Mengen werden auf den moorigen und anmoorigen Standorten aufgrund der hohen Humus- und Gesamt-N-Gehalte freigesetzt. Bei den mineralischen Standorten sind die freigesetzten N-Mengen bei kühler Witterung und toniger Bodenart (Terra fusca) niedriger als bei warmer Witterung und sandigen oder schluffigen Böden (Bänderparabraunerde, Pararendzina).

Potentielle N-Freisetzung im Labor. Die Begrünung und die Bodenart beeinflußten die potentielle N-Freisetzung nach Bracheumbruch. Unter Klee auf sandigen Böden kommt es im Durchschnitt dieser Standorte zu einer Zunahme der kurz- und langfristig (nach 14- bzw. 180-tägiger Laborbebrütung) freisetzbaren N-Mengen, unter Gras dagegen nur zu einer Zunahme der langfristig freisetzbaren N-Mengen (Abb. 3). Um nahezu 50 % nimmt die potentielle N-Freisetzung auf tonigen Böden unter beiden Vegetationstypen ab. Im Hinblick auf die Nitrat-Auswaschungsgefahr für die Phase direkt nach einem Bracheumbruch ergibt sich unabhängig vom Leguminosenanteil im Bewuchs folgende Reihenfolge:

Sand > Schluff und Lehm > Anmoor > Ton und toniger Lehm

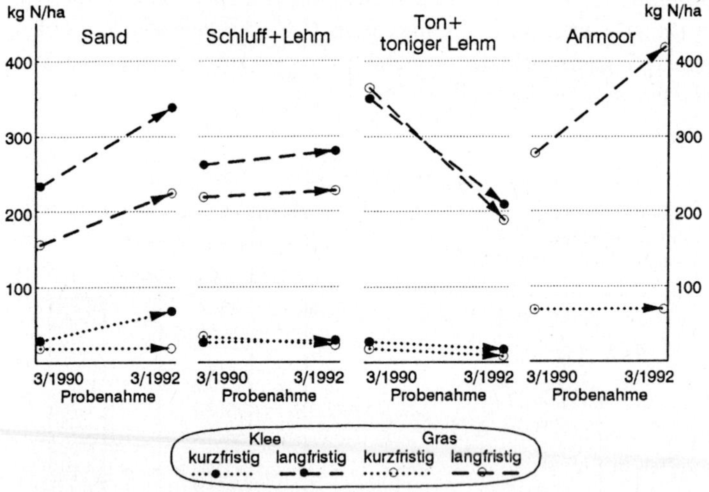

Abb. 3. Die mit Laborbrutversuchen ermittelte potentielle N-Freisetzung von Brachen im 2. und 4. Stillegungsjahr, in Abhängigkeit von der Bodenart und dem Pflanzenbewuchs

Bei der langfristigen N-Freisetzung birgt das Anmoor allerdings die größten Gefahren der erhöhten Nitratauswaschung. Die starke Abnahme des potentiell freisetzbaren Stickstoffs auf tonigen Böden nach Verzicht auf Bodenbearbeitung ist auf deren Verdichtung und damit verschlechterter Durchlüftung und Durchwurzelung zurückzuführen (Simon 1987). Auf den sandigen sowie anmoorigen Standorten treten hingegen keine nennenswerten Verdichtungen auf, so daß hier bessere Wuchsbedingungen herrschen und verstärkte Stickstoffakkumulation möglich ist.

Diskussion

Stillegung ist eine Maßnahme, welche die Nitrat-Auswaschung stark vermindern kann. Über den gesamten Brachezeitraum betrachtet, ist dies bei Dauerbrache regelmäßig der Fall, wenn sich der Standort seinem natürlichen Zustand annähern kann. Bei einem entwässerten, somit naturfernen Niedermoor war das Auswaschungsrisiko unter Dauerbrache deutlich höher als unter Acker.

In der ersten Brachephase der Dauerbrache und bei Rotationsbrache variiert die Höhe des Nitrataustrages ins Grundwasser entscheidend in Abhängigkeit vom Standort und dem pflanzenbaulichen Management.

Bei grobporigen Sand- und makroaggregierten Tonböden ist die Mineralisierung unter Acker zwar nicht wesentlich höher als unter mittelporigen Schluffböden, dennoch gelangen durch schnelle Versickerung bei grobstrukturierten Böden häufig hohe Stickstofffrachten in auswaschungsgefährdete Bodenhorizonte.

Sandige und (an)moorige Böden sind Standorte mit hohem Auswaschungsrisiko bei Wiederinkulturnahme, da der freisetzbare Stickstoff während der Brache stark zunimmt. Maßnahmen für eine frühe und intensive Nitrataufnahme sind dann von hoher Bedeutung für den Grundwasserschutz.

Bodenkundliche Einschätzung und daraus resultierende allgemeine Empfehlungen zur Flächenstillegung

Durch ein auf die Ziele des Grundwasserschutzes ausgerichtetes Flächenmanagement kann der Erfolg der Stillegung in dieser Hinsicht wesentlich gesteigert werden. Standortsangepaßte Untersaaten sind hierzu geeignet. Sie nutzen die nach dem Ackerbau verbleibenden Nährstoffe und halten sie vom Grundwasser fern. Wird auf eine Untersaat oder Ansaat direkt nach der Ernte verzichtet, können (für die Zeit bis zur Frühjahrsansaat) gewisse Erfolge mit Pflanzenbeständen aus den nach der Ernte auf der Fläche verbleibenden Samen erzielt werden. Nicht oder spät blühende Begrünungspflanzen oder Einsaatmischungen sind eine Voraussetzung für langanhaltende Stoffaufnahme. Generell kann Stillegung nur dann einen positiven Beitrag zum Umweltschutz leisten, wenn sichergestellt ist, daß keine Intensivierung der Landbewirtschaftung (z.B. durch erhöhte organische Düngung) auf den verbleibenden Betriebsflächen erfolgt.

Dauerbrache erwies sich im Feldversuch, unter (für die pflanzliche Produktion) weniger günstigen standörtlichen Gegebenheiten, als empfehlenswert. Auf eine Entfernung des Schnittgutes kann verzichtet werden, da angesichts des praxisüblichen späten Schnittzeitpunktes das Pflanzenmaterial nur gering stickstoffhaltig ist. Bei adäquaten pflanzenbaulichen Maßnahmen kann Rotationsbrache insbesondere bei guten Ackerstandorten ökologisch sinnvoll in die Fruchtfolge integriert werden (Apel 1994).

Unmittelbar verständlich ist, daß mit der Extensivierung Ziele wie Grundwasserschutz und Erosionsverminderung nicht nur zeitlich begrenzt verfolgt werden können (Pfadenhauer 1988). Deshalb ist in den meisten Fällen Extensivierung der Stillegung vorzuziehen. Flächen mit besonders schutzbedürftigen Böden, hoher Grundwassergefährdung und hohem Potential an natürlichen Pflanzen- und Tierpopulationen sind nach ökologischen Kriterien sinnvollerweise dauerhaft dem Ackerbau zu entziehen. Hierbei sind Standorte mit geringmächtigen Böden (z.B. Rendzinen), mit hohen Sickergeschwindigkeiten (z.B. sandig-kiesige Böden), mit Kontakt des Bodenwassers zu offenen Gewässern (z.B. Auenböden) und mit hohen Mineralisierungsschüben nach Bodenbearbeitung (Moorböden) zu nennen. Bei Mooren, die durch Entwässerung noch keine gänzlich degradierte Bodenstruktur aufweisen, ist die Wiederherstellung des natürlichen Grundwasserspiegels Vorraussetzung für die Ausweisung als Naturschutzgebiet.

Literatur

Apel B (1994) Brache: Der Pflicht muß die Kür folgen. DLG-Mitteilungen 4:28-31

DBG (Deutsche Bodenkundliche Gesellschaft) AG Bodennutzung in Wasserschutz- und -schongebieten (1992) Strategien zur Reduzierung standort- und nutzungsbedingter Belastungen des Grundwassers mit Nitrat, 42 S.

EEC (European Economic Community) (1980) Council directive on the quality of water for human consumption. Official Journal 23,80/778/EECL 229:11-29

EU (Europäische Union) (1994) Zwischenbilanz der Flächenstillegung. AGRA-EUROPE 5/94

Ghodrati M, Jury A (1990) A field study using dyes to characterize preferential flow of water. Soil Sci Am J 54:1558-1563

Grossmann J (1988) Physikalische und chemische Prozesse bei der Probenahme von Sickerwasser mittels Saugsonden. Dissertation, Tech Univ München 147 S.

Pfadenhauer J (1988) Gedanken zu Flächenstillegungs- und Extensivierungsprogrammen aus ökologischer Sicht. Z Kulturtechnik Flurbereinigung 29:165-175

Raison RJ, Connell MJ, Khanna PK (1987) Methodology for studying fluxes of soil mineral-N in situ. Soil Biol Biochem 19:521-530

Simon U (1987) Bewirtschaftungsmodelle stillgelegter Flächen aus pflanzenbaulicher und bodenkundlicher Sicht. Bayr Landw Jahrb 64:1007-1017

Stählin A, Büring H (1971) Sozialbrache auf Äckern und Wiesen in pflanzensoziologischer und ökologischer Sicht. Z Acker- Pflanzenbau 133:200-214

Stahr K, Rück F, Lorenz G (1992) Vorhersage der Stickstoffmineralisierung in Böden Baden-Württembergs. Freiburger Bodenkundl Abh 40:103-130

Zöttl H (1958) Die Bestimmung der Stickstoffnachlieferung im Waldhumus durch den Brutversuch. Z Pflanzenernähr Düng Bodenk 81:35-48

2.4 Natürliche und anthropogen bedingte Stickstofffreisetzung in Niedermoorgebieten

Friedrich Rück, Dorothea Stasch und Karl Stahr

Fragestellung

Niedermoore sind unter allen Böden die größten Stickstoffspeicher. Diese Stickstoffakkumulation geschieht unter natürlichen Bedingungen durch Konservierung von primär unterschiedlich stark humifizierten Vegetationsrückständen (Torfbildung). Durch Eingriffe zur Inkulturnahme für landwirtschaftliche Zwecke, Torfabbau (Brennmaterial/gärtnerische Substrate) oder Wasserstandsänderungen z.B. infolge Flußbegradigung werden die Standorte erheblich und meist irreversibel verändert oder ganz zerstört. Die im Torf gespeicherten Vorräte werden freigesetzt, die Kohlenstoffverbindungen leisten in Form von Kohlendioxid und Methan ihren Beitrag zum Treibhauseffekt, ebenso die Stickstoffverbindungen infolge Denitrifikation (N_2O), weiterhin führt Nitrat zu einer Grund-/Trinkwasserkontamination.

Im württembergischen Donauried (bei Langenau/Ulm) wurden an drei Niedermoorstandorten mit unterschiedlicher Nutzung (Naturschutzgebiet, jüngere/ältere ackerbauliche Bewirtschaftung), Torfmächtigkeit (70-180 cm), Grundwasserbeeinflussung (GW durchschnittlich 50 - 135 - 230 cm), Untersuchungen durchgeführt zu folgenden Fragestellungen:

- Jahresgang der Nitratauswaschung und Nitratfracht
- Jahresgang des Mineralstickstoffvorrates (NO_3^-, NH_4^+)
- Charakterisierung der Stickstoffmineralisierung/-immobilisierung
- Abschätzung der Torfabbaurate und der Denitrifikation
- Stickstoffbilanzen zur Quantifizierung der ermittelten Größen.

Moorbildung

Das Donauried liegt in einer Niederung zwischen der Schwäbischen Alb im Nordwesten und pleistozänen Schotterrücken im Süden. Die Terrassensedimente wurden von der zum Ausgang des Pleistozäns nach Süden wandernden Donau ausgeräumt. Über den 5 bis 12 m mächtigen würmzeitlichen bis holozänen Schotterbänken folgen partiell tonige Stillwassersedimente, überwiegend jedoch dm bis m mächtiger kalkreicher Schluff. Darüber beginnt dann das Niedermoor mit heute noch bis zu 5 m Torfmächtigkeit. Das Moor liegt großenteils auf der

Geowissenschaften und Umwelt
Herausgegeben von J. Matschullat und G. Müller © 1994 Springer Verlag

Niederterrasse. Die Entstehung des Moores wurde gefördert durch aufbrechende Quellbänder und Quellaufstöße (wo Kies- direkt an Karstaquifer grenzt). Die Hauptwachstumsphase war von 5000 bis 2000 Jahren vor unserer Zeitrechnung mit der Bildung von Schilf- und Seggentorfen.

Die Stoffproduktion von Moorpflanzenbeständen beträgt 2 bis 10 $t \cdot ha^{-1} \cdot a^{-1}$. Im Wachstum befindliche Moore bilden einen jährlichen Zuwachs von 0,5 mm (mittlere Schichtdicke). Dies entspricht einer Trockensubstanzzufuhr von 100-500 $kg \cdot ha^{-1} \cdot a^{-1}$ (Grosse-Brauckmann 1990). Bei C/N-Verhältnissen von 25 entspricht dies einer jährlichen N-Bindung von 2-10 kg/ha. Mit der Torfablagerung sind beträchtliche Stoffverluste verbunden, die meist mehr als die Hälfte der ursprünglichen pflanzlichen Produktion betragen (Grosse-Brauckmann 1990). Nach den o.g. Mittelwerten werden somit ca. 2500 kg $C \cdot ha^{-1} \cdot a^{-1}$ und 50 kg $N \cdot ha^{-1} \cdot a^{-1}$ freigesetzt (bei C/N von 50).

Inkulturnahme und heutige Landnutzung

Die Inkulturnahme des Moores begann mit Torfabbau ab 1750. Die landwirtschaftliche Nutzung um 1800 war eine extensive Wiesenwirtschaft im flachgründigen Bereich des westlichen Riedes. Ab 1820 wurde der Torfstich intensiviert, damit einher gingen Flußkorrekturen der Donau, die das Flußbett um 1 bis 1,5 m tiefer legten sowie die Anlage mehrerer Entwässerungsgräben mit dem bis 3 m tiefen Landesgrenzgraben als Vorfluter ermöglichten. Es wurden Schotterwege angelegt und die Auenbruchwälder allmählich in Grünland umgewandelt. 1925 wurde der gewerbliche Torfstich eingestellt, besonders im westlichen Bereich entlang des Landesgrenzgrabens waren große Flächen abgetorft.

Tabelle 1. Angaben zum Standort und zur Nutzung der drei untersuchten Niedermoore im Wasserschutzgebiet Donauried

Standort	NM I nicht	NM II mäßig entwässert	NM III stark
Torfmächtigkeit (cm)	110	180	70
Grundwasserstand (ø, cm u.Fl.)	49	135	233
Nutzung	NSG seit 1966	Acker seit ca. 1930	Acker seit ca. 1970
C_{org} ($kg \cdot m^2 \cdot m^{-1}$)	69,4	49,5	67,5
N_t ($kg \cdot m^2 \cdot m^{-1}$)	4,72	3,32	4,55
pH ($CaCl_2$, 0-30 cm)	7,0	7,2	7,1
N-Dgg. betriebsüblich (kg $N \cdot ha^{-1} \cdot a^{-1}$)	-	72*	125#
N-Dgg. reduziert (kg $N \cdot ha^{-1} \cdot a^{-1}$)	-	17*	-

*Dgg. = Düngung, Düngungsform: * = Schweinegülle, # = Rinder- und Schweinegülle*

1917 wurde die erste Grundwasserfassung und die erste Fernwasserleitung (nach Stuttgart) in Betrieb genommen. Heute werden aus sechs Fassungen jährlich 35 Mio m^3 Grundwasser aus dem Donauried entnommen, die Niedermoorbereiche stellen ca. 1/3 der engeren Schutzzone (50 km^2). Durch die Entwässerungsmaßnahmen und damit induzierter Mineralisation, Humifizierung und Gefügebildung wird zusätzlich mit einer Moorsackung von insgesamt 0,5 bis 1,2 m gerechnet (Dobler et al. 1977). Als Böden sind im westlichen Teil kalkhaltige Anmoorgleye aus schluffig-tonigem Auelehm über tonigem Stillwassersediment auf sandigem Kies anzutreffen. Im Kernbereich entstand ein kalkreiches Niedermoor in Wechsellagerung mit Kalkmudde und Kalktuff. Die drei untersuchten Standorte (Tabelle 1) sind als Vererdete kalkhaltige Niedermoore mit der Humusform Vererdeter Niedermoortorf anzusprechen (Rück 1993) und sind nicht vermurscht oder vermulmt (nach Roeschmann et al. 1993).

Ergebnisse

Grundwasserstand beeinflußt Mineralisierung und Mineralstickstoff (N_{min})-Gehalte. Im Vergleich der Mineralstickstoffgehalte (Nitrat und Ammonium) bestehen erhebliche Unterschiede zwischen den drei Niedermooren. Die N_{min}-Mengen betragen zwischen 20 und 150 kg $N{\bullet}ha^{-1}$ im Niedermoor (I), 50 bis 500 kg $N{\bullet}ha^{-1}$ in (II) und 130 bis 750 kg $N{\bullet}ha^{-1}$ in (III) in 0 bis 90 cm (Abb. 1). Dies ist durch die Standortsgegebenheiten Torfmächtigkeit, Profilaufbau, Grundwasserstände und Dauer der ackerbaulichen Nutzung (Umbruchjahr) erklärbar.

Ohne Bodenbearbeitung und bei geringer Entwässerung ist die Mineralisierung gehemmt (Niedermoor I). Der Grundwasserstand fiel von Mai bis September 1989 von 30 auf 110 cm unter Flur. Zwei bis drei Monate später stieg zeitversetzt in den stärker entwässerten Schichten 0-30 und 30-60 cm der N_{min}-Wert von 35 auf über 160 kg N/ha an. Im Februar 1990 wurde nach heftigen Niederschlägen das Profil aufgesättigt, die N_{min}-Werte fielen in der Folge ab (20 kg $N{\bullet}ha^{-1}$ im Mai/Juni, Abb. 1; Rück 1993). Bei den ackerbaulich genutzten Niedermooren liegt das Maximum im Frühjahr nach Düngung und Bodenbearbeitung und erreicht ein Minimum während der Vegetationszeit der Kulturpflanzen.

Zwischen den Düngungsvarianten im Niedermoor II (betriebsüblich und reduziert; Tabelle 1; Abb. 1) sind selten Unterschiede erkennbar, die sich auf unterschiedliche Düngung zurückführen lassen. Ein hemmender Einfluß des Grundwasserspiegels auf die Stickstoffmineralisierung im Torf ist bei den Niedermooren II und III mit durchschnittlichen Grundwasserständen von 135 und 230 cm u. Flur nicht mehr erkennbar.

Sprunghafter Anstieg der Nitratauswaschung in trockengelegten Niedermooren. Im Niedermoor I (Naturschutzgebiet) bewegen sich die Nitrat-N-Konzentrationen zwischen < 0,01 und 1,1 mg/l, die Fracht liegt unter 2 kg $N{\bullet}ha^{-1}{\bullet}a^{-1}$ (Abb. 2). Im Niedermoor II verlaufen die Nitrat-N-Konzentrationen zwischen < 0,01 und 7 mg/l. Von 90 auf 180 cm u. Flur nahmen die Nitrat-Konzentrationen um 60 bis 90 % ab. Die Hauptsickerung (70-90 %) findet im Winterhalbjahr statt. 90 cm unter Flur lag der Nitrataustrag durchschnittlich um 15 kg $N{\bullet}ha^{-1}{\bullet}a^{-1}$.

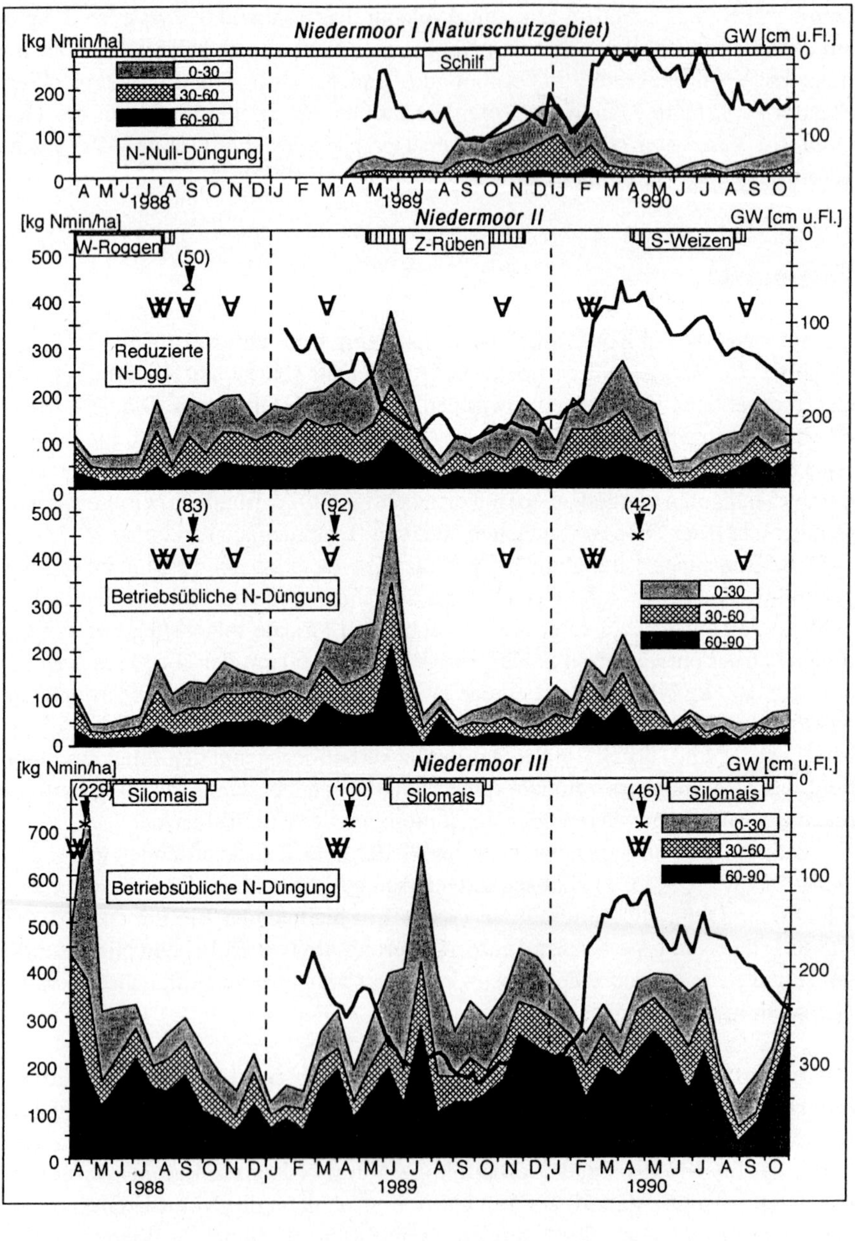

Abb. 1. Mineralstickstoff(N_{min})-Gehalte in den Schichten 0-30, 30-60, 60-90 cm in den Niedermooren I-III, eingetragen sind Vegetation (Art und Zeitraum, Auflaufen bis Ernte, ∀ = Bodenbearbeitung, ↓ = N-Düngung [kg N/ha]) und Grundwasserstände (cm unter Flur, durchgezogene Linie)

Im Niedermoor III wurden stets höhere Nitrat-N-Konzentrationen von 25-80 mg/l gemessen (100 bis 350 mg Nitrat/l) als im Niedermoor II. Diese liegen um das 2-7 fache über dem Grenzwert nach Trinkwasserverordnung. Die Konzentrationsminderung von 90 auf 180 cm u. Flur betrug nur 15 %. Die N-Fracht lag bei durchschnittlich 145 kg $N \cdot ha^{-1} \cdot a^{-1}$. Diese Ergebnisse bestätigen den Einfluß von Torfmächtigkeit und Grundwasserstand. Bei hoher bis vollständiger Wassersättigung liegen die Nitrat-N-Konzentrationen nahe 0, bei mindestens wassergesättigter Torfbasis bei 2-10 mg/l, bei ± trockengelegtem Torfkörper durchschnittlich bei 50 mg/l.

Denitrifikationsbestimmende Parameter. Experimentelle Untersuchungen belegen, daß bei O_2-Mangel NO_3^- zu N_2O und N_2 reduziert wird. In humusreichen Horizonten findet bereits nach wenigen Stunden Wassersättigung eine starke Abnahme des Redoxpotentials statt. Bei pH 7 beginnt die NO_3-Reduktion zwischen 550 und 450 mV, bei 220 mV ist kein Nitrat mehr nachweisbar (Scheffer u. Schachtschabel 1992). Unter Feldbedingungen hängt die Denitrifikationsleistung weiterhin ab vom Angebot an verfügbarem C, von der Temperatur, dem wassergefüllten Porenvolumen (hohe Sättigung → O_2-Mangel) und der Nitratkonzentration (Reddy et al. 1982). Dazu wurden Untersuchungen zur potentiellen Denitrifikationskapazität durchgeführt. Diese kann ermittelt werden durch anaerobe Bebrütungen, sie ist auch eng korreliert mit dem Angebot an wasserlöslichem Kohlenstoff (Burford u. Bremner 1975). Messungen der Redoxpotentiale nach Wasserüberstau ergaben, daß in allen Torfhorizonten schon unmittelbar nach Versuchsansatz 400 mV unterschritten wurden (Tabelle 2).

Tabelle 2. Redoxpotentiale (Eh in mV) der drei Niedermoore bei 20 °C und vollständiger Wassersättigung, Redoxpotential bei Versuchsansatz, nach Glinski u. Stepniewska (1986)

NM I		NM II		NM III	
[cm]	[Eh]	[cm]	[Eh]	[cm]	[Eh]
0-28	353	0-32	269	0-30	373
-44	275	-46	398	-45	262
-60	299	-69	395	-72	271
-110	269	-90	239	-91	308
>110	372	-108	271	-102	308
				>102	311

Nach den Grundwasserständen unter Flur wird dies im Feld im Niedermoor I in etwa vollständig erreicht. Im Niedermoor II ist meist die Torfbasis (bei 140-180 cm u. Flur) noch wassergesättigt und in 120 cm u. Flur etwa gleich häufig gesättigt und belüftet. Im Niedermoor III tritt seltener und nur kurzfristig Luftmangel (< 5 Vol. %) auf, meist ist eine ausreichende Luftversorgung auch in 120 cm u. Flur gewährleistet (Abb. 3).

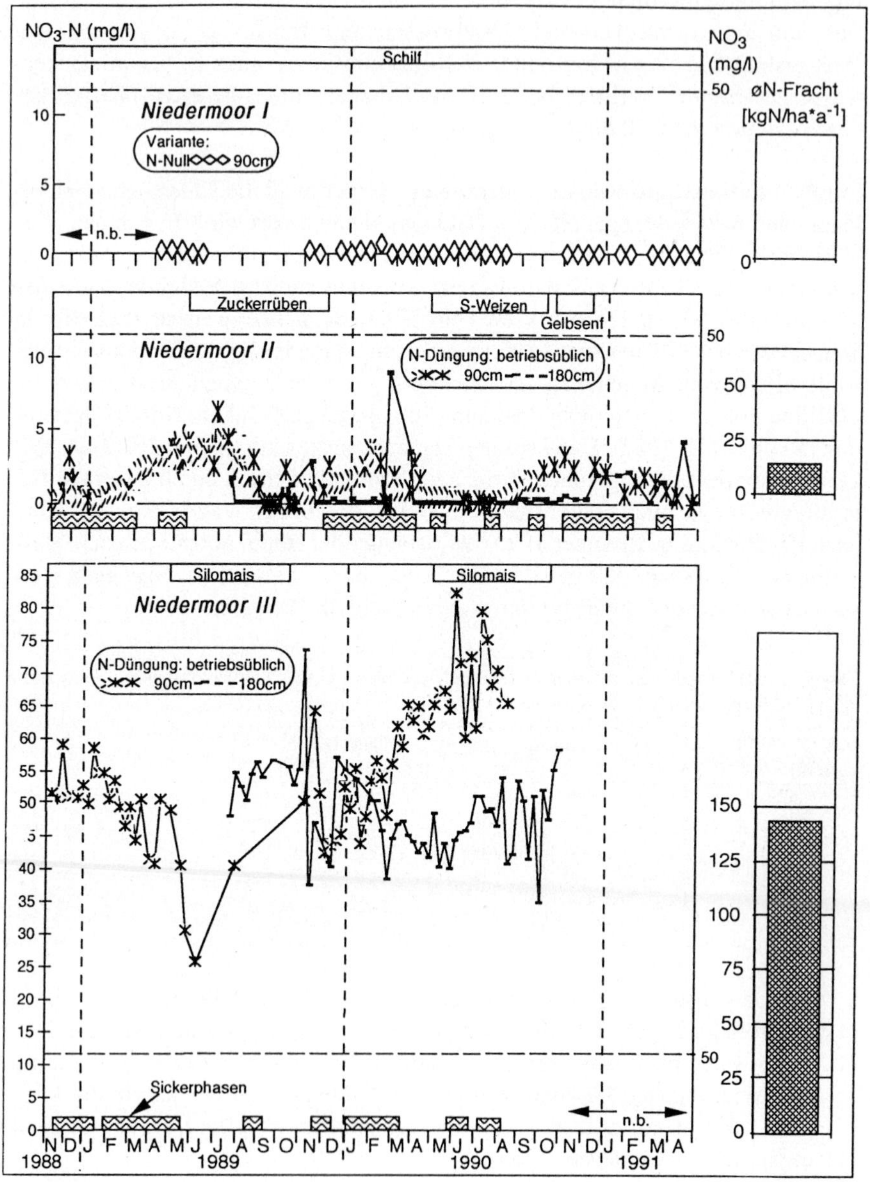

Abb. 2. NO_3-Konzentrationen der Bodenlösung [mg/l] u. durchschnittliche N-Fracht [kg N•ha^{-1}•a^{-1}]

Die (einmalig an feldfrischen Proben) durchgeführte Bestimmung des wasserlöslichen Kohlenstoffes ergab hohe C-Mengen in den Niedermooren. Burford u. Bremner (1975) geben für die von ihnen untersuchten Böden (getrocknet) eine Spanne von 9-259 mg C/kg an. Die in den Niedermooren des Donauriedes gemessenen Werte liegen im mittleren bis oberen Bereich der genannten Spanne und übersteigen diese teilweise (Tabelle 3). In den Oberböden tritt ein krümeliger, vererdeter Torf, in den tieferen Horizonten ein mittel (H5) bis schwach (H3) zersetzter Torf auf. Die geringer zersetzten Torflagen sind Niedermoor II im Bereich von 33-79 cm von Sinterkalklagen durchsetzt und werden im Niedermoor III ab 73 cm von einem stark humosen, schluffig-tonigen Lehm abgelöst. Mit höherer Mineralkomponente (Vererdung im Oberboden, Sinterkalk bzw. Lehm im Unterboden) nimmt der Anteil des wasserlöslichen Kohlenstoffes am organischen Gesamtkohlenstoff zu. In reinen Torfhorizonten ist die relative C-Verfügbarkeit geringer (Tabelle 3). Damit Denitrifikation optimal ablaufen kann, ist ein C/N-Verhältnis > 14 nötig (Isermann u. Henjes 1989). In den Niedermooren I und II sind diese Bedingungen ebenfalls erfüllt, im Niedermoor III nicht (Tabelle 3).

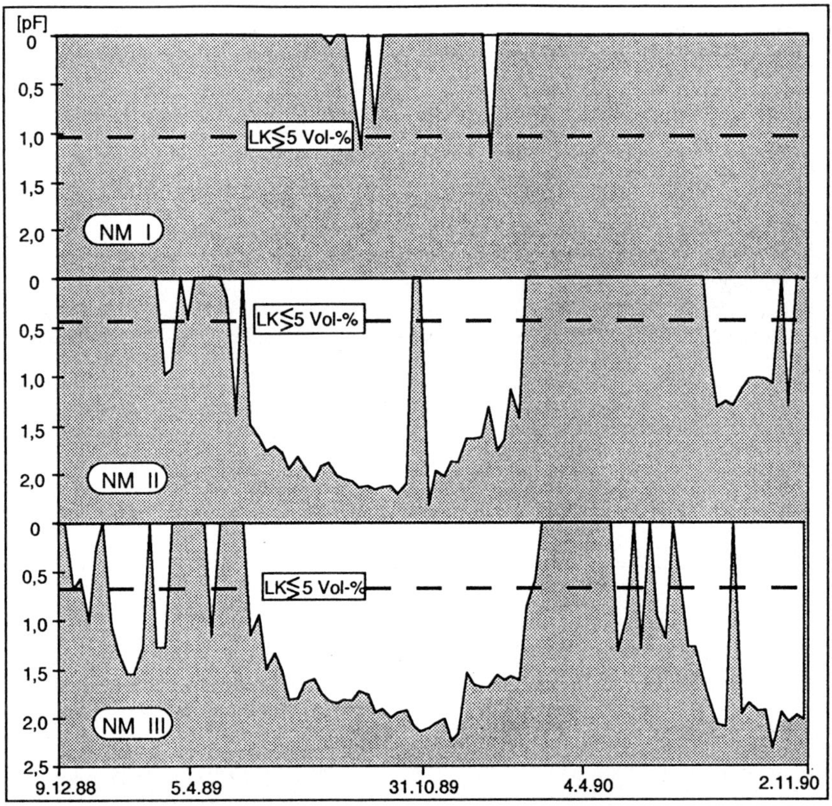

Abb. 3. Wassersättigung und Luftmangel in 90 cm u. Flur (Niedermoor I) bzw. 120 cm u. Flur (Niedermoore II und III)

Die Bodentemperaturen sind mit 7-8 °C im Winter und 11-12 °C im Sommer in 1 m Tiefe noch ausreichend für Denitrifikation. Richter (1987) konnte bei 10 °C noch eine beachtliche Denitrifikationsleistung bei Unterbodenproben aus Niedermooren nachweisen, die er mit einer angepaßten Mikroflora erklärt. Aus den Laboruntersuchungen denitrifikationsbestimmender Parameter und den im Feld gemessenen starken Unterschieden bei N_{min} und Nitratkonzentrationen im Sickerwasser kann geschlossen werden, daß in den Niedermooren mit Grundwasseranschluß Denitrifikation abläuft.

Tabelle 3. Gehalte an gesamtorganischem Kohlenstoff (C_{org}), kaltwasserlöslichem Kohlenstoff (C_{kwl}) und NO_3^--N [mg/kg TS]

[cm]		I	II	III
0-30	C	252	246	122
	N	12	15	20
	C/N	21	17	6
30-60	C	74	119	262
	N	32	5	82
	C/N	2	24	3
60-90	C	241	184	340
	N	5	11	116
	C/N	45	17	3

	NM I			NM II			NM III		
(cm)	0-30	30-60	60-90	0-30	30-60	60-90	0-30	30-60	60-90
C_{org} (%)	19,4	37,9	42,5	16,1	5,6	8,2	17,7	31,6	15,6
C_{kwl} (mg/kg TS)	252	74	241	246	119	184	122	262	340
NO_3^--N (mg/kg TS)	12	32	5	15	5	11	20	82	116
C_{org}/C_{kwl} (‰)	1,3	0,2	0,6	1,5	0,5	2,2	0,7	0,8	2,2
C_{kwl}/NO_3^--N	21	2	45	17	24	17	6	3	3

Tabelle 4. N-Umsatz in [kg N•ha^{-1}•a^{-1}], N-Freisetzung ermittelt aus der Netto-N-Mineralisierung der in situ-Bebrütung nach Runge (1970), * = Denitrifikation und Immobilisierung geschätzt nach Kuntze (1988)

Standort	NM I nicht	NM II mäßig entwässert	NM III stark
N-Freisetzung	250	300	860
Pfl.-Entzüge (abzgl. Düngung)	50	53	104
Nitratauswaschung	<2	15	145
Denitrifikation*	124	144	382
Immobilisierung*	74	86	229

Stickstoffbilanz. Untersuchungen zur Netto-N-Mineralisierung in situ ergaben eine N-Freisetzung von 250 bis 860 kg N•ha^{-1}•a^{-1} (Tabelle 4). Dies entspricht einer Torfabbaurate von mindestens 2,6 - 4,3 mm•a^{-1}. Gleichgerichtet steigen die Pflanzenentzüge (abzüglich der N-Düngung) und insbesondere die N-Verluste durch Auswaschung an. Dennoch bleibt ein Überschuß an Mineralstickstoff von 200 bis 600 kg N•ha^{-1}•a^{-1}, der nach einer Abschätzung von Kuntze (1988) zu 5/8 denitrifiziert und zu 3/8 immobilisiert wird. Dies ergibt Denitrifikationsverluste von 120-380 kg N•ha^{-1}•a^{-1}, die je nach N_2O/N_2-Verhältnis auch eine beträchtliche

Stickoxidemission bedeuten und somit als klimawirksames Spurengas einen Beitrag zum anthropogenen Treibhauseffekt und zum Ozonabbau in der Stratosphäre leisten (Sauerbeck 1993).

Literatur

Burford JR, Bremner JM (1975) Relationships between the denitrification capacities and total, water-soluble and readily decomposable soil organic matter. Soil Biol Biochem 7:389-394; Oxford

Dobler D, Klepser HH, Petermann R (1977) Das Naturschutzgebiet "Langenauer Ried". Veröff Naturschutz Landespflege Bad-Württ, 46:189-240; Karlsruhe

Glinski J, Stepniewska Z (1986) An evaluation of soil resistance to reduction processes. Polish J Soil Sci 10:15-19; Lublin

Grosse-Brauckmann G (1990) Stoffliches - Ablagerungen der Moore. In: Göttlich K (Hrsg) Moor- und Torfkunde, 3. Aufl:175-236; Schweizerbart Stuttgart

Isermann K, Henjes G (1989) Dissimilatorische Nitrat-Reduktion im (un-)gesättigten Untergrund bei unterschiedlicher Landbewirtschaftung. VDLUFA Schriftenreihe, Kongreßband 1989 31:637-643; Frankfurt aM

Kuntze H (1988) Niedermoore als Senke und Quelle für Kohlenstoff und Stickstoff. Wasser Boden 9/93:699-702

Kuntze H (1993) Nährstoffdynamik der Niedermoore und Gewässereutrophierung. Telma 18:61-72; Hannover

Reddy KR, Rao PSC, Jessup RE (1982) The effect of carbon mineralization on denitrification kinetics in mineral and organic soils. Soil Sci Soc Am J 46:62-68; Madison, Wisconsin

Richter GM (1987) Die Bedeutung der Denitrifikation in Stickstoff-Umsatz von Niedermoorböden. 169 S., Dissertation Univ Göttingen

Roeschmann G, Grosse-Brauckmann G, Kuntze H, Blankenburg H, Tüxen J (1993) Vorschläge zur Erweiterung der Bodensystematik der Moore. Geol Jb, F29:3-49

Rück F (1993) Standortspezifische Stickstoffmineralisierung, jahreszeitlicher Verlauf des Mineralstickstoffvorrates und der Nitratauswaschung in Böden des Wasserschutzgebietes Donauried. Hohenheimer Bodenkundl Hefte 15:226 S.; Stuttgart

Runge M (1970) Untersuchungen zur Bestimmung der Mineralstickstoff-Nachlieferung am Standort. Flora 159:233-257; Jena

Sauerbeck D (1993) Wechselseitige Beeinflussungen von Klima und Böden: Fragen - Bereiche - Prozesse. Mitt Dtsch Bodenkdl Gesellsch 69:193-200; Oldenburg

Scheffer F, Schachtschabel P (1992) Lehrbuch der Bodenkunde. 491 S.; 13. Aufl, Enke Verlag, Stuttgart

2.5 Bodenerosion in Südspanien im Gefolge der Reconquista: Geologische Dokumente einer historischen Umweltkatastrophe

Horst D. Schulz

Fragestellung, Bearbeitungsgang

Seit dem Frühjahr 1982 wird in enger Zusammenarbeit mit dem Deutschen Archäologischen Institut in Madrid (Direktor Prof. Dr. H. Schubart) und dem Archäologischen Institut der Universität von Sevilla (Direktor Prof. Dr. O. Arteaga) die Landschaftsgeschichte verschiedener andalusischer Küstenregionen untersucht. Am Anfang stand dabei die Frage nach der Beziehung phönizischer Siedlungsplätze aus dem 8. bis 5. vorchristlichen Jahrhundert an der südiberischen Küste zum damaligen Küstenverlauf. Sehr bald zeigte sich jedoch, daß die Rekonstruktion alter Küstenlinien nur in einer Gesamtschau verstanden werden kann und daß erst bei der fruchtbaren Zusammenarbeit von Archäologen und Geowissenschaftlern die Landschafts- und Besiedlungsgeschichte im Abbild einer gut datierten Stratigraphie holozäner Sedimente deutlich wird.

Seit 1964 sind vom Deutschen Archäologischen Institut in Madrid phönizische Hafenplätze an der südiberischen Küste untersucht worden mit einem besonderem Schwerpunkt im Bereich der Mündung des kleinen Flusses Río de Vélez östlich von Málaga (Schubart 1982). Nach einer ersten Vorerkundung im Frühjahr 1982 (Schulz 1983) erfolgte mit drei Diplomanden im Frühjahr 1983 eine ausführliche quartärgeologische Bearbeitung (Schulz et al. 1988; Dahmke 1988a, 1988b). In diesem Zusammenhang erfolgte auch eine erste geophysikalische Untersuchung der holozänen Sedimente (Stümpel et al. 1988). Im Rahmen dieser Arbeit konnte auch der V-förmige Felsuntergrund zwischen den Bohrungen 10 und 6 (Abb. 1) erkundet werden, dessen tiefste Stelle von etwa 30 m unter der heutigen Geländeoberfläche durch Handbohrungen nicht erreichbar war.

Fortgesetzt wurden diese Arbeiten auf verschiedenen Wegen: Eine entsprechende Untersuchung wurde in allen Flußmündungen der andalusischen Mittelmeerküste im Rahmen einer Dissertation durchgeführt (Hoffmann 1988; Arteaga et al. 1988). Auch diese Arbeiten wurden im Herbst 1985 durch drei Diplomkartierungen im Bereich der Mündungen des Río Almanzora und des Río Antas unterstützt. Im Herbst 1984 wurde unterhalb der phönizischen Siedlung Toscanos am Río de Vélez eine archäologisch/geologische Grabung ("Hafenbucht") durchgeführt, aus der sich die Korrelation der gut datierten Siedlungsschichten mit den Sedimenten in der Talaue ergab (Arteaga 1988; Schulz 1988). Weiterhin erfolgte im Sommer 1989 eine Bearbeitung der holozänen Küstenlinien von Ibiza (Schulz

Geowissenschaften und Umwelt
Herausgegeben von J. Matschullat und G. Müller © 1994 Springer Verlag

1993) und zuletzt im Herbst 1992 mit sechs Diplomanden eine Bearbeitung der Bucht des unteren Río Guadalquivir.

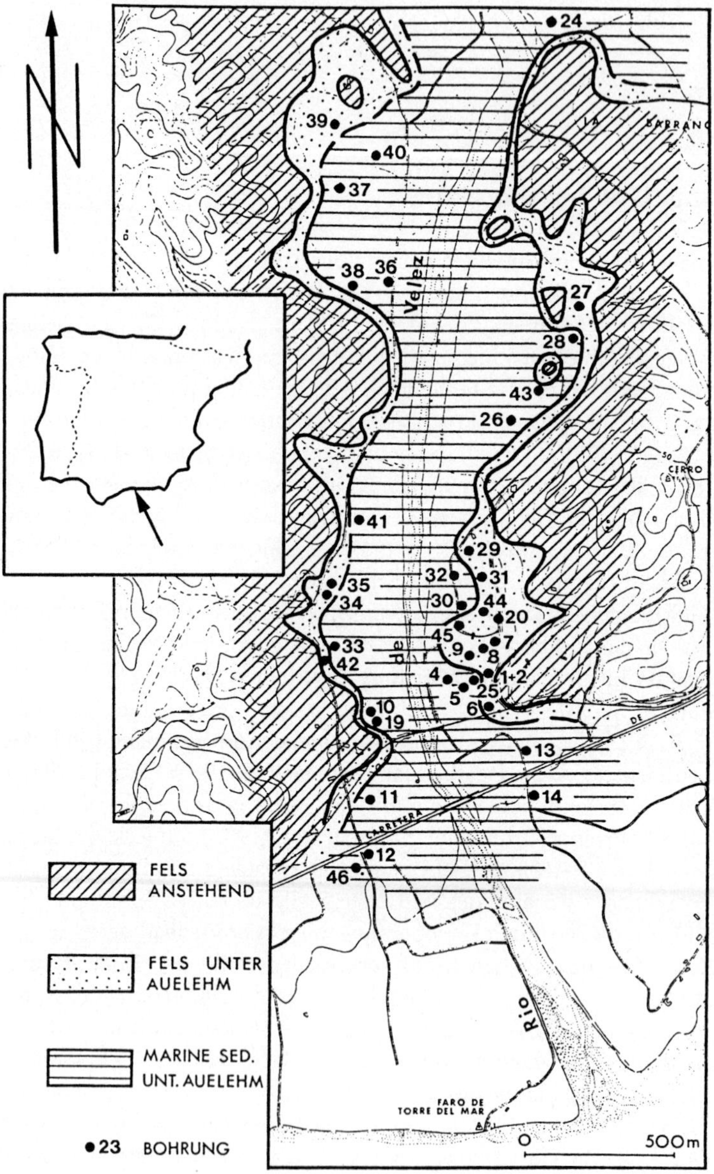

Abb. 1. Der Unterlauf des Río de Vélez, ca. 30 km östlich von Málaga. Dargestellt ist die Lage der ausgeführten Bohrungen in der Talaue und die Verbreitung der in ihnen nachgewiesenen marinen Sedimente. Das generalisierte Querprofil von Abbildung 5 verläuft vom Ufersaum bei den Bohrungen 10 und 19 bis etwa zur Mitte des Tales

Bei allen genannten Forschungsarbeiten war stets die Frage nach der Lage der Küstenlinie und ihre Veränderung im jungen Holozän unter dem Einfluß verschiedener geogener und anthropogener Faktoren von besonderer Bedeutung. In der hier vorgelegten Übersicht soll jedoch vor allem der zeitliche Verlauf der Bodenerosion betrachtet werden.

Landschaftsgeschichte andalusischer Flußmündungen am Mittelmeer: Beispiel Río de Vélez

Mit einer Reihe von Handbohrungen (Handbohrgerät der Fa. Eijkelkamp, Giesbeek, Niederlande) im Bohrdurchmesser von 10 cm und mit Bohrtiefen zwischen 5 und 16 m wurden die holozänen Sedimente im Tal des Río de Vélez (ca. 30 km östlich von Málaga) erschlossen (Abb. 1). Aus den Bohrungen ergab sich etwas generalisiert die folgende Stratigraphie:

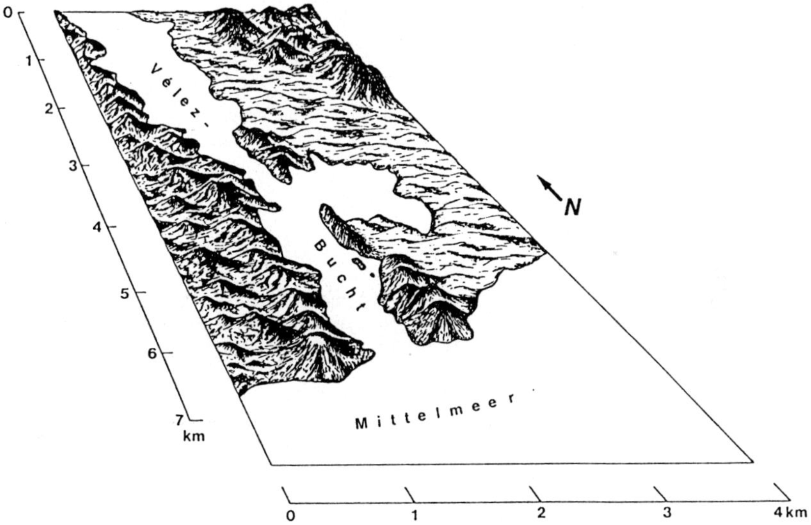

Abb. 2. Ausdehnung der Vélez-Bucht nach Ende des postpleistozänen Anstiegs des Meerespiegels vor etwa 6000 Jahren. Zur Zeit der ersten phönizischen Besiedlung im 8. vorchristlichen Jahrhundert hat die Bucht sicherlich noch ebenso ausgesehen, denn wir finden die ältesten phönizischen Siedlungsschichten direkt auf dem Fels unter der heutigen Talaue und marine Sedimente bis direkt an diese Siedlungsschichten heranreichend

Die tiefsten Schichten, die dem metamorphen Fels aufliegen, bestehen bis etwa zu einer Höhe von 2 bis 3 m unter dem heutigen Meeresspiegel aus dunklem, reduziertem und überwiegend feinklastischem Material, für das marine Ablagerungsbedingungen durch Mikrofossilien nachgewiesen sind. Es folgen dann etwas gröbere, überwiegend schluffige Schichten mit einem relativ hohen Gehalt an fein verteilter organischer Substanz. Auch diese Schichten wurden überwiegend unter reduzierenden Bedingungen abgelagert. Diese Sedimente gehen zum Hangenden nicht immer ganz horizonttreu und ohne wesentlichen Materialwechsel in die Sedimentation unter oxidierenden Bedingungen über, die letztlich bis zur heutigen Ablagerung des Hochflut-Auelehms fortdauert. In einigen Bohrungen wurden in der Nähe von Siedlungsplätzen datierbare Keramikreste gefunden. An einigen Proben mit reichlich organischer Substanz konnten ^{14}C-Altersdatierungen (korrigierte Daten) vorgenommen werden.

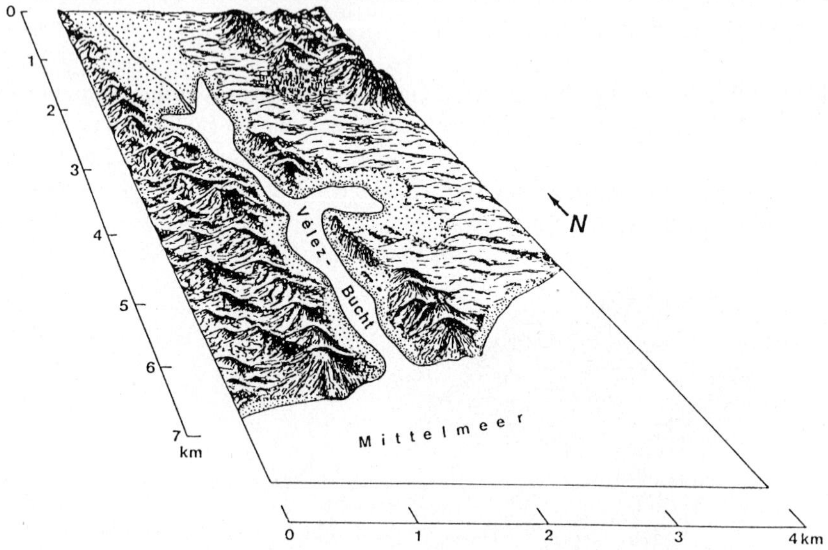

Abb. 3. Die Vélez-Bucht zu Beginn der Neuzeit im 15./16. Jahrhundert. Die Verlandung ist so weit fortgeschritten, daß sich vor dem felsigen Ufer ein Saum aus jungen Sedimenten gebildet hat. Die wohl überwiegend mit Brackwasser gefüllte Restbucht hat noch Wassertiefen von mindestens zwei bis drei Meter

Dem generalisierten Profil entspricht die folgende Entstehungsgeschichte: Mit dem postpleistozänen Anstieg des Meeresspiegels drang das Meer in das bis etwa 30 m unter den heutigen Talboden ausgeräumte Tal des Río de Vélez ein und schuf so eine bis weit in das Hinterland hineinreichende fjordartige Bucht (Abb. 2). Mit einer für solche Buchten im Bereich des Normalen liegenden Sedimentationsrate von 2 bis 2,5 m/Jahrtausend war diese Bucht noch bis zum Ausgang des Mittelalters nicht völlig zusedimentiert, sondern wies noch Wassertiefen um mindestens 2 bis 3 m auf (Abb. 3). Erst ab dem 16. Jahrhundert setzte dann eine vielfach höhere Sedimentation ein, die innerhalb von 100 bis höchsten 200 Jahren 10 bis 20 m Sediment in das Tal eintrug. Vor etwa 200 Jahren erfolgte dann kontinuierlich der Übergang zu einer Sedimentation mit Hochflut-Auelehm, bei der nur noch durch Hochflut-Ereignisse im Río de Vélez jeweils eine mehr oder minder dicke Lage schluffig/tonigen Materials unter oxidierten Bedingungen abgelagert wird. An einzelnen Stellen wurden in den Auesedimenten Schotterlagen erbohrt, welche die jeweilige Lage des Río de Vélez innerhalb des Mäandergürtels kennzeichnen. Heute ist der fast ganzjährig trockene Fluß durch Uferdämme in seiner Lage fixiert. In dieser heutigen Situation (Abb. 4) liegt die Sedimentationsrate bei etwa 10 m/Jahrtausend.

Andere Flußtäler an der andalusischen Mittelmeerküste zeigen prinzipiell eine ähnliche Entwicklungsgeschichte, wobei im einzelnen Unterschiede durch die Größe des Einzugsgebietes, durch die spezielle klimatische Situation und durch die im Einzugsgebiet anstehenden Böden und Gesteine gegeben sind. Auf ein ausführliches Referat der regionalen Literatur wurde im Rahmen dieser kurzen Übersicht verzichtet, dies findet sich bei Hoffmann (1988).

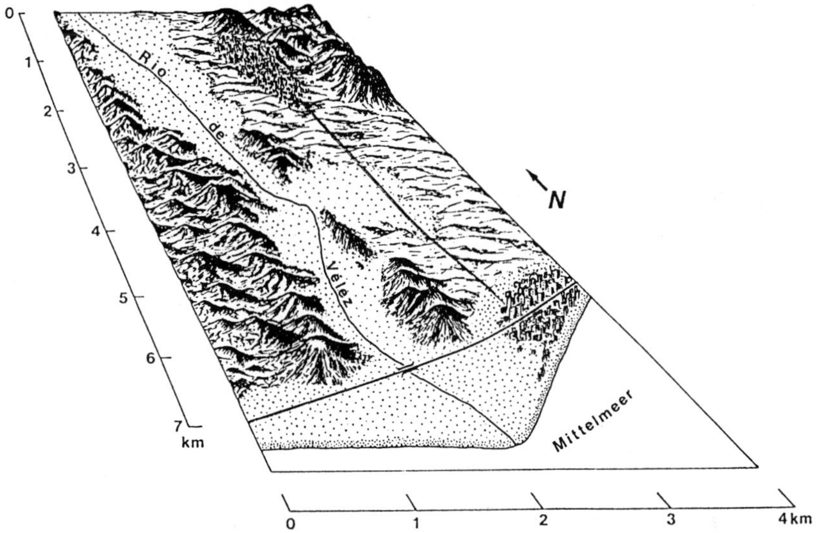

Abb. 4. Die heutige Situation im Mündungsgebiet des Río de Vélez. Durch den starken nachmittelalterlichen Erosionsabtrag aus dem Gebirge ist die Talaue mit mächtigen holozänen Sedimenten bedeckt. Vor der Mündung des Flusses hat sich ein junges Delta gebildet. Die moderne Stadt Torre del Mar befindet sich überwiegend auf jungen, nachmittelalterlichen Sedimenten

Grabung "Hafenbucht": Datierte Landschaftsgeschichte

Den Übergangsbereich zwischen den Siedlungsschichten der phönizischen Niederlassung Toscanos und den Sedimenten der Talaue des Río de Vélez erschloß die Grabung "Hafenbucht" (in Abb. 1 im Bereich der dort eingetragenen Bohrungen 10 und 19) und erlaubte so die Übertragung der sehr genau datierten Siedlungsstratigraphie in die Breite der Talaue. Dabei konnte auch der meist nur wenige Meter breite Verzahnungsbereich zwischen Hangsedimenten und Auensedimenten erschlossen werden. Die Abbildung 5 zeigt als generalisiertes Querprofil von der "Hafenbucht" bis zur Mitte des Tales (heutige Lage des fast ganzjährig trockenen Vorfluters) das mächtigkeitsgetreue Ergebnis dieser Korrelation. Auf die einzelnen eingetragenen Altersdaten soll im folgenden näher eingegangen werden.

Für die Oberfläche des Felsuntergrundes ist als Alter 10 000 Jahre v.Chr. eingetragen. Dies bezeichnet eine Geländeoberfläche zum Ende des Pleistozän mit einem noch tief liegenden Meeresspiegel als Vorflut für den erosiv eingeschnittenen Río de Vélez. Die erste aus der Grabung datierte Schicht ist mit 600 v.Chr. eingetragen und ist durch einen Horizont innerhalb der phönizischen Siedlungsschichten bestimmt. Das Datum von 400 n.Chr. ist durch Schichten mit spätrömischen Gräbern in der Grabung gut datiert. Das Alter von 1400 n.Chr. liegt im Ende der maurischen Zeit in diesem Teil Andalusiens. Für die zwei Jahrtausende von 600 v.Chr. bis 1400 n.Chr. ergibt sich somit im Tal eine Sedimentationsrate um 2 m/Jahrtausend. Diese Sedimentationsrate weist darauf hin, daß man sich das Hinterland offensichtlich in dieser Zeit mit einer gleichmäßigen Vegetation und einer weitgehend geschlossenen Bodendecke vorstellen muß. So konnten selbst starke Regenereignisse nicht zu wesentlicher Bodenerosion führen.

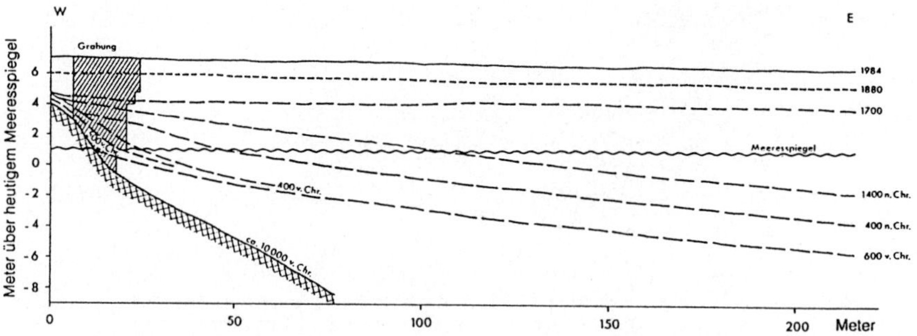

Abb. 5. Generalisiertes Isochronen-Profil von der phönizischen Niederlassung Toscanos (Bohrpunkte 10 und 19 in Abbildung 1) bis etwa zur Mitte des Tals des Río de Vélez. Die eingetragenen Linien bezeichnen zeitgleiche Sedimentoberflächen. Der eingetragene Meeresspiegel liegt entsprechend der Tiefenlage der in den Bohrungen gefundenen marinen Sedimente etwas über dem heutigen Meerespiegel

Das in Abbildung 5 eingetragene Alter von 1700 n.Chr. ist auch außerhalb der Grabung durch die Fundamente eines Küstenwachtturms aus dieser Zeit gut belegt, der bereits auf den jungen Sedimenten des Deltas steht. Daraus ergibt sich für den Zeitraum von höchstens 200 Jahren eine Sedimentmächtigkeit von etwa 6 m im Bereich der Mündung des Tales und von mindestens 15 m weiter talaufwärts im Bereich des nördlichen Kartenrandes von Abbildung 1. Der Nachweis, daß es sich bei diesen Ablagerungen im wesentlichen um die in kurzer Zeit abgetragenen Böden des Hinterlandes handelt, konnte über mehrere ^{14}C-Altersdatierungen erbracht werden. Es ergaben sich dabei für die fein verteilte organische Substanz der Sedimente hohe Alter (einige tausend Jahre) mit einer inversen Abfolge. Eine solche inverse Abfolge ist charakteristisch für den flächenhaften Abtrag von Böden innerhalb sehr kurzer Zeit, bei dem zuerst die oberen, jüngeren Bereiche und zuletzt die tieferen, älteren Bereiche abgetragen und in der Talaue sedimentiert werden. An einem in den gleichen Sedimenten eingelagerten größeren Holzstück wurde das richtige, sehr junge Alter der Ablagerung gefunden.

Als Grund für die hohe Erosion zu Beginn der Neuzeit werden die einschneidenden Änderungen in der Siedlungsstruktur Andalusiens gesehen, die mit der Reconquista, der Wiedereroberung des Landes von den Mauren, verbunden waren. Zum einen wird vom Abbrennen der Bergwälder berichtet, noch bedeutsamer war jedoch sicherlich eine Landwirtschaft, die mit der Einführung von Schaf und Ziege eine intensive Überweidung durchführte. Auch zu diesem Themenbereich findet sich eine ausführliche Aufarbeitung der Literatur bei Hoffmann (1988). Als jüngstes Datum ist in Abbildung 5 das Jahr 1880 eingetragen. Es bezeichnet eine bekannte, besonders starke Hochflut am Río de Vélez, die mit deutlich gröberem Sedimentmaterial in der Grabung identifiziert werden konnte. Daraus folgt eine Sedimentationsrate der heutigen Zeit von etwa 7 bis 8 m pro Jahrtausend. Diese Rate ist wieder deutlich niedriger als zur Zeit des nachmittelalterlichen Erosionsschubes, jedoch höher als zur Zeit vor der starken Erosion des Hinterlandes. Dies hat sicherlich seine Ursache darin, daß dieses Gebiet heute weitgehend von seiner ursprünglich vor Erosion schützenden Bedeckung mit Vegetation und Böden befreit ist.

Abweichende Entwicklungen: Beispiel Ibiza, Beispiel Unterlauf des Río Guadalquivir

Bei einer entsprechenden Bearbeitung der Buchten und Flußmündungen auf der Insel Ibiza ergab sich ein grundlegend von der Situation in Andalusien abweichendes Bild. Die Mächtigkeit der holozänen Sedimente ist durchweg sehr viel geringer, die Sedimentationsraten sind niedrig und die Küstenlinien sind meist nur unwesentlich durch den Auftrag von jungen Sedimenten verlagert. Dies ergibt einen sinnvollen Zusammenhang, wenn man das Hinterland betrachtet, denn fast durchweg ist auch heute noch eine geschlossene Vegetation und sind intakte Böden für die Insel kennzeichnend. Schaf und Ziege wurden aus dem Verfasser unbekannten Gründen nie eingeführt.

Eine ebenfalls andere Entwicklung nahm der Unterlauf des Río Guadalquivir im Bereich zwischen Sevilla und der heutigen Mündung in den Atlantik. Hier konnte mit ca. 340 Handbohrungen der Küstenverlauf nach Ende des postpleistozänen Anstiegs des Meeresspiegels vor etwa 6000 Jahren festgelegt werden (Abb. 6). In der sehr großen marinen Bucht, die nahe bis an das heutige Sevilla heranreichte, war der Sedimenteintrag durch den wasserreichen Río Guadalquivir schon im frühen Holozän recht bedeutsam. So sind in den zentralen Teilen der Bucht die holozänen Sedimente etwa 100 m mächtig (Menenteau 1982). Trotzdem waren die nördlichen Teile der Bucht durch den stets hohen Sedimenteintrag des Río Guadalquivir bereits in der Zeit um Christi Geburt verlandet. Nur die südlichen Bereiche mit den verzweigten kleineren Teilbuchten hatten zumindest in römischer Zeit (Hafenstadt Mesas de Asta) noch Verbindung zum Atlantik.

Karte II

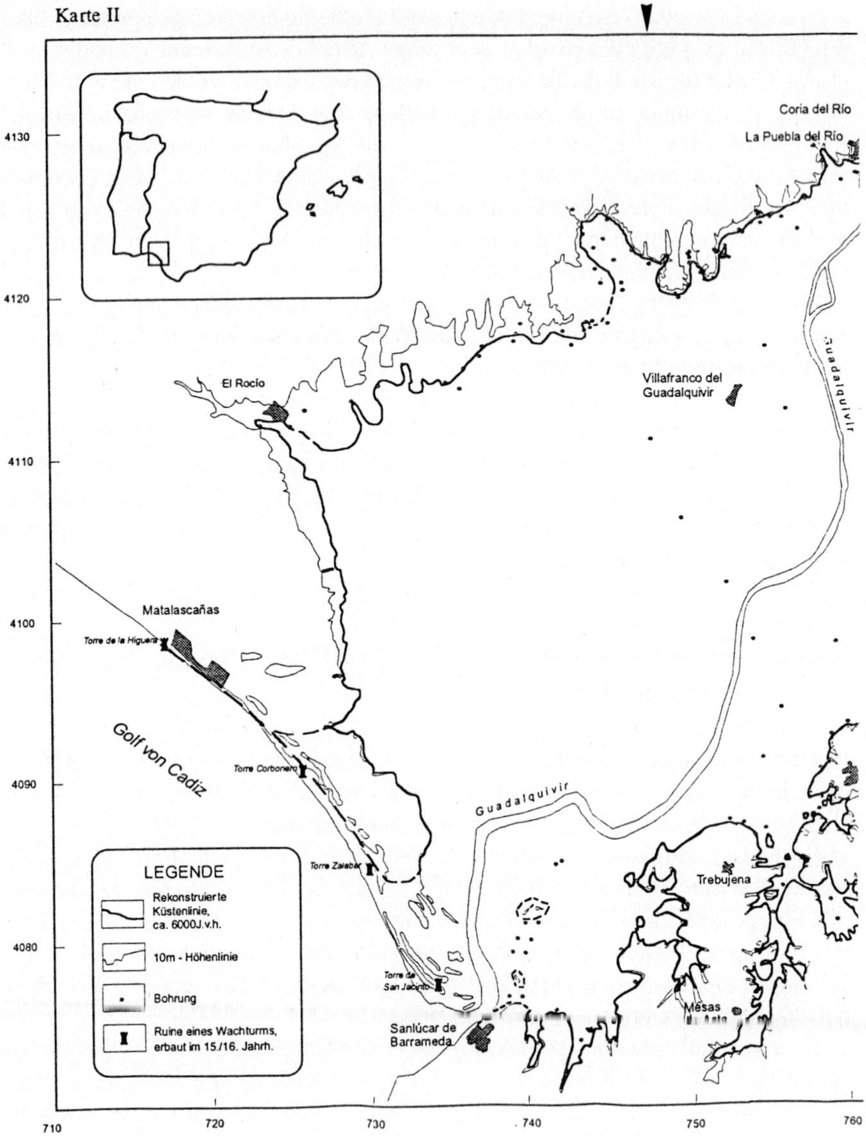

Zum Verständnis dieser etwas abweichenden Situation am Río Guadalquivir muß bedacht werden, daß im Einzugsgebiet dieses großen Flusses, der weite Teile des Südens der iberischen Halbinsel entwässert, schon sehr früh Landwirtschaft in den verschiedensten Formen betrieben wurde. Weiterhin vollzog sich auch die Reconquista im sehr viel größeren Einzugsgebiet des Río Guadalquivir in einem wesentlich längeren Zeitraum (Córdoba wurde schon 1236, Granada erst 1492 erobert). Ein scharf markierter Einschnitt wie der einer Umweltkatastrophe im Gefolge der Reconquista an der andalusischen Mittelmeerküste darf hier also nicht erwartet werden.

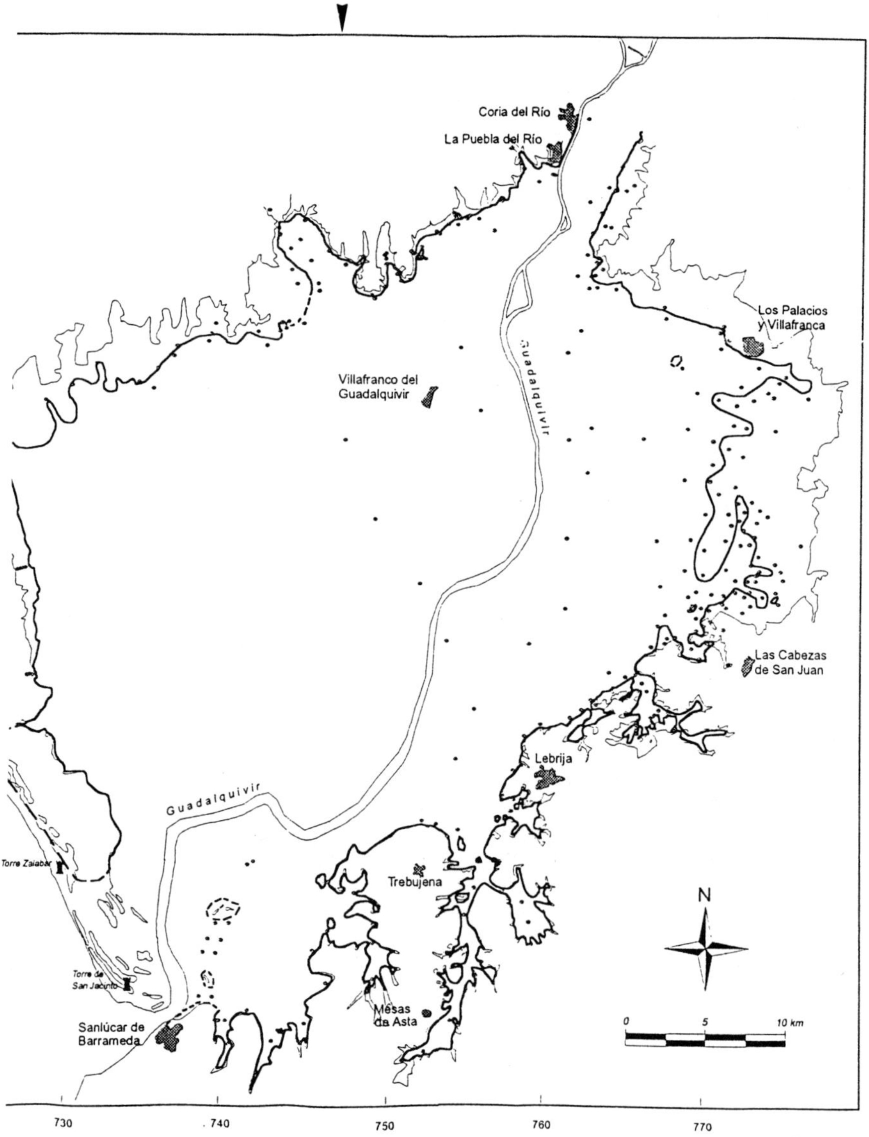

Abb. 6. Mit insgesamt ca. 340 Bohrungen rekonstruierte Gestalt der marinen Bucht am Unterlauf des Río Guadalquivir. Dargestellt ist die Küstenlinie zum Ende des postpleistozänen Anstiegs des Meeresspiegels vor etwa 6000 Jahren. Die heute verlandete Bucht reichte im Norden bis an Sevilla (gerade außerhalb des nördlichen Kartenrandes) heran und hatte damit eine Größe von etwa 50 km in SSW-NNE-Richtung bei einer Breite von ca 30 km in WNW-ESE-Richtung

Danksagung. Für die Anregung zur geologischen Bearbeitung, für die gemeinsame Arbeit im Gelände sowie für zahlreiche Hilfen und Diskussionen danke ich meinen archäologischen Kollegen in Spanien: Herrn Prof. Dr. H. Schubart (Direktor des Deutschen Archäologischen Instituts in Madrid), Herrn Prof. Dr. O.

Arteaga (Direktor des Archäologischen Instituts der Universität von Sevilla) und Herrn Dr. Jorge H. Fernández Gómez (Direktor des Archäologischen Museums von Ibiza). Als Diplomanden arbeiteten im Rahmen diese Projektes A. Dahmke, K.P. Jordt und W. Weber (1983), H. Dibbern, A. Kölling und F. Kracht (1985), Th. Felis, Chr. Hagedorn, R. v. Lührte, C. Reiners, H. Sander und J. Schubert (1992).

Literatur

Arteaga O (1988) Zur phönizischen Hafensituation von Toscanos. Vorbericht über die Ausgrabung in Schnitt 44. Madrider Beiträge, 14:127-141; Verlag Philipp von Zabern

Arteaga O, Hoffmann G, Schubart H, Schulz HD (1988) Geologisch-archäologische Forschungen zum Verlauf der andalusischen Mittelmeerküste. Madrider Beiträge 14:107-126; Verlag Philipp von Zabern

Dahmke A (1988a) Die Rekonstruktion holozäner Küstenlinien im Mündungsbereich des Río Algarrobo. Madrider Beiträge 14:39-43; Verlag Philipp von Zabern

Dahmke A (1988b) Reliefanalyse und Luftbildanalyse im Raum des Río de Vélez und des Río Algarrobo. Madrider Beiträge 14:44-59; Verlag Philipp von Zabern

Hoffmann G (1988) Holozänstratigraphie und Küstenlinienverlagerung an der andalusischen Mittelmeerküste. Berichte Fachbereich Geowissenschaften, Universität Bremen 2:1-173, ISSN 0931-0800

Menenteau L (1982) Les Marismas du Guadalquivir. Exemple de transformation d'un paysage alluvial au cours du Quaternaire récent. Dissertation Université de Paris-Sorbonne, Tome I-Texte, 252 S., Tome II-Figures et planches, Paris

Schubart H (1982) Phönizische Niederlassungen an der Iberischen Südküste. Madrider Beiträge 8:207-234; Verlag Philipp von Zabern

Schulz HD (1983) Zur Lage holozäner Küsten in den Mündungsgebieten des Río de Vélez und des Río Algarrobo (Málaga). Vorbericht. Madrider Mitteilungen 24:59-64; Verlag Philipp von Zabern

Schulz HD (1988) Geologische Bearbeitung der Grabung 'Hafenbucht' von Toscanos. Madrider Beiträge 14:142-154; Verlag Philipp von Zabern

Schulz HD, Jordt KP, Weber W (1988) Stratigraphie und Küstenlinien im Holozän (Río de Vélez). Madrider Beiträge 14:5-38; Verlag Philipp von Zabern

Schulz HD (1993) Stratigraphie und Küstenlinien im Holozän von Ibiza.- Madrider Mitteilungen 34:108-126; Verlag Philipp von Zabern

Stümpel H, Rabbel W, Schade J (1988) Oberflächennahe geophysikalische Untersuchungen im Mündungsgebiet des Río de Vélez und des Río Algarrobo. Madrider Beiträge 14:60-72; Verlag Philipp von Zabern

2.6 Die Verlagerung von Pestiziden in landwirtschaftlich genutzten Böden

Heinz Friedrich Schöler und Harald Färber

Einführung

Pestizide wie Methabenzthiazuron, Pendimethalin, Metolachlor und Atrazin (dieser Wirkstoff darf in der Bundesrepublik seit April 1991 nicht mehr eingesetzt werden; Anonymus 1991) sind bedeutende und häufig eingesetzte Herbizide im Anbau von Mais, Zuckerrüben, Getreide und Spargel (Heddergott u. Thiede 1992). Die extensive Anwendung über viele Jahre und ihre Persistenz können zu einer Verunreinigung von Böden und Grundwässern führen. Atrazin und einige seiner Metaboliten werden noch häufig in landwirtschaftlichen Böden nachgewiesen (Capriel 1986; Färber 1993; Milde u. Müller-Wegener 1989; Friege et al. 1991; Leuchs et al. 1991). Über chemische und mikrobiologische Abbauwege wird eine Vielzahl von Metaboliten gebildet (Li u. Felbeck 1972; Jones et al. 1982; Muir 1978; Somasundaram u. Coats 1991). Seitdem die Trinkwasserverordnung einen Grenzwert für Pestizide und deren Hauptabbauprodukte festgelegt hat, besteht ein Bedarf für geeignete Analysenmethoden im ng/l-Bereich. Für die Beurteilung möglicher, zukünftiger Pestizidkontaminationen des Grundwassers ist es von Bedeutung, unter landwirtschaftlich genutzten Flächen die Konzentration der Pestizide im Sickerwasser zu bestimmen.

In dieser Arbeit werden Daten zur Pestizidausbringung (z.B. Menge und Zeitpunkt) mit analytischen Daten verbunden und es wird versucht, das Verhalten der Wirkstoffe im Boden in Abhängigkeit von Fruchtfolge, Betriebsmitteleinsatz und Bodenparametern zu beschreiben.

Material und Methoden

1. Chemikalien. Alle untersuchten Wirkstoffe wurden von der Fa. Dr. Ehrenstorfer, Augsburg, bezogen. Die Standardlösungen für die externe Standardisierung wurden in Ethylacetat angesetzt (0,2 und 0,5 mg/l). Eine methanolische Standardlösung (1 mg/l) wurde für die Dotierung der Wasserproben verwendet. Alle benutzten Lösemittel (n-Hexan, Aceton, Methanol, Ethanol, Diethylether, Ethylacetat) waren qualitativ zur Rückstandsanalytik geeignet. RP C18 Festphasenkartuschen (2 g) und die Vakuum-Absaugvorrichtung für Kartuschen (SPE 21) wurden von der Fa. J.T. Baker, Groß Gerau, bezogen.

Geowissenschaften und Umwelt
Herausgegeben von J. Matschullat und G. Müller

2. Probenahme und Extraktion von Bodenproben. Die gesiebten (1 mm) und homogenisierten Bodenproben (20 g) wurden mit 150 ml Aceton/Wasser (2:1 v/v, pH 7-8) 15 Stunden auf einem Horizontalschüttler extrahiert. Über ein Glasfaserfilter wird das Eluat filtriert und Aceton am Rotationsverdampfer bei 40 °C abgezogen. Die wässrige Lösung wird über RP C10 Kartuschen (2 g, 10 ml/min Fluß) extrahiert. Nach dem Trocknen der Kartuschen wird mit 3 • 1,5 ml Methanol desorbiert. Das Eluat wird auf 0,2 ml konzentriert und mit Ethylacetat auf 0,5 ml aufgefüllt.

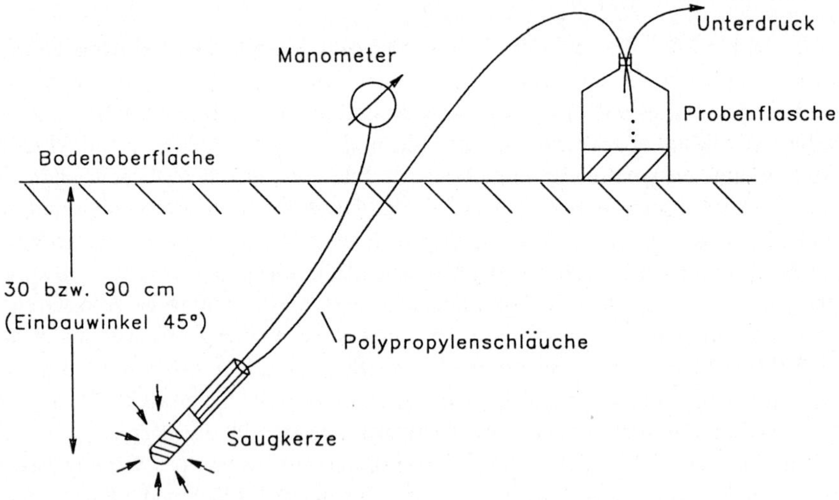

Abb. 1. Bodenwasserentnahme mittels Saugkerzen

3. Probenahme und Extraktion von Saugkerzenwasser. Die Probenahme erfolgte über Saugkerzen (Abb. 1). Das Saugkerzenwasser, eingestellt auf pH 7 (± 0,2) wird über RP C10 Kartuschen (2 g, 10 ml/min Fluß) extrahiert. Nach dem Trocknen der Kartuschen wird mit 3 • 1,5 ml Methanol desorbiert. Das Eluat wird auf 0,2 ml konzentriert und mit Ethylacetat auf 0,5 ml aufgefüllt.

4. Fruchtfolge, Anbauvarianten und Bodenparameter. Fruchtfolge A: Zuckerrüben (ZR) - Hafer (HA) - Winterweizen (WW) - Wintergerste (WG); Fruchtfolge C: Zuckerrüben (ZR) - Winterweizen (WW) - Körnermais (KM) - Körnermais (KM). In der Fruchtfolge A wurden hauptsächlich Methabenzthiazuron und Pendimethalin, in der Fruchtfolge C überwiegend Atrazin, Methabenzthiazuron und Metolachlor eingesetzt. Der Betriebsmitteleinsatz war der folgende: S1 = Maximaler Betriebsmittelaufwand (Biozide präventiv nach festgelegten Spritzterminen); synthetischer Kunstdünger; S3 = Ohne synthetischen Betriebsmittelaufwand (Keine Biozidausbringung, häufigere Bodenbearbeitung mit Egge, Stallmist und Gülle). Die Bodenparameter in den Fruchtfolgen A und C sind aus Tabelle 1 zu ersehen.

Tabelle 1. Bodenparameter der Fruchtfolgeböden A und C (Durchschnittswerte)

Parameter	A1	A2	A3	C1	C2	C3
C_{org} (%)	1,22	0,31	0,23	1,29	0,37	0,28
Humus (%)	2,1	0,53	0,40	2,22	0,64	0,48
Ton (%)	15,5	20,2	23,4	23,4	23,4	23,4
pH (KCl)	7,09	7,05	7,04	6,94	6,98	6,93

Humusgehalt = C_{org} *• 1,724; A1 = 0-30 cm; A2 = 30-60 cm; A3 = 60-90 cm; C1 = 0-30 cm; C2 = 30-60 cm; C3 = 60-90 cm*

5. Geräte. GC: Carlo Erba, Mega 5160; Säule: DB 17 cb, 30 m, 0,25 mm ID, 0,25 µm df; Retention Gap: 2 m, 0,32 mm ID, Phenyl-Sil desaktiviert; Injektor: OC/PTV (Multinjektor), Carlo Erba, Insert gefüllt mit silanisierter Glaswolle, Injektionsvolumen 8 µl, Anfangstemp. 60 °C, Abblaszeit (Split) 180 s, Splitlos 60 s, Endtemp. 270 °C; Trägergas: He 2ml/min, 120 kPa; MS: Finnigan-MAT, ITD 700, EI 70 eV, Full-Scan-Modus; Transferline: 200 °C, Direktkopplung; Temperaturprogramm: 60 °C (1 min), 25 °C/min auf 240 °C, 40 °C/min auf 280 °C (5 min).

Tabelle 2. Abkürzungen und Quantifizierungsmassen

Verbindung	Abkürzung (Quantifizierungsmassen m/z)
Methabenzthiazuron	MBT (136 und 164; 163 und 178 nach der Methylierung (13)
Atrazin	AT (200 und 215)
Desethylatrazin	DE-AT (187)
Desisopropylatrazin	DI-AT (173)
Pendimethalin	PE (252)
Metolachlor	ME (162 und 238)

7. Wiederfindungen und Bestimmungsgrenzen. Wiederfindung Saugkerzenwasser. Trinkwasser wurde mit den Wirkstoffen sowie den Atrazinmetaboliten Desethyl- und Desisopropylatrazin dotiert (c = 50, 100, 250 ng/l) und bei pH 7 ± 0,2 mit RP C18 Festphasenkartuschen extrahiert. Jede Konzentrationsstufe wurde sechsmal angesetzt (Tabelle 2). Zur Klärung der Frage, ob das Saugkerzenmaterial bzw. die Polyethylenschläuche eventuell Adsorptionseigenschaften bezüglich der Wirkstoffe haben oder hohe Blindwerte erzeugen, wurden dotierte Wasserproben (5-fach) 12 Std. mittels Wasserstrahlvakuum durch die Saugkerzen gezogen und die erhaltene Lösung ebenfalls extrahiert. Die hierbei ermittelten Wiederfindungen lagen alle innerhalb der Spannweiten der direkt dotierten und extrahierten Wässer, so daß davon ausgegangen werden kann, daß keine nennenswerte Adsorption an dem Kerzen- oder Schlauchmaterial stattgefunden hat. Die Extrakte zeigten auch keine erhöhten Blindwerte durch eventuell ins Wasser abgegebene Materialinhaltstoffe.

Wiederfindung Boden. Zur Bestimmung der Wiederfindung im Boden wurde getrocknetes Material eines unbelasteten Weidebodens (Blindwert) des Dikopshofs ebenfalls mit den o.a. Substanzen dotiert und homogenisiert (c = je Wirkstoff 2,5 - 5 - 10 µg/kg Boden). Die Zahl der Wiederholungen betrug acht je Konzentrationsstufe (Tabelle 3).

Tabelle 3. Wiederfindungen der Pestizide in Boden und Wasser (%)

Verbindung	Wasser		Boden	
	Bereich	Mittelwert	Bereich	Mittelwert
Methabenzthiazuron	51-85	68	48-92	72
Atrazin	79-115	96	69-105	86
Desethylatrazin	48-75	56	32-76	58
Desisopropylatrazin	38-61	50	29-61	40
Pendimethalin	75-110	82	56-89	75
Metolachlor	58-83	70	63-105	81

Bestimmungsgrenzen. Die Bestimmungsgrenzen aller untersuchten Wirkstoffe lagen bei 50 ng/l (Saugkerzenwasser) und 3 µg/kg (Boden). Eine Bestimmungsgrenze von 5 µg/kg wurde für Desisopropylatrazin ermittelt.

Ergebnisse und Diskussion

Die eingesetzten Saugkerzen erwiesen sich als geeignet, Bodenwasser der ungesättigten Zone für die Pestizidbestimmungen zu gewinnen. Saugkerzen wurden bisher nur für die Analyse von Nährstoffen und Schwermetallen eingesetzt (Bredemeier et al. 1990). Die Vorteile dieser Technik liegen zum einen in der Gewinnung von Bodenwasser aus ungestörten Bodenschichten, sowie in einer Partikelentfernung durch den Keramikkörper der Saugkerze. Ungünstig erwies sich bei unseren Untersuchungen die lange Probenahmezeit in Abhängigkeit von den Niederschlägen.

Im Verlaufe der massenspektrometrischen Untersuchung der Saugkerzenwässer wurde eine unbekannte Verbindung detektiert, die laut Spektrenbibliothek als Benzthiazolon identifiziert wurde und die sich mit Trimethylsulfoniumhydroxid methylieren ließ. Die Identität dieser Verbindung konnte durch die Synthese der Referenzverbindung bestätigt werden. Ergänzende Untersuchungen ergaben, daß Benzthiazolon kein Abbauprodukt von Methabenzthiazuron ist (sehr ähnliche chemische Struktur), sondern daß es sich um einen Inhaltsstoff von Gummistopfen handelt und bei der Probenahme von Saugkerzen auf dem Feld eingesetzt worden war. Die verwendete Festphasenextraktion mit RP C18 Kartuschen zeigte gegenüber der ebenfalls getesteten flüssig/flüssig-Anreicherung mit Rotationsperforator (Extraktionsmittel: Pentan/Diethylether 1:1 v/v) bessere Wiederfindungen (Brodesser u. Schöler 1987; Führ 1992). Ein clean-up Schritt über polare Adsorbentien oder Gelpermeationschromatographie war nicht erforderlich.

Die Abbildungen 2 bis 9 zeigen die Konzentrationen der Wirkstoffe im Saugkerzenwasser und Boden in unterschiedlichen Tiefen in beiden Fruchtfolgen sowie in Abhängigkeit vom Zeitpunkt der Aufbringung. Die Konzentrationen der Wirkstoffe, die extrahiert werden können, nimmt in den Bodenprofilen von oben nach unten ab. Dies korreliert mit der entsprechenden Abnahme des C_{org} (Tabelle–1) und wird auch in einer Reihe von Publikationen beschrieben (Führ 1992; Huang u. Frink 1989; Scheunert 1993; Kerpen u. Schleser 1980). Die Bildung der gebundenen Wirkstoffe ist ebenfalls mit dem C_{org} verknüpft (Kloskowski u. Führ 1988; Cheng et al. 1978). Nicht in dieses Bild passen die Methabenzthiazuron-Konzentrationen im Saugkerzenwasser; hier waren die Konzentrationen in 90 cm Tiefe weitaus höher als in 30 cm (Abb. 2 und 3).

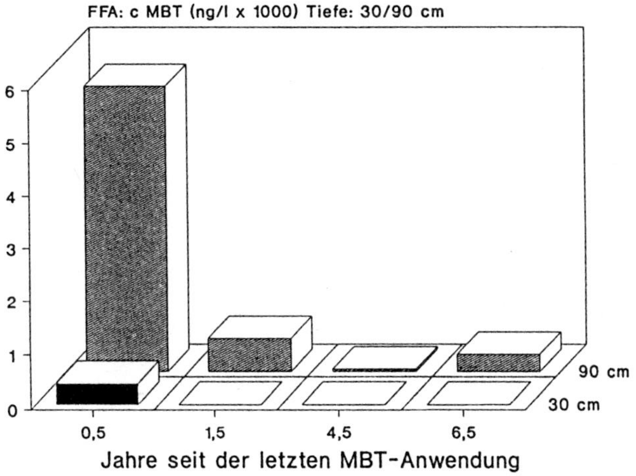

Abb. 2. Methabenzthiazuron in Saugkerzenwasser (Fruchtfolge A)

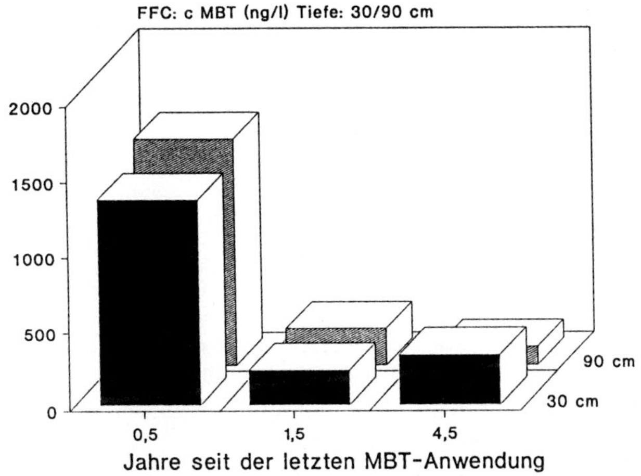

Abb. 3. Methabenzthiazuron in Saugkerzenwasser (Fruchtfolge C)

Dies scheint ein Ergebnis der Desorption von Pestiziden aus dem Oberboden hauptsächlich durch Niederschläge direkt nach der Ausbringung im Spätherbst und im Frühwinter. Eine Tiefenverlagerung in grundwassernahe Schichten über Makroporen ist ebenfalls denkbar. Aufgrund der Abnahme des C_{org} mit der Tiefe werden die Wirkstoffe weniger adsorbiert und besser mobilisierbar durch freies Porenwasser. Unter diesen Umständen können Pestizide und deren Metabolite zu einer Grundwasserverunreinigung führen. Desalkylierte Atrazin-Metabolite sowie Hydroxyatrazin konnten nicht in den untersuchten Böden gefunden werden.

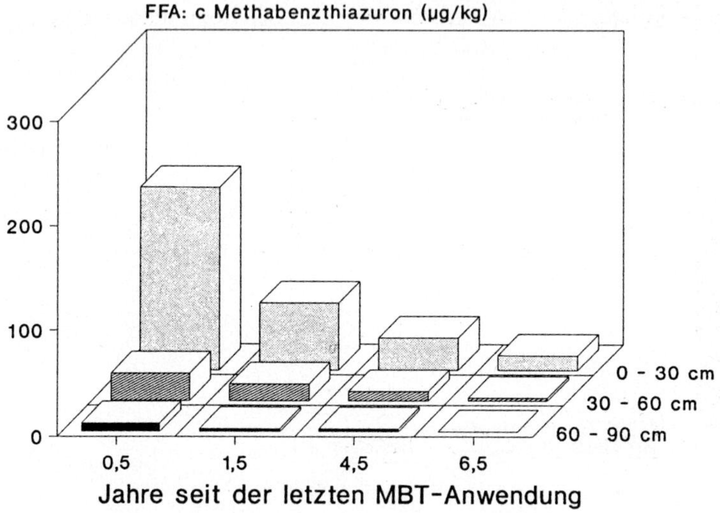

Abb. 4. Methabenzthiazuron in Bodenproben (Fruchtfolge A)

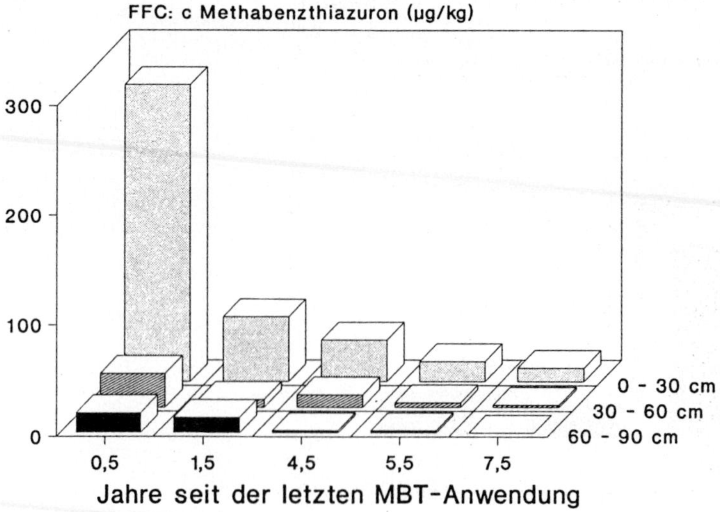

Abb. 5. Methabenzthiazuron in Bodenproben (Fruchtfolge C)

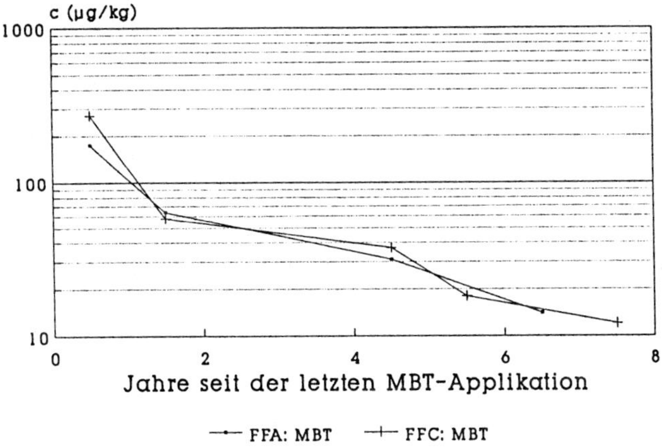

Abb. 6. Abnahme der Methabenzthiazuron-Konzentrationen in den Fruchtfolgen A und C

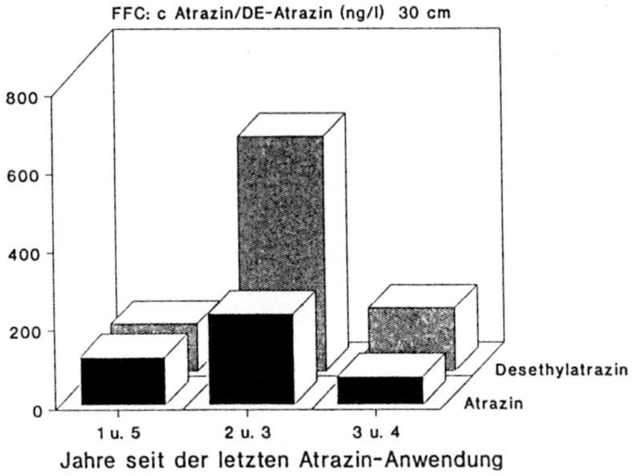

Abb. 7. Atrazin und Desethylatrazin in Saugkerzenwasser (Fruchtfolge C)

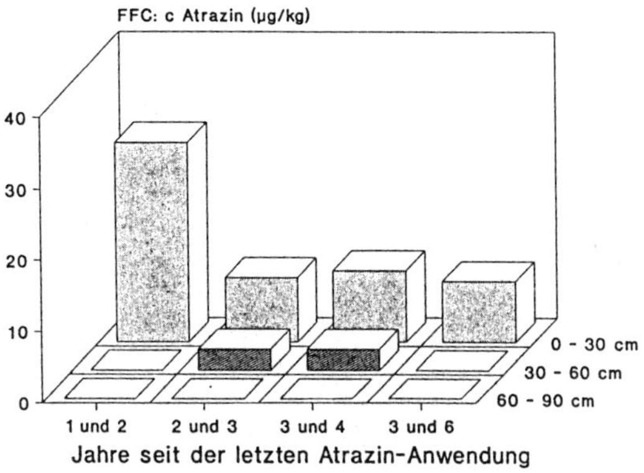

Abb. 8. Atrazin in Bodenproben (Fruchtfolge C)

Im Saugkerzenwasser der Fruchtfolge C konnten Atrazin und Desethylatrazin nur in 30 cm Bodentiefe gefunden werden; die höchsten Konzentrationen ergaben sich zwei und drei Jahre nach der letzten Ausbringung (Abb. 7). Ein zunehmender zeitlicher Abstand zwischen Ausbringung und Probenahme führt zu einem Rückgang der extrahierbaren Rückstände im Boden. Trotzdem konnte Atrazin noch nach drei Jahren (Abb. 8), Methabenzthiazuron nach 7,5 Jahren (Abb. 5) und Pendimethalin nach acht Jahren (Abb. 9) nach der letzten Ausbringung nachgewiesen werden. Aus Abbildung 6 wird ersichtlich, daß die Methabenzthiazuron-Abnahme in beiden Anbauvarianten sehr ähnlich verläuft. Zunächst erfolgt aufgrund starker Adsorptions- und mikrobiologischer Abbauprozesse eine schnelle Konzentrationsabnahme. Diese verlangsamt sich in der Folge; gesteuert wird die Konzentration der Wirkstoffe durch Desorptionsvorgänge von der Bodenmatrix und der Bildung von gebundenen Rückständen.

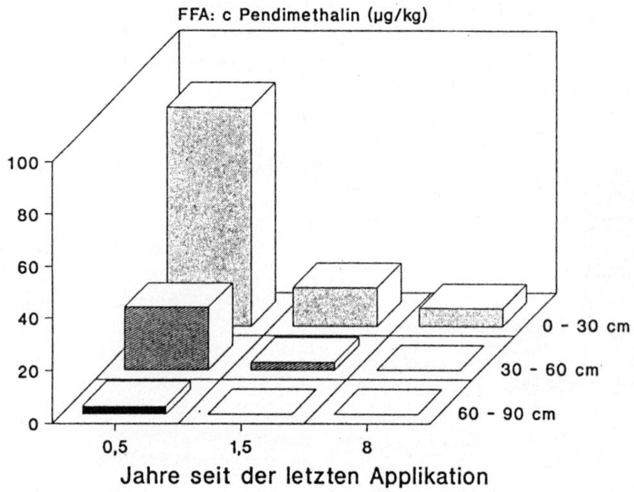

Abb. 9. Pendimethalin in Bodenproben (Fruchtfolge A)

Schlußfolgerungen

Die beiden untersuchten Anbauvarianten (konventioneller und organischer Landbau) haben keinen signifikanten Einfluß auf die Menge der extrahierbaren Rückständen, obwohl es Hinweise auf eine stärkere Adsorption und/oder einen schnelleren Abbau von Methabenzthiazuron in den Böden gibt, die mit Stallmist und Gülle gedüngt und intensiver mechanisch bearbeitet wurden. Die Wirkstoffe werden erst nach längerer Zeit so fest an den Bodenkomplex gebunden, daß sie durch das Bodenwasser nicht mehr in tiefere Bodenschichten verlagert wurden. Eine Kontamination des Grundwassers ist wahrscheinlich auf diese langsame Immobilisierung der Pestizide und deren Metabolite sowie auf das Vorhandensein von

Makroporen zurückzuführen. Die Wirkstoffe sollten deshalb nach Möglichkeit nicht im Herbst vor Winterbeginn und nicht auf sehr feuchten Böden bzw. in Erwartung einer niederschlagsreichen Zeit ausgebracht werden.

Literatur

Bredemeier M, Lamersdorf N, Wiedey GA (1990) A new mobile and easy to handle suction lysimeter for soil water sampling. Fres J Anal Chem 336:1-4

Brodesser J, Schöler HF (1987) Eine weiterentwickelte Extraktionsmethode zur quantitativen Analyse von Pestiziden im Wasser. Zbl Bakt Hyg B185:183-187

Anonymus (1991) Verordnung über Anwendungsverbote für Pflanzenschutzmittel (Pflanzenschutz-Anwendungsverordnung). Bundesgesundheitsblatt 1 796-798

Capriel P (1986) Persistenz von Atrazin und seiner Metaboliten im Boden nach einmaliger Herbizidanwendung. Z Pflanzenernähr Bodenkd 146:474-480

Cheng HH, Führ F, Jarczyk HJ, Mittelstädt W (1978) Degradation of Methabenzthiazuron in the soil. J Agric Food Chem 26:595-599

Färber H (1993) Entwicklung neuer Derivatisierungsverfahren für den "Programmed Temperature Vaporizer" (PTV) zur gaschromatographischen Analyse von Bioziden und deren Metaboliten in landwirtschaftlich genutzten Böden. Dissertation, Univ.Bonn

Friege H, Kirchner W, Leuchs W (1991) Pestizide in Oberflächengewässern – Teil 1: Herbizid-Belastungen in der Lippe und im westdeutschen Kanalnetz. Vom Wasser 76:29-39

Führ F (1992) Die Rückstandssituation im System Pflanze/Boden nach praxisgerechter Spritzapplikation von Pflanzenbehandlungsmitteln. Angew Bot 66:147-152

Heddergott H, Thiede H (1992) Taschenbuch des Pflanzenarztes. Landwirtschaftsverlag, Münster

Huang LQ, Frink CR (1989) Distribution of atrazine, simazine, alachlor, and metolachlor in soil profiles in Connecticut. Bull Environ Contam Toxicol 43:159-164

Jones TW, Kemp WM, Stevenson JC, Means JC (1982) Degradation of atrazine in estuarine water/sediment systems and soils. J Environ Qual 11:632-638

Kerpen W, Schleser G (1980) Agrochemicals in soils: adsorption and desorption of methabenzthiazuron, metamitron, and metribuzin in soils. Israel Soc Soil Sci 141-148

Kloskowski R, Führ F (1988) Charakterisierung und Bioverfügbarkeit von gebundenen Pflanzenschutzmittelrückständen im Boden. Wissenschaft und Umwelt 2:112-121

Leuchs W, Plöger E, Friege H, Vogt U, Obermann P (1991) Pestizide in Oberflächengewässern – Teil 2: Belastungsursachen und ihre Wirkungen auf das Grundwasser – Situation im nordwestlichen Münsterland. Vom Wasser 76:40-51

Li GC, Felbeck GT (1972) Atrazine hydrolysis as catalyzed by humic acids. Soil Sci 114:201-209

Milde G, Müller-Wegener U (1989) Pflanzenschutzmittel und Grundwasser: Bestandsaufnahme, Verhinderungs- und Sanierungs strategien. Fischerverlag, Stuttgart

Muir DCG (1978) The disappearance and mogvement of three triazine herbicides and several of their degradation products in soil under field conditions. Water Res 18:111-120

Scheunert I (1993) Verhalten von Pestiziden in Pflanzen und Boden. Labor 2000: 32-41

Somasundaram L, Coats JR (1991) Pesticide transformation products. ACS Symp Ser 459; Washington

2.7 Sorption aromatischer Mineralölmetabolite durch mineralische Modellbodenkomponenten

Gorch Hollederer und Wolfgang Calmano

Einleitung

Kontaminationen des Bodens mit Kohlenwasserstoffen sind in der Vergangenheit in großer Zahl entdeckt worden. Schwierig gestalten sich biologische Sanierungen von Schadensfällen mit Schmierölen und anderen komplexen Gemischen (Hollederer et al. 1993). Die Biodegradation von solchen Noxen ist aufgrund der Milieubedingungen oft unvollständig, so daß es zur Bildung von Phenolen und Säuren kommen kann. In tiefer liegenden Bodenschichten unter einer Kontamination kann die Bedeutung der mineralischen Bodenkomponenten für die Sorption solcher Organika signifikant zunehmen (Bouchard et al. 1989). Im Folgenden wird die Kinetik dieser Sorption anhand von Modellbodenkomponenten beleuchtet und die Abhängigkeit der Beladung von systematisch veränderten Versuchsbedingungen dargestellt.

Material und Methoden

Modellbodenkomponenten und Schadstoffe. Als Modellbodenkomponenten kamen das Eisenoxid Goethit und das Manganoxid Manganit sowie die silikatischen Bestandteile Kaolinit und Montmorillonit zum Einsatz. Alle Minerale wurden durch röntgendiffraktometrische Untersuchungen charakterisiert. Goethit und Manganit bildeten leistenförmige Kristalle mit den Abmessungen 30•800 nm bzw. 0,1•10 µm, die Tonminerale waren eher kugelförmig. Ihre Größe schwankte zwischen 0,2 und 2 µm (Montmorillonit) und 1 - 10 µm (Kaolinit). Die Modellkomponenten wurden in Suspension bei 5 °C im Dunkeln aufbewahrt. Als organische Stoffe wurden Salicylsäure und 1,2-Dihydroxibenzol als Abbauprodukte von Naphthalin und Benzoesäure sowie p-Methylbenzoesäure als Abbauprodukte von alkylierten Aromaten eingesetzt.

Kinetik. Der zeitliche Verlauf der Adsoption an die Modellbodenkomponenten wurde mit ^{14}C-Tracern untersucht. Die Feststoffe in den Ansätzen wurden nach 2 Stunden, 1, 4 bzw. 16 Tagen abzentrifugiert und aus dem Vergleich der Aktivitätskonzentration in der Lösung c_l mit einer feststofffreien Variante c_k eine Aktivitätsabnahme in der wäßrigen Phase ermittelt, welche die zunehmende Assoziation organischer Stoffe mit den mineralischen Komponenten widerspiegelt.

Geowissenschaften und Umwelt
Herausgegeben von J. Matschullat und G. Müller © 1994 Springer Verlag

Adsorption. Um zu einem späteren Zeitpunkt Adsorptionsisothermen in aussagekräftigen Konzentrationsbereichen bestimmen zu können, wurden die Versuchsbedingungen ermittelt, bei denen hohe Werte der Beladung auftreten. Der Einfluß folgender Parameter wurde untersucht: Feststoffkonzentration, Schadstoffkonzentration, pH-Wert, Elektrolytkonzentration ($CaCl_2$), Temperatur und Versuchszeit. Es wurde hierzu nach einer Methode von Dantzig (1971) für n Parameter ein Simplex für n+1 Versuchsvarianten konstruiert.

Ergebnisse und Diskussion

Adsorptionskinetik. In Abbildung 1 ist der Anstieg der normierten Konzentrationsdifferenz $(c_k-c_l)/c_k$ von 1,2-Dihydroxibenzol (c_o = 13,6 µmol/l) in Gegenwart von Tonmineralen als Funktion der Zeit dargestellt. Zusätzlich ist eine Kurve eingezeichnet, der das mathematische Modell der instationären Diffusion in porösen Kugeln zugrunde liegt. Der Massentransport ist hierbei durch Diffusion des Adsorptivs auf die Oberflächen im Inneren limitiert. Die Kurvenverläufe sind ähnlich, die Parallelverschiebung kann aus den verschiedenen Partikelradien der Feststoffe abgeleitet werden. Da gleiche Konzentrationsabnahmen bei gleichen Fourierzahlen erreicht werden,

$$F_o = \frac{D_{eff} \cdot t}{r^2} \tag{1}$$

ergibt sich aus der Definition der Fourierzahl, daß bei größeren Partikeln der Zeitbedarf ansteigt. Bei den Sesquioxiden wurde ein solcher Zeiteffekt nicht nachgewiesen, der Endwert wurde bereits nach 2 Stunden erreicht. Die Abmessungen der Partikel sind entweder so klein, daß ein diffusiver Transport im Inneren schnell abgeschlossen ist oder eine innere Oberfläche ist auf Grund des mineralogischen Aufbaus dieser Komponenten vernachlässigbar. Eine Abhängigkeit der Sorption der anderen aromatischen Substanzen von der Versuchszeit konnte nicht nachgewiesen werden.

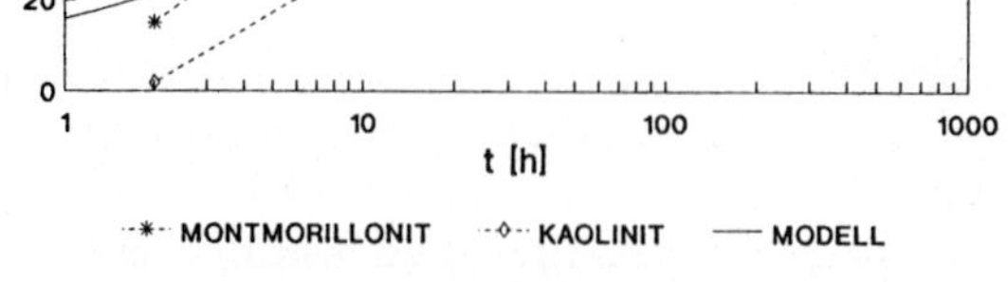

Abb. 1. Anstieg der normierten Konzentrationsdifferenz $(c_k-c_l)/c_k$ von 1,2-Dihydroxibenzol in Gegenwart von Tonmineralen als Funktion der Zeit; c_k: Konzentration in der feststofffreien Kontrolle, c_l: Konzentration in der Lösung

Tabelle 1. Entwicklung der Versuchsbedingungen bei der Sorption von Salicylsäure an Goethit

Parameter		c(m) ln mg/l	c_0 ln µmol/l	pH	c(Ca) ln µmol/l	T °C	t ln h
Basiswert		5,46	1,95	4,6	0	19	4,3
Schrittw.		1,28	1,28	2,06	1,28	10,3	1,3
Normale Tabelle:							
Versuch 1		0,000	0,000	0,000	0,000	0,000	0,000
2		0,901	0,194	0,194	0,194	0,194	0,194
3		0,194	0,901	0,194	0,194	0,194	0,194
4		0,194	0,194	0,901	0,194	0,194	0,194
5		0,194	0,194	0,194	0,901	0,194	0,194
6		0,194	0,194	0,194	0,194	0,901	0,194
7		0,194	0,194	0,194	0,194	0,194	0,901
8:	-5	0,365	0,365	0,365	-0,578	0,365	0,365
9:	-4	0,422	0,422	-0,521	-0,128	0,422	0,422
10:	-7	0,498	0,498	-0,052	-0,235	0,498	-0,445

Reale Tabelle:

c(m) mg/l	c_0 µmol/l	pH pH	c(Ca) µmol/l	T °C	t d	Beladung µmol/mg
235	7,0	4,6	1,00	19	3,07	1,62
745	9,0	5,0	1,28	21	3,95	6,02
301	22,3	5,0	1,28	21	3,95	4,43
301	9,0	6,5	1,28	21	3,95	0,36
301	9,0	5,0	3,17	21	3,95	0,00
301	9,0	5,0	1,28	28	3,95	0,72
301	9,0	5,0	1,28	21	9,91	0,66
375	11,2	5,4	0,48	23	4,94	0,78
403	12,1	3,5	0,85	23	5,32	9,76
445	13,3	4,5	0,74	24	1,72	9,68

Beladung

Der Aufbau eines Simplex und die Veränderungen der Versuchsbedingungen hierbei sind in Tabelle 1 am Beispiel der Sorption von Salicylsäure an Goethit wiedergegeben. Wesentlichen Einfluß auf die Beladung haben der pH-Wert und die Konzentration von Ca-Ionen. Eine Senkung des pH-Wertes erzeugt stärker protonierte Oberfächen auf dem Oxid, die darauf hin stärker mit Anionen in Wechselwirkung treten können. Die Kationen in der wäßrigen Phase konkurrieren mit den positiv geladenen Oberflächen um die Salicylationen. Deshalb setzt eine erhöhte Konzentration von Ca-Ionen die Beladung herab. In anderen Varianten wurden auch Abhängigkeiten der Beladung von der Feststoffkonzentration nachgewiesen. Die Beladung erreichte für 1,2-Dihydroxibenzol (50,8 µmol/g bei Goethit) und Salicylsäure (36,3 µmol/g bei Montmorillonit) die höchsten Werte. Hohe Werte der Beladung mit Benzoesäure wurden bei Montmorillonit (19,8 µmol/g) ermittelt. Die Beladung der Sorbentien mit p-Methylbenzoesäure überschritt in keiner Variante 2,0 µmol/g.

Zusammenfassung

Die Kinetik der Adsorption polarer Mineralölmetabolite läßt auf eine Einlagerung dieser Stoffe in Schichtsilikate schließen. Die Beladung mineralischer Modellbodenkomponenten mit diesen Stoffen wird von geringen Feststoff- und Calciumionenkonzentrationen sowie niedrigen pH-Werten erhöht. In realen Böden werden ähnliche Abhängigkeiten vermutet.

Literatur

Bouchard DC, Enfield CG, Piwoni MD (1989) Organic cation effects on the transport of metals and neutral organic compounds. In: Transport Processes Involving Organic Chemicals. Soil Sci Soc Am and Am Soc Agronomy. SP22:350-356

Dantzig GB (1971) Maximization of a linear function of variables subject to linear inequalities. In: Koopmans TC (ed) Activity analysis of production and allocation. 339-347; New York

Hollederer G, Hofmann R, Filip Z (1993) Probleme der mikrobiologischen Sanierung eines altölkontaminierten Geländes - Literaturstudie. WaBoLu-Heft 1/92; Berlin

3 Gewässerschutz

Die Endlichkeit der Ressource Wasser ist auch in einem Land mit positiver Wasserbilanz spätestens deutlich geworden, als nach der Verschärfung von Trinkwasserschutz-Richtlinien eine größere Zahl meist kleinerer Wassergewinnungsanlagen geschlossen werden mußte. Nach einer längeren Phase des nahezu unbegrenzten Ausbaus sowohl von Wassergewinnungskapazitäten als auch zahlreicher Flüsse, hat ein Umdenken einsetzt. Der technische Ausbau ist auf Dauer teurer als eine naturgemäße Bewirtschaftung, ebenso wie die "Herstellung" von Trinkwasser aus nicht einwandfreiem Rohwasser. Doch der Um- und Rückbau ist schwierig und gleichfalls nicht zum Nulltarif zu haben (→ 3.1, 3.2).

Die Verursacher sitzen heute weder in den Wasserwirtschaftsämtern noch bei den Wasserwerken, sondern diese haben auszubaden, was andernorts an Nachlässigkeit lange Jahre Brauch war (und z.T. noch ist). Daß uns die Emission aus Millionen von Auspufftöpfen nicht nur die Luft im Nahbereich vernebelt, ist bekannt. Daß darüber hinaus unser Regenwasser auch mit inzwischen nahezu allerorten anzutreffenden Spuren von Pestiziden angereichert ist, wissen wenige und das Thema bedarf noch intensiver Bearbeitung (→ 3.3). Umgekehrt treibt der Wunsch nach klaren Richtlinien vielfach bunte Blüten. So zeigt sich, daß z.B. Stoffe, die durch den Summenparameter für adsorbierbare organische Halogenverbindungen (AOX) erfaßt werden, nicht pauschal als anthropogen angesehen werden dürfen. Hier haben wir eine ähnliche Diskussion zu erwarten, wie bei den Grenzwerten der TA Abfall und der Bodenschutzkonzeption (→ 3.9).

Nach jahrelanger Arbeit an einfachen Rechenmodellen, die uns Vorgänge im Grundwasser durch Simulation erklären helfen, wird zunehmend an komplexeren Modellen gearbeitet, bei denen der Aquifer nicht einfache Black-Box ist, sondern ein differenzierter Körper mit mehr als gleichförmigen Körnigkeiten und Permeabilitäten (→ 3.5, 3.8). Parallel zu dieser Entwicklung, die nicht zuletzt auch mit dem Fortschritt der Rechnertechnik verbunden ist, werden unsere methodischen Instrumente feiner und präziser, was die in-situ Beobachtung und Kontrolle der beobachteten Prozesse betrifft (→ 3.4, 3.6, 3.7, 3.10). Hier werden wir zugleich gezwungen, über den Tellerrand zu sehen, da zahlreiche Phänomene nur durch die Diskussion mikrobieller Vorgänge sinnvoll beschrieben werden können.

3.1 Feststoff- und Sedimentdynamik von Elsenz und Neckar bei Hochwasserabfluß

Dietrich Barsch, Martin Gude, Roland Mäusbacher, Gerd Schukraft und Achim Schulte

Einleitung

"Im Bundesgebiet werden die Hochwasserschäden die Milliarden-Grenze deutlich überschreiten", war die erste Schätzung, als vor Weihnachten 1993 zahlreiche Flüsse in der Bundesrepublik über die Ufer getreten sind (Mannheimer Morgen, Weihnachtsausgabe 1993). Bei der Schadensabschätzung wird leider grundsätzlich nicht zwischen "Schäden durch Wasser" und "Schäden durch Schlamm" unterschieden. Der Schlamm, der vom Hochwasser zurückgelassen wird, dürfte bei der Abwägung zwischen beiden Schadensgruppen vielerorts das größere Problem darstellen.

Obwohl die Schwebstoffe mitsamt den adsorbierten "Fremdstoffen" (Agrochemikalien, Schwermetalle, org. Verbindungen etc.) eine bedeutende Umweltbelastung sowohl für den Transport in Suspension (z.B. Belastung der Fauna), als auch für die Zwischendepositionen auf der Aue und im Gerinnebett darstellen (Barsch et al. 1989; Müller 1991, Müller u. Sigg 1990; Westrich 1991) soll sich der vorliegende Bericht weniger mit den Fragen nach der (chemischen) Beschaffenheit dieser Sedimente beschäftigen. Vielmehr sollen die Sedimentdynamik und -bilanz, d.h. Art und Umfang des Sedimenttransportes beleuchtet werden, zumal die "fluviale Dynamik von Schwebstoffen" bislang unzureichend untersucht ist (Eisma 1993).

Die Frage nach den Ursachen bzw. den Quellen der hohen Sedimentbelastung der Flüsse während Hochwasser führt in die Gebiete, aus denen die Schwebstoffe stammen. Zwar stellt bei größeren Hochwasserereignissen zunächst das Gerinnebett einen bedeutenden Anteil der Schwebfracht, da durch die höheren Abflußgeschwindigkeiten zwischendeponiertes Material remobilisiert wird ("Flußfege"). Ursprünglich stammen jedoch auch diese Sedimente von den Flächen des Einzugsgebietes.

Ein Großteil der Schwebstoffe kommt aus den landwirtschaftlich intensiv genutzten Gebieten mit einem erhöhten Maß an Bodenerosion (Baade et al. 1990, 1992; Dikau 1986; De Ploey 1990; Schwertmann et al. 1990). Dieser Bodenabtrag hat nach Schätzungen von Auerswald (1989) in den alten Bundesländern zwischen 1975 und 1985 um 24 % zugenommen, und dies vor allem in den Lößgebieten mit ihrem schluffigen Ausgangssubstrat. Dementsprechend herrschen in den Vorflutern dieser Gebiete als Frachtkomponente die Schwebstoffe vor.

Geowissenschaften und Umwelt
Herausgegeben von J. Matschullat und G. Müller © 1994 Springer Verlag

Ein Teil der Einzugsgebiete von Elsenz und Neckar wird von Siedlungsflächen eingenommen, deren Versiegelungsgrad relativ hoch ist. Entsprechend hoch ist dort der Oberflächenabfluß, der ebenfalls Schwebstoffe in die Vorfluter verfrachtet. Diese sind zumeist stark kontaminiert, da ein großer Teil von Straßenflächen stammt. Diese Einträge tragen nicht nur durch die Schwebstoffe zur Belastung der Vorfluter bei.

Während Herkunftsgebiete (Erosionsgebiete) für die wissenschaftliche Untersuchung "offenliegen", sind Transport im Vorfluter, zwischendeponierte Sedimente und deren Remobilisierung innerhalb eines fluvialen Systems viel schwerer oder gar nicht "einzusehen". Entsprechend unzureichend sind unsere Kenntnisse über den fluvialen Transport von tonig-schluffigem Material (Dietrich u. Gallinatti 1991; Eisma 1993). So ist bislang unklar, welche Schwebstoffmengen durch Hochwasserereignisse unterschiedlicher Dimension transportiert werden. Für einzelne Flüsse, Jahreszeiten und Ereignisse existieren zwar erste relativ einfache Beziehungen zwischen Abfluß und Sedimentkonzentration bzw. Sedimentfracht (Knighton 1984; Bloom 1991; Schulte 1994); die Autoren zeigen aber auch, daß die Schwebstofführung während eines Hochwassers zeitlich und räumlich hoch variabel ist. Eine differenzierte Auflösung dieses stark instationären Prozesses (z.B. ansteigender/abfallender Hochwasserast, Sedimentverfügbarkeit bei aufeinanderfolgenden Ereignissen) ist nur mit detaillierter und kontinuierlicher Hochwasserbeprobung des Vorfluters zu erreichen.

Die Ergebnisse erster entsprechender Untersuchungen an der Elsenz und am Neckar sollen hiermit vorgestellt werden.

Untersuchungsgebiet und Meßkonzept

Das Einzugsgebiet des Neckars (ca. 14 000 km^2) umfaßt Landschaftstypen, deren unterschiedliche Geomorphologie und Ausgangsgesteine die Verfügbarkeit und den Transport von Schwebstoffen bedingen. So setzt sich das Einzugsgebiet des Neckars aus stärker reliefierten Gebieten (z.B. Nordschwarzwald), Schichtstufenarealen (Schwäbische Alb) und ausgedehnten lößbedeckten Hügelländern und Gäuflächen (Hohenloher Ebene, Kraichgau) zusammen. Zum letztgenannten Landschaftstyp zählt das Elsenztal (542 km^2), das den nördlichen Kraichgau entwässert und der letzte größere Zufluß des Neckars vor der Mündung in den Rhein ist.

Abfluß und Schwebstoffkonzentrationen wurden mit den gängigen Methoden ermittelt (DIN-4049 1979; DVWK 1986, 1988), die in der neueren Literatur in ähnlicher Form dargestellt werden (Dyck u. Peschke 1989; Eisma 1993; Goudie 1990; Slaymaker 1991).

Das Gewässernetz der Elsenz wurde über mehrere Jahre beprobt und untersucht, so daß eine Schwebstoffbilanz erstellt werden konnte (Barsch et al. 1989b; Schulte 1994). Zur Erfassung der Sedimentquellen entlang des Elsenzgerinnes wurde zum einen der Talweg vor und nach Hochwasserereignissen mit Hilfe eines Echographen aufgenommen (Kadereit 1990); zum anderen wurden die Erosions- und Akkumulationsbereiche entlang ausgewählter Gerinneabschnitte sowie auf der Elsenztalaue kartiert und quantifiziert (Barsch et al. 1994; Schulte 1994).

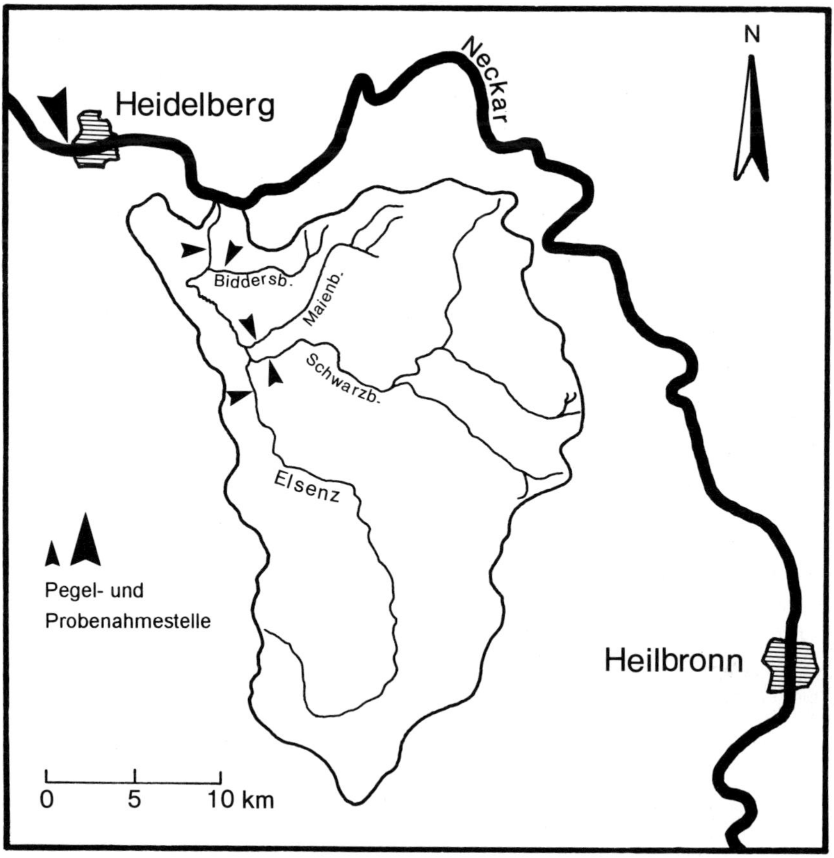

Abb. 1. Das Untersuchungsgebiet (Pfeil an der Elsenz ist Pegelmeßstelle Elsenz/Bammental als Output Elsenzgebiet, Pfeil am Neckar ist Pegelmeßstelle Neckar/Karlstor als Output Neckargebiet)

Der Neckar wird bei Heidelberg in seiner Gesamtheit erfaßt (Pegel Karlstor; Flußkilometer 26,05) (Abb. 1). Das Einzugsgebiet wird hier nicht weiter differenziert. Um Elsenz und Neckar in Relation zu setzen, werden im folgenden die Schwebstofftransporte am Ausgang beider Einzugsgebiete während der Hochwasserereignisse im März 1988 und im Februar 1990 verglichen. Für das Hochwasser im Dezember 1993 liegen Schwebstoffdaten nur für den Neckar vor.

Schwebstofftransport von Elsenz und Neckar (Schwebstoffbilanz)

Die Schwebstoffkonzentrationen von Elsenz und Neckar liegen während Trockenwetterabfluß bei durchschnittlich 10 bis 15 mg/l. In hochwasserarmen Zeiten fällt die Bilanz der Schwebstofffracht entsprechend gering aus. Die Elsenz hat z.B. während des hydrologischen Jahres 1989 nur eine Schwebstofffracht von insgesamt 6700 Tonnen bewegt. Der Neckar transportierte in diesem Jahr am Pegel Rockenau (Flußkilometer 61,3) insgesamt nur 281 000 Tonnen (LfU BW 1989, vgl. die Diskussion dieser Werte weiter unten). An der Elsenz ist diese Frachtrate als gering zu bezeichnen, wenn man sie mit den Austrägen eines größeren Hochwassers vergleicht, wie es – an Elsenz und Neckar – z.B. im März 1988, im Februar 1990 und im Dezember 1993 aufgetreten ist. Die beiden erstgenannten Ereignisse werden hier näher diskutiert.

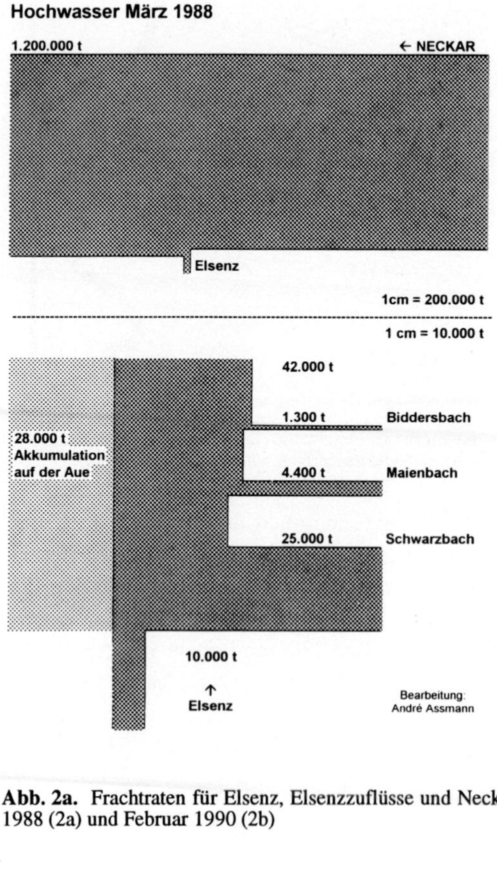

Abb. 2a. Frachtraten für Elsenz, Elsenzzuflüsse und Neckar für die Hochwasserereignisse im März 1988 (2a) und Februar 1990 (2b)

An der **Elsenz** ist das **Märzhochwasser 1988** mit einem Spitzenabfluß von 90 m^3/s als 10-jährliches Hochwasser (HQ_{10}) einzustufen. Die Schwebstoffkonzentration erreichte ein Maximum von 7000 mg/l (Pegel Hollmuth, Abb. 1). Die hohe Konzentration führte zeitgleich zur Maximalfracht von 500 kg/s. Aus der kontinuierlichen Probennahme wird der Gesamtaustrag aus dem Elsenzgebiet mit 42 000 Tonnen berechnet (Abb. 2a). Diese Schwebstoffmenge wurde direkt in den Neckar eingetragen.

Die Sedimentbilanzierung dieses Ereignisses für die Nebenflüsse der Elsenz und das Hauptgerinne ergibt folgende Werte: Die Zuflüsse Biddersbach (1300 t), Maienbach (4400 t), Schwarzbach (25 000 t) und obere Elsenz (10 000 t) liefern zusammen 41 000 Tonnen Schwebmaterial. Das ist der Input in den Elsenzunterlauf. Die mobilisierte Schwebstoffgesamtmenge addiert sich aus 28 000 Tonnen Sedimentablagerungen auf der Talaue und 42 000 Tonnen Austrag aus dem Gesamtgebiet zu 70 000 Tonnen (Abb. 2a). Die Differenz zwischen In- und Output beträgt 29 000 Tonnen, die nur aus dem Zwischenspeicher im Gerinne des Elsenzunterlaufes stammen kann.

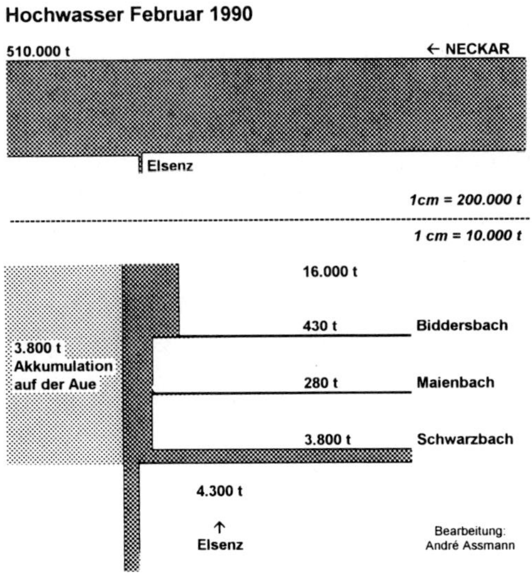

Abb. 2b. Frachtraten für Elsenz, Elsenzzuflüsse und Neckar für die Hochwasserereignisse im März 1988 (2a) und Februar 1990 (2b)

Beim Hochwasser im **Februar 1990** kulminiert die Hochwasserwelle an der Elsenz bei einer Abflußmenge von 74 m^3/s (HQ_5). Die Schwebstoffkonzentration steigt bis auf 6500 mg/l. Der Austrag aus dem Gesamtgebiet beträgt 16 000 Tonnen (Abb. 2b), davon entstammen ca. 11 000 Tonnen dem Gerinnebett der unteren Elsenz.

Aus unseren Uferkartierungen läßt sich quantifizieren, daß von den Sedimenten, die im Gerinnebett mobilisiert werden, ca. 40 % (1988) bzw. 30 % (1990) der Ufererosion entstammen. Die verbleibenden 60 % bzw. 70 % des Materials werden offensichtlich im Sohlenbereich erodiert. Es handelt sich hierbei aber nicht um eine Eintiefung der Elsenzsohle, die im Vergleich der Vermessungsdaten von 1853/1884 mit dem aktuellen Talwegprofil (Echograph) innerhalb der Fehlergrenzen von ± 5 cm stabil ist, sondern offensichtlich um wasserreichen Schlamm innerhalb des Furt-Kolk-Profils oder der Staustufenkette, der bei größeren Hochwasserereignissen remobilisiert wird ("subelevation of liquid mud").

Die Tatsache, daß die Elsenz im Februar 1990 eine ähnliche Maximalkonzentration (6500 mg/l) erreicht wie beim 88er Ereignis (7000 mg/l), deutet darauf hin, daß dieser Peak unabhängig von der Abflußmenge ist, zumal in beiden Fällen das Schwebstoffmaximum deutlich vor dem Abflußmaximum liegt. Das letztgenannte Phänomen ist auch an andern Vorflutern vielfach beobachtet worden (Walling u. Webb 1981; Beschta 1987).

Im März 1988 wird das Schwebstoffmaximum bei einer Abflußmenge von 71 m^3/s erreicht, im Februar 1990 bei 64 m^3/s. Beide Werte liegen über der bordvollen Abflußleistung von 55 m^3/s. Die Tatsache, daß das Schwebstoffmaximum erreicht wird, nachdem der bordvolle Abfluß (=gerinnebettgestaltender Abfluß) schon überschritten ist, kann nicht durch zusätzliche Erosion auf der Aue erklärt werden. Dieses Phänomen hängt eher mit der Stauregulierung der Elsenz zusammen, an der 82 % des natürlichen Gefälles zur Energiegewinnung durch Mühlen und Wasserkraftwerke genutzt wird. Das Einstauen bleibt nach unseren Erfahrungen bis etwa zum bordvollen Abfluß bestehen. Erst bei weiter steigendem Abfluß werden die Schützen gezogen. Das führt zu einer Versteilung der Wasserlinie, zu erhöhten Fließgeschwindigkeiten und zur Sedimentremobilisierung im Oberwasser der Wehre. Auf diese Weise entsteht eine Welle, die zusätzlich zu dem eingetragenen Sediment das Sediment von der Gerinnesohle aufnimmt und damit die maximale Schwebstoffkonzentration erzeugt. Durch die höheren Fließgeschwindigkeiten läuft diese Welle auf das "langsamere" Wasser der bordvollen Elsenz auf. So wird am Ausgang des Einzugsgebietes die Maximalkonzentration erst erreicht, wenn der bordvolle Abfluß schon überschritten ist.

Die Hochwasserereignisse haben einen erheblichen Einfluß auf die Sediment-Jahresbilanz. An der Elsenz unterscheiden sich dadurch die hydrologischen Jahre 1988 und 1990 deutlich von 1989. So beträgt die Jahresfracht von 1988 ca. 90 000 Tonnen; 60 % davon werden während des zehntägigen Hochwassers im März 1988 transportiert. Im Jahr 1990 werden 22 000 Tonnen ausgetragen, 66 % davon am 15. Februar. Im Jahr 1989 ohne bedeutendes Hochwasserereignis erreicht der Sedimentaustrag aus dem Elsenzgebiet einen Wert von gerade 6700 Tonnen.

Auch am **Neckar** kommt es im März 1988 und Februar 1990 zu Hochwasserereignissen, bei denen die Hauptfracht während der ansteigenden Welle transportiert wird. Am Pegel Neckar/Karlstor bei Heidelberg (Abb. 1) wird im März 1988 ein Maximalabfluß von 1950 m^3/s erreicht (etwas geringer als HQ_{20}). Die Frachtberechnung für dieses mehrwöchige Hochwasser ergibt einen Austrag von ca. 1,2 Mio. Tonnen Schwebmaterial (Abb. 2b). Im Februar 1990 liegt das HQ_{max} mit 2310 m^3/s etwas unterhalb der HQ_{50}-Marke (Werte für HQ_T von 1984; LfU Baden-Württemberg). Für dieses Ereignis wird eine Fracht von 510 000 Tonnen ermittelt. Das jüngste Ereignis im Dezember 1993 wurde am Neckar ebenfalls beprobt. Es ist mit einem Maximalabfluß von 2650 m^3/s als 100-jähriges zu charakterisieren. Die Schwebfracht für dieses Ereignis liegt bei 700 000 Tonnen. Gegenüber den vorhergehenden Ereignissen ist dies vergleichsweise gering.

Herkunft und Verfügbarkeit der Schwebstoffe

Obwohl am Neckar der Scheitelabfluß der drei Ereignisse von 1988 bis 1993 zunimmt, liegt die Schwebfracht im März '88 (ca. HQ_{20}) deutlich höher als die der nachfolgenden Ereignisse. Daraus folgt, daß offensichtlich bei größeren Hochwasserereignissen ein Zusammenhang zwischen Maximalabfluß (bzw. Jährlichkeit) und Schwebfracht nicht besteht. Die Untersuchungen an der Elsenz zeigen außerdem, daß der Zusammenhang zwischen Maximalabfluß und Schwebstoffkonzentration äußerst schlecht ist.

Es gibt mehrere Faktoren, die für den schlechten Zusammenhang zwischen Maximalabfluß und Schwebfracht verantwortlich sein können. Da ist zunächst die Frage nach der Differenzierung der Erosionsintensitäten im Einzugsgebiet. Hier wäre zu prüfen, welche Teilgebiete wieviel Material in den Neckar eintragen. Mit Hilfe dieser Bilanz könnte bestimmt werden, welcher Anteil der Fracht aus dem Gerinnebett des Neckars selbst entstammt.

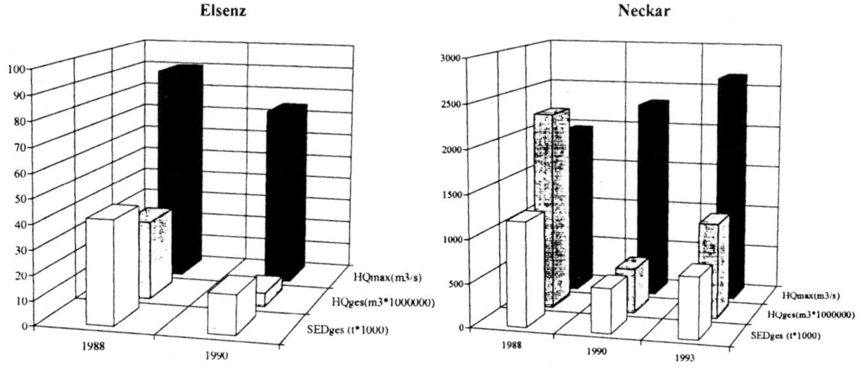

Abb. 3. Scheitelabflüsse, Gesamtabflußmengen und Schwebfrachten der Hochwasserereignisse 1988, 1990 und 1993 an Elsenz und Neckar

Neben der Höhe des Hochwassers ist als weiterer Aspekt die Hochwasserdauer zu berücksichtigen, wie die folgenden Ausführungen zeigen. Im Jahr 1988 dauerten die Ereignisse an Elsenz und Neckar wesentlich länger als 1990 oder 1993.

An der Elsenz wirkt sich die längere Ereignisdauer dahingehend aus, daß die Schwebfracht im März 1988 deutlich höher ist als im Februar 1990. Gegenüber der Elsenz scheint am Neckar bei größeren Ereignissen die Schwebfracht noch weniger vom Maximalabfluß abzuhängen, als an der Elsenz (Abb. 3). Hier nimmt die Hochwasserspitze im Laufe der drei Ereignisse deutlich zu, wobei die jeweiligen Schwebfrachten sehr unterschiedlich ausfallen. Möglicherweise hatte das Märzereignis 1988 die im Gerinne zwischendeponierten Sedimente derart stark ausgeräumt, daß diese Zwischenspeicher im Februar 1990 und im Dezember 1993 noch nicht wieder aufgefüllt waren. Daraus ergibt sich die Frage nach der Verfügbarkeit des Sediments.

Die Verfügbarkeit der feinkörnigen Schwebstoffe, d.h. wieviel Material zur Erosion zur Verfügung steht, ist zweifellos ein übergeordneter Faktor. Die Transportrate bei schwebstoffdominierten Flüssen wird eher durch die Sedimentversorgung aus dem Einzugsgebiet und dem Gerinnebett bestimmt, als durch die Transportkapazität des Flusses selbst. Das heißt, daß der Abfluß in der Lage ist, eine größere Sedimentmenge zu transportieren. Bei diesen Flüssen ist die Transportkapazität i.d.R. höher als die Menge des Sediments, das zur Verfügung steht (Knighton 1984). Dies entspricht bei "Schotterflüssen" der Resistenzstrecke nach Hormann (1964).

Daraus ergibt sich für die Untersuchungen am Neckar die Frage, ob möglicherweise das Hochwasser im März 1988 das Neckargerinne entweder so durchgeputzt hat, daß für die folgenden Ereignisse weniger "Sohlenmaterial" zur Verfügung stand bzw. daß der Sedimentzwischenspeicher im Gerinnebett vor dem Hochwasser im März 1988 besonders gut gefüllt war (langer Zeitraum, intensive, aber kleine Ereignisse in Teileinzugsgebieten etc.). Die Untersuchungen an der Elsenz haben gezeigt, daß der Sedimentanteil von der Gerinnesohle an der gesamten Schwebfracht des Hochwassers erheblich sein kann (s.o.). Werden die Erkenntnisse über die staugeregelte Elsenz auf den ebenfalls staugeregelten Neckar übertragen, ist auch hier mit einem erheblichen Frachtanteil von der Gerinnesohle zu rechnen. Bislang stehen für den Neckar jedoch keine detaillierten Schwebstoffbilanzen zur Verfügung. Nur mit diesen Bilanzen kann diese Schwebstoffquelle besser quantifiziert werden. Hier existiert noch ein erheblicher Forschungsbedarf.

Literatur

Auerswald K (1989) Prognose des P-Eintrags durch Bodenerosion in die Oberflächengewässer der BRD. Mitt Dt Bodenk Ges 59:661-664

Baade J, Barsch D, Mäusbacher R, Schukraft G (1990) Geländeexperimente zur Verminderung des Sedimenteintrages von landwirtschaftlichen Nutzflächen in kleine Vorfluter (Gut Langenzell, N-Kraichgau, SW-Deutschland). Projekt Wasser-Abfall-Boden (PWAB), Bericht 2. Statuskolloquium 13.02.90 Karlsruhe: 49-64

Baade J, Barsch D, Mäusbacher R, Schukraft G (1992) Sanierung diffuser und linearer Schwebstoffquellen in der Agrarlandschaft. Bericht 3. Statuskolloquium 18./19.02.92 Karlsruhe. KfK-PWAB-Bericht 13:149-161

Barsch D, Mäusbacher R, Schukraft G, Schulte A (1989) Beiträge zur aktuellen fluvialen Dynamik in einem Einzugsgebiet mittlerer Größe am Beispiel der Elsenz im Kraichgau. Göttinger Geogr Abh 86:9-31

Barsch D, Mäusbacher R, Schukraft G, Schulte A (1994) Erfahrungen und Probleme bei Messungen zur fluvialen Dynamik in einem mesoskaligen Einzugsgebiet (Elsenz/ Kraichgau). In: Barsch D, Mäusbacher R, Pörtge KH, Schmidt KH (Hrsg) Messungen in fluvialen Systemen. Springer Verlag, Heidelberg

Beschta RL (1987) Conceptual models of sediment transport in streams. In: Thorne CR, Bathurst JC, Hey RD (eds) Sediment Transport in Gravel-Bed Rivers 387-420; Chichester

Bloom AL (1991) Geomorphology. A Systematic Analysis of Late Cenozoic Landforms. Second Edition. New Jersey

De Ploey J (1990) Threshold conditions for thalweg gullying with special reference to loess area. Catena Suppl 17:147-151

Dietrich WE, Gallinatti JD (1991) Fluvial geomorphology. In: Slaymaker O (ed) Field Experiments and Measurement Programs in Geomorphology 169-220; Vancouver

Dikau R (1986) Experimentelle Untersuchungen zu Oberflächenabfluß und Bodenabtrag von Meßparzellen und landwirtschaftlichen Nutzflächen. Heidelberger Geogr Arb 81

DIN 4049 (1979) Teil 1, Hydrologie

DVWK (1986) Schwebstoffmessungen. Regeln zur Wasserwirtschaft 125

DVWK (1988) Feststofftransport in Fließgewässern: Berechnungsverfahren für die Ingenieurpraxis. Dt Verb Wasserwirt Kulturbau e.V. Heft 87, Hamburg

Dyck S, Peschke G (1989) Grundlagen der Hydrologie. VEB Verlag für Bauwesen Berlin, 408 S.

Eisma D (1993) Suspended Matter in the Aquatic Environment.. Springer Verlag Berlin

Goudie A (ed)(1990) Geomorphological Techniques. Unwin Hyman Ltd, London, 570 S.

Hormann (1964) Torrenten in Friaul und die Längsprofilentwicklung auf Schottern. Münchner Geogr Hefte 26:81 S.

Kadereit A (1990) Aspekte der Gerinnegeometrie und Gerinnedynamik an Unter- und Mittellauf der Elsenz/Kraichgau. Unveröff Diplomarbeit Geograph Inst Univ Heidelberg

Knighton D (1984) Fluvial Forms and Processes. Edward Arnold, London, 218 S.

LfU (Landesanstalt für Umweltschutz Baden-Württemberg)(1989) Gewässerkundliches Jahrbuch, Rheingebiet, Teil 1, Abflußjahr 1989

Müller B, Sigg L (1990) Interaction of trace metals with natural particle surfaces: Comparison between adsorption experiments and field measurements. Aquatic Sci 52:75-92

Müller G (1991) Ergebnisse der Untersuchungen der Neckarsedimente in den letzten 20 Jahren - Chronologie der Schwermetallbelastung. Heidelberger Geowiss Abh 48:1-15

Schulte A (1994) Hochwasserabfluß, Sedimenttransport und Gerinnebettgestaltung an der Elsenz im Kraichgau. Heidelberger Geogr Arb 97

Schwertmann U, Vogl W, Kainz M (1990) Bodenerosion durch Wasser. Vorhersage des Abtrags und Bewertung von Gegenmaßnahmen. Ulmer Verlag Stuttgart, 2. Aufl, 64 S.

Slaymaker O (ed)(1991) Field Experiments and Measurement Programs in Geomorphology. Vancouver

Walling DE, Webb BW (1981) Water quality. In: Lewin J (ed) British Rivers. George Alle & Unwin Ltd, London, 216 S.

Westrich B (1991) Dynamik des Stofftransportes in gestauten Flüssen: Anwendungen auf den Neckar. Heidelberger Geowiss Abh 48:85-92

3.2 Gewässerkataster für eine naturnahe Fließgewässergestaltung

Silvia Schierbling und Gerhard Stäblein (†)

"Fließgewässer sind Lebensadern", so der Deutsche Rat für Landespflege 1988 während des Kolloquiums "Naturnahe Behandlung von Fließgewässern" (DRFL 1989). Sie stellen nicht nur wesentliche landschaftsprägende Elemente dar, sondern bewerkstelligen zahlreiche ökologische Funktionen im gesamten Landschaftshaushalt. Zunehmende anthropogene Beeinflussung der Fließgewässer führte vielfach zur Zerstörung dieser Ökosysteme.

Ziel des Naturschutzes und der Landschaftsplanung muß es daher sein, Restbestände natürlicher oder naturnaher Fließgewässersysteme zu schützen sowie bereits stark beeinflußte Gewässerlandschaften zu sanieren und naturnah auszubauen, so daß die Grundvoraussetzungen für ein funktionierendes Fließgewässer-Ökosystem wieder gegeben sind. Die ökologische Beurteilung von Fließgewässern ist daher erforderlich, um bestehende naturnahe Strukturen und Mangelzustände in den Gewässereinzugsgebieten aufzuzeigen. Dazu müssen den Landschaftsplanern genügend Daten zur Verfügung stehen, welche erlauben, den Zustand von Fließgewässern ausreichend zu beschreiben und zu bewerten. Diese Daten müssen so organisiert und verwaltet werden, daß jeder Planungsträger möglichst schnell Zugriff auf die Daten bekommen kann und die Auswertungen in bezug auf das Planungsvorhaben rasch erarbeitet werden können.

Ziel des Projektes

Ziel des im folgenden beschriebenen Projektes war es, mit Hilfe eines zu erarbeitenden Gewässerkatasters und der dazugehörigen Geometriedaten als Bestandteile eines Geoinformationssystemes (ArcInfo), Planungsgrundlagen für eine ökologisch orientierte Planung an den Fließgewässern Niedersachsens zu schaffen.

Hierfür wurden anknüpfend an das erstellte und neu überarbeitete Fließgewässerschutzkonzept von Niedersachsen (Dahl u. Hullen 1989; Rasper et al. 1991) Teilabschnitte des Hache-Einzugsgebietes ausgewählt, an denen gewässerrelevante Parameter erfaßt und digital aufgenommen wurden (Abb. 1). Die entstandene regionale Datenbank sollte zum einen in das Gewässerkataster und zum anderen in ein Geoinformationssystem (GIS) eingebunden werden.

Für die Erstellung des Katasters und die Erfassung der Sachdaten wurde ein relationales Datenbankmodell (Bill u. Fritsch 1994; Burrough 1986; Freckmann 1991; Schaller u. Werner 1991) zugrundegelegt, dessen Vorteile in der Unabhängigkeit der Zugriffsschlüssel, der Satzverknüpfungen und der Datenstruktur liegen. Es kam hierfür das Softwarepaket dBaseIV zur Anwendung. Für die Erfas-

Geowissenschaften und Umwelt
Herausgegeben von J. Matschullat und G. Müller © 1994 Springer Verlag

sung der räumlichen Daten und für die Verknüpfung mit den Sachdaten wurde das GIS ArcInfo (Schaller u. Werner 1991) eingesetzt.

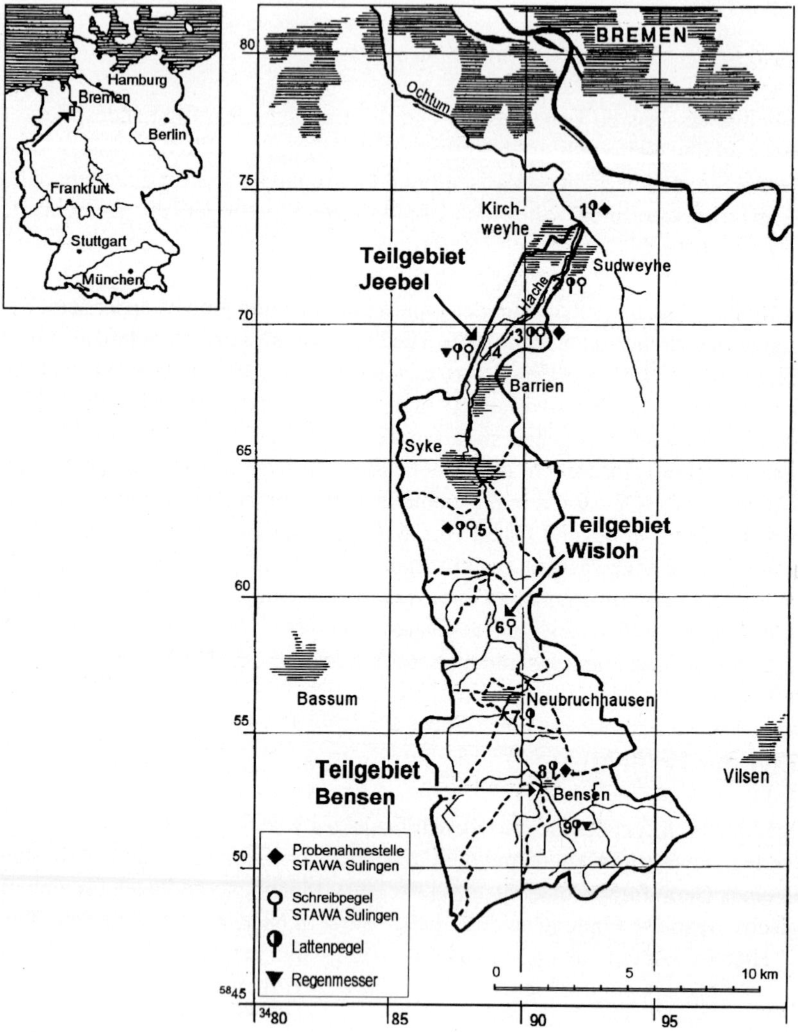

Abb. 1. Einzugsgebiet der Hache (Niedersachsen)

Auswahl der gewässerrelevanten Parameter

Bei der Erstellung des Gewässerkatasters für das Landesamt für Ökologie (Niedersachsen) wurde von uns ein Vorschlag für die Auswahl der Parameter erarbeitet, welcher aus Kenntnissen vorhandener Feldprotokolle für die Aufnahme wichtiger Daten an Fließgewässern und eigenen Geländeerfahrungen resultierte (Leser u. Klink 1988; LÖLF u. LAWA 1985; Rasper et al. 1991) Dieser wurde mit den Verantwortlichen des Amtes durchgesprochen und entsprechend deren Wünschen ergänzt bzw. verändert.

Es ist dabei nicht ein Katalog aller eventuell relevanten Parameter entstanden (so fehlen z.B. Angaben zur Fauna), sondern ein Katalog von Parametern, welcher die Gewässer Niedersachsens im Überblick soweit charakterisiert, daß intensivere Untersuchungen für weitere Vorhaben besser geplant werden können. Der Erfassungsmaßstab (1:25 000) des Fließgewässerschutzsystems für Niedersachsen bietet für den Übersichtskataster bereits gute Grundlagen. Oft liegen jedoch für die verschiedenen Einzugsgebiete schon Kartierungen oder andere Aufnahmen in verschiedenen Maßstäben vor, die dann ebenfalls ins Kataster aufgenommen werden sollten. Dies kann mit dem erstellten Kataster geleistet werden, da für jeden erfaßten Parameter die Möglichkeit besteht, zusätzlich Informationen über Erfassungsmethoden, -maßstäbe etc. aufzunehmen. Bei einer Zusammenstellung aller gewässerrelevanten Parameter können Umweltparameter und Biozönosen/ Biotope unterschieden werden (Tabelle 1).

Tabelle 1. Parametergruppen zur Untersuchung und Bewertung von Fließgewässern

Umweltparameter	**Biozönosen/ Biotope**
Einzugsgebietsparameter (*Geologie, Boden, Klima, Relief, Geomorphologie etc.*)	Fauna und Flora im aquatischen und amphibischen Bereich des Gewässers
Morphologische und strukturelle Parameter des Gewässers (*Gerinnequerschnitt, Substrat etc.*)	Schützenswerte Biotope und Biozönosen im Gewässerrandbereich und im gesamten Einzugsgebiet
Hydrologische Parameter (*Abfluß, Längsprofil etc.*)	
Chemische und physikalische Parameter (*Wasserinhaltsstoffe, Gewässergüte etc.*)	
Anthropogene Parameter	

Aufbau des Katasters und eines Geoinformationssystemes

Das Kataster wird als Bestandteil des Geoinformationssystemes für Fließgewässer betrachtet, welches außerdem aus einer Grundlagendatenbank und einer Auswertedatenbank besteht (Abb. 2). Die Katasterdaten resultieren aus Auswertungen der Grundlagendatenbank, die wiederum aus Sach- und Geometriedaten besteht.

Das Fließgewässerkataster besteht aus zwei Hauptdateien, wobei die eine alle wichtigen Stammdaten (*Katstamm.DBF*) zu verschiedenen Fließgewässern enthält und die andere nähere Informationen zu wichtigen Parametern im Einzugsgebiet und am Gerinne für separate Gewässerabschnitte (*Katdaten.DBF*). Diese

Trennung wurde gemacht, um die Redundanz der Daten zu verringern. In der Stammdatei entspricht ein Datensatz einem Fließgewässer, während in der Datendatei ein Datensatz einem Gewässerabschnitt eines bestimmten Fließgewässers entspricht. Die Datendatei kann Gewässerabschnitte eines Fließgewässers oder auch mehrerer Fließgewässer enthalten.

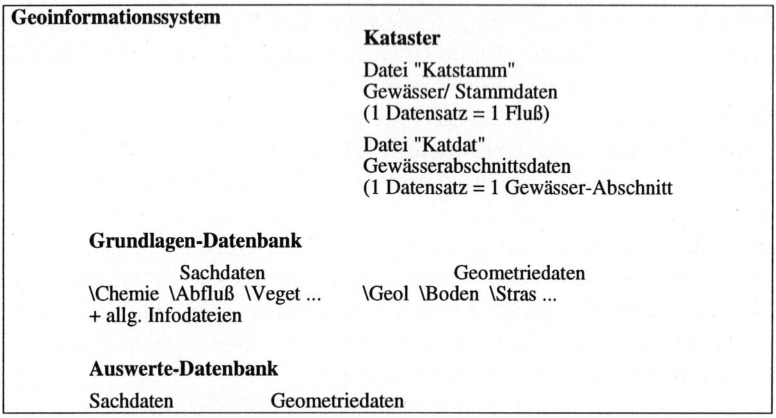

Abb. 2. Datenaufbau zum Fließgewässerkataster und GIS

Die Gewässerabschnitte an der Hache wurden mit Hilfe folgender Parameter festgelegt:

- Änderung in der Nutzungs- und Vegetationseinheit
- Änderung der Gerinnemorphologie (Grundriß)
- Vorhandensein von Bauwerken (z.B. Brücken)

Es ergaben sich dabei insgesamt 35 Gewässerabschnitte mit je ca. 1 km Länge.

Auswertung der Daten

Mit dem beschriebenen Geoinformationssystem Fließgewässer können Auswertungen zu folgenden Punkten durchgeführt werden:

1. Beschreibung des Einzugsgebietes und der Teilgebiete,
2. Erstellen von Kartengrundlagen und Diagrammen zu Planungszwecken,
3. Unterstützung bei Bewertungsvorhaben.

Im Rahmen dieses Artikels bleibt die Ergebnisdarstellung auf die Beschreibung der Teilgebiete mit Hilfe der Katasterdaten sowie einer ersten subjektiven Bewertung beschränkt. Tabelle 2 stellt einen Auszug aus den Katasterdaten dar, mit deren Hilfe die drei gewählten Teilgebiete beschrieben werden können.

Tabelle 2. Auszug aus dem Kataster - Vergleich der drei ausgewählten Teilabschnitte

Parameter	Jeebel	Wisloh	Bensen
Gewässerabschnitt	8	19	30
km	4,62 - 7,15 km	18,78 - 19,88 km	26,45 - 26,85 km
Morphologie			
Hochuferbreite	8,34 m	8,12 m	5,76 m
Sohlenbreite	4,33 m	2,60 m	2,66 m
Einschnittiefe	0,93 m	1,74 m	1,24 m
Uferhöhe linkes Ufer	1,25 m	1,63 m	0,91 m
Uferhöhe rechtes Ufer	1,24 m	1,58 m	1,06 m
Uferbreite linkes Ufer	1,90 m	2,52 m	1,40 m
Uferbreite rechtes Ufer	2,11 m	2,86 m	1,70 m
Gerinnedynamik	nicht vorhanden	vorhanden	vorhanden
Besondere Strukturen	vegetationsarme Ufer	vorhanden	vorhanden
Gerinnegrundriß	gerade	leicht geschw.	geschwung.
Beeinträchtigungen			
Ausbau	ja	nein	nein
Gewässerschwelle	ja	nein	nein
Durchlass	ja	ja	ja
Einleitungsrohre	ja	ja	nein
Verunreinigung	ja	teilweise ja	nein
Gewässergüteklasse	II-III	II	II-III
Nutzung und Vegetation			
Laubwald	0 %	30 - 70 %	30-70 % und >70 %
Nadelwald	0 %	< 30 %	< 30 %
Brachen	< 30 %	< 30 %	0 %
intensives Grünland	30 - 70 % und < 70 % *	< 30 %	< 30 %
extensives Grünland	< 30 %	< 30 %	< 30 %
Acker linkes u. rechtes Ufer	30-70 % und < 30 % *	< 30 %	< 30 %

**Angaben für linkes und rechtes Ufer*

Abb. 3. Gewässerabschnitt Jeebel

Beim Gewässerabschnitt **Jeebel** handelt es sich um ein voll ausgebautes Bachbett mit Verbauungen im Gerinne und intensiv landwirtschaftlich genutzten Flächen bis an den Bachrand (Abb. 3). Es ist kein Uferrandstreifen mit Ufergehölzen vorhanden, so daß eine Beschattung des Gewässers fehlt und damit sowohl die hydrochemischen Prozesse als auch das Vorkommen bachtypischer Biozönosen stark beeinträchtigt werden. Aufgrund der naturfernen Strukturen der Morphologie und der angrenzenden Nutzung sowie der anthropogenen Beeinflussungen wird dieser Gewässerabschnitt als **naturfern** eingestuft.

Abb. 4. Gewässerabschnitt Wisloh

Der Gewässerabschnitt **Wisloh** stellt ein gutes Beispiel für die typische Verzahnung von naturnahen, anthropogen ungenutzten Flächen (Auenwald, Röhrichte, Großseggenrieder) und Wirtschaftsland (Weiden und Ackerflächen) an der Hache dar (Abb. 4). Zwischengeschaltet sind ehemals bewirtschaftete Flächen, die heute als Kulturbiotope ebenfalls schützenswert sind. Das früher begradigte Gerinnebett wird heute sich selbst überlassen und entwickelt sich auf natürliche Verhältnisse zu. Dieser Gewässerabschnitt besitzt hinsichtlich der erfaßten Parameter Nutzung/Vegetation und Morphologie naturnahe bis naturferne Strukturen. Beeinträchtigt wird der Abschnitt eventuell durch die angrenzenden Weideflächen und Drainageleitungen. Er wird als **bedingt naturnah** eingestuft.

In **Bensen** finden sich sowohl naturnahe Gerinnestrukturen mit starken Windungen des Gerinnes, Prall- und Gleithängen, Kolken und Schwellen, als auch naturnahe Vegetationseinheiten (Bach-Erlen-Eschenwald) (Abb. 5). Die Werte der

Gewässergüteklasse befinden sich im Übergangsbereich von Klasse II-III und II. Beeinträchtigungen sind nur durch unkontrollierte häusliche Abwässer und Drainagewässer aus den angrenzenden landwirtschaftlich genutzten Flächen zu erwarten. Der Abschnitt wird als **naturnah** eingestuft.

Abb. 5. Gewässerabschnitt Bensen

Die Bewertung des Grades der Naturnähe beruhte vor allem auf der Betrachtung der Parameter Gerinnemorphologie und Nutzung/Vegetationstypen. Es wurde hierbei weder ein bekanntes oder eigenes Berechnungsverfahren zugrunde gelegt, noch ein Leitbild für die Naturnähe entwickelt sondern zunächst eine subjektive Einschätzung für den Grad der Naturnähe vorgenommen (Bauer 1989; Böttger 1986; Brunken 1986; Cordes et al. 1992; Darschnik et al. 1989; Holm 1989; Kairies 1993; LÖLF u. LAWA 1985; Loske u. Vollmer 1990; Marks et al. 1992; Mauch 1990; Niehoff u. Pörtge 1990; Otto u. Braukmann 1983; Patzner et al. 1985; Rose 1990; Schuhmacher et al. 1989; Werth 1989; Wiegleb 1989).

Es zeigte sich, daß für die Einstufung scheinbar das sinnlich wahrnehmbare Erscheinungsbild (hier: Gerinnegrundriß, Gerinnedynamik und Vegetation im Uferrandstreifen) in seiner Gesamtheit von größerer Bedeutung ist als genau meßbare Werte, wie zum Beispiel die der Gerinnemorphologie. Je nach Ziel der Untersuchung bzw. der Bewertung muß entschieden werden, ob eine aufwendige genaue Meßwerterfassung notwendig ist oder eine einfache Kartierung mit Bewertung im Gelände ausreichend ist. Sollen allerdings künftig objektivere Bewertungsmethoden gefunden werden, müssen zunächst alle relevanten Parameter einer genauen Meßwerterfassung unterworfen und entsprechend statistisch ausgewertet werden.

Zur Gerinnemorphologie an der Hache liegen mittlerweile statistische Auswertungen in Form einer Diplomarbeit vor und bestätigen die rein subjektiv vorgenommene Klassifizierung in bezug auf diesen Parameter (Lenk 1994). Inwiefern derartige Aufnahmen eine Arbeitszeitersparnis und Objektivierung der Bewertung darstellen, muß noch geprüft werden.

Literatur

Bauer HJ (1989) Ökologische Bewertungsverfahren für Fließgewässer. In: Schriftenr Deutsch Rat Landespfl 58:789-797, Meckenheim

Bill R, Fritsch D (1994) Grundlagen der Geoinformationssysteme.- Band 1: Hardware, Software und Daten 1-415, 2. Aufl, Heidelberg, Wichmann

Böttger K (1986) Zur Bewertung der Fließgewässer aus der Sicht der Biologie und des Naturschutzes unter besonderer Berücksichtigung von Tieflandbächen. Landschaft Stadt 18,2:77-82, Stuttgart

Brunken H (1986) Zustand der Fließgewässer im Landkreis Helmstedt: ein einfaches Bewertungsverfahren. Natur Landsch 61,4:130-133, Stuttgart

Burrough PA (1986) Principles of Geographical Information Systems for Land Resources Assessment. Monographs on Soil and Resources Survey, 12:1-193, Oxford

Cordes U, Pundt H, Remke A, Streit U (1992) Untersuchung zur DV-unterstützten ökologischen Bewertung von Fließgewässern. Wasser Boden 3:157-164, Hamburg

Dahl HJ, Hullen M (1989) Studie über die Möglichkeiten zur Entwicklung eines naturnahen Fließgewässersystems in Niedersachsen (Fließgewässerschutzsystem Niedersachsen). Natursch Landschaftspfl Nieders 18:5-120, Hannover

Darschnik S, Remerich J, Schumacher H, Thiesmeier B (1989) Rekonstruktion des potentiell natürlichen Gewässerzustandes als Grundlage für die ökologische Bewertung von Fließgewässern. Verh Ges Ökol 18:541-547, Essen

DRfL (Deutscher Rat für Landespflege) (1989) Wege zu naturnahen Fließgewässern. Schriftenr dt. Rat Landespfl 58:724-893, Meckenheim

Freckmann P (1991) Objektorientierte Datenbanken. In: Kilchenmann A (Hrsg) Technologie Geographischer Informationssysteme, 65-74, Heidelberg, New York, Springer

Holm A (1989) Ökologischer Bewertungsrahmen Fließgewässer (Bäche) - für die Naturräume der Geest und des Östlichen Hügellandes in Schleswig-Holstein. LA Natursch Landschaftspfl Schleswig-Holstein (Hrsg) 1-46, Kiel

Kairies E (1993) Leitbilder für Fließgewässerrenaturierungen. Wasser Boden 8:622-625, Hamburg

LÖLF (Landesanstalt für Ökologie, Landschaftsentwicklung und Forstplanung) u. LAWA (Landesamt für Wasser und Abfall, NRW) (1985) Bewertung des ökologischen Zustandes von Fließgewässern. 1-65, Essen

Lenk M (1994) Gerinnegeometrie eines Tieflandfließgewässers am Beispiel der Hache (Niedersachsen). Unveröff Diplomarbeit Univ Bremen, Fachgebiet Physio- und Polargeographie, 1-185

Leser H, Klink HJ (Hrsg) (1988) Handbuch und Kartieranleitung Geoökologische Karte 1:25.000 (KA GÖK 25). Bearbeitet vom Arbeitskreis Geoökologische Karte und Naturraumpotential. Forschungen zur deutschen Landeskunde 228, Trier

Loske KH, Vollmer A (1990) Die Bewertung des ökologischen Zustandes von Fließgewässern. Wasser Boden 2:76-80 Hamburg

Marks R, Müller MJ, Leser H, Klink HJ (Hrsg) (1992) Anleitung zur Bewertung des Leistungsvermögens des Landschaftshaushaltes (BALVL). Forschungen zur deutschen Landeskunde, 2.Aufl. 229:1-222, Trier

Mauch E (1990) Ein Verfahren zur gesamtökologischen Bewertung der Gewässer. Wasser Boden 11:763-767, Hamburg

Niehoff N, Pörtge KH (1990) Untersuchungen zum ökologischen Zustand und zur Auswirkung anthropogener Störungen der Oker und ihrer Talaue. Die Erde 121:87-104, Berlin

Otto A, Braukmann U (1983) Gewässertypologie im ländlichen Raum. Schriftenr Bundesmin Ernähr, Landwirtsch Forst, A288:1-59, Münster-Hiltrup

Patzner AM, Herbst W, Stüber E (1985) Methode einer ökologischen und landschaftlichen Bewertung von Fließgewässern. Natur Landschaft 60,11:445-448, Stuttgart

Rasper M, Sellheim P, Steinhardt B (1991) Das Niedersächsische Fließgewässerschutzsystem - Grundlagen für ein Schutzprogramm - Einzugsgebiete von Weser und Hunte. Natursch Landschaftspfl Nieders 25,3:1-306, Hannover

Rose U (1990) Beurteilung von Fließgewässerstrukturen aus ökologischer Sicht - Ergebnisse und Erfahrungen mit einer einfachen Methode. Wasserwirtschaft 80,5:236-242, Stuttgart

Schaller J, Werner CD (1991) Das Softwaresystem ARC/INFO™. In: Kilchenmann A (Hrsg) Technologie Geographischer Informationssysteme 141-154, Heidelberg, Springer

Schumacher H, Darschnik S, Rennerich J, Thiesmeier B (1989) Erfassung, Bewertung und Renaturierung von Fließgewässern im Ballungsraum. Natur Landschaft 64,9:383-387, Bonn

Werth W (1989) Ökomorphologische Gewässerbewertung.- Schriftenr Deutsch Rat Landespfl 58:802-806, Meckenheim

Wiegleb G (1989) Theoretische und praktische Überlegungen zur ökologischen Bewertung von Landschaftsteilen, diskutiert am Beispiel der Fließgewässer. Landschaft Stadt, 21,1:15-20, Stuttgart

3.3 Auswirkungen organischer Luftschadstoffe auf die Qualität des Grundwassers

Ruprecht Schleyer, Jürgen Fillibeck, Jürgen Hammer und Barbara Raffius

Einleitung

Große Mengen flüchtiger organischer Verbindungen gelangen insbesondere durch den KFZ-Verkehr (47 %) sowie durch die Anwendung von Lösemitteln (41 %) in die Atmosphäre (UBA 1992). Für Westdeutschland lagen die emittierten Mengen im Jahr 1989 im Bereich von 2,55 • 10^6 t und sind damit mengenmäßig mit den anorganischen SO_2- (0,96 • 10^6 t) und NO_x-Emissionen (2,70 • 10^6 t) vergleichbar (UBA 1992). Die Herstellungsmengen und der Verbrauch von leichtflüchtigen chlorierten Kohlenwasserstoffen (LCKW: Dichlormethan, Trichlormethan, 1,1,1-Trichlorethan, Trichlorethen, Tetrachlorethen) betrug im Jahr 1985 in Westdeutschland etwa 250 000 t, von denen ein großer Teil in die Atmosphäre entwich (Sanns u. Grathwohl, 1988). Über 90 % der geschätzten 60 000 t Benzol und 250 000 t Toluol, die pro Jahr in Westdeutschland emittiert werden, stammen aus dem Straßenverkehr (Rippen et al. 1987; Behrendt u. Brüggemann 1994).

Den gewaltigen Emissionsmengen organischer Substanzen in die Atmosphäre stehen bisher vergleichsweise wenig Untersuchungen über ihre Deposition sowie ihre Auswirkungen auf Boden und Grundwasser gegenüber. Im Gegensatz dazu ist das Verhältnis zwischen emittierten Stoffmengen und Forschungsaktivitäten bei den Pflanzenbehandlungs- und Schädlingsbekämpfungsmitteln (in Westdeutschland ca. 30 000 t/a; Statistisches Bundesamt 1989) sowie bei den anorganischen Säurebildnern gänzlich anders. Das Ziel langjähriger, durch das Umweltbundesamt geförderter Forschungsaktivitäten am Institut für Wasser-, Boden- und Lufthygiene ist es deshalb, die nasse Deposition organischer Substanzen qualitativ und quantitativ zu erfassen, den Transport und das Schicksal der eingetragenen Organika und ihrer Ab- und Umbauprodukte durch die Aerationszone zu verfolgen sowie mögliche Auswirkungen auf das Grundwasser zu erkennen und zu bewerten.

Vorgehensweise

An neun Meßstationen in Hessen, Thüringen und Baden-Württemberg (Abb. 1, Tabelle 1), die keine unmittelbare Beeinflussung durch andere Emissionsquellen wie Altlasten, Industrie oder Landwirtschaft zeigen, werden regelmäßig Regen-

Geowissenschaften und Umwelt
Herausgegeben von J. Matschullat und G. Müller

wasser, Bodensickerwasser aus verschiedenen Tiefen und oberflächennahes Grund- bzw. Quellwasser beprobt. Die Meßstationen liegen in bewaldeten Mittelgebirgslandschaften luvseitig in Höhenlagen zwischen 300 und 900 m. Eine Ausnahme hiervon bildet die Station Mörfelden, die sich in einem Waldgebiet des Rhein-Main-Ballungsraums in einer Höhenlage von ca. 100 m befindet. Jede der Meßstationen ist zweigeteilt, in eine Bestandesmeßfläche (bei vier Stationen Fichte, bei drei Stationen Buche, bei zwei Stationen Mischwald) und eine nahegelegene Freilandmeßfläche. Eine detaillierte Erkundung der geologischen, hydrogeologischen und pedologischen Verhältnisse im Umfeld der Meßstationen erfolgt im Rahmen von Diplomarbeiten.

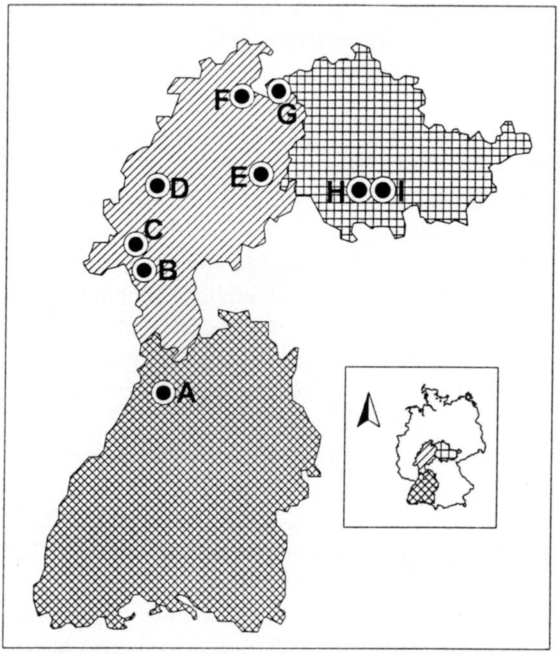

Abb. 1. Lage der Meßstationen (vgl. Tabelle 1)

Tabelle 1. Informationen zu den Meßstationen (vgl. Abb. 1)

	Name	Lage	m ü.NN	Geologie	Bestockung
A	Schönau	Odenwald	300 m	Buntsandstein	Mischwald
B	Mörfelden	Rhein-Main-Gebiet	100 m	pleistozäne Kiese und Sande	Mischwald
C	Königstein	Taunus	500 m	devonische Buntschiefer, Taunusquarzit	Fichte
D	Krofdorf	Krofdorfer Forst (N Gießen)	300 m	Karbonische Kieselschiefer, Grauwackenschiefer	Buche
E	Grebenau	Mittelhessen (E Alsfeld)	400 m	Buntsandstein	Fichte
F	Zierenberg	10 km NW Kassel	500 m	Muschelkalk / Basalt	Buche
G	Witzenhausen	Kaufunger Wald	600 m	Buntsandstein	Fichte
H	Oberhof	Thüringer Wald	900 m	Rotliegend-Quarzporphyre	Fichte
I	Vessertal	Thüringer Wald	800 m	Rotliegend-Quarzporphyre	Buche

Mit Ausnahme der Station Zierenberg (Basalt/Muschelkalk) liegen alle Meßstationen im Bereich basenarmer, zur Boden- und Grundwasserversauerung neigender Untergrundverhältnisse (Tabelle 1). Die Wassersammler bestehen vollständig aus gegenüber organischen Substanzen inerten Materialien wie Edelstahl, Aluminium, Glas, Keramik oder Teflon (Abb. 2). Bei der zweimonatigen Probenahme werden Mischproben aus mehreren, über die Meßfläche verteilten Regensammlern bzw. Kleinlysimeteren gebildet (Bestand: je sieben, Freiland: je drei).

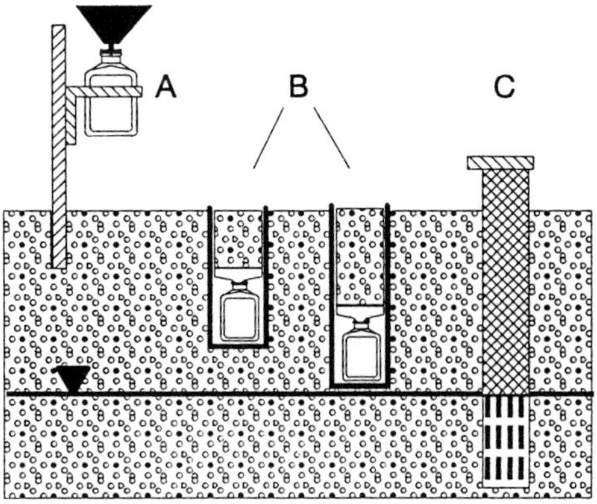

Abb. 2. Schematische Darstellung der Probenahmeeinrichtungen einer Meßfläche; **A:** Regensammler in 1 m Höhe (Aluminiumflasche mit Edelstahltrichter, Edelstahlnetz und Glaswollefilter); **B:** Kleinlysimeter mit verschiedenen Sickertiefen (15, 30, 45 cm) (Glastrichter mit Keramikvlies und Edelstahllochplatte, Sammelflasche aus Glas); **C:** Grundwassermeßstelle

Tabelle 2. Konzentrationen organischer Parameter im Niederschlagswasser (in [ng/l] außer AOX [µg/l]; Meßzeitraum 1993/1994)

	Freiland			Fichte				Buche				Mischwald			
	n	Med	Max	n	Med	Max	V[1]	n	Med	Max	V[1]	n	Med	Max	V[1]
AOX	69	2,3	40	30	18	62	7,6	22	7,5	38	3,2	14	12	55	5,0
LCKW:															
Trichlormethan	72	< 10	89	32	21	97	---	24	12	44	---	16	18	45	---
Tetrachlormethan	72	< 10	11	32	< 10	< 10	---	24	< 10	< 10	---	16	< 10	11	---
1,1,1-Trichlorethan	72	11	59	32	< 10	57	---	24	< 10	35	---	16	12	38	1,1
Trichlorethen	72	< 10	12	32	< 10	< 10	---	24	< 10	< 10	---	16	< 10	11	---
Tetrachlorethen	72	< 10	17	32	< 10	< 10	---	24	< 10	< 10	---	16	< 10	13	---
Chlorierte Carbonsäuren:															
Monochloressigsäure	65	<500	830	32	<500	2061	---	24	<500	815	---	15	<500	653	---
Dichloressigsäure	65	< 35	254	32	61	199	---	24	62	332	---	15	40	119	---
Trichloressigsäure	65	157	525	32	584	2058	3,7	24	138	648	0,9	15	198	936	1,3
Nitrophenole:															
2-Nitrophenol	51	< 50	1100	24	650	1870	---	18	280	870	---	12	570	1450	---
4-Nitrophenol	52	<100	2910	24	260	3450	---	18	150	2110	---	12	< 50	4100	---
3-Methyl-4-nitrophenol	52	130	1010	24	330	1550	2,5	18	290	1060	2,2	12	260	1940	2,0
4-Methyl-2-nitrophenol	52	<100	520	24	<100	1740	---	18	<100	1620	---	12	<100	860	---
DNOC[2]	43	130	800	20	380	2210	2,9	15	240	1280	1,8	10	140	1460	1,1

[1]Verhältnis (V) Median (Med) Bestand zu Median Freiland

[2]2-Methyl-4,6-dinitrophenol (= 4,6-Dinitro-o-kresol)

Die Wasserproben werden im Labor auf den Summenparameter AOX (an Aktivkohle adsorbierbare organische Halogenverbindungen), mittels Headspace-Gaschromatographie auf LCKW (DIN 38407 Teil 5), nach Derivatisierung gaschromatographisch auf halogenierte Carbonsäuren (Artho et al. 1991; Clemens u. Schöler 1992) sowie nach Flüssig-Flüssig-Extraktion mittels Hochdruckflüssigkeitschromatographie (HPLC) auf Nitrophenole (Böhm et al. 1989; Mußmann et al. 1992) untersucht (Tabellen 2 bis 4).

Tabelle 3. Konzentrationen organischer Parameter im Sickerwasser (Konzentrationen in [ng/l], Ausnahme AOX [µg/l]; Meßzeitraum 1993/1994)

	Freiland									Bestand								
	15 cm			30 cm			45 cm			15 cm			30 cm			45 cm		
	n	Med.	Max	n	Med.	Max	n	Med.	Max	n	Med.	Max	n	Med.	Max	n	Med.	Max
AOX	49	41	223	5	203	256	4	210	237	58	27	81	31	87	228	33	37	262
LCKW:																		
Trichlormethan	53	49	1340	7	69	130	7	103	279	62	26	207	34	44	1331	26	42	1285
Tetrachlormethan	53	< 10	< 10	7	< 10	< 10	7	< 10	< 10	62	< 10	< 10	34	< 10	< 10	26	< 10	< 10
1,1,1-Trichlorethan	53	< 10	59	7	10	35	7	< 10	17	62	10	49	34	< 10	50	26	< 10	19
Trichlorethen	53	< 10	11	7	< 10	< 10	7	< 10	< 10	62	< 10	36	34	< 10	< 10	26	< 10	54
Tetrachlorethen	53	< 10	16	7	< 10	< 10	7	< 10	< 10	62	< 10	< 10	34	< 10	< 10	26	< 10	22
Chlorierte Carbonsäuren:																		
Monochloressigsäure	38	<500	1212	5	<500	725	4	<500	1226	49	<500	977	28	<500	<500	21	<500	2160
Dichloressigsäure	42	66	429	6	181	372	5	224	460	53	< 50	138	29	78	325	21	< 50	383
Trichloressigsäure	42	< 50	680	6	< 50	121	5	< 50	61	53	< 50	258	30	< 50	452	21	< 50	153
Nitrophenole:																		
2-Nitrophenol	32	<100	2960	2	<100	<100	2	<100	<100	44	<100	1290	25	270	1490	20	<100	1860
4-Nitrophenol	32	< 50	< 50	2	< 50	< 50	2	< 50	< 50	44	< 50	300	25	< 50	710	20	< 50	620
3-Methyl-4-nitroph.	32	<100	<100	2	<100	140	2	<100	<100	44	<100	170	25	<100	110	20	<100	260
4-Methyl-2-nitroph.	32	<100	710	2	<100	230	2	480	540	44	<100	880	25	<100	1060	20	<100	1220
DNOC[1]	32	< 80	< 80	2	< 80	< 80	2	< 80	< 80	44	< 80	2290	25	< 80	1730	20	< 80	840

[1]2-Methyl-4,6-dinitrophenol (= 4,6-Dinitro-o-kresol)

Ergebnisse

Niederschlagswasser. Im Niederschlagswasser sind die in der Einleitung genannten, in der Regel schlecht wasserlöslichen primär emittierten Luftschadstoffe (LCKW, Benzol, Toluol) nur im unteren ng/l-Bereich nachweisbar (Tabelle 1; Schleyer et al. 1991). Deutlich höher konzentriert sind dagegen ihre atmosphärischen Reaktionsprodukte. Diese sind oft polar und deshalb sehr viel besser wasserlöslich. Von Bedeutung sind in diesem Zusammenhang insbesondere die Trichloressigsäure als Reaktionsprodukt der LCKW (Frank et al. 1989, 1990, 1994; Artho et al. 1991; Plümacher u. Renner 1993) und die Nitrophenole als Reaktionsprodukte der monozyklischen aromatischen Kohlenwasserstoffe (Nojiama et al. 1975, 1976; Leuenberger et al. 1988; Böhm et al. 1989; Herterich u. Herrmann 1990).

Tabelle 4. Konzentrationen organischer Parameter im Grund-/Quellwasser (Meßzeitraum 1993/1994)

		n	Median	Max
AOX	[µg/l]	135	4,9	119
LCKW:				
Trichlormethan	[ng/l]	135	65	3524
Tetrachlormethan	[ng/l]	135	< 10	10
1,1,1-Trichlorethan	[ng/l]	135	< 10	65
Trichlorethen	[ng/l]	135	< 10	38
Tetrachlorethen	[ng/l]	135	< 10	32
Chlorierte Carbonsäuren:				
Monochloressigsäure	[ng/l]	116	< 500	998
Dichloressigsäure	[ng/l]	117	38	190
Trichloressigsäure	[ng/l]	117	< 35	216
Nitrophenole:				
2-Nitrophenol	[ng/l]	101	<100	1160
4-Nitrophenol	[ng/l]	101	< 50	330
3-Methyl-4-nitroph.	[ng/l]	101	<100	430
4-Methyl-2-nitroph.	[ng/l]	101	<100	370
DNOC[1]	[ng/l]	101	< 80	820

[1]2-Methyl-4,6-dinitrophenol (= 4,6-Dinitro-o-kresol)

Die Trichloressigsäure bzw. deren Natriumsalz ist ein in der Vergangenheit benutzter Pflanzenschutzmittelwirkstoff mit herbizider Wirkung (Maier-Bode 1971; Perkow 1988) und erreicht im Niederschlagswasser – als atmosphärisches Reaktionsprodukt der emittierten LCKW – den µg/l-Bereich (Tabelle 2). Auch von den im µg/l-Bereich vorkommenden Nitrophenolen sind phytotoxische, herbizide, fungizide und insektizide Wirkungen bekannt (Brecken-Folse et al. 1994; Howe et al. 1994). Einzelne Nitrophenole, z.B. 2-Methyl-4,6-dinitrophenol (DNOC), sind Pflanzenschutzmittelwirkstoffe (Maier-Bode 1971; Perkow 1988).

Die höchsten Konzentrationen organischer Substanzen im Regenwasser werden im Fichtenwald gemessen. In Abhängigkeit vom Parameter sind die Konzentrationen um den Faktor 2 bis 8 gegenüber dem Freilandniederschlag erhöht (Tabelle 2). Es zeigt sich damit auch bei den organischen Stoffen der von den anorganischen Stoffen her bekannte Auskämmeffekt, bedingt durch Sorption und Anreicherung lipophiler organischer Substanzen in der Wachsschicht von Fichtennadeln auch in Trockenperioden oder bei Nebelsituationen. Im Buchenwald ist die Interzeptionsrate u.a. wegen des winterlichen Blattverlustes deutlich geringer (Faktor 1 bis 3).

Während in den Jahren 1989 bis 1990 die Trichloressigsäure-Konzentrationen im Niederschlagswasser noch Konzentrationen über 5 µg/l erreichten, liegen sie heute deutlich darunter (Abb. 3). Dies ist eine Folge verstärkter Bemühungen um emissionsmindernde Maßnahmen beim Umgang mit LCKW. Wegen der höheren photochemischen und biochemischen Aktivität sind Spitzenkonzentrationen von Trichloressigsäure im Regenwasser bevorzugt in der warmen Jahreszeit zu beobachten (Abb. 3).

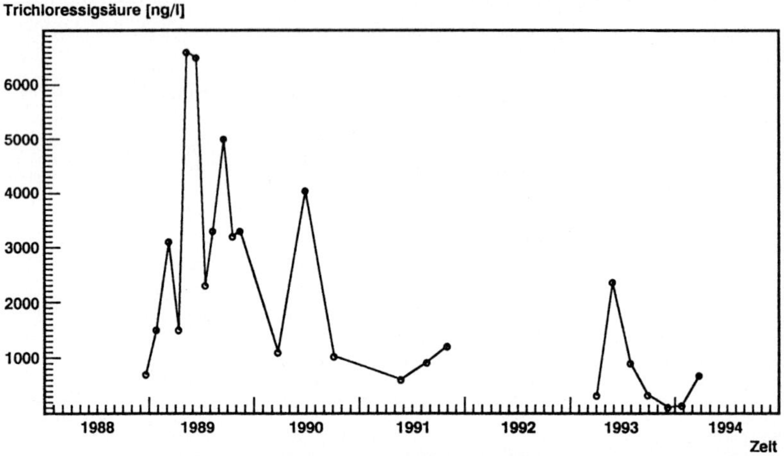

Abb. 3. Zeitlicher Verlauf der Trichloressigsäure-Konzentrationen im Bestandniederschlag der Meßstation Witzenhausen. Wegen fehlender Forschungsmittel ist die Meßreihe im Jahr 1992 unterbrochen

Bodensickerwasser. Die Spurenanalytik auf organische Wasserinhaltsstoffe gestaltet sich bei den Bodensickerwässern wegen der gelösten Huminstoffe (gelbliche Färbung der Wässer) als besonders schwierig. So ist es nicht auszuschließen, daß sich hinter den hohen AOX-Gehalten von bis zu über 200 µg/l nicht nur anthropogene Organohalogene verbergen (Naumann 1994).

Mit zunehmender Tiefe zeichnet sich insbesondere im Freiland eine Zunahme der Trichlormethan- und der Dichloressigsäure Konzentrationen ab (Tabelle 3). Während die Trichlormethan-Konzentrationen im Regenwasser unabhängig vom Bewuchs Maximalwerte im Bereich von 100 ng/l erreichen (Tabelle 2), steigen sie im Sickerwasser auf über 1000 ng/l an. Dies ist mit einer mikrobiellen Decarboxylierung (Abspaltung von CO_2) der Trichloressigsäure im Boden zu erklären. Eine gleichzeitige Dehalogenierung der Trichloressigsäure ist die Ursache für die Zunahme der Dichloressigsäure-Konzentrationen während der Sickerpassage.

Grundwasser. In den oberflächennahen, schlecht geschützten Grundwässern der Meßstationen sind sowohl Nitrophenole als auch die Trichloressigsäure und ihre pedosphärischen Abbauprodukte zu finden (Tabelle 4). Das Trichlormethan erreicht mit Konzentrationen bis zu über 3 µg/l hier die höchsten Konzentrationen aller drei Kompartimente. Im Grundwasser ist auch die Monochloressigsäure in Konzentrationen über bis zu 1 µg/l vereinzelt nachweisbar, so daß eine weitere Dehalogenierung der Trichloressigsäure über Dichloressigsäure bis hin zur Monochloressigsäure während der Sickerpassage vermutet wird. Die Trichloressigsäure selbst erreicht im Grundwasser gelegentlich Konzentrationen von über 100 ng/l und liegt damit über dem Trinkwassergrenzwert für Pflanzenschutzmittel. Von den Nitrophenolen sind insbesondere das 2-Nitrophenol und das DNOC mit Maximalkonzentration um die 1 µg/l als grundwassergängig zu bezeichnen.

Die AOX-Konzentrationen der Grundwässer erreichen Maximalwerte bis über 100 µg/l bei einem Medianwert von 4.9 µg/l (Tabelle 4). Sie zeigen eine deutliche Abhängigkeit vom pH-Wert derart, daß Konzentrationsbereiche > 20 µg/l ganz überwiegend in stark versauerten Grundwässern (pH < 5,3) vorkommen (Abb. 4). Hierin kommt ein Rückgang der Sorptionsfähigkeit der Böden infolge des Protoneneintrags sowie eine Abnahme der biologischen Aktivität zum Ausdruck. Eine Verlagerung organischer Schadstoffe mit dem Sickerwasserstrom bis in das Grundwasser wird damit gefördert.

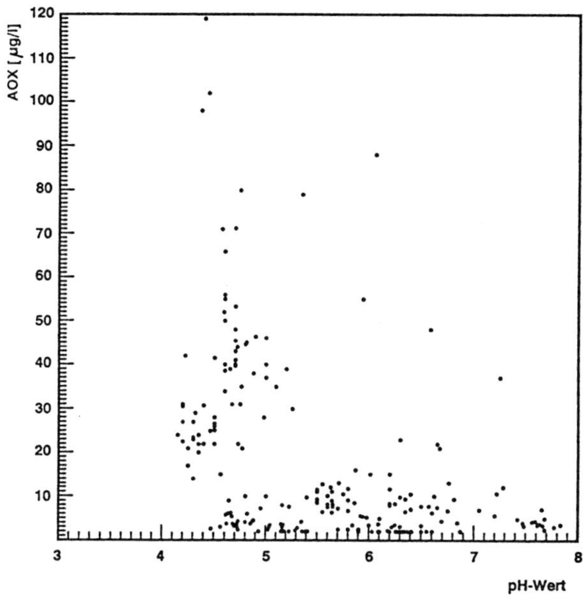

Abb. 4. Zusammenhang zwischen pH-Wert und AOX-Konzentrationen im Grundwasser (Meßzeitraum 1988-1994, n=225)

Zusammenfassung und Schlußfolgerungen

Organische Luftschadstoffe werden mit dem Niederschlagswasser deponiert und können das Grundwasser erreichen (Abb. 5). Von Bedeutung sind weniger die primär emittierten Substanzen, als vielmehr ihre polaren, atmosphärischen und pedosphärischen Ab- und Umbauprodukte. Dies sind chlorierte Carbonsäuren, Nitrophenole und Trichlormethan. Gefährdet sind insbesondere schlecht geschützte Aquifere (geringmächtige Deckschichten hoher Durchlässigkeit und mit geringer Sorptionskapazität) in Regionen mit hohen Depositionsraten (Fichtenwald, hohe Niederschlagsmengen, Nähe zu Emittenten). Die Konzentrationen über den Luftpfad eingetragener organischer Substanzen können hygienische Relevanz erreichen. Obwohl die Konzentrationen deutlich geringer sind als bei anderen Schadstoffquellen (z.B. Altlasten, Landwirtschaft), muß ihnen in Zukunft große Aufmerksamkeit gewidmet werden. Zum einen deshalb, weil ihr Eintrag an der gesamten Kontaktfläche zwischen Atmosphäre und Pedosphäre stattfindet, zum anderen, weil Schutzmaßnahmen wie Wasserschutzgebiete mit regional begrenzten Einschränkungen und Verboten gegen sie völlig wirkungslos sind.

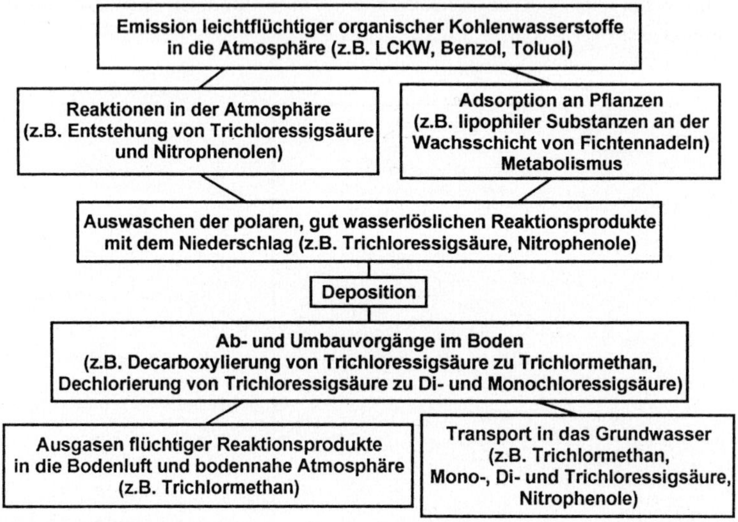

Abb. 5. Fließdiagramm des Weges organischer Luftschadstoffe in das Grundwasser

Danksagung. Wir danken dem Umweltbundesamt für die finanzielle Förderung der Forschungsarbeiten (FKZ 102 02 608 und 102 02 626), der Hessischen Forstlichen Versuchsanstalt (Hannoversch Münden), der Thüringer Forsteinrichtungs- und Versuchsanstalt (Gotha) und der Landesanstalt für Umwelt Baden-Württemberg (Karlsruhe) für die Nutzungserlaubnis der Meßflächen sowie Elmar Utesch für die Probenbearbeitung.

Literatur

Artho A, Grob K, Giger P (1991) Trichloressigsäure in Oberflächen-, Grund- und Trinkwässern. Mitt Gebiete Lebensm Hyg 82:487-491

Behrendt H, Brüggemann R (1994) Benzol - Modellrechnungen zum Verhalten in der Umwelt. UWSF - Z Umweltchem Ökotox 6,2:89-98

Böhm HB, Feltes J, Volmer D, Levsen K (1989) Identification of Nitrophenols in Rain-Water by High-Performance Liquid Chromatography with Photodiode Array Detection. J Chromatography 478:399-407

Brecken-Folse JA, Mayer FL, Pedigo LE, Marking LL (1994) Acute Toxicity of 4-Nitrophenol, 2,4-Dinitrophenol, Terbufos and Trichlorfon to Grass Shrimp (Palaemonetes spp.) and Sheepshead Minnows (Cyprinodon Variegatus) as Affected by Salinity and Temperature. Environ Toxicol Chem 13:67-77

Clemens M, Schöler HF (1992) Determination of Halogenated Acetic Acids and 2,2-Dichloropropionic Acid in Water Samples. Fresenius J Anal Chem 344:47-49

Frank H, Scholl H, Renschen D, Rether B, Laouedj A, Norokorpi Y (1994) Haloacetic Acids, Phytotoxic Secondary Air Pollutants. ESPR - Environ Sci Pollut Res 1,1:4-14

Frank H, Vincon A, Reiss J (1990) Montane Baumschäden durch das Herbizid Trichloressigsäure. UWSF - Z Umweltchem Ökotox 2:208-215

Frank H, Vital J, Frank W (1989) Oxidation of Airborne C2-Chlorocarbons to Trichloroacetic Acid and Dichloroacetic Acid.- Fresenius Z Anal Chem 333:713

Herterich R, Herrmann R (1990) Comparing the Distribution of Nitrated Phenols in the Atmosphere of Two German Hill Sites. Environ Technol 11:961-972

Howe GE, Marking LL, Bills TD, Rach JJ, Mayer Jr, FL (1994) Effects of Water Temperature and pH on Toxicity of Terbufos, Trichlorfon, 4-Nitrophenol and 2,4-Dinitrophenol to Amphipod Gammarus Pseudolimnaeus and Rainow Trout (Oncorhychus Mykiss). Environ Toxicol Chem 13:51-66

Leuenberger C, Czuczwa J, Tremp J, Giger W (1988) Nitrated Phenols in Rain: Atmospheric Occurrence of Phytotoxic Pollutants. Chemosphere 17:511-515

Maier-Bode H (1971) Herbizide und ihre Rückstände. Verlag Eugen Ulmer, Stuttgart, 479 S.

Mußmann P, Preiß A, Levsen K, Wünsch G, Efer J, Engewald W (1992) Method Development for the Analysis of Pesticides on a Nitrophenol Basis. Vom Wasser 79:145-158

Naumann K (1994) Natürlich vorkommende Organohalogene. Nachr Chem Tech Lab 42,4:389-392

Nojiama K, Fukaya K, Fukui S, Kanno S (1975) Studies on the Photochemistry of Aromatic Hydrocarbons II: The Formation of Nitrophenols and Nitrobenzene by the Photochemical Reaction of Benzene in the Presence of Nitrogen Monoxide. Chemosphere 4:77-82

Nojiama K, Fukaya K, Fukui S, Kanno S, Nishiyama S, Wada Y (1976) Studies on the Photochemistry of Aromatic Hydrocarbons III: Formation of Nitrophenols by the Photochemical Reaction of Toluene in the Presence of Nitrogen Monoxide and Nitrophenols in Rain. Chemosphere 5:25-30

Perkow W (1988) Wirksubstanzen der Pflanzenschutz- und Schädlingsbekämpfungsmittel. 2. Aufl Verlag Paul Parey, Hamburg

Plümacher J, Renner I (1993) Determination of Volatile Chlorinated Hydrocarbons and Trichloroacetic Acid in Conifer Needles by Headspace Gas-Chromatography. Fresenius J Anal Chem 347:129-135

Rippen G, Zietz E, Frank R, Knacker T, Klöpffer W (1987) Do Airborne Nitrophenols Contribute to Forest Decline? Environ Technol Letters 8:475-482

Sanns M, Grathwohl P (1988) Umweltproblematik der leichtflüchtigen Chlorkohlenwasserstoffe. Wasser Boden 40,10:554-564

Schleyer R, Renner I, Mühlhausen D (1991) Beeinflussung der Grundwasserqualität durch luftgetragene organische Schadstoffe. WaBoLu-Hefte 5/1991: 96 S.

Statistisches Bundesamt (1989) Statistisches Jahrbuch über Ernährung, Landwirtschaft und Forsten 1989. Landwirtschaftsverlag, Münster-Hiltrup

UBA (Umweltbundesamt) (1992) Daten zur Umwelt 1990/91. Erich Schmidt Verlag, Berlin, 675 S.

3.4 Die hydrochemischen Verhältnisse im Block- und Hollerland (Bremen)

Manfred Droll und Margot Isenbeck-Schröter

Aufgabenstellung und Methodik

Zur Beschreibung der hydrochemischen Verhältnisse im Block- und Hollerland wurde im Mai 1993 eine Beprobung der 23 vom Wasserwirtschaftsamt Bremen unterhaltenen Grundwassermeßstellen durchgeführt. Diese Grundwassermeßstellen sind in Teufen zwischen 4 und 6 m unter Geländeoberkante verfiltert. Zusätzlich fand im Rahmen dieser Arbeit eine vertikale Beprobung des auf dem Gelände der Universität befindlichen Brunnens des hydrogeologischen Versuchsfeldes statt. Aufgabe war zum einen, den Einfluß von Salzwässern anhand der Verteilung der Leitfähigkeiten zu charakterisieren, zum anderen die horizontale und vertikale Verteilung von Redoxzuständen der Wässer aufzuzeigen.

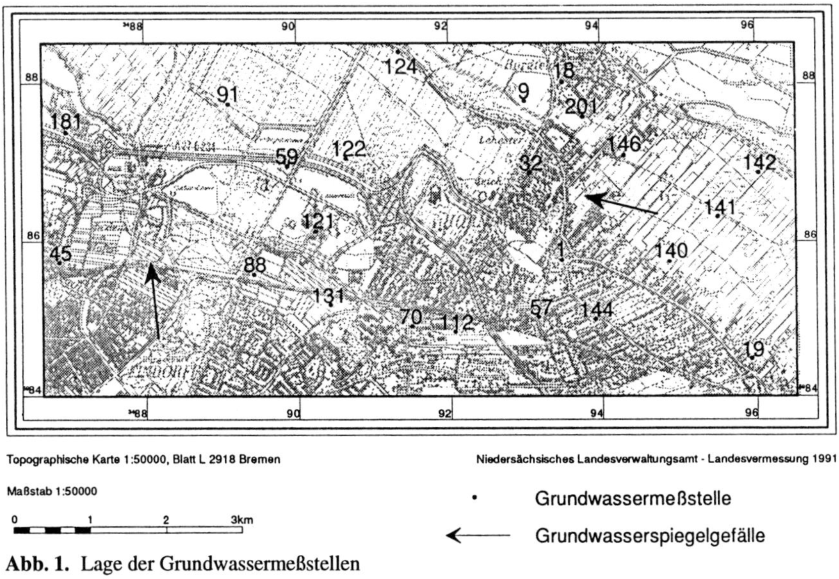

Abb. 1. Lage der Grundwassermeßstellen

Die Beprobung der Grundwassermeßstellen (Abb. 1) erfolgte in Anlehnung an das DVWK-Regelblatt, Heft 203. Dabei wurden über eine Meßzelle direkt bei der Probenahme Temperatur, pH-Wert, Redoxpotential, Sauerstoffgehalt und Leitfähigkeit der Wässer bestimmt sowie die Alkalinität titriert. Anschließend erfolgte die Analyse der Hauptkationen (ICP-AES) und Hauptanionen (HPLC,

Geowissenschaften und Umwelt
Herausgegeben von J. Matschullat und G. Müller © 1994 Springer Verlag

Autoanalyser) im geochemischen Labor des Fachbereichs Geowissenschaften. Die Beprobung des auf dem Gelände der Universität befindlichen Meßbrunnens des hydrogeologischen Versuchsfeldes fand mit einem Packer statt, wodurch ein vertikales Zuströmen von Grundwasser verhindert und eine gezielte vertikale Beprobung im Abstand von 0,5 m ermöglicht wurde.

Hydrogeologie

Der 7 bis 20 m mächtige Aquifer besteht in der Hamme-Wümme-Niederung aus den Sanden und Kiesen der Mittel- und Niederterrasse der Weser. Diese Wesersande lagern direkt auf elsterzeitlichen Beckensedimenten in Form von Lauenburger Ton und Ritterhuder Sand, z. T. auch auf drenthezeitlicher Grundmoräne. Im Bereich Borgfeld/Lilienthal besteht ein hydraulischer Kontakt zwischen oberem und unterem Grundwasserleiter. Der untere Grundwasserleiter wird von der ca. 200 m tiefen Borgfelder Rinne gebildet, die auf einer Breite von ca. 1 km in N-S Richtung in die Schichten des Tertiär eingesenkt ist (Ortlam 1989). Die Rinne hat sich im Bereich Lilienthal in den Salzstock Lilienthal eingeschnitten und ermöglicht intensive Lösungsprozesse am Gipshut des Salzstockes. Die salinaren Wässer steigen durch Perforation der elsterzeitlichen Beckensedimente auf. Die Salzfahne kann oberflächennah im Block- und Hollerland nachgewiesen werden. Nach Westen werden die pleistozänen Wesersande und -kiese von bis zu 4 m mächtigen Niedermooren bedeckt, in die Auenlehme eingelagert sind. Die Basis der Niedermoortorfe wird von einem Auenlehm mit einem pollenanalytischen Alter von 8500 Jahren vor heute gebildet. In diesem Bereich besteht somit auch kein hydraulischer Kontakt zwischen den oberflächigen Entwässerungsgräben und dem oberen Grundwasserleiter. Der Grundwasserabstrom erfolgt generell von SE nach NW. Im Rücklagezeitraum beträgt der durchschnittliche – durch das geringe Relief bedingte – Abflußgradient 1/4200, kann aber lokal im Bereich Oberneuland bis auf 1/2300 ansteigen. Im Aufbrauchzeitraum ist der durchschnittliche Abflußgradient leicht erhöht und beträgt ca. 1/3700 und steigt im SE bis auf 1/2700. Der Flurabstand variiert im Untersuchungsgebiet zwischen 0,5 und 2,5 m.

Hydrochemie

Die Leitfähigkeit des oberen Grundwasserleiters im Untersuchungsgebiet ist großen Schwankungen unterworfen. Primär können die erhöhten Leitfähigkeiten auf den Einfluß der im Bereich Horn-Lehe/Borgfeld (Ortlam 1989) und im Bereich der Grundwassermeßstelle 141 austretenden salinaren Wässer zurückgeführt werden. Die vertikal aus der Borgfelder Rinne aufsteigenden Salzwässer werden durch die hydraulischen Verhältnisse im oberen Grundwasserleiter nach NW abgelenkt und können in den Analysen der Grundwasserproben in erhöhten Na- und

Cl-Konzentrationen festgestellt werden. Bei den Analysenwerte treten häufig SO_4^{2-} bzw. HCO_3^- als Hauptanionen bzw. Ca^{2+} als Hauptkation auf und deuten somit auf Gips- bzw. Mergelgestein hin, die als Lösungsrückstand im Top des Salzstockes Lilienthal angereichert sind.

Horizontale Beprobung. Die Stoffumsätze im oberflächennahen Grundwasserleiter sind dominiert von Redoxprozessen. Dabei stellt $(CH_2O)_{106}(NH_3)_{16}(H_3PO_4)$ (Redfieldzucker) modellhaft bei allen Reaktionsgleichungen die gelöste organische Substanz dar und fungiert als starkes Reduktionsmittel bei allen Redoxprozessen (Froelich et al. 1979). In Tabelle 1 sind für die einzelnen Redoxzonen typische Wasseranalysen zusammengefaßt (von oben nach unten mit abnehmenden Energiegewinn geordnet).

Tabelle 1. Beispiele typischer Grundwasserproben. GW-Meßstelle: Grundwasser-Meßstelle; Leitfähigkeit [µS/cm], Eh [mV], Stoffkonzentrationen [mg/l]

GW-Meßstelle	1	45	146	88	91
Entnahmetiefe	-3,1	-4,4	-3,0	-5,3	-2,6
Leitfähigkeit	396	656	703	596	879
pH-Wert	5,79	6,06	6,89	6,89	7,28
Eh-Wert	656	12	303	122	33
HCO_3^-	104	200	312	470	561
Cl^-	106	85,9	36,4	132	284
NO_3^-	2,52	0,17	0,06	0,22	0,10
PO_4^{3-}	0,42	0,22	0,22	3,33	0,80
SO_4^{2-}	102	403	91	49,7	0,00
Fe^{2+}	1,31	0,93	65,4	28,0	76,6
Mn^{2+}	0,11	7,56	2,37	0,78	1,07
Ca^{2+}	44,6	150	69,2	127	97,4
K^+	2,24	3,69	27,3	10,5	2,32
Mg^{2+}	4,94	32,2	7,17	11,5	11,9
Na^+	92,7	53,5	21,4	92,8	197
NH_4^+	0,04	6,0	1,63	2,13	2,35

Der Sauerstoffabbau stellt für Mikroorganismen den höchsten Gewinn an Energie dar. Generell kann das Grundwasser im Untersuchungsgebiet bei Sauerstoffkonzentrationen bis 0,4 mg/l als sauerstofffrei angesehen werden. Die bei der Denitrifikation gewinnbare Energie für Mikroorganismen ist energetisch niedriger als bei der aeroben Atmung. Im Untersuchungsgebiet ist bedingt durch die geringe landwirtschaftliche Nutzung mit einem geringen Nitrat-Input zu rechnen. Diese Nutzungsform spiegelt sich in den Analysenwerte der Grundwasserproben in Nitratkonzentrationen bis 5,5 mg/l wieder. Die Mangankonzentrationen der Grundwasserproben sind primär durch den Gehalt an Manganoxiden bzw. -hydroxiden in der Festphase kontrolliert. So werden Maximalkonzentrationen bis 7,6 mg/l im Block- und Hollerland verzeichnet. Die Reduktion von Eisenhydroxiden durch Oxidation organischer Substanz ist ebenfalls mikrobiell katalysiert und mit einem starken Protonenverbrauch verbunden, der ein Ansteigen des pH-Wertes in der Lösung nach sich zieht. Grundwasserproben, die sich in der Eisen-Reduktionszone befinden, sind charakterisiert durch erhöhte Eisengehalte. Im Arbeitsgebiet treten maximale Eisenkonzentrationen bis 288 mg/l auf. Die auf einem energetisch niedrigerem Niveau befindliche Sulfat-Reduktion wird durch Mikroorganismen katalysiert. Als Geländekriterium der Sulfatreduktion war bei der Beprobung an einigen Grundwassermeßstellen oftmals ein leichter bis deutlicher H_2S-Geruch des Grundwassers wahrnehmbar. Allerdings ist auch eine Diffusion von H_2S durch die Wassersäule vorstellbar und es käme dadurch zu einer Fehlinterpretation. Bei den Grundwasserproben im Westen des Arbeitsgebietes hat nachweislich eine vollständige Sulfatreduktion stattgefunden, daher ist bei diesen Proben davon auszugehen, daß sie sich in der Methanfermentation befinden (Droll 1993).

Im Arbeitsgebiet zeigt sich eine deutliche zonale Redoxabfolge. Der freie Grundwasserleiter im Gebiet Borgfeld/Oberneuland erreicht im oberflächennahen Bereich maximal suboxische Verhältnisse. Mit zunehmender Fließstrecke stellt sich ein anoxisches Milieu im oberflächennahen Aquifer ein. Dies wird im wesentlichen durch den hydraulischen Kontakt des oberflächennahen Grundwassers mit den im Block- und Hollerland anstehenden Niedermoortorfe verursacht.

Vertikale Beprobung. Der Anstieg der Leitfähigkeit mit zunehmender Tiefe verläuft parallel zu einer Erhöhung der Chloridkonzentration und der Sulfat-Gehalte. Bis in eine Tiefe von 2,0 m verläuft die Leitfähigkeitszunahme stetig. Ab 2,5 m ist ein Sprung der Leitfähigkeit von 732 µS/cm auf 1038 µS/cm gemessen worden, der den Einfluß der Gips- und Mergelwässer im oberen Bereich des Aquifers belegt, die vermutlich im tieferen Bereich des Aquifers von den aufsteigenden salinaren Wässern der Borgfelder Rinne unterströmt werden und somit die beginnende Versalzung des oberflächennahen Grundwasserleiters widerspiegeln. In dem Lockergesteins-Aquifer zeigt sich eine ausgeprägte vertikale Redoxsequenz (Abb. 3). Deutlich erscheint der Sauerstoffabbau von der Grundwasseroberfläche bis in eine Tiefe von 1,5 m. Ab einer Tiefe von 0,5 m beginnt die Nitratreduktion, die ungefähr eine Ausdehnung bis 2,0 m aufweist. Parallel mit dem mikrobiell katalysierten Abbau von Nitrat wird Ammonium freigesetzt. Dieser Prozeß erliegt jedoch nicht mit dem Ende des Nitratabbaus, sonders verläuft stetig weiter. Dies beruht auf der Freisetzung von Stickstoff aus der Oxidation organischer Substanz, die modellhaft dem Redfieldzucker mit einem Verhältnis von C:N:P = 106:16:1 entspricht. Daher ist im Bereich des Block-und Hollerlandes davon auszugehen, daß die Nitratreduktion nicht über die Oxidation von Sulfid (Kölle et al. 1983) abläuft, sondern durch gelöste organische Substanz als Elektronendonator verursacht wird. Ab einer Tiefe von 0,5 m steigt die Mangankonzentration und spiegelt den Beginn der Manganreduktionszone wieder. Die Mobilisierung von Eisenionen erfolgt fast über die gesamte Tiefe. Das Redoxpotential zeigt eine stetige Abnahme mit zunehmender Tiefe parallel dazu steigt der pH-Wert an. Eine Reduktion von Sulfat kann bis zum Ausbauende des Brunnens nicht beobachtet werden, es sollte jedoch im tieferen Bereich des Aquifers auch die Sulfatreduktionszone erscheinen, die sich im Abstrombereich des Grundwasserleiters eingestellt hat. In den vertikalen Stoffkonzentrationsprofilen zeigt sich teilweise eine Überschneidung der einzelnen Redoxprozesse. Den eindeutig dominierenden Prozeß stellt die Eisenreduktion dar, da fast über das gesamte Meßprofil die Eisenkonzentration und damit der pH-Wert stetig ansteigt und die anderen Prozesse überdeckt. Auch die Produktion von Alkalität bewirkt ein Ansteigen des pH-Wertes. Die Eisenmobilisierung belegt auch, daß wenig Sulfid freigesetzt wird, da sonst Eisensulfide gebildet würden.

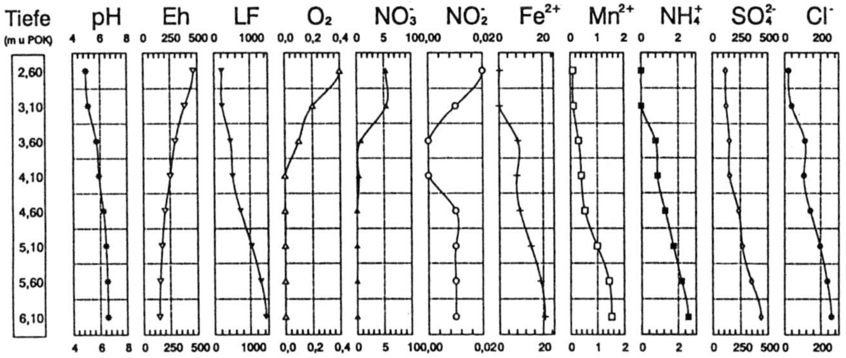

Abb. 2. Vertikale Verteilung redoxsensitiver Parameter im Meßbrunnen auf dem Gelände der Universität Bremen

Interpretation

Das Grundwasser des oberflächennahen Aquifers unterliegt starken Redoxprozessen, wobei der Eisenreduktion eine zentrale Bedeutung zukommt. Das vertikale Stoffkonzentrationsprofil gibt einen wichtigen Einblick der im oberflächennahen Bereich ablaufenden Zusammenhänge. Es konnte eine Redoxsequenz mit den gemessenen Redoxindikatoren nachgewiesen werden, die mit einer deutlich ausgeprägten Sauerstoffzehrung beginnt und in eine bedingt durch die geringen Gehalte an Nitrat schwach ausgebildeten Denitrifikationszone übergeht. Fast über das gesamte Konzentrationsprofil ist eine Eisenmobilisierung zu beobachten. Das Mangankonzentrationsprofil verläuft parallel dem des Eisens. Die Manganreduktion ist durch einen geringen Anstieg der Mangankonzentration repräsentiert. Die reduzierenden Verhältnisse im oberflächennahen Grundwasserleiter stellen sich zum einen durch die geringe Abstandsgeschwindigkeit von ca. 11 bis 49 m/a als auch zum anderen durch den hydraulischen Kontakt mit den Niedermooren des Block- und Hollerlandes ein. Speziell der Kontakt des Grundwassers mit Torf stellt eine permanenten Nachlieferung an gelöster organischer Substanz dar, wodurch im Westen des Untersuchungsgebietes im oberflächennahen Bereich bereits Methanfermentation stattfindet. Eine Verstärkung der reduzierenden Kraft des Grundwassers findet in diesem Bereich durch die geringe Grundwasserneubildung statt. Der geringe hydraulische Gradient im Arbeitsgebiet äußert sich durch einen raschen vertikalen als auch lateralen Wechsel der Redoxzone und einer Überschneidung der Redoxsequenz. Die ursprünglich oxischen bis suboxischen Verhältnisse im Gebiet Oberneuland/Borgfeld gehen mit zunehmender Fließstrecke in reduzierende Bedingungen über und zeigen dabei die typischen Charakteristiken.

Danksagung

Besonderen Dank schulden wir Frau S. Hinrichs, FB Geowissenschaften der Universität Bremen. Ihre Einweisungen in die Analysengeräte und ihre stetige Hilfsbereitschaft im Labor waren eine unabdingbare Hilfe bei der Durchführung der chemischen Analysen.

Literatur

Droll M (1993) Charakterisierung der hydrochemischen Verhältnisse des oberflächennahen Grundwasserleiters im Block- und Hollerland (Freie Hansestadt Bremen) unter besonderer Berücksichtigung der geologischen und hydrogeologischen Rahmenbedingungen. 100 S. Univ Bremen, Unveröff

DVWK (Deutscher Verband für Wasserwirtschaft und Kulturbau e.V.) (1982) Entnahme von Proben für hydrogeologische Grundwasser-Untersuchungen. DVWK Merkblätter Heft 203, Bonn

Froelich PN, Kinkhammer GP, Bender ML, Luedtke NA, Heath GR, Cullen D, Dauphin P, Hammond D, Hartman B, Mayard V (1979) Early oxidation of organic matter in pelagic sediments of the eastern equatorial Atlantic: suboxic diagenesis. Geochim Cosmochim Acta 43:1075-1090

Kölle W, Werner P, Strebel O, Böttcher J (1983) Denitrifikation in einem reduzierenden Grundwasserleiter. Vom Wasser 61:125-147; Weinheim

Ortlam D (1989) Geologie, Schwermetalle und Salzwasserfronten im Untergund von Bremen und ihre Auswirkungen. N Jb Geol Paläont Mh 8:489-512

3.5 Methoden zur Parameterermittlung für die Simulation geochemischer Prozesse beim Schadstofftransport im Grundwasser

Margot Isenbeck-Schröter und Kay Hamer

Einleitung

Bei der Modellierung des Schadstofftransportes im Grundwasser sind neben hydrodynamischen Vorgängen der Advektion und Dispersion geochemische Wechselwirkungen zwischen den im Wasser gelösten Stoffen und der Festphase des Grundwasserleiters zu berücksichtigen. Dabei sind vor allem Prozesse wie Sorption/Desorption, Lösung/Fällung, Reduktion/Oxidation und Vorgänge beim Umsatz organischer Substanz von Bedeutung. Zur modellmäßigen Beschreibung der Einzelprozesse und ihrer Berücksichtigung im Transportmodell müssen zunächst Parameter definiert werden, die das Verhalten kennzeichnen. Diese Parameter können beispielsweise in standardisierten Laborversuchen ermittelt werden. In der Regel werden zur Beschreibung geochemischer Reaktionen wie etwa Sorptionsvorgängen Schüttelversuche in geschlossenen Systemen durchgeführt, in denen stoffspezifische Parameter definiert werden. Bei der Betrachtung von Sorptionsprozessen anorganischer Schadstoffe spielen neben Austauschvorgängen spezifische Sorptionsvorgänge vor allem an Hydroxiden eine wichtige Rolle, die langsam ablaufen. In Schüttelversuchen bestimmte kinetische Parameter lassen sich jedoch nicht auf Fließsysteme übertragen. Am Beispiel von Blei, Kupfer und Arsenat werden im folgenden standardisierte Versuchsaufbauten vorgestellt, die offene Systeme darstellen und das Strömungsfeld im Grundwasserleiter simulieren. Hierbei liegt ein Schwerpunkt der dargestellten Beispiele in der Untersuchung von Sorptionsprozessen unter besonderer Berücksichtigung von Sorptionskinetik und ihrer versuchstechnischen und modellhaften Abgrenzung gegenüber Lösungs/Fällungsprozessen.

Transportversuche

Als standardisierter Versuchsaufbau für Transportversuche werden in der Regel Säulenversuche durchgeführt (z.B. Klotz 1973). Die Abbildung 1 zeigt einen typischen Versuchsaufbau, der zur Durchführung von Versuchen mit Grundwasser-Strömungsgeschwindigkeiten im Zentimeter- und Einermeter-Bereich geeignet ist. Durch die Anbringung von Zapfhähnen können auch auf dem Fließweg Proben entnommen werden.

In den hier vorgestellten Versuchen wurde ein Quarzsand – ein in der Korngrößenverteilung homogener Mittelsand – in die Säulen als Aquifermaterial unter Wassersättigung luftblasenfrei eingebracht. Anschließend wurden die Säulen mit dem Versuchswasser (Tabelle 1) ohne Schwermetalle oder Arsenat durchströmt, um zu gewährleisten, daß sich zwischen Versuchswasser und Aquifermaterial ein quasistationärer Zustand einstellt. Die Konditionierung galt als abgeschlossen, wenn pH-Wert und elektrische Leitfähigkeit im Eluat der Säule über eine Woche konstant blieben.

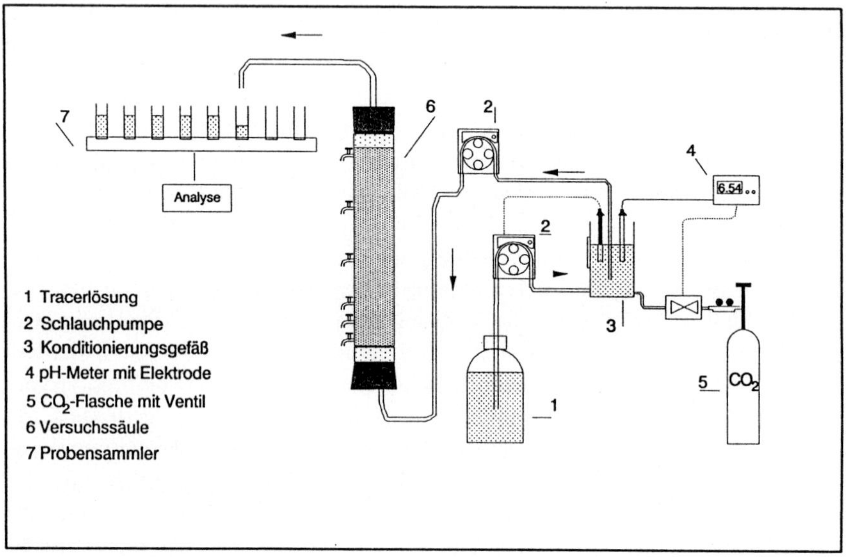

Abb. 1. Aufbau eines Säulenversuches zum Stofftransport

Tabelle 1. Zusammensetzung des Versuchswassers

	Na	K	Ca	Mg	Mn	Al	Cl	NO_3	SO_4	pH-Wert
mmol/l	0,643	0,051	0,267	0,152	0,003	0,144	0,632	0,21	0,57	4,5

Nach der Konditionierungsphase wurden die Schwermetalle und Arsenat im Versuchswasser gelöst und kontinuierlich in die Säulen eingegeben (Pb: 4,04 mg/l; AsO_4: 15 mg/l; Cu: 1 mg/l).

Für die Modellierung der Durchgangskurven verschiedener anorganischer Stoffe, vor allem Schwermetalle, wurde am Fachbereich Geowissenschaften in Bremen das numerische Simulationsmodell CoTAM (Hamer u. Sieger 1994) entwickelt. In dem Modell wird der Transport von bis zu 20 Spezies simultan berechnet. Sorptionsprozesse können über unterschiedliche Isothermen und eine Kinetik erster Ordnung berücksichtigt werden.

Hydrodynamische Parameter

Als physikalische Parameter zur Transportbeschreibung werden neben der Strömung, die im Laborversuch durch konstanten Durchfluß der Säule vorgegeben ist, die Dispersivität und das effektive Porenvolumen benötigt. Zur Bestimmung beider Größen wird ein Säulenversuch mit einem quasiidealen Tracer durchgeführt. Als Markierungsstoffe wurden in den vorgestellten Beispielen Bromid und Lithium eingesetzt. Die Eingabe erfolgte kontinuierlich und die Durchbruchskurve wurde mit Hilfe eines analytischen Modells ausgewertet. Die Dispersivitäten für die untersuchten Systeme lagen im Millimeterbereich bei effektiven Porositäten um 30 %.

Tabelle 2. Hydrodynamische Parameter der Säulenversuche

Versuch	Abstandsgeschwindigk. [cm/d]	Dispers.länge [cm]	effekt.Porosität	Länge [cm]
Pb	52,7	0,1	0,30	95
Pb	50,7	0,1	0,31	168
AsO_4	56,0	0,1	0,32	22
Cu	58,0	0,1	0,30	47

Sorptionsparameter

Die beobachteten Sorptionen wurden mit Isothermen (1) beschrieben und die Kinetik der Reaktionen als Kinetik erster Ordnung aufgefaßt (2):

(1) $C_s = f(C_l)$

(2) $dC_{s,t}/dt = r * (C_s - C_{s,t})$

mit C_s : *sorbierter Anteil im Gleichgewicht [mg/kg]*
$C_{s,t}$: *aktuell sorbierter Anteil [mg/kg]*
t : *Zeit [h]*
r : *Ratenkonstante* $[h^{-1}]$

Diese Sorptionsparameter wurden zunächst in Batchversuchen ermittelt, die in Anlehnung an die Methode von Fic und Isenbeck-Schröter (1989) durchgeführt wurden. Die Auswertung ergab, daß für Blei, Kupfer und Arsenat eine Two-Site Langmuir Isotherme die Gleichgewichtssorption besonders gut beschreibt. Für die Auswertung der Batchversuche wurde die Methode von Sposito (1982) angewandt, wobei in der Darstellung des Kd-Wertes gegen die sorbierte Konzentration zwei lineare Bereiche angepaßt werden und Affinitäten (Steigung der Geraden) und Kapazitäten (Schnittpunkte mit der x-Achse) mathematisch ermittelt werden.

Diese Parameter konnten auch durch die Auswertung eines Säulenversuchs mit permanenter Durchströmung ermittelt werden. Dabei wurden parallel mit verschiedenen Konzentrationsstufen 14 cm lange Säulen mit einem Durchmesser von

3 cm eingesetzt und die Arsenatkonzentrationen nach eingestelltem Gleichgewicht für Adsorption und für Desorption ermittelt (Abb. 2). Besonders bei Bestimmung von Desorptionsparametern zeigt dieser Versuchsaufbau seine Vorteile gegenüber herkömmlichen Batchversuchen (Hamer u. Sieger 1994).

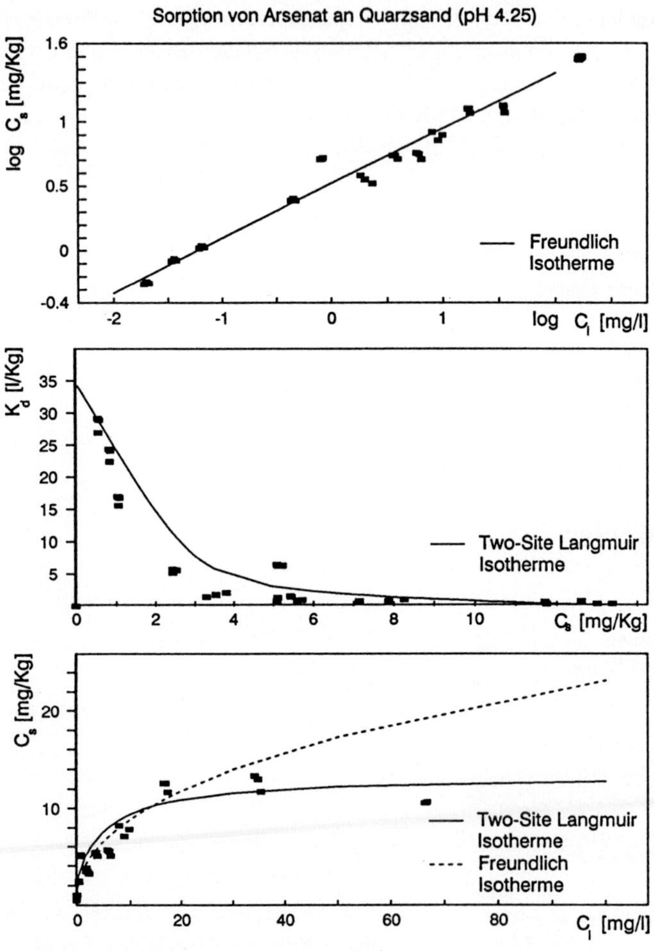

Abb. 2. Isothermenermittlung für Sorption von Arsenat an Quarzsand; Ergebnisse aus einem Säulenversuch mit permanentem Durchfluß

Untersuchungen mit Phosphat ergaben, daß die im Batchversuch ermittelten Ratenkonstanten nicht auf Strömungssysteme übertragbar sind (Isenbeck-Schröter et al. 1993). Für Kupfer, Arsenat und Blei zeigten sich die gleichen Ergebnisse. Die Raten wurden daher über Kurvenanpassung an die Durchgangskurven mit Hilfe von CoTAM-Simulationen abgeleitet. Am Beispiel Blei läßt sich zeigen, daß die auf diese Weise bestimmten Raten auf einen Parallelversuch in einer längeren Säule übertragbar sind (Abb. 3).

Eine höhere Sensitivität der Ratenanpassung konnte für Arsenat in einem Versuch mit Durchflußunterbrechung in Anlehnung an Brusseau et al. (1989) erzielt werden. Hierbei wird der Wasserfluß während des Stoffdurchgangs für eine bestimmte Zeit (hier: 24 Stunden) unterbrochen. In dieser Phase nimmt die Stoffkonzentration im Porenwasser aufgrund von Sorptionsprozessen im Ungleichgewicht deutlich ab und steigt nach erneuter Durchströmung in charakteristischer Weise an (Abb. 4).

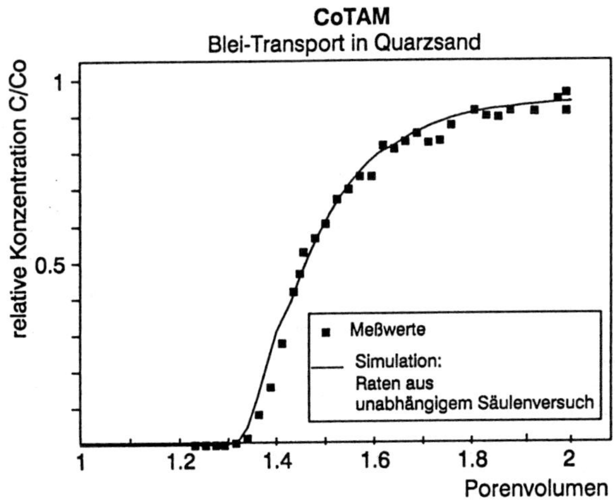

Abb. 3. Durchgangskurve für Blei durch eine Quarzsandsäule (168 cm lang) und CoTAM-Modellierung dieser Kurve unter Verwendung von Parametern, die in anderen Versuchen ermittelt wurden (Batchversuche und kürzerer Säulenversuch)

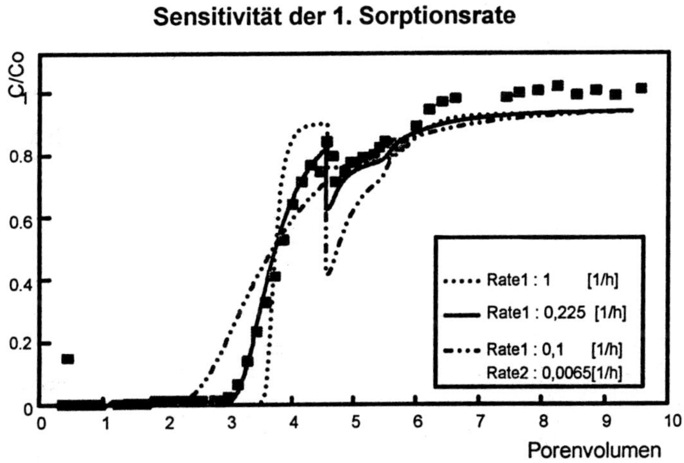

Abb. 4. Modellierung eines Versuches mit Durchflußunterbrechung (Arsenat in Quarzsand). Die Sensitivität der Modellkurve gegenüber Änderungen der Sorptionsrate ist sehr groß

Lösungs/Fällungsprozesse

In einer Calcitlösungszone findet eine schnelle Änderung des geochemischen Milieus statt, die bei vielen Schwermetallen zu Fällungsreaktionen und/oder erhöhter Sorptionsneigung führt. Zur Simulation einer Calcitlösungszone wurden Säulen mit Quarzsand und steigenden Gehalten an Calcit befüllt und durchströmt. Die ersten 5 cm der Säule waren ausschließlich mit Quarzsand befüllt, gefolgt von zwei jeweils 10 cm langen Fließabschnitten, in denen dem Quarzsand Calcit gleicher Korngröße zu 0,1 bzw. 1 Gew.-% zugesetzt waren. Der Rest der Säulen war mit Quarzsand und 2 Gew.-% Calcit befüllt. Die Beprobung der Hähne entlang der Säule spiegelt das Stoffverhalten auf dem Fließweg in Abhängigkeit von den sich ändernden geochemischen Bedingungen wider. Dabei wird bei Kupfer ein rascher Abfall der Konzentration im Porenwasser bei Eintritt in die calcithaltige Zone beobachtet, der sich jedoch allein über Fällungsreaktionen in seinem Verlauf nicht erklären läßt. Die Berechnung der Speziesverteilung mit PHREEQE (Parkhurst et al. 1980) sowie parallel durchgeführte Fällungsversuche mit Säuleneluat ergaben, daß Lösungs/Fällungsreaktion gekoppelt mit vermehrter Adsorption die Konzentrationsverteilung in der Säule erklären. Hierzu wurden Modellrechnungen mit CoTAM und PHREEQE durchgeführt (Abb. 5).

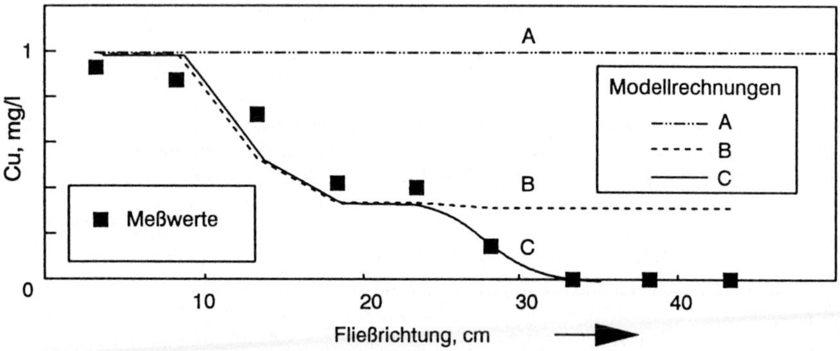

Abb. 5. Kombinierte Modellierung des Verhaltens von Kupfer in der Calcit-Lösungszone mit CoTAM und PHREEQE: **A**: Modellierung unter Berücksichtigung von Sorption und Transport (zu schneller Transport); **B**: wie A und Fällung von Malachit. Für die Probennahmepunkte existierten Vollanalysen, so daß man die maximale Löslichkeit von Kupfer im Porenwasser berechnen konnte. Da diese Konzentrationen geringer waren als die, die sich durch Sorption und Transport ergaben (A), wurden die mit PHREEQE berechneten als maximal zu transportierende angenommen. Diese berechneten Konzentrationen lagen ab 23,7 cm immer noch über den gemessenen; **C**: wie B und verstärkte Sorption ab 23,7 cm Fließstrecke

Schlußfolgerungen und Ausblick

Viele Laboruntersuchungen haben zum Ziel, geochemische Prozesse im Mikrobereich mechanistisch zu erfassen und thermodynamische Daten zur Prozeßbeschreibung zu ermitteln, um mechanistische Modelle zu erstellen. Hierbei werden in der

Regel Einstoffsysteme und Pufferlösungen verwendet, um die geochemischen Bedingungen einfach zu gestalten und unerwünschte Einflüsse auszuschließen. Der Grundwasserleiter stellt auf der anderen Seite ein komplexes System dar, das nicht nur aus einer Vielzahl von Einzelkomponenten besteht, sondern auch komplexe Komponentensysteme als Folge biologischer und geochemischer Vorgänge ausgebildet hat. Hinzu kommt, daß instationäre Strömungsfelder Ungleichgewichtssituationen darstellen und daher die Betrachtung der Reaktionskinetik ebenfalls notwendig ist.

Die hier vorgestellten Methoden zur Parameterermittlung für die Beschreibung komplexer Wechselwirkung zwischen dem Aquifermaterial, dem Grundwasser und anthropogen eingetragenen Schadstoffen sollen hierzu einen Beitrag liefern. Untersuchungen zu Übertragbarkeit der vorgestellten Konzepte auf Feldsituationen stehen noch aus. Hierbei ist besonders zu beachten, inwieweit Heterogenitäten eines natürlichen Aquifers wie beispielsweise Variationen des Durchlässigkeitsbeiwertes das Transportverhalten von Umweltchemikalien beeinflussen. Derartige Heterogenitäten lassen sich mit Hilfe stochastischer Ansätze simulieren und die Bedeutung einzelner Parameter kann durch Sensitivitätsanalysen beurteilt werden.

Literatur

Brusseau ML, Rao PSC, Jessup RE, Davidson JM (1989) Flow interruption: A Method for Investigation Sorption Nonequilibrium. J Cont Hydrol 4:223-240

Fic M, Isenbeck-Schröter M (1989) Batch Studies for the Investigation of the Mobility of the Heavy Metals Cd, Cr, Cu and Zn. J Cont Hydrol 4:69-78

Hamer K, Sieger (1994) Anwendungen des Modells CoTAM zur Simulation von Stofftransport und geochemischen Reaktionen. 186 S. und Programmdiskette; Verlag Ernst & Sohn, Berlin

Isenbeck-Schröter M, Döring U, Möller A, Schröter J, Matthess G (1993) Experimental approach and simulation of retention processes limiting orthophosphate mobility. J Cont Hydrol 14:143-161

Klotz D (1973) Untersuchungen zur Dispersion in porösen Medien. Zt Dtsch Geol Ges 124:523-534; Hannover

Parkhurst DL, Thorstenson DC, Plummer LN (1980) PHREEQE - a computer program for geochemical calculations. USGS Water Resour. Invest Rept 80-96:210 pp.; Washington D.C.

Sposito G (1982) On the use of Langmuir equation in the interpretation of adsorption phenomena.II The "Two-Surface" Langmuir equation. Soil Sci Am J 46:1147-1152

3.6 Das Transportverhalten von Cadmium und Kupfer in Grundwasserleitersanden unter Berücksichtigung von Karbonatgleichgewichten

Rebecca von Lührte, Kay Hamer und Margot Isenbeck-Schröter

Einleitung

Bekanntermaßen hat die Belastung der Umwelt durch Cadmium und Kupfer, die hier exemplarisch aus der Gruppe der Schwermetalle untersucht wurden, als Folge anthropogener Aktivitäten in den letzten Jahrzehnten stark zugenommen. Die Gefährdungsabschätzung und Sanierung von Verschmutzungen des Boden- und Grundwasserbereiches erfordert eine umfangreiche Kenntnis der mobilitätsbestimmenden Prozesse im Grundwasserleiter. In der vorliegenden Arbeit wurde der Schwermetalltransport im Spezialfall einer Calcitlösungszone in sandigem Untergrund (z.B. Ohse 1983) mit Hilfe von Säulenversuchen untersucht. Säulenversuche bieten die Möglichkeit, die Mobilität der Schwermetalle unter eng definierten Randbedingungen im Labor betrachten und interpretieren zu können. Desweiteren konnten die experimentell erhaltenen Parameter mit einer Modellierung der Transportprozesse mit dem Programm CoTAM verglichen werden (Hamer u. Sieger 1994).

Material und Methoden

Säulenversuche. Die Maße und Transportparameter der verwendeten Plexiglassäulen sind in Tabelle 1 zusammenfassend dargestellt. Die Transportparameter sind durch Auswertung eines Tracerversuches mit LiBr ermittelt worden. Als Versuchswasser (SAWA) wurde ein standardisiertes karbonatfreies Wasser genutzt, dessen Zusammensetzung einem natürlichen Grundwasser des Segeburger Forstes entspricht (Tabelle 2). Nach einer 14-tägigen Konditionierungsphase der Säulen mit SAWA ohne Schwermetalle wurde das SAWA jeweils mit Cd (Säule B: 0,018 mmol/l) und Cu (Säule A: 0,016 mmol/l) versetzt. Die Säulen wurden über einen Zeitraum von 28 Tagen kontinuierlich mit dem schwermetallhaltigen Versuchswasser durchströmt. Neben der kontinuierlichen Probenahme am Ende der Säule wurden viermal Beprobungen über die Länge der Säule vorgenommen. Letztgenannte Probenahmen waren durch an den Säulen angebrachte Ablaufhähne (neun im Abstand von 5 cm) möglich. Neben der Analyse der Schwermetalle wurde an ausgewählten Proben eine Analyse der Hauptinhaltsstoffe durchgeführt.

Geowissenschaften und Umwelt
Herausgegeben von J. Matschullat und G. Müller © 1994 Springer Verlag

Fällungsversuche. Für die Fällungsversuche wurde an den Säulenausgängen vor der Zugabe der Schwermetalle hydrogenkarbonathaltiges Eluat gesammelt. In je drei Parallelversuchen in Bechergläsern (250 ml) wurde das Eluat mit Cd (0,018 mmol/l) und Cu (0,016 mmol/l) versetzt. Sofort nach der Schwermetallzugabe sowie nach 0,5 - 1 - 2 - 4 - 8 - 24 - 49,5 - 76 - 96,5 und 121 Stunden wurden Proben (je 5 ml) entnommen und analysiert (pH, Cd, Cu). Fällungs- sowie Säulenversuche wurden in einem klimatisiertem Raum bei 21°C durchgeführt.

Tabelle 1. Maße und Transportparameter der Säulen

Maße und Parameter	Säule A	Säule B
Länge [m]	0,48	0,48
Durchmesser [cm]	4,6	4,6
Sand und Calcit [kg]	1,46	1,46
(Korngröße: Mittelsand)		
Wasser [kg]	0,256	0,258
Feuchtraum-		
Dichte [g/cm^3]	2,09	2,08
Porosität max. [%]	33	34
effektive Porosität	0,32	0,33
Abstandsgeschw. [cm/d]	59,7	57,6
Dispersivität [cm]	0,2	0,1
reaktiver Tracer	Cu	Cd
Konzentration [mmol/l]	0,016	0,018

Tabelle 2. Sollkonzentrationen des Versuchswassers SAWA

Kationen	Na	K	Ca	Mg	Mn	Al
mmol/l	0,643	0,051	0,267	0,152	0,003	0,144
Anionen	Cl	NO_3	SO_4		pH	
mmol/l	0,632	0,206	0,567		4,5	

Ergebnisse

Die Untersuchungen ergaben, daß die über den Fließweg wirkenden Sorptionsprozesse, die Speziation der Schwermetalle in Lösung sowie Lösungs-/Fällungsprozesse für Cd und Cu mobilitätsbestimmend sind. In Abhängigkeit vom sich über den Fließweg ändernden geochemischen Milieu wurden die Schwermetalle in unterschiedlichem Maße festgehalten und wirkten sich unterschiedlich auf die Calcitlösung in den Säulen aus: Während für Kupfer kein Durchgang am Säulenende festgestellt werden konnte, zeigte sich für Cadmium nach ca. fünf Tagen ein recht schneller Konzentrationsanstieg, nach ca. 15 Tagen näherte sich die Konzentration mit geringerer Steigung einem Wert, der ungefähr 40 % der Eingangskonzentration entspricht (Abb. 1).

Die für die Calcitlösung relevanten, analysierten Spezies (Ca^{2+}, HCO_3^-, pH-Wert) zeigten in der Cu-Säule am Ende des Versuches den gleichen Verlauf; der Anstieg der Konzentrationen war jedoch um ca. 5 cm in Richtung Säulenende verschoben. Dieser Effekt ist auf die Auflösung des Calcites in den ersten Säulenabschnitten zurückzuführen. In der Cd-Säule zeigte sich am Ende des Versuches ein anderes Bild, neben einer Verzögerung des Anstiegs waren auch niedrigere Konzentrationen für Ca^{2+} und HCO_3^- als vor der Eingabe des cadmiumhaltigen SAWA's erreicht worden (Differenz für Ca: 0,04 mmol/l, für HCO_3^-: 0,08 mmol/l). Dies deutet auf eine Inhibition der Calcitlösung durch die Bildung eines Mischkarbonates aus Ca/Cd-Karbonat auf der Oberfläche des Calcites hin, einem Reaktionsmodell das von Davis et al. (1987) für die Reaktion von Cd mit Calcit entwickelt worden ist. Die Abbildungen 2 und 3 zeigen die Konzentrationen der Schwermetalle, des Hydrogenkarbonatgehaltes, die pH-Werte (und die berechnete Cu-Speziesverteilung) über die Länge der Säulen.

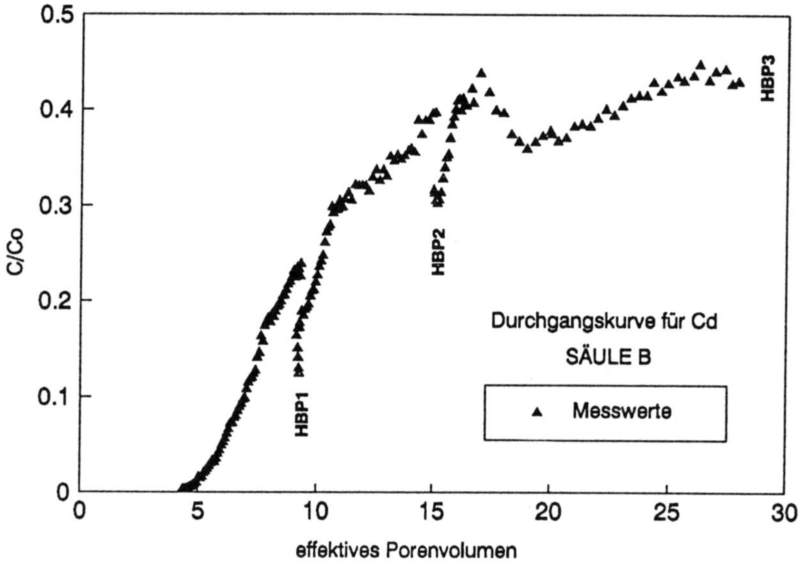

Abb. 1. Durchgangskurve des Cadmium. Während der Versuche sowie am Ende wurden drei Beprobungen der Hähne durchgeführt (HBP1,2,3). Dabei wurde für mehrere Stunden der kontinuierliche Durchfluß unterbrochen, wegen der längeren, zur Verfügung stehenden Reaktionszeit sank die Cd-Konzentration in Lösung

Die Fällungsversuche zeigten für Kupfer ein Erreichen des Gleichgewichtes nach ca. drei Tagen mit 0,004 mmol/l gefälltem Kupfer aus der hydrogenkarbonathaltigen Ausgangslösung mit 0,016 mmol/l Cu. Bei dem gefällten Feststoff handelte es sich um Malachit oder um andere, möglicherweise amorphe Cu-Phasen. Gemäß thermodynamischer Berechnungen, in denen neben Malachit auch Azurit berücksichtigt wurde, lag nur für ersteres Mineral Übersättigung vor. In den Versuchen mit Cadmium konnte keine Konzentrationsabnahme über die Zeit festgestellt werden, obwohl nach Berechnungen eine Übersättigung im Hinblick auf Otavit ($CdCO_3$) vorlag. Dieses Ergebnis unterstützt die oben genannte Annahme einer Mischkarbonatbildung an Calcit in der Säule B.

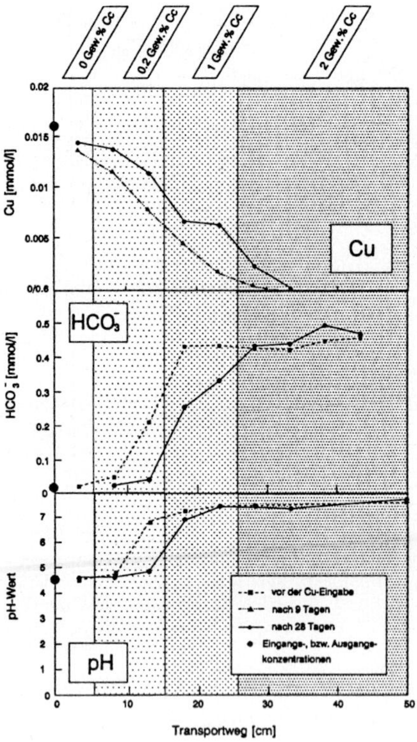

Abb. 2. Cu- und HCO_3^--Konzentrationen sowie pH-Werte vor der Schwermetalleingabe, nach 9 und nach 28 Tagen über die Länge der Säule A (Cc = Calcit)

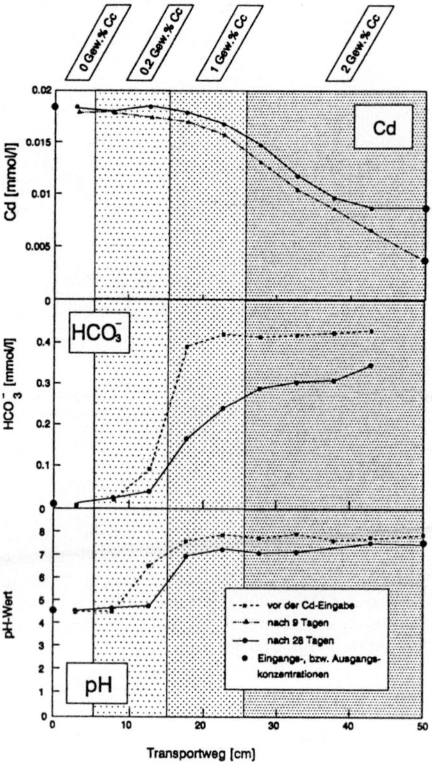

Abb. 3. Cd- und HCO_3^--Konzentrationen sowie pH-Werte vor der Schwermetalleingabe, nach 9 und nach 28 Tagen über die Länge der Säule B (Cc = Calcit)

Schlußfolgerungen

Unter Einbeziehung der Ergebnisse der Modellrechnungen mit PHREEQE und von Ergebnissen anderer Arbeiten (z.B. Davis et al. 1987; Isenbeck et al. 1987) läßt sich zusammenfassend sagen, daß:

- das Transportverhalten von Kupfer in der Calcitlösungszone durch Fällungsprozesse (Fällung von festen Kupferphasen, wahrscheinlich Malachit) gesteuert wird und zusätzlich bei folgenden erhöhten pH-Werten eine verstärkte Sorption von Kupfer in Form von Hydroxokomplexen stattfindet;
- das Transportverhalten von Cadmium in Abhängigkeit vom Calcit-Kohlensäure-Gleichgewicht durch verstärkte Sorption bei höherem pH-Wert und der Wechselwirkung zwischen sorbiertem Cadmium und festem Calcit gesteuert wird. An der Calcitoberfläche erfolgt eine Diffusion von Cd^{2+}-Ionen in den Kristall und nachfolgend die Bildung eines Mischkarbonates aus $CdCO_3$/-$CaCO_3$ (siehe Davis et al. 1987; Stipp et al. 1992);
- sich die Schwermetalle Cadmium und Kupfer unterschiedlich auf die Calcitlösung auswirken. Während Kupfer durch Sorption von Cu^{2+} an der Oberfläche die Lösung des Kalkes inhibiert, tritt Cadmium mit Calcit in Wechselwirkung in einer Kombination von Sorption und Bildung einer festen Lösung und wirkt so in größerem Ausmaß hemmend auf die Calcitlösung.

Erste Modellierungen des Kupfertransportes in Säule A mit CoTAM durch Hamer u. Sieger 1994 unterstützen einige der oben dargestellten Interpretationen (Abb. 4).

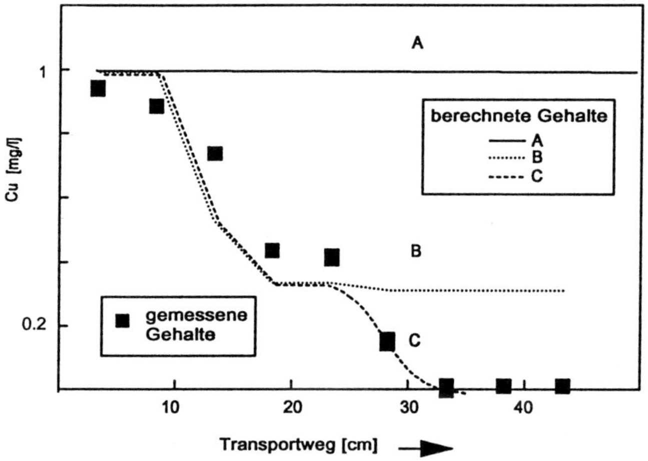

Abb. 4. Modellierung der Kupferverteilung in der Säule A nach 28 Tagen mit den Programmen CoTAM (Hamer u. Sieger 1994) und PHREEQE unter drei verschiedenen Annahmen zusätzlich zum hydrodynamischen Transport (aus Hamer u. Sieger 1994): A) Berücksichtigung der Sorption (Isothermenparameter aus Versuchen von Hamer u. Sieger 1994); B) wie A) mit Berechnung der Kupferkonzentration unter Annahme der Malachit-Fällung; C) wie B) mit Annahme verstärkter Sorption ab einer Transportstrecke von ca. 24 cm

Anmerkung

Die Übertragbarkeit der Ergebnisse aus den Laborversuchen auf natürliche Verhältnisse ist aufgrund der eng definierten Randbedingungen und dem sehr homogenen Säulenaufbau begrenzt. Zur Bestimmung der transportbestimmenden Prozesse sind diese Einschränkungen jedoch unumgänglich (gewesen), da das Wissen um die vielschichtigen, ineinandergreifenden Prozesse, die beim Transport von Schadstoffen im Grundwasser wirken, noch zu gering ist für eine Interpretation und Modellierung natürlicher Systeme.

Literatur

Davis JA, Fuller CC, Cook AD (1987) A model for trace metal sorption processes at the calcite surface: Adsorption of Cd^{2+} and subsequent solid solution formation. Geochim Cosmochim Acta, 51:1477-1490

Hamer K, Sieger R (1994) Anwendung des Modells CoTAM zur Simulation von Stofftransport und geochemischen Reaktionen. 186 S. und Programmdiskette; Verlag Ernst und Sohn, Berlin

Isenbeck M, Schröter J, Taylor T, Fic M, Pekdeger A, Matthess G (1987) Adsorption/desorption and solution/precipitation behaviour of cadmium as influenced by the chemical properties of ground water and aquifer material. Meyniana 39:7-21; Kiel

Ohse W (1983) Lösungs- und Fällungserscheinungen im System oberflächennahes unterirdisches Wasser/gesteinsbildende Minerale – eine Untersuchung auf der Grundlage der chemischen Gleichgewichts-Thermodynamik. Dissertation Universität Kiel, 250 S.

Stipp SL, Hochella MF, Parks JA, Leckie JO (1992) Cd^{2+} uptake by calcite, solid-state diffusion, and the formation of solid solution. Geochim Cosmochim Acta, 56:1941-1954

3.7 Einfluß mikrobieller Aktivitäten auf die Migrationseigenschaften redox-sensitiver Elemente (Technetium und Selen)

Andreas Winkler, Irmgard Stroetmann, Rahim Sokotnejat, Peter Kämpfer, Christoph Merz, Wolfgang Dott und Asaf Pekdeger

Einführung

Technetium (Tc) ist das leichteste Element des Periodensystems der Elemente, das nur in Form radioaktiver Isotope existiert. In nennenswerten Mengen entsteht Tc heute nur im Brennstoffkreislauf von Kernkraftwerken (Tc-99) und es wird für die medizinische Diagnostik hergestellt (Tc-99m). Tc-99 hat, bezogen auf die Endlagersicherheit, zwei ungünstige Eigenschaften: a) eine Halbwertzeit von 213 000 Jahren und b) in oxidierter Form als Pertechnetat (TcO_4^-) ist Technetium sehr mobil. Es wurde früher sogar als Tracer in der Hydrogeologie verwendet. In der reduzierten Form (vierwertig) ist Tc sehr immobil und wird ausgefällt. In früheren Untersuchungen zum Migrationsverhalten von Technetium und Selen (bei spezieller Berücksichtigung des Tc) wurde eine starke Tc-Festlegung gemessen, die durch thermodynamische Vorgänge nicht erklärbar war (Brühl et al. 1991). In diesen Laborexperimenten konnte eine mit der Zeit zunehmende Fixierung des Tc, auch unter oxidierenden Bedingungen, beobachtet werden. Das Transportverhalten von redox-sensitiven Elementen wie Tc und Se wird also nicht ausschließlich durch thermodynamische "Rahmenbedingungen" gesteuert, wie sie im Makromilieu mit Sonden gemessen werden können, sondern zu einem großen Anteil durch Mikromilieus und mikrobiellen Metabolismus (Winkler 1989; Henrot 1989; Pignolet et al. 1986; Schulte u. Scoppa 1987). Eine Festlegung kann durch Mikromilieus verursacht werden, die ihrerseits beeinflußt oder erzeugt werden durch bakterielle Aktivitäten auf Partikeloberflächen oder in Biofilmen. Die Nichtberücksichtigung von Mikromilieus in der Natur und in Laborversuchen kann deshalb zu falschen Abschätzungen des Migrationsverhaltens von Gefahrstoffen führen.

Bis heute wurden und werden Transportversuche redox-sensitiver Elemente durchgeführt, ohne die mikrobiellen Einflüsse zu berücksichtigen. Das unsterile Experimentieren in den Labors, verbunden mit einer nicht sterilen Probenahme und Lagerung, kann zu einer Kontamination mit Mikroorganismen führen, die nicht der autochthonen Mikroflora entsprechen. Sterile Probenahme und bzw. oder Experimente unter sterilen Bedingungen sind deshalb erforderlich, wenn der Einfluß mikrobieller Verunreinigungen auf das Festlegungsverhalten von Gefahrstoffen untersucht werden soll.

Geowissenschaften und Umwelt
Herausgegeben von J. Matschullat und G. Müller

Methoden

Die Migration von Tc-95m und Se-75 wurde in sterilen und nicht sterilen Umlaufsäulenversuchen untersucht. Ein oberflächennah gewonnenes Sediment aus Berlin Tegel (Dünensand), sowie ein bei 1000 °C ausgeglühter Quarzsand als inertes, C_{org} freies und mikroorganismenarmes Referenzmaterial wurden eingesetzt. Die Ergebnisse, der mit diesen Materialien gefüllten Säulen, wurden mit den Messungen von lockergesteinsfreien Säulen verglichen, um eine für die Versuchsapparatur spezifische Sorption bestimmen zu können. Alle Säulen wurden mit Pertechnetat (111 kBq) und Selenat (74 kBq) beaufschlagt. Das entspricht einer Endkonzentration in dem Lösungsvolumen (ca. 600 ml) von ca. 10^{-12} mol/l. Ein Modellwasser, das typisch ist für die Zusammmensetzung oberflächennaher Grundwasserleiter in Norddeutschland, wurde in allen Säulen als Durchflußmedium verwandt (Wolter et al. 1979). Es folgte eine Equilibrierungsphase, um das Modellwasser mit den Sedimenten ins Gleichgewicht zu bringen, nachdem das Wasser zuvor durch Sterilfiltrieren (0,2 µm) vom mikrobiellen Inhalt getrennt wurde. Der Aufbau der Umlaufsäulen ist in Dott et al. (1994) ausführlich beschrieben. Die Eh- und pH-Werte im Umlaufwasser wurden in regelmäßigen Abständen (ca. 1 Woche) gemessen.

In Vorversuchen wurden verschiedene Sterilisationsverfahren getestet, um das Verfahren zu bestimmen, das den geringsten Einfluß auf die physiko-chemischen Eigenschaften der Sedimente hat (Merz et al. 1992). Die Sedimente, die in den sterilen Säulen (als abiotische Kontrolle) eingesetzt wurden, erhielten zur Sterilisierung eine Gamma-Bestrahlung von ca. 28 kGy. Die Teile der Säulenapparatur wurden autoklaviert bzw. mit Formaldehydgas sterilisiert.

Um die Sterilität der Säulen über einen langen Zeitraum zu gewährleisten, wurde dem Umlaufwasser 500 ppm des Biozids NaN_3 zugesetzt. In vorangegangenen Versuchen konnte nachgewiesen werden, daß selbst eine Zugabe von 3000 ppm NaN_3 die Sorption von Tc nicht beeinflußt (Winkler 1989). Bei jeder Probenahme zur Bestimmung der Tc- und Se-Konzentration wurde die Sterilität der Säulen mit Titertestverfahren überprüft.

Die nicht sterilen Säulenversuche erfolgten mit nicht sterilisierten Sedimenten und nicht sterilisiertem Säulenmaterial. Allein das Modellwasser wurde sterilfiltriert, um sicherzustellen, daß die Sorption nicht durch Mikroorganismen verursacht wurde, die sich in dem Modellwasservorratsbehälter entwickeln konnten. Es wurde kein Biozid zugeführt. In den nicht sterilen Säulen wurde die Zahl der Mikroorganismen im Wasser in regelmäßigen Intervallen als Kolonie bildende Einheiten auf R2A-Agar bestimmt. Die vorherrschenden Organismen wurden mittels physiologischer Testverfahren ermittelt (Kämpfer 1988). Nach einem Versuchszeitraum von 95 Tagen wurden die sterilen Säulen inokuliert, d.h. mit den Mikroorganismen aus den nicht steril betriebenen Säulen angeimpft. Die mikrobielle Flora der nicht sterilen Säulen wurde mit 5000 ppm NaN_3 "vergiftet".

Um die Sorption des Tc an mikrobieller Biomasse zu quantifizieren, wurden Batch(Schüttel)-Versuche mit Bakteriensuspensionen ohne Gesteinsmaterial ausgeführt. Die Sorption des Tc wurde sowohl in einer Suspension lebender Zellen als auch in einer Suspension autoklavierter Zellen gemessen. Zusätzliche Versuche erhielten einen reduzierenden Zusatzstoff z.B. $SnCl_2$. Diese Experimente erfolgten an Reinkulturen, die aus den nicht sterilen Säulen isoliert wurden.

Ergebnisse

Säulenversuche. In den sterilen Säulen konnte innerhalb der ersten 95 Tage weder mikrobielle Aktivitäten (Abb. 1), noch eine signifikante Sorption von Tc und Se (Abb. 2) gemessen werden. Das Fehlen einer Festlegung läßt sich leicht durch das geochemische Milieu im Umlaufwasser der Säulen erklären. Bei einem Redoxpotential von > 250 mV und einem neutralen pH-Wert ist die Oxidationsstufe VII des Tc, das Pertechnetat, die thermodynamisch bevorzugte Spezies. Die Fixierung von Tc und Se ereignete sich erst kurz nach der Zugabe des Inokulums zu den steril betriebenen Säulen. Das Resultat dieser Inokulum-Zugabe war ein Absinken der Tc und Se-Konzentration auf ca. 60 % der Anfangskonzentration A_0, obwohl das Redoxpotential nicht absank.

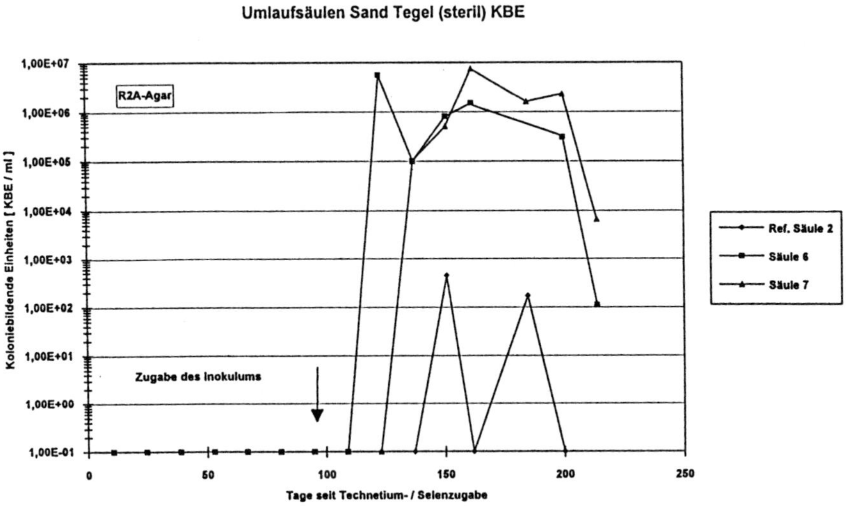

Abb. 1. Die zeitliche Entwicklung der mikrobiellen Aktivität in den sterilen Säulen, dargestellt als Koloniebildende Einheiten (KBE). Nach 95 Tagen Versuchszeit erfolgte die Zugabe des Inokulums, d.h. der aus den nicht steril betriebenen Säulen isolierten Mikroorganismen

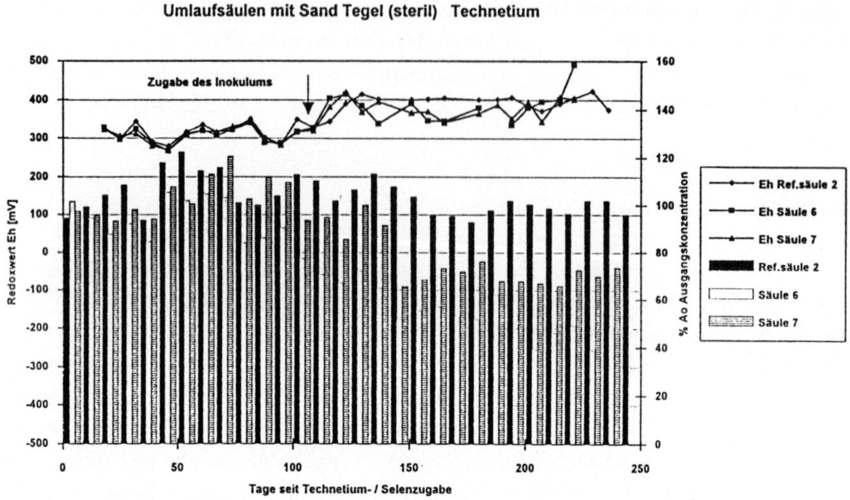

Abb. 2. Darstellung der Löslichkeit des Tc in $\%A_0$ (der Ausgangsaktivität) in den sterilen Säulen. Nach 95 Tagen Versuchszeit wurden die Säulen mit Mikroorganismen versetzt, die aus den nicht sterilen Säulen isoliert wurden (Inokulumzugabe). Das Se verhält sich identisch, deshalb wurde auf die gesonderte Darstellung des Se verzichtet

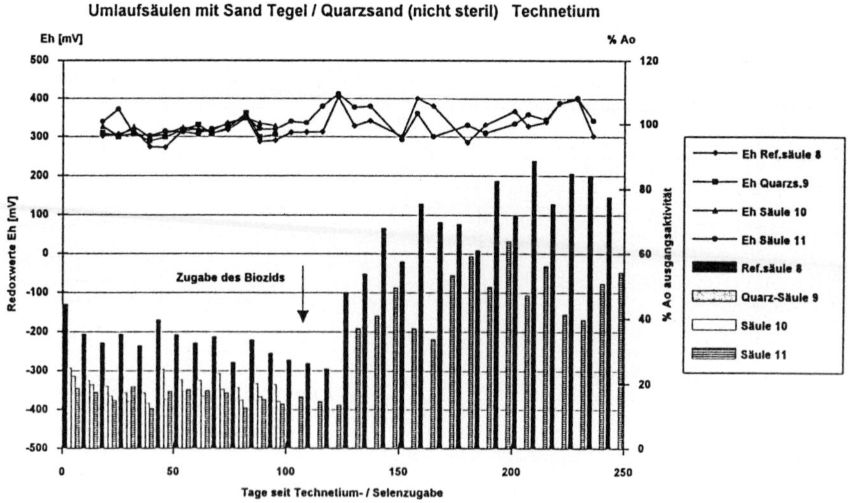

Abb. 3a. Festlegungsverhalten von Tc in nicht sterilen Säulen. Nach 95 Tagen Versuchszeit wurden die Säulen mit einem Biozid (5000 ppm NaN_3) versetzt, um den Einfluß von Mikroorganismen auszuschalten. Für das Tc ergibt sich eine Remobilisierung bis zu 60 % der Ausgangskonzentration A_0

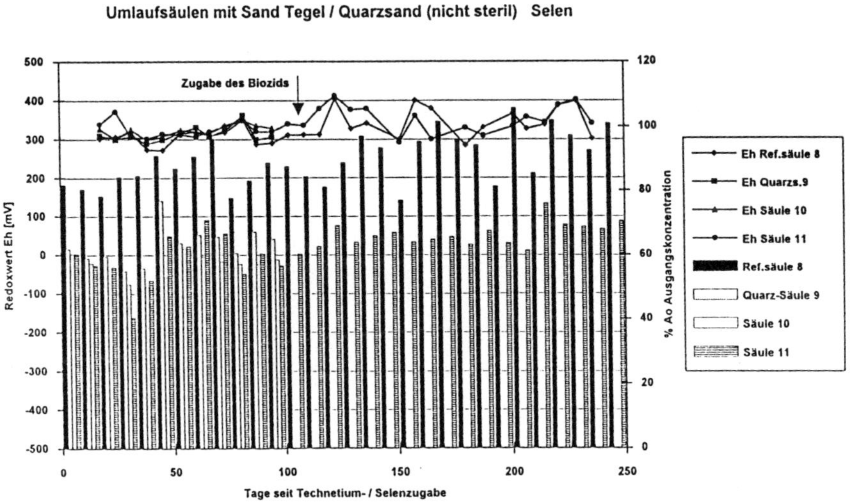

Abb. 3b. Festlegungsverhalten von Se in nicht sterilen Säulen. Nach 95 Tagen Versuchszeit wurden die Säulen mit einem Biozid (5000 ppm NaN_3) versetzt, um den Einfluß der Mikroorganismen auszuschalten. Für das Se ergibt sich eine im Vergleich zum Tc geringere Festlegung (60 % der Ausgangskonzentration A_0), aber keine Remobilisierung

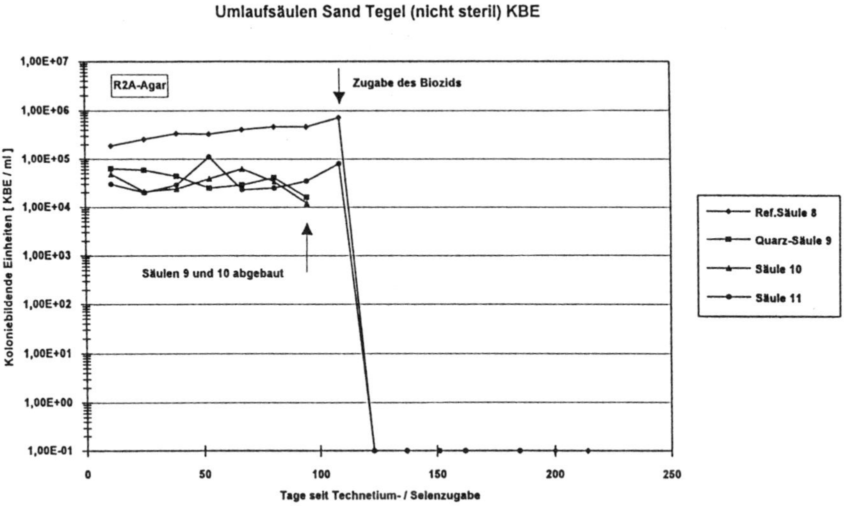

Abb. 4. Die zeitliche Entwicklung der mikrobiellen Aktivität in nicht sterilen Säulen, dargestellt als Kolonie bildende Einheiten (KBE). Nach 95 Tagen Versuchszeit erfolgte die Zugabe des Biozids (5000 ppm NaN_3). Die "Vergiftung" erwies sich als erfolgreich

Mit den gleichen Sedimenten gefüllte, nicht sterile Säulen zeigten sehr schnell eine hohe Festlegung von Tc und Se (Abb. 3a). Die Zugabe des Bakterizids NaN_3 nach 95 Tagen Versuchszeit führte zu einer völligen Sterilisierung des Umlaufwassers (Abb. 4) und einer Remobilisierung des fixierten Tc auf bis zu 60 % A_0. Selen zeigte nach der Bakterizidzugabe keine Remobilisierung (Abb. 3b).

Heterogene Bakterienkulturen von mindestens zehn unterschiedlichen Spezies wurden aus dem Umlaufwasser der nicht sterilen Säulen isoliert. Die mikrobielle Flora, die nach 95 Tagen Versuchszeit analysiert wurde, unterschied sich signifikant von der ursprünglichen Flora zu Beginn der Untersuchungen (Tabelle 1). Auf Grund der mikrobiellen Kontamination wurden in jeder Säule ubiquitäre Mikroorganismen neben der autochthonen Mikroflora des Lockergesteinsmaterials Säule nachgewiesen.

Tabelle 1. Zusammensetzung der Biozönosen in den Säulen zu Beginn der Versuche und nach 95 Tagen Versuchszeit, dargestellt in Prozent der Gesamtisolate

Versuchstag	0	95	0	95	0	95	0	95
gram positive Spezies								
Arthrobacter globiformis	0,89	12,5						8,62
Aureobacterium sp.	0,89							
Bacillus circulans		12,5						
Bacillus licheniformis	0,89							
Bacillus sp.				3,57		1,69		
Clavibacter sp.							0,83	
Clavibacter michiganensis							0,83	
Coryneforme	12,5							
Coryneforme/Myobact. ähnliche					5,56			
Curtrobacterium flaccumfaciens		12,5						
Microbacterium lacticum								3,45
Mycobacterium phlei	0,89				4,32	1,69		
Norcardia sp.						1,69	8,27	
Rhodococcus sp.								1,72
gram negative Sepzies								
Acinetobacter ähnliche			2,06					
Alcaligenes faecalis	2,68							
Chryseomonas luteola	18,75							
Flavobacterium/Cytophaga			31,96	1,89		5,08		3,45
Flavobacterium ähnliche							9,92	
Flavobacterium multivorum								1,72
Flavobacterium sp.							3,31	
Flexibacter/Cytophaga					10,49			
Microbacterium			1,03					
Ochrobactrum anthropi				16,98		11,86		
Pseudomonas aeruginosa				24,53		1,69		3,45
Pseudomonas diminuta		12,5	11,34	18,87		1,69	3,31	10,34
Pseudomonas fluorescens				3,77	30,25			
Shewanella putrefaciens			6,19	5,66				
Sphingomonas paucimobilis		12,5		5,66				1,72
Variovorax paradoxus					16,05	5,08	7,44	3,45
Xanthomonas sp.		12,5	5,15		0,62		10,75	
nicht identifiziert	17,86	12,5	42,27	9,43	32,72	1,69	55,36	5,17
inaktiv	44,64	12,5		15,09		67,8		56,9
Gesamt	100	100	100	100	100	100	100	100

Batchversuche. Bemerkenswerte Ergebnisse wurden bei der Inkubation bakterieller Kulturen mit Tc-95m gemessen. Diese Versuche wurden ohne Zugabe von Sedimenten durchgeführt. Unter oxidierenden Bedingungen konnte weder in den Bechern der zellenfreien Kontrolluntersuchungen, denen mit lebenden Zellen noch in den Bechern mit den durch autoklavieren abgetöteten Zellen eine signifikante Abnahme des Tc aus der Lösung festgestellt werden. Eine sehr deutliche Abnahme der Tc-Konzentration wurde nur in Bechern mit lebenden Zellen beobachtet, wenn gleichzeitig ein reduzierendes Reagenz zugefügt wurde. Durch die Addition von 10^{-4} mol/l $SnCl_2$ ausgelöst, wurde ein spontaner Abfall der Redoxwerte auf ca. 80 mV gemessen. Die Experimente wurden unter oxidierenden Bedingungen durchgeführt, daher stiegen die Eh-Werte innerhalb von 24 Stunden wieder an. Allein in den Bechern mit lebenden Zellkulturen wurde das Tc nicht wieder remobilisiert (Abb. 5). In den Suspensionen mit autoklavierten Zellen wurden nach drei Tagen 80 % und in den zellenfreien Kontrollen 100 % A_0 gemessen.

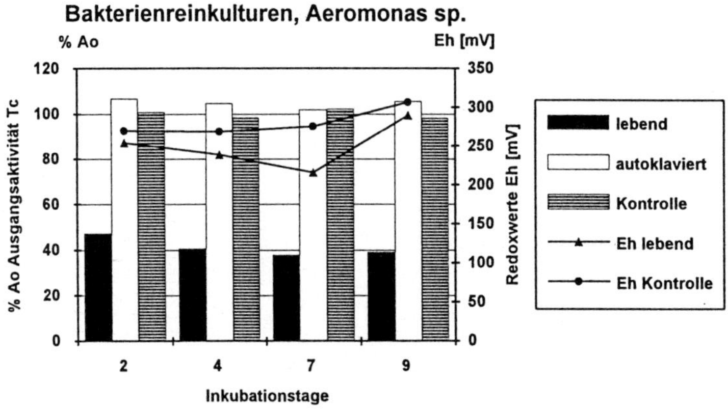

Abb. 5. Immobilisierung von Tc durch lebende Zellkulturen, autoklavierte (abgetötete) Zellkulturen und der zellenfreien Referenz, dargestellt als % A_0. Es handelt sich bei diesen Bakterien um *Aeromonas* sp. Dargestellt sind Versuche mit Zugabe von 10^{-4} mol/l des Reduktionsmitttels $SnCl_2$

Diskussion und Zusammenfassung

- Der Vergleich von sterilen und nicht sterilen Umlaufsäulenversuchen zeigte einen deutlichen Einfluß mikrobieller Aktivitäten auf die Migration bzw. Festlegung redox-sensitiver Elemente (hier Tc und Se).
- Die mikrobielle Besiedlung von Wasser und Gestein führte nicht zu einer meßbaren Absenkung der Redox-Bedingungen im Makromilieu. Eine Reduzierung des Redoxpotentials an der Oberfläche der Gesteinspartikeln und in Biofilmen, also in Mikromilieus, kann nicht ausgeschlossen werden.
- Die Bedeutung spezieller bakterieller Spezies für die Festlegung der hier untersuchten Elemente, konnte bis zu jetzigen Zeitpunkt noch nicht untersucht wer-

den. Die Zusammensetzung der mikrobiellen Flora unterschied sich von Säule zu Säule. Die Bedeutung der autochthonen Flora für die Festlegung von Tc und Se konnte in diesen Versuchen nicht untersucht werden.

- Tc kann aktiv durch lebende Bakterien inkorporiert, bzw an den äußeren Oberflächen aufgenommen werden. Die Experimente mit den, aus den unsterilen Säulen isolierten, Reinkulturen und gemischten Mikroorganismen zeigten eine Tc-Immobilisierung nur in Anwesenheit eines Reduktionsmittels. Das von den lebenden Zellkulturen festgelegte Tc konnte auch unter oxidierenden Bedingungen innerhalb der Versuchszeit nicht remobilisiert werden.
- Die Remobilisierung von Tc nach der Zugabe des Bakterizids NaN_3 führte zu der Schlußfolgerung, daß Tc im aeroben Milieu von der Oberfläche toter Biomasse remobilisiert werden kann. Offensichtlich liegt hier ein anderer Festlegungsmechanismus zugrunde, als bei Se, der innerhalb des hier untersuchten Zeitintervalls keine Remobilisierung nach Biozidzugabe erkennen läßt.

Ein aktiver physiologischer, mikrobieller Prozeß ist offensichtlich die Ursache für die nicht reversible Festlegung des Tc. Für die Abschätzung der Qualität eines Endlagers für radioaktive Abfälle und einer Untertagedeponie nicht radioaktiver, konventioneller Abfälle besteht ein dringender Bedarf, die autochthone mikrobielle Besiedlung der Grundwasserleiter zu kennen, die sich in direkter Nähe der Deponie befinden. Sterile Probenahme und Sorptionsversuche sind notwendig, um den Einfluß der autochthonen Mikroflora bestimmen zu können. Bei Versuchen unter nicht sterilen Bedingungen müssen die Auswirkungen mikrobieller Aktivitäten berücksichtigt werden. Mikrobielle Aktivitäten haben einen Einfluß auf das Transportverhalten von (Gefahren)stoffen im Grundwasserleiter, z.B. durch die Ausbildung von reduzierenden Mikromilieus innerhalb eines aeroben Makromilieus. Diese Mikromilieus sind jedoch bei der Messung der physikochemischen Parameter des Makromilieus, z.B. Eh und pH, nicht zu ermitteln. Wenn die ursprüngliche (autochthone) Mikroflora durch die Beeinflussung der Milieubedingungen verändert wird (z.B. Temperatur, p_{CO_2}), oder durch nicht steriles Arbeiten allochthone Mikroorganismen zugeführt werden, kann es zur Ausbildung von Mikromilieus kommen, in denen die Redoxwerte geringer sind als in situ. Beruht die in den Laborversuchen gemessene Festlegung der Gefahrenstoffe auf der Anwesenheit von Mikroorganismen, die im Untergrund nicht vorhanden sind, so führt dies zu einer zu Überschätzung der Rückhaltekapazität eines Grundwasserleiters bezogen auf die untersuchten Schadstoffe.

Danksagung. Dieses Forschungsvorhaben wurde finanziell unterstützt durch das Bundesministerium für Forschung und Technologie (BMFT) unter den Förderkennzeichen 02 E 8050 0 (FR Umweltgeologie, FU Berlin) und 02 E 8060 0 (FG Hygiene, TU Berlin).

Literatur

Brühl H, Pekdeger A, Winkler A (1991) Influence of micro environments and microorganisms on the transport properties of redox-sensitive elements (e.g. Technetium). In: Abrajano Jr. T, Johnson LH (eds) Scientific Basis for Nuclear Waste Management XIV Mater Res Soc Proc 212:593-599 Pittsburgh, PA

Dott W, Pekdeger A, Stroetmann I, Kämpfer P, Merz C, Sokotnejat R, Schüle J, Winkler A (1994) "Sorptionsexperimente zur Beeinflussung der Radionuklidmigration durch mikrobielle Aktivitäten am Beispiel des Technetiums und Selens" und "Untersuchungen zur Methodik von Sterilisationsverfahren sowie mikrobielle Überwachung von Sorptionsexperimenten". Abschlußbericht Forschungsvorhaben FKZ: 02 E 8060 8 und 02 E 8050 0, Bericht für das BMFT

Henrot J (1989) Bioaccumulation and chemical modification of the soil bacteria. Health Phys 57:239

Kämpfer P (1988) Automatisierte Charakterisierung mikrobieller Lebensgemeinschaften. Veröff Fachgebiet Hygiene Tech Univ Berlin Inst Hygiene Freie Univ Berlin ISBN 3-79831226-5

Merz C, Stroetmann I, Kämpfer P, Winkler A , Pekdeger A, Dott W, (1992) Einfluß mikrobieller Aktivitäten auf die Mobilität von Technetium und Selen – Grundlagen zur Sterilisation von Lockergesteinen, mikrobielle Einflußnahme – Laboruntersuchungen zum Festlegungsverhalten. In : Workshop "Chemische Effekte im Grubengebäude". Inst Tieflagerung, GSF-Bericht 2/92:91-112

Pignolet L, Fonsny K, Auvray F, Cogneau M (1986) Microbial action on Technetium fixation in marine sediment. In: Sibley TH, Myttenaere C (eds) Application of distribution coeffictents to Radiological Assessment Models. 361-370, Elsevier Appl Sci; London New York

Schulte EH, Scoppa P (1987) Sources and behavior of Technetium in the environment. Science Total Environ 64:163-179

Winkler A (1989) Untersuchungen zur Mobilität von Technetium (und Selen) in Norddeutschen Grundwasserleitern und Technetium im Kontakt mit natürlich vorkommenden Mineralien. Berliner Geowiss Abh A117: 156 S.; Berlin

Wolter R, Mühlenweg U, Gehler S, Barke G, Sammler H, Brühl H (1979) Ausbreitung von Radionukliden (Zr, Nb, Tc, Ru, J) im oberflächennahen Boden und in Lockergesteinen. Unveröff Bericht PSE Nr. 80,16: 64 S.; Berlin

3.8 Der Einsatz geostatistischer Verfahren zur Regionalisierung hydrogeologischer Prozesse und Parameter

Maria-Th. Schafmeister und Asaf Pekdeger

Einführung

In den vergangenen zehn Jahren haben sich deterministische Modelle zur Berechnung von Grundwasserströmung und Stofftransport zu einem erfolgreichen Hilfsmittel bei der Erkundung und Behebung von Grundwasserkontaminationen entwickelt. Grundwasserströmung und Stofftransport stellen physikalische Prozesse dar, die mit Hilfe partieller Differentialgleichungen mathematisch beschreibbar sind und mit Hilfe deterministischer Modelle simuliert werden können. In den genannten Gleichungen werden hydraulische Kenngrößen (Durchlässigkeit, Aquifermächtigkeit, Porosität, Dispersionskoeffizienten) mit den Ergebnisgrößen (Piezometerhöhen, Stoffkonzentrationen) gekoppelt. Der modellierte Prozeß spiegelt die zeitliche Entwicklung der Ergebnisgrößen im Raum wider.

Auf diese Weise können sowohl Ist-Zustände als auch Prognosen für eine räumliche und zeitliche Entwicklung von Grundwasserbeeinträchtigungen auf der Grundlage einer möglichst genauen Beschreibung der geologischen und hydraulischen Gegebenheiten berechnet werden. Ziel ist die Quantifizierung der Kontaminationsentwicklung, wobei nicht nur durchschnittliche Ergebnisse, z.B. der Transportgeschwindigkeiten, sondern – im Sinne einer Risikoabschätzung – mögliche extreme Schwankungsbereiche von Bedeutung sind.

Aufgrund zeitlicher bzw. finanzieller Beschränkungen ist es heute jedoch vielfach nicht machbar, die räumliche Verschiedenartigkeit von Grundwasserkörpern genau zu erfassen und entsprechend im Modell zu beschreiben. Gerade diese engräumige Heterogenität bestimmt jedoch das Ausbreitungsverhalten von Schadstoffen im Grundwasser. Aufgrund dieser Tatsache kann eine Beziehung zwischen dem Verteilungsspektrum von Durchlässigkeiten (Mittelwert, Varianz) bzw. deren räumlichen Autokorrelationsstruktur und der Dispersion aufgestellt werden (Mercado 1967; Gelhar u. Axness 1983).

Geostatistische Regionalisierungsverfahren, basierend auf der Theorie der ortsabhängigen Variablen (Matheron 1965), werden immer dann eingesetzt, wenn neben dem wahrscheinlichsten Schätzwert einer ortsabhängigen Größe auch dessen Vertrauensintervall, ausgedrückt durch die Krigingstandardabweichung, von Bedeutung ist. In der Anwendung dieser Verfahren auf hydrogeologische Fragestellungen hat sich dies in mehrfacher Hinsicht als zusätzliche Hilfe erwiesen.

Geowissenschaften und Umwelt
Herausgegeben von J. Matschullat und G. Müller

Interpolation von Grundwasserständen mittels Kriging

Das Interpolationsverfahren Kriging, das auf dem Prinzip gleitender, gewichteter Mittelwertsbildung basiert, wird heute vielfach zur Erstellung von Grundwassergleichenplänen eingesetzt. Hierbei wird die Punktinformation in Form von Grundwasserstandsmessungen an einzelnen Pegeln durch Interpolation auf ein i.d.R. dichteres regelmäßiges Punktgitter in eine eher flächenhafte Information umgesetzt. Dies bietet die Möglichkeit, ein numerisches Grundwassermodell nicht nur an einzelnen Meßpunkten bzw. Meßreihen, sondern an Grundwasserpotentialflächen zu eichen. Durch die Angabe des Krigingfehlers, also des Vertrauensintervalls für jeden Schätzpunkt, wird dem Bearbeiter eine zusätzliche Information zuteil, die es ihm erlaubt, den Kalibrierungsvorgang gegenüber den häufig üblichen visuellen Verfahren zu verbessern und von seiner subjektiven Beurteilung abzuheben. Da der Krigingfehler ausschließlich von der Datenpunktkonfiguration und der räumlichen Struktur der Grundwasseroberfläche, nicht jedoch von den Meßwerten abhängt, können Gebiete nicht genügender Schätzgenauigkeit ausgemacht und mögliche zusätzliche Meßpunkte lokalisiert werden. Nur in Bereichen, in denen die Interpolationsgenauigkeit den gewünschten Anforderungen entspricht, ist eine Anpassung der modellierten Grundwasserstände sinnvoll.

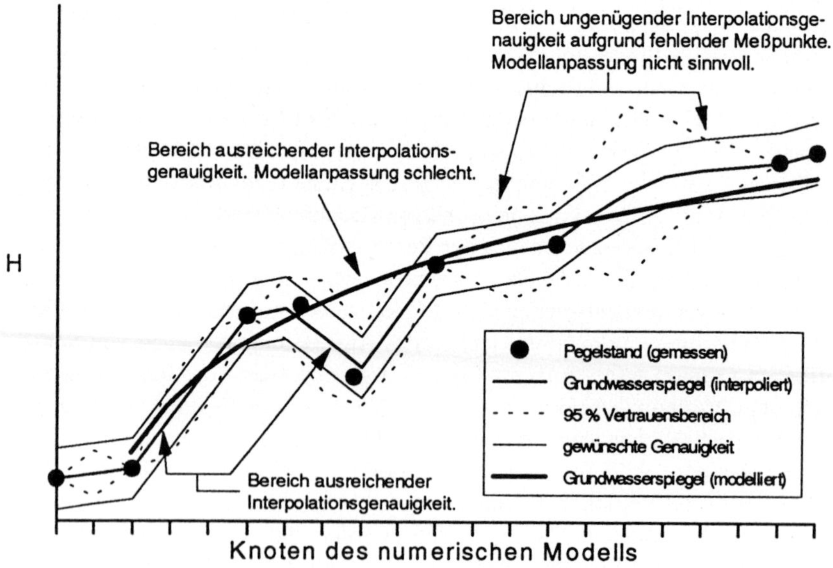

Abb. 1. Beispiel für Kalibrierung von Modellergebnissen mit Hilfe gekrigter Grundwasserspiegel

Die Abbildung 1 zeigt beispielhaft die Kalibrierung modellierter Grundwasserstände anhand einer gekrigten Grundwasserpotentialfläche. Deutlich können Bereiche, deren Meßdichte eine unzureichende Interpolationsgenauigkeit zufolge hat, von solchen unterschieden werden, in denen eine, zumindest aufgrund der Datenlage zuverlässige Genauigkeit vorliegt (Die Eigenschaft des Krigingschätzers als exakter Interpolator führt an den Schätzpunkten – Knoten des numerischen Modells – die mit einem Meßpunkt zusammentreffen, zu einem Schätzfehler von $\sigma^2{}_k = 0$). Nur in den letztgenannten Bereichen ist die Kalibrierung der Modellergebnisse sinnvoll.

Als eine in statistischem Sinne nicht stationäre ortsabhängige Variable stellen Grundwasserstände besondere Anforderungen an geostatistische Interpolationsverfahren. Schätzmethoden, die einen regionalen Trend berücksichtigen, wie z.B. Universal Kriging oder Kriging mit Externer Drift (Chiles 1992) müssen hier zum Einsatz kommen. Im Gegensatz zu den sonst in der Geostatistik betrachteten Variablen (z.B. Erzgehalte), die keine zeitliche Variation aufweisen, bieten Grundwasserstände jedoch den Vorteil einer hohen zeitlichen Korrelation, deren Erfassung durch eine enge zeitliche Beprobung möglich ist. Mit Verfahren wie dem Raum-Zeit-Kriging (Rouhani u. Myers 1990; Dimitrakopoulos u. Luo 1994), bei dem die zeitliche Dimension als vierte "Orts"-dimension aufgefaßt wird, oder dem Co-Kriging, bei dem die Meßwerte der verschiedenen Meßzeitpunkte als zusätzliche korrelierte Variablen angesehen werden, kann die hohe zeitliche Korrelation die Zuverlässigkeit der Interpolation erhöhen.

Erzeugung räumlicher Realisationen der Durchlässigkeit mit Hilfe geostatistischer Simulationsverfahren

Im Gegensatz zur Grundwasseroberfläche stellt die Größe Durchlässigkeit eine räumlich extrem veränderliche Variable dar. In fluviatilen Sedimenten wurden auf Distanzen von wenigen Metern Schwankungsbereiche von mehreren Größenordnungen für die hydraulische Leitfähigkeit beobachtet (Jussel 1989). Eine genaue Auskartierung der Durchlässigkeitsverhältnisse ist praktisch nicht durchführbar. Eine Alternative bietet die geostatistische Simulation, die basierend auf der Wahrscheinlichkeitsdichtefunktion und der räumlichen Autokorrelationsfunktion eine Vielzahl gleich wahrscheinlicher räumlicher Realisationen der Durchlässigkeitsverteilung erzeugt. In der Praxis müssen diese beiden statistischen Momente der Durchlässigkeit anhand des Histogramms und des Variogramms abgeschätzt werden.

Der Vorteil der geostatistischen Simulation gegenüber glättenden Interpolationsmethoden wie z.B. Kriging liegt darin, daß das gesamte Variationsspektrum der Durchlässigkeit wiedergegeben und somit das Ausbreitungsverhalten von gelösten Stoffen im Grundwasser realitätsnah beschrieben wird. Mit Hilfe der Konditionierung an beprobte Datenpunkte werden die probabilistisch erzeugten Realisationen in das betrachtete hydraulische System eingehängt. Eine Kombination des Verfahrens mit der Prozedur der Inversen Modellierung (Certes u. de Marsily 1991) erlaubt eine weitere Einengung des möglichen Streubereichs der Ergebnisgrößen (Vektoren der Transportgeschwindigkeit, Stoffkonzentration). Eine Reihe von Algorithmen (Turning Bands, Sequentielle Simulation, "Simulated Annealing") gestatten es heute, kontinuierliche (Gauß'sche Simulation) sowie in diskrete Klassen eingeteilte Verteilungsfunktionen (Indikator Simulation) nachzuvollziehen.

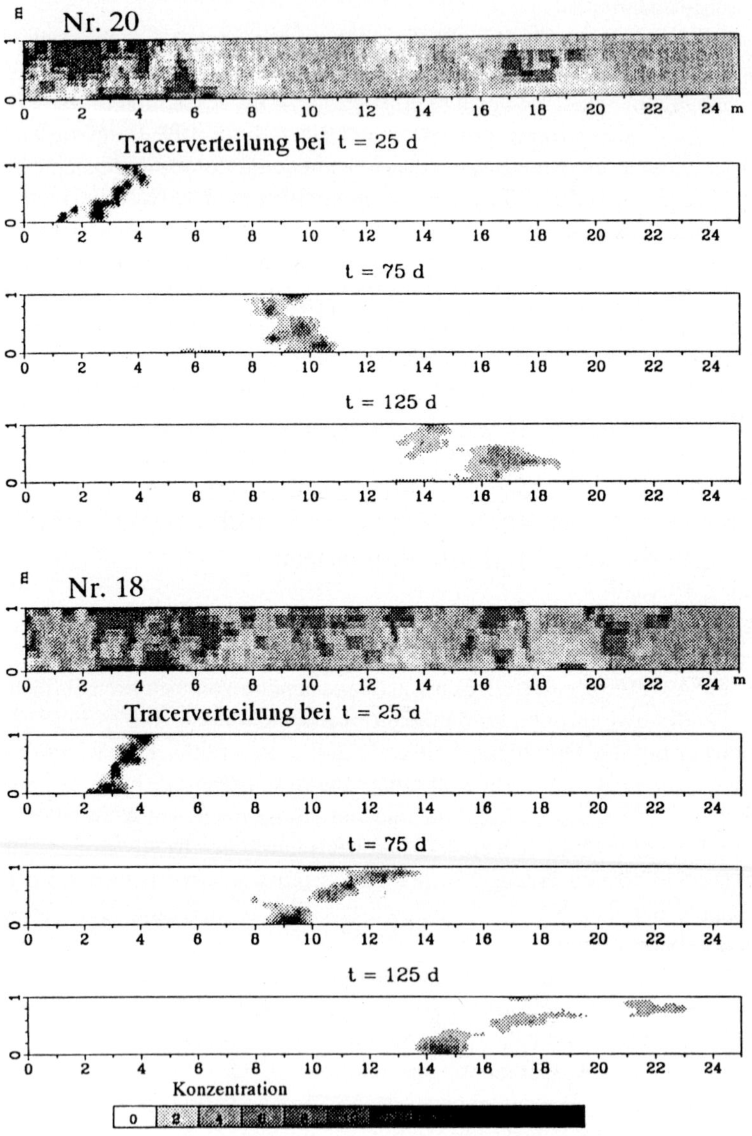

Abb. 2. Zwei Realisationen der Durchlässigkeitverteilung in einem Profilschnitt eines quartären Sedimentes (Bornhöved/Schleswig-Holstein) und die zeitlichen Entwicklungen der Stoffverteilung (modelliert)

Die Abbildung 2 zeigt ein Beispiel für die Modellierung des Transportes eines idealen Tracers in einem glazifluviatil gebildeten Grundwasserleiter, dessen Durchlässigkeiten zwischen 2,4 • 10^{-5} und 2,1 • 10^{-3} m/s streuen. Zwei Realisationen der k_f-Wert-Verteilung, die mit der Sequentiellen Indikator Simulation (Gomez-Hernandez u. Srivastava 1990) erzeugt wurden, sind beispielhaft dargestellt. Die resultierenden Konzentrationsverteilungen demonstrieren anschaulich das Variationsspektrum möglicher Transportwege. Obwohl beide simulierten Durchlässigkeitsverteilungen dieselben statistischen Momente aufweisen, führt ein krasser Sprung der k_f-Werte im Bereich der Tracereingabe in Realisation Nr. 18 zu einer Aufspaltung der Tracerwolke in bis zu drei Einzelwolken, während in Realisation Nr. 20 eine zunächst noch zusammenhängende Ausbreitungswolke erhalten bleibt. Modelle auf der Basis interpolierter Durchlässigkeitsverteilungen liefern gegenüber solchen basierend auf simulierten Aquiferkenngrößen lediglich durchschnittliche Werte der Ergebnisgrößen (Schafmeister u. Pekdeger 1989).

Schlußbemerkungen

Bei der Regionalisierung hydrogeologischer Parameter ist zunächst zu klären, in welcher Weise die Regionalisierungsergebnisse weiter verwendet werden sollen. Hier wurden zwei Anwendungsmöglichkeiten dargestellt: Einerseits können die Interpolationsergebnisse (z.B. Grundwasserstände oder Stoffkonzentrationen) für einen gegebenen Zeitpunkt die Kalibrierung eines numerischen Modells objektivieren helfen. Zum anderen können mit geostatistischen Verfahren Eingabeparameter von numerischen Modellen regionalisiert werden. Hierbei ist der physikalischen Bedeutung der ortsabhängigen Variablen sowie ihrer charakteristischen Eigenschaften besondere Aufmerksamkeit zu schenken. So sollte z.B der hohen engräumigen Variabilität von Durchlässigkeitsbeiwerten, die die Ausbreitung von gelösten Schadstoffen im Grundwasser bestimmt, unbedingt mit Hilfe eines geostatistischen Simulationsverfahrens Rechnung getragen werden. Im Sinne einer Risikoabschätzung ist diese probabilistische Behandlungsweise vorzuziehen. Die Bandbreite der so erzielten Ergebnisse liefert in der täglichen Praxis der Sanierungsplanung wertvolle Entscheidungshilfen.

Danksagung. Die Autoren danken den Gutachtern für wertvolle Hinweise zum Manuskript.

Literatur

Certes C, Marsily G de (1991) Application of the pilot point method to the identification of aquifer transmissivities. Adv Water Res 14,5:284-300

Chiles JP (1992) The use of external-drift kriging for designing a piezometric observation network. In: Bárdossy A (Hrsg) Geostatistical Methods: Recent Developments and Applications in Surface and Subsurface Hydrology S. 11-20; UNESCO, Paris

Dimitrakopoulos R, Luo X (1994) Spatiotemporal modelling: Covariances and ordinary kriging systems. In: Dimitrakopoulos R (eds) Geostatistics for the Next Century. Quantitative geology and geostatistics 6; Kluwer Academic Publishers, Dordrecht

Jussel P (1989) Stochastic description of typical inhomogeneities of hydraulic conductivity in fluvial gravel deposits. In: Kobus, Kinzelbach W (eds) Contaminant Transport in Groundwater 221-228; Balkema, Rotterdam ISBN 90 6191 879 0.

Gelhar LW, Axness CL (1983) Three-dimensional stochastic analysis of macrodispersion in aquifers. Water Resources Res 19,1:161-180

Gomez-Hernandez JJ, Srivastava RM (1990) ISIM3D: an ANSI-C three-dimensional multiple indicator conditional simulation program. Computer Geosciences, 16,4:395-440

Matheron G (1965) Les variables regionalisées et leur estimation. 212 S; Masson et Cie, Paris

Mercado A (1967) The spreading pattern of injected water in a permeable stratified aquifer. In: Symp Artificial recharge and management of aquifers, Haifa; IAHS publication 72:23-36

Rouhani S, Myers DE (1990) Problems in space-time kriging of geohydrological data. Math Geol 22,5

Schafmeister MT, Pekdeger A (1989) Influence of spatial variability of aquifer properties on groundwater flow and dispersion. In: Kobus, Kinzelbach W (eds) Contaminant Transport in Groundwater: 215-220; Balkema, Rotterdam

3.9 Überblick zum Vorkommen biogener halogenorganischer Verbindungen (BHOV)

Gérard Nkusi, Heinz-Friedrich Schöler und German Müller

Einleitung

Die Menge (tausende) von biogenen Organohalogen-Verbindungen – im Folgenden BHOV genannt – wurde lange als unbedeutend im Vergleich zu den anthropogenen HOV (AHOV) in der Umwelt betrachtet (Kühn et al. 1977; Jekel u. Roberts 1980; Hoffman 1986; Keller 1989). In vorindustriellen datierten Sedimenten aus dem Mindelsee sind halogenierte organische Verbindungen nachweisbar (Müller u. Schmitz 1985; Nkusi u. Müller 1994). Bei mehr als 80 Pflanzenarten wurden halogenierte organische Stoffe isoliert (Fenical 1982; Engvild 1986). Mehrere Antibiotika aus Pilzen und Bakterien sind halogenierter Natur, z.B. Aureomycin, Avilamycin, Chloramphenicol, Chlorotricin, Clindamycin und Griseofulvin (Mason et al. 1982; Thesing 1991). Das Enzym Thyroxin ist eine beim Menschen vorkommende HOV. Mit großer Wahrscheinlichkeit bestehen die an Aktivkohle adsorbierbaren organischen Halogenverbindungen (AOX) in Moorwässern aus natürlich halogenierten Huminstoffen. Neuere Untersuchungen zeigen, daß die geringe absolute Zahl halogenierter Naturstoffe im Vergleich zu den halogenfreien mehr an der Bioverfügbarkeit dieser Elemente als an der Intensität natürlicher Halogenchemie liegt (Naumann 1993).

Die Tatsache, daß halogenierte organische Stoffe natürlicherweise erzeugt werden können, hat das Interesse für die Untersuchung von BHOV geweckt. Die Bilanz und die Toxikologie sowohl anthropogener als auch biogener Organohalogene stellt heutzutage eine notwendige Aufgabe dar, die Umweltrelevanz halogenierter organischer Stoffe zu beurteilen. Daß sich diese Stoffe im Laufe der Zeit nicht in der Natur akkumulieren konnten, weist auf Abbauwege in der Natur hin. Wichtige Fragestellungen auf dem Gebiet der BHOV sind die Folgenden:

- Verteilung dieser Stoffe in verschiedenen Umweltkompartimenten,
- Ermittlung der Bildungs- und Abbaumechanismen,
- Aufklärung der chemischen Strukturen,
- Bedeutung der BHOV in der Gesamtheit der HOV,
- Aussagen zur Bioverfügbarkeit und zur Toxikologie.

Allgemein kann man annehmen, daß BHOV entweder auf biotischem oder abiotischem Weg synthetisiert werden können. In beiden Fällen sollten ein aktives Chlorierungsmittel und organische Stoffe vorhanden sein. Da in der Natur nur Halogenidionen vorhanden sind, ist eine Oxidation notwendig, um das Halogenidion zu elementarem Halogen umzuwandeln (Neidleman u. Geigert 1986). Die biotische oxidative Halogenierung von organischen Verbindungen wird in der Natur von Haloperoxidaseenzymen durchgeführt (Geigert 1987; Hunter 1987).

Geowissenschaften und Umwelt
Herausgegeben von J. Matschullat und G. Müller © 1994 Springer Verlag

Die Verteilung und der Kreislauf von BHOV in der Umwelt

Tiere, Pflanzen, Pilze und Mikroorganismen. Mehr als 1000 halogenhaltige organische Verbindungen, "Halometabolite" genannt, sind von Naturstoff-Chemikern aus ca. 300 Organismengattungen identifiziert worden. Die HOV in biologischen Matrices können als vollständig natürlichen Ursprungs angenommen werden (Neidleman u. Geigert 1986).

Nach sorgfältigem Auswaschen von Halogenid-Ionen hat man den AOX in einigen Pflanzengeweben bestimmt. Die AOX-Gehalte variieren zwischen 60 und 130 mg/kg in der Trockenmasse von Pflanzen (Nkusi u. Müller 1993). Untersuchungen eines Hochmoores haben gezeigt, daß die AOX-Konzentrationen verschiedener Sphagnumarten zwischen 70 und 90 mg/kg schwanken. Der gemessene AOX in Pflanzen repräsentiert dennoch nur einen Teil der natürlichen HOV, da bei einigen Algen z.B. leichtflüchtige halogenorganische Verbindungen nachgewiesen wurden (Harper 1985; Gschwend et al. 1985).

Wasser. Aufgrund ihres Octanol/Wasser Verteilungskoeffizienten treten HOV im Wasser im Vergleich zur Boden- oder Sedimentmatrix nur in geringen Konzentrationen auf (Tabelle 1). Moorauslaufwasser mit gelösten organischen Kohlenstoff(DOC)-Gehalten von 40 bis 43 mg/l wiesen AOX-Gehalte zwischen 25 und 35 µg/l auf. Man nimmt an, daß diese Konzentration natürlichen Ursprungs ist, da im Regenwasser nur geringe AOX-Konzentrationen (< 15 µg/l) nachgewiesen wurden (Tabelle 2).

Tabelle 1. AOX-Konzentrationen in Sediment und Wasser am Main zwischen Obernau und Kleinostheim nach Hoffmann et al. (1988)

Fluß-km	AOX-Konzentration im Wasser (µg/l)	AOX-Gehalt im Sediment (mg/kg Trockenmasse)
93	< 10	55
89	< 10	21
85,6	< 10	32
82	< 10	37
80	50-500	160
78,4	20	112

Über die unterschiedlichen AOX-Gehalte im Grund- und Quellwasser, liegen in der Literatur keine Hinweise auf biogene Anteile vor. In Fließgewässern findet man eine Korrelation zwischen dem gelösten Kohlenstoff (DOC) und dem AOX-Gehalt (r^2=0,77) (Asplund et al. 1989). Trotz hoher Kontaminationen, die in Fließgewässern auftreten können, überschreitet der DOC-Gehalt in den meisten Fällen nicht die 100 mg/l-Grenze und der AOX nicht 100 µg/l. Die AOX-Konzentrationen im Fließgewässer sind überwiegend anthropogen bedingt. Dennoch sind die Konzentrationen höher als vermutet hinsichtlich der verursachenden Quellen (Asplund u. Grimvall 1991). Nach neueren Untersuchungen sind 35 bis 55 % des AOX im Rhein auf BHOV zurückzuführen (Van Loon 1992).

Tabelle 2. AOX Gehalte in verschiedenen Wassersystemen

Probenart	Probenahmestelle	AOX Mittelwert µg/l	DOC (mg/l)	Bezugsquelle
Flußwasser	Schweden	28	-	Enell et al. (1991)
	Rhein			
	- Köln 1989	42,2	2,8	ARW-Ber. (1992)
	- Köln 1992	21,4	2,8	ibid.
	Main			
	- Lohr 1987	15	-	Keller (1989)
	- Frankfurt 1987	45	-	ibid.
	Elbe			
	- Schnackbg. 1987	110	-	ibid.
	- Hamburg 1987	70	-	ibid.
	Neckar			
	- Lauffen 1987	15	-	ibid.
	- Edingen 1987	12	-	ibid.
Seen	Schweden	6-160*		Asplund et al.(1991)
	Finnland	10-200*		Jokela et al. (1992)
Regen	Finland	7	-	Jokela et al. (1992)
	Schweden	14,5	-	Asplund et al. (1991)
	Erzgebirge	< 8		**
	Siegburg	< 8	1,2	**
	Hau	< 8		**
Moorauslauf	Hohlohsee (BW)	31,9	42,7	**
	Erzgebirge	29,8	39,6	**

* *Schwankungsbereich,* ** *Nach eigenen Untersuchungen*

Atmosphäre. Eine enzymatische Halogenierung in der Luft ist auszuschliessen, da die Haloperoxidase nicht in die Atmosphäre gelangt (Asplund 1992). Über eine mögliche Aktivierung von Halogenidionen in Aerosolen, die zu einer atmosphärischen abiotischen Halogenierung von organischen Stoffen führen kann, ist in der Literatur nur wenig berichtet. In allen Fällen würden hauptsächlich leichtflüchtige HOV in der Luft synthetisiert, die dort verbleiben, da die AOX-Messungen von verschiedenen Niederschlagsproben nur geringe Konzentrationen aufweisen.

Boden und Sedimente. Die Anreicherung halogenierter organischer Verbindungen in den Kompartimenten Boden und Sediment ist relativ hoch. Aufgrund ihrer Lipophilie (Verteilungskoeffizient Octanol/Wasser) adsorbieren sie an Schwebstoffe und sinken mit diesen in das Sediment (Karickhoff et al. 1979).

Die von Pflanzen und anderen Organismen produzierten BHOV werden über den detritischen Abbau in Böden oder Sedimente abgelagert. Bei Niederschlägen oder atmosphärischer Sättigung sollte die Ablagerung atmosphärischer vorhandener HOV im Boden erfolgen. Zusammenfassend kann die Synthese von BHOV direkt im Boden und in den Sedimenten stattfinden (intrinsic); aber auch die in einem anderen Kompartiment synthetisierten BHOV können hier eingetragen werden (extrinsic) (Nkusi u. Müller 1993).

Nach neueren Untersuchungen findet eine natürliche Halogenierung von organischen Stoffen selbst in diesen Kompartimenten statt (Asplund et al. 1993). Die Intensität dieser Reaktion ist von mehreren Faktoren gesteuert. So sind u.a. vorhandener organischer Kohlenstoff, pH-Wert und Redoxpotential von Bedeutung. In einem nicht kontaminierten Torfkern eines Hochmoores wurden AOX-Gehalte von 120 bis 400 mg/kg (Tabelle 3) und in nicht kontaminierten Böden nur 60 bis 100 mg/kg nachgewiesen, bedingt durch unterschiedliche pH-Werte und C_{org} in Boden und Hochmoor. Die natürlichen Werte basieren auf der Halogenierung.

Tabelle 3. AOX-Konzentrationen im Tiefenprofil eines Hochmoors

	Tiefe (cm)	AOX (mg/kg Cl)	C_{org} (%)
1	0-10	229,5	47,1
2	10-20	397,8	56,4
3	20-30	239,4	53,4
4	30-40	169.7	59,4
5	40-50	262,4	49,5
6	50-60	201,3	51,0
7	60-70	183,4	48,9
8	70-80	153,2	47,9
9	80-90	132,0	49,1
10	90-100	135,1	46,9
11	100-110	122.4	48,6
12	110-120	133,0	49,1
13	120-130	175,2	47,3
14	130-140	184,6	46,9
15	140-150	190,7	48,8
16	150-160	230,1	51,0
17	160-170	253,8	50,4
18	170-180	342,8	54,7
19	180-200	269,6	56,8

Das Alter des Torfprofils liegt nach pollenanalytischen Untersuchungen bei ca. 4-5000 Jahren

Über die Mobilität der HOV im Boden kann man ausschließen, daß das Vorhandensein organischer Stoffe das Rückhaltevermögen des Bodens erhöht (Tabelle 4). Mit den Niederschlägen findet ein Auswaschen von HOV statt. Ein Bodenlysimeter (30 cm Oberboden) hält weniger HOV zurück als ein Torflysimeter (30 cm Torf).

Tabelle 4. Mobilität und Leaching des AOX in Boden- und Torflysimeter

Probenahme in Hau (Siegerland)	Regen	Wasser vom Bodenlysimeter	Wasser vom Torflysimeter
1. - 14.12 93	< 8 µg/l	17,0 µg/l	11,3 µg/l
14.- 21.12.93	< 8 µg/l	13,4 µg/l	10,1 µg/l
21.12.93 - 07.01 94	< 8 µg/l	15,1 µg/l	10,7 µg/l

Natürliche Halogenierungen

Biotische Halogenierungen. Obwohl viele Halometabolite in verschiedenen Organismen isoliert und identifiziert wurden, hat man nur zwei Enzymarten (Haloperoxidase und Nicht-Häm-Haloperoxidase), die eine biotische Halogenierung durchführen, nachgewiesen. Beide Enzyme können ein Halogenidion in organisch gebundenes Halogen umwandeln, sofern ein Oxidationsmittel wie z.B. Wasserstoffperoxid vorhanden ist. Die Untersuchungen über Haloperoxidase haben gezeigt, daß diese Enzyme sowohl metallhaltig als auch metallfrei sein können. Die Häm-Gruppe, meist ein Eisenporphyrin, ist ein wichtiger, aber nicht unabdingbarer Bestandteil für die Aktivität der Haloperoxidase.

Die Häm-Haloperoxidasen wurden intensiv erforscht. Die Meerrettich Peroxidase, die Lactoperoxidase aus Milch, Tränen und Speichel, die Chloroperoxidase aus dem Pilz *Caldariomyces fumago* und die eosinophile Peroxidase aus weißen Blutzellen sind unter die Häm-Peroxidasen einzuordnen (Neidleman u. Geigert 1986). Die Nicht-Häm-Peroxidase wurde erst 1990 aus Bakterien isoliert und identifiziert (Asplund 1992). Die Tatsache, daß ein Bodenextrakt zur Halogenierung fähig ist, läßt vermuten, daß Haloperoxidase oder ein ähnliches Agenz im Boden vorhanden und an der Halogenierung von Huminstoffen beteiligt ist (Asplund et al. 1989). Wie in Abbildung 1a dargestellt, ist die Aktivität von Haloperoxidasen vom pH-Wert abhängig. Diese erreichen ihr Optimum bei pH-Werten zwischen 3 und 5. Die Variation des AOX mit dem pH in Grundwasser, wie von Schleyer (1994, in diesem Band) dargestellt (Abbildung 1b), läßt vermuten, daß hierfür die Haloperoxidase verantwortlich ist. Der Rückgang der Sorptionsfähigkeit des Bodens und die Abnahme des biologischen Abbaus sind wahrscheinlich nur von geringer Bedeutung. Die biogene Halogenierung von vorhandenen organischen Verbindungen im Boden und im Grundwasser führt zu diesen hohen AOX-Werten.

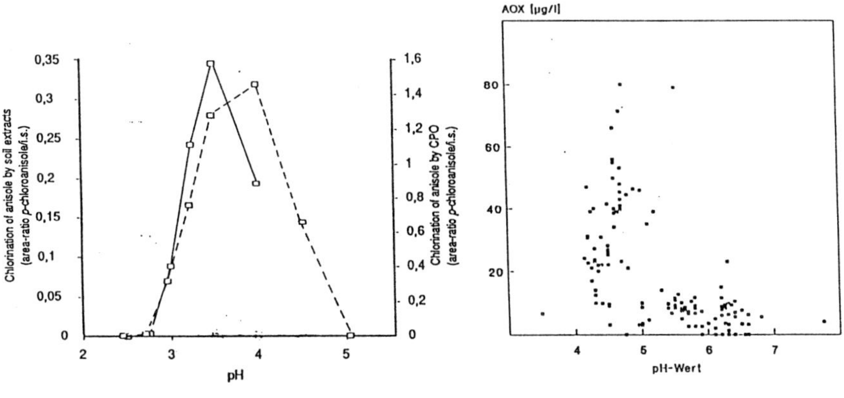

Abb. 1a. Zusammenhang zwischen pH und Aktivität von Chloroperoxidase (---) und Bodenextrakt bei der Chlorierung von Anisole (Asplund et al. 1993) **b.** Zusammenhang zwischen pH und AOX im Grundwasser nach Schleyer et al. (1994, Beitrag 3.3 in diesem Band, S. 111)

Abiotische Halogenierung. Die natürliche abiotische Halogenierung erfolgt in zwei Stufen. Die erste Stufe bildet die biologische Erzeugung eines Halogenierungsmittels, gefolgt von der Halogenierung organischer Stoffe. Diese Halogenierung unterscheidet sich von der oben erwähnten biologischen Aktivierung des Halogenids und der Halogenierung nur in geringem Maße. Das Halogenierungsmittel ist bei der abiotischen Halogenierung eine stabile, isolierbare chemische Spezies. Über abiotische Halogenierung ist bisher nach dem Stand der Literatur keine Aussage gemacht worden.

Anthropogene Einflüsse. Es ist bekannt, daß die Aktivität von Halogenperoxidasen mit der Abnahme des pH-Wertes zunimmt. Die Tatsache, daß einige Enzyme metallhaltig sein können, zeigt, wie bedeutsam die katalytische Rolle von Metallen auch bei biogenen Reaktionen sein kann. Das sind zwei Beispiele, die zeigen, wie die menschliche Aktivitäten die Produktion von BHOV beeinflussen können. Die Versauerung von Böden oder Gewässern sollte diese Produktion intensivieren. Die Auswirkung von abgelagerten Metallspuren oder die Änderung des Redoxpotentials sind noch komplexer zu bilanzieren.

Ausblick

Die Abbildung 2 faßt die Entstehung und die Verteilung unbelasteter HOV in Umweltkompartimenten zusammen.

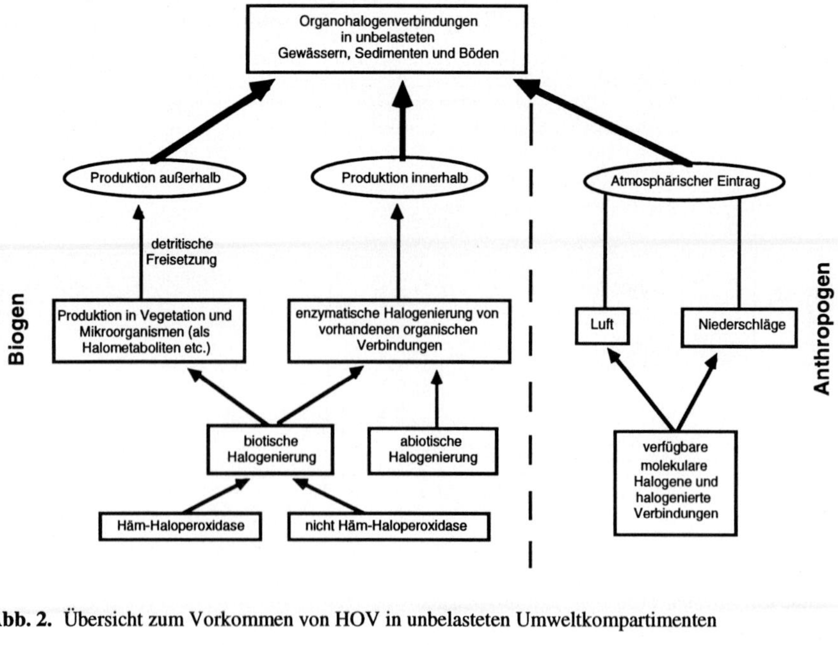

Abb. 2. Übersicht zum Vorkommen von HOV in unbelasteten Umweltkompartimenten

Viele Versuche zur Aufklärung des Vorkommens, des Kreislaufs und der Struktur von BHOV haben gezeigt, daß die Menge an BHOV in Gewässern, Böden und Sedimenten mit den verfügbaren organischen Kohlenstoffverbindungen korreliert. Liegt der C_{org} jedoch über 30 %, wie es bei Pflanzen und Torfproben der Fall ist, läßt sich diese Korrelation nicht mehr erkennen. Man vermutet, daß biogene HOV durch die Halogenierung von vorhandenen organischen Stoffen z.B. Huminstoffen, gebildet werden. Ebenso haben einige Versuche die Korrelation zwischen pH, Färbung des Wassers und BHOV bestätigt. Für eine umfassende Beschreibung des BHOV-Kreislaufes in der Natur fehlen bisher die grundlegenden Untersuchungen.

Literatur

Arbeitgemeinschaft Rhein-Wasserwerke, Jahresbericht 1992.

Asplund G (1992) Thesis, Linköping Studies in Arts and Sciences 77, Sweden

Asplund G, Christiansen JV, Grimvall A (1993) A chloroperoxidase-like catalyst in soil: Detection and characterisation of some properties, Soil Biol Biochem 25:41-46

Asplund G, Grimvall A (1991) Organohalogens in the nature. More widespread than previously assumed. Environ Sci Technol 25:1346-1350

Asplund G, Grimvall A, Pettersson C (1989) Naturally produced adsorbable organic halogens (AOX) in humic substances from soils and water. Sci Tot Environ 81/82:239-248.

Enell M, Wennberg L (1991) Distribution of halogenated organic compounds (AOX) - Swedish transport to surrounding sea areas and mass balance studies in five drainage systems. Wat Sci Technol 24:385-395

Engvild KC (1986) Chlorine-containing natural compounds in higher plants. Phytochemistry 25:781-791

Fenical W (1982) Natural products chemistry in the marine environment. Science 215:923-928

Geigert J (1987) US Patent No. 4,707,446

Gschwend P, MacFarlane J, Newman K (1985) Volatile halogenated organic compounds released to seawater from temperate marine macroalgae. Science 227:1033-1035

Harper DB (1985) Halomethane from halide ion - a highly efficient fungal conversion of environmental significance, Nature 315:55-57

Hoffmann HJ, Bühler-Neiens G, Laschka D (1988) AOX in Schlämmen und Sedimenten - Bestimmungsverfahren und Ergebnisse. Vom Wasser 71:125-134

Hunter JC (1987) US Patent No. 4,707,447

Jekel MR, Roberts PV (1980) Total organic halogen as a parameter for the characterisation of reclaimed waters: measurement, occurrence formation and removal. Environ Sci Technol 14:970-975

Jokela J, Salkinoja-Salonen MS, Elomaa E (1992) Absorbable organic halogens (AOX) in drinking water and the aquatic environment in Finland. J Water SRT-Aqua 41:4-12

Karickhoff S, Brown D, Scott T (1979) Sorption of hydrophobic pollutants on natural sediments. Water Research 13:241-248

Keller M (1989) AOX-Belastung von Oberflächengewässern im Jahr 1987. Vom Wasser 72:199-210

Kühn W, Fuchs F, Sontheimer H (1977) Untersuchung zur Bestimmung des organisch gebundenen Chlors mit Hilfe eines neuartigen Anreicherungsverfahrens. Z Wasser-Abwasser-Forsch 6:192-194

Mason CP, Edwards KR, Carlson RE, Pignatello J, Gleason FK, Wood JM (1982) Isolation of chlorine-containing antibiotics from the freshwater cyanobacterium *Scytonema hofmanni*. Science 215:400-402

Müller G, Schmitz W (1985) Halogenorganische Verbindungen in aquatischen Sedimenten: anthropogen und biogen, Chemiker Ztg 109:415-417

Naumann K (1993) Chlorchemie der Natur. Chemie Unserer Zeit 27:33-41

Neidleman SL, Geigert J (1986) Biohalogenation: Principles, Basic roles and Applications. Ellis Horwood Series in Organic Chemistry, England

Nkusi G, Müller G (1993) Naturally produced organohalogens: AOX-monitoring in plants and sediments. In: Proc 1st intern conf naturally produced organohalogens, Delft 14-17 Sept 1993, Kluwer Academic Publishers, Amsterdam

Nkusi G, Müller G (1994) Natürliche organische Halogenverbindungen in der Umwelt- Zur Aussagefähigkeit des Summenparameters AOX. GIT Fachz Lab im Druck

Thesing J (1991) Die Natur produziert zahlreiche Chlorverbindungen. GIT Fachz Lab 7:754-755

Van Loon W (1992) Isolation and quantitative Pyrolysis-Mass Spectrometry of dissolved chlorolignosulphonic acids. Dissertation, University of Amsterdam

3.10 CO_2-Messung und -Bilanz im Bodensee (Überlinger See)

Guangwei W. Che, Joachim Kleiner und Johann Ilmberger

Einleitung

Kohlenstoff ist das zentrale Element für alle Lebensvorgänge auf der Erde. Das aquatische Karbonatsystem ist das größte austauschfähige Kohlenstoffreservoir in der Umwelt und hat deshalb eine besondere Bedeutung für den globalen Kohlenstoffkreislauf. Wichtig sowohl für die biologische Aktivität (Primärproduktion) als auch für die Status-Beurteilung von physikalisch-chemischen Prozessen im Ozean (Gasaustausch, Wasserbewegung und Karbonatgleichgewicht) ist die Bestimmung des im Wasser gelösten CO_2 bzw. des CO_2-Partialdruckes (p_{CO_2}).

Methodik

Meßprinzip. Zur Bestimmung des im Wasser gelösten CO_2 wurde eine neue Meßmethode entwickelt, die auf einer Leitfähigkeitsmessung beruht. Löst sich CO_2-Gas in VE-Wasser (voll entsalztes Wasser), dann steigt die Leitfähigkeit des VE-Wassers an, weil das gelöste CO_2 Kohlensäure bildet, die dissoziiert. Mit diesem Anstieg der Leitfähigkeit kann der p_{CO_2} des VE-Wassers bestimmt werden. Allerdings wird die Leitfähigkeit gewöhnlich von Salzionen im Wasser dominiert. Deshalb muß das CO_2 durch eine Austauschmembran abgetrennt sein. Hierzu wird das Probenwasser über ein CO_2-durchlässiges Diaphragma mit CO_2-freiem VE-Wasser in Kontakt gebracht. Das gasförmige CO_2 des Probenwassers kann durch das Diaphragma diffundieren, während die Ionen des Probenwassers nicht durch die Membran gelangen können. Aus der Leitfähigkeit des mit CO_2 beladenen VE-Wassers kann dann der p_{CO_2} des Probenwassers bestimmt werden. Aufgrund vieler publizierter Untersuchungen wurde ein Silikongummischlauch als CO_2-Austauschmembran verwendet (Che 1992).

Apparaturaufbau. Die Abbildung 1 zeigt den Aufbau der Apparatur. Das entgaste VE-Wasser fließt von der Glasspritze durch einen Silikongummischlauch (2 Meter lang, d_i = 0,7 mm, d_a = 0,9 mm), der in dem Probenwasser hängt. Das VE-Wasser benötigt etwa drei Minuten für die Passage durch den Schlauch in der Probenwasserflasche und nimmt während dieser Passagezeit den CO_2-Gehalt des Probenwassers an. Die Leitfähigkeit des mit CO_2 beladenen Wassers wird von der Durchfluß-Leitfähigkeitsmeßzelle gemessen. Das Ausgangssignal des Leitfähigkeitsdetektors wird mit einem Schreiber aufgezeichnet.

Geowissenschaften und Umwelt
Herausgegeben von J. Matschullat und G. Müller © 1994 Springer Verlag

Standardmessungen und Eichvergleich. Bei Testmessungen mit CO_2-Standardproben im Konzentrationsbereich p_{CO_2} = 300 bis 30 000 ppmv (0,01 bis 1,0 mmol/l) ergab diese CO_2-Leitfähigkeits-Meßmethode (CO_2-LF-Meßmethode) bei insgesamt 255 Proben eine Ausbeute von 95 ± 4%, d.h. die CO_2-Konzentrationen in diesem Bereich werden mit einem Meßfehler von ± 4 % bestimmt. Im Bereich p_{CO_2} = 40 bis 300 ppmv (0,014 bis 0,01 mmol/l) ergab die CO_2-LF-Meßmethode bei insgesamt 40 Proben eine Ausbeute von 93 ± 9 %. Die Nachweisgrenze liegt bei $[CO_{2(aq)}]$ = 0,6 µmol/l ≈ 18 ppmv (bei 25°C) und ist damit sehr niedrig. Daß die gemessenen CO_2-Konzentrationen nur 95 % ihres Sollwertes erreichen, liegt an der nicht ausreichenden Austauschzeit (ca. 3 Min.).

Ein Eichvergleich wurde weiterhin mit der Infrarot-absorptionsmethode (IR-AS-Methode) vorgenommen. Insgesamt 15 Proben (CO_2-Standards, Leitungswasser, Quellwasser, Flußwasser, Seewasser und reine Karbonatlösungen) wurden gemessen. Der p_{CO_2} lag zwischen 600 und 31 000 ppmv (0,02 bis 1,05 mmol/l). Der Mittelwert des Verhältnisses beider Meßergebnisse betrug M = 0,97 ± 0,05 ($p_{CO_2\text{-LF}}/p_{CO_2\text{-IRAS}}$). Dieses Ergebnis liegt im Meßfehlerbereich der IRAS- und LF-Methoden, und ist deshalb sehr zufriedenstellend.

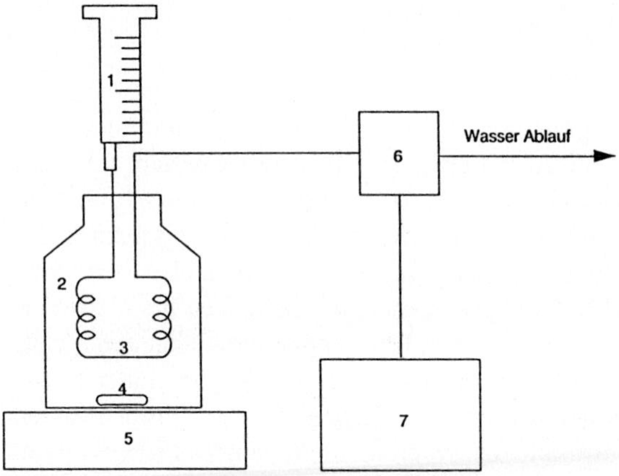

Abb. 1. Aufbau der CO_2 - Austauschapparatur; *1*: *Glasspritze (100 ml)*; *2*: *Wasserprobenflasche (600 ml)*; *3*: *Austauschmembran (Silikongummischlauch)*; *4*: *Rührfisch*; *5*: *Magnetrührer*; *6*: *Durchfluß - Leitfähigkeitsmeßzelle*; *7*: *Schreiber*

Messungen

Meßergebnisse. Die Messungen aller für das Karbonatsystem relevanten Parameter, d.h. Gewässertemperatur, pH-Wert, gelöster Sauerstoff (DO), Leitfähigkeit (L_{25}), Hydrogenkarbonat $[HCO_3^-]$, Kalziumgehalt $[Ca^{2+}]$ und im Wasser gelöstes CO_2, wurden von Juli 1990 bis Oktober 1991 in Tiefen von 0 bis 140 m vorgenommen. Die Wasserproben für die CO_2-Messungen wurden im Überlinger

See entnommen, bei der Probennahme sofort mit $AgNO_3$ ($[Ag^+]$ = 0,2 mg/l) und NaOCl ($[Cl_2]$ = 1 mg/l) konserviert (Che 1992) und anschließend nach Heidelberg ins Labor transportiert. Am folgenden Tag wurden die CO_2-Konzentrationen im Labor gemessen.

Die Abbildung 2 zeigt die Zeitserien der CO_2-Konzentrationen in den Tiefen 0, 60 und 140 m. Zum Vergleich wurden zusätzlich die Gleichgewichtskonzentrationen (Gleichgewicht mit der Atmosphäre bei der Oberflächentemperatur) für das Oberflächenwasser aufgetragen.

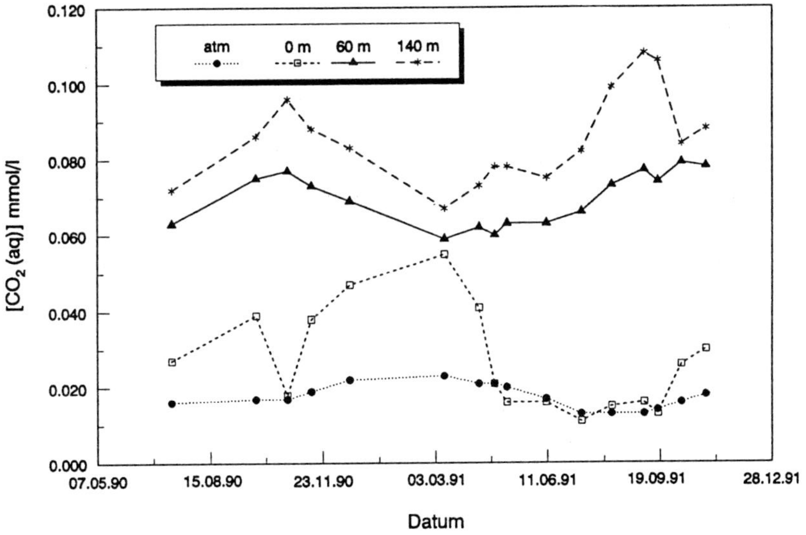

Abb. 2. Variation des gelösten CO_2 im ÜS-Wasser vom 12. Jul. 90 bis zum 30. Okt .91 in den Tiefen 0, 60 und 140 m sowie der Gleichgewichtskonzentration von CO_2 (gegen die Atmosphäre) im Oberflächenwasser

Diskussion der Meßergebnisse

Gelöstes CO_2. Aus der zeitlichen Entwicklung der CO_2-Konzentrationen in den einzelnen Tiefenbereichen im See (Abb. 2) ist erkennbar, wie biologische Umsetzungen im See den beobachteten CO_2-Gehalt des Wassers beeinflussen. Nachdem die maximale Vertikalmischung im See (März) erreicht ist, sinkt die CO_2-Konzentration in der sich durch Erwärmung bildenden oberen Schicht (Epilimnion, 0 bis 20 m) rapide ab, weil in der Vegetationsperiode das Phytoplankton CO_2 verbraucht, um organische Pflanzensubstanz aufzubauen. Gleichzeitig kommt ein etwaiger CO_2-Nachschub aus dem Tiefenwasser (Hypolimnion, ab 30 m) durch die Erwärmung des Oberflächenwassers, den dadurch wachsenden Dichteunterschied und die somit unterdrückte Vertikalmischung zum Erliegen. So sinkt der p_{CO_2} relativ rasch auf einen Wert nahe dem Atmosphärengleichgewicht.

Algenblüten können zu einer CO_2-Konzentration unterhalb der Gleichgewichtskonzentration (gegen Atmosphäre) führen, wenn die Gasaustauschrate zu gering ist, um einen Ausgleich zu schaffen. So ist die $[CO_{2(aq)}]$ im Mai (0,014 mmol/l) und Juli (0,01 mmol/l) 1991 um 30 % bzw. 15 % untersättigt (Abb. 2).

Während der winterlichen Durchmischungsphase wird der gesamte CO_2-Gehalt des Sees reduziert. Das System kommt jedoch wegen der zu geringen Gasaustauschrate nicht ins Gleichgewicht mit der Atmosphäre und ist im März immer noch um ca. 140 % übersättigt (0,06 mmol/l). Die Abbildung 2 zeigt, daß sich die $[CO_{2(aq)}]$ im Oberflächenwasser von 0,011 bis 0,055 mmol/l, in 60 m Tiefe von 0,059 bis 0,079 mmol/l und in 140 m Tiefe von 0,067 bis 0,108 mmol/l änderte.

Ausgehend von der Situation am Ende des Winters (März) mit einem p_{CO_2} von 0,055 mmol/l im Oberflächenwasser und 0,067 mmol/l in 140 m Tiefe, stieg die CO_2-Konzentration im Hypolimnion im Verlauf des Jahres in 140 m Tiefe bis auf 0,108 mmol/l an. In 60 m Tiefe betrug der Anstieg 0,02 mmol/l (von 0,059 auf 0,079 mmol/l). Die Zunahme des CO_2 im Hypolimnion wird durch den Abbau organischer Substanz (abgestorbene Algen), die aus der euphotischen Zone (0 bis 20 m; Tilzer 1988) sedimentiert, verursacht. Die Zersetzung erfolgt zum Teil bereits in der Wassersäule. Die auf dem Seeboden ankommende organische Substanz wird dort (zum Teil) oxidiert und stellt so eine Flächenquelle dar. Die deutliche Abnahme des CO_2 in 140 m Tiefe um 0,02 mmol/l (von 0,106 auf 0,084 mmol/l) vom 17. September 91 zum 8. Oktober 91 ist vermutlich auf horizontalen Wasseraustausch mit dem Obersee zurückzuführen. Dieser Effekt der seitlichen Beimischung ist auch in Sauerstoffmessungen sichtbar.

Pufferwirkung. Die Abbildung 3 gibt einen Überblick über das Karbonatsystem im Bodensee (bei 15°C und Ionenstärke $I = 5 \cdot 10^{-3}$ mol/l), bezogen auf eine Alkalinität von 2,5 mmol/l (Che 1992):

$$Alk = [HCO_3^-]+2\,[CO_3^{2-}]\,[OH^-]-[H^+] \approx [HCO_3^-]+2\,[CO_3^{2-}] = 2{,}5 \text{ mmol/l} \quad (1)$$

Da die Alkalinität vorgegeben wird, sind in Abbildung 3 pH-Wert sowie $[CO_{2(aq)}]$ gegen $[CO_3^{2-}]$ aufgetragen. Mit Pufferwirkung ist hier der Ausgleich von CO_2-Konzentrationsänderungen über die Reaktion nach Gleichung 2 gemeint:

$$2\,HCO_3^- = CO_3^{2-} + CO_2 + H_2O \quad (2)$$

Bei niedriger $[CO_3^{2-}]$ (0 bis 0,02 mmol/l) bewirkt eine große Änderung von $[CO_{2(aq)}]$ nur eine geringe Verschiebung von $[CO_3^{2-}]$, d.h. das CO_2 ist nach Gleichung 2 praktisch nicht gepuffert. Dieser Bereich entspricht $[CO_{2(aq)}] > 0{,}04$ mmol/l, nämlich generell der CO_2-Konzentration im Tiefenwasser. Ab $[CO_3^{2-}] > 0{,}03$ mmol/l nimmt $[CO_{2(aq)}]$ mit zunehmender $[CO_3^{2-}]$ nur noch langsam ab. Dies ist im Epilimnion der Fall. In diesem Konzentrationsbereich ist das CO_2 gut gepuffert, so daß ein vergleichsweise großer CO_2-Entzug durch Algenassimilation keine große Änderung der $[CO_{2(aq)}]$ bewirkt, weil sich ein Teil des im Überfluß vorhandenen HCO_3^- in CO_3^{2-} umwandelt und dadurch das CO_2

nachgeliefert wird. Dabei macht die große pH-Wert-Verschiebung den Vorgang sichtbar.

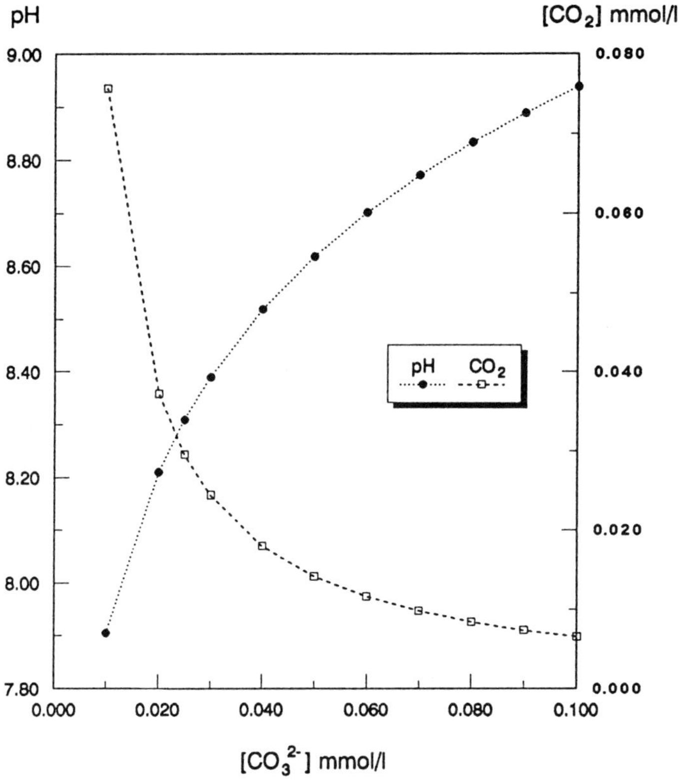

Abb. 3. Pufferwirkung des Bodenseewassers

Sättigungsindex. Die Profile des Sättigungsindex Ω (Berner 1971) ($\Omega = IAP/K_{sp}$) für $CaCO_3$ zeigen (Abb. 4), daß Ω im Hypolimnion über die Jahreszeit ziemlich konstant ist. Er liegt zwischen 1,9 und 0,7, d.h., das Wasser des Überlinger Sees (ÜS) ist im Hypolimnion an $CaCO_3$ knapp gesättigt bzw. untersättigt. Im Epilimnion ist das ÜS-Wasser an $CaCO_3$ fast stets übersättigt (außer von September bis Oktober). Ω ändert sich im ganzen Jahr von 0,9 bis 10,9. Die Untersättigung im Metalimnion (15 bis 30 m) von September bis Oktober liegt in dem zu dieser Zeit auftretenden CO_2-Maximum (August bis Oktober; Che 1992). Der Grund dafür ist die vorausgegangene Grünalgenblüte. Wegen ihrer geringen Dichte zersetzen sich die abgestorbenen Grünalgen bereits im Epilimnion, und führen dort zu einem großen CO_2-Signal. Nach Gleichung 2 wird CO_3^{2-} wegen des CO_2-Zuschußes in HCO_3^- umgewandelt, woraus die Untersättigung im Epilimnion bzw. Metalimnion resultiert.

Zustand des Karbonatsystems. Zur Überprüfung des Gleichgewichtszustandes des Karbonatsystems wurden [Ca^{2+}], [HCO_3^-] und der pH Wert jeweils in Abhängigkeit von [$CO_{2(aq)}$] berechnet (Che 1992). Es wurde dabei von der vereinfachten Vorstellung ausgegangen, daß es sich um ein ideales System handelt, d.h., die anderen Ionen und Inhaltstoffe keine Rolle spielen. Die Abbildung 5 faßt die gemessenen Daten (mit Datum gekennzeichnet) und die berechneten Gleichgewichtswerte bei 15 °C und 5 °C (mit "Gl.15°C" und "Gl.5°C" gekennzeichnet) zusammen.

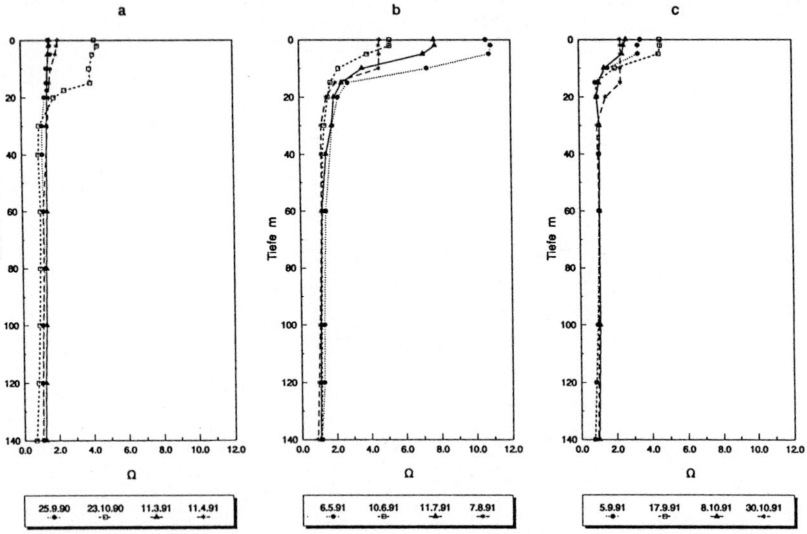

Abb. 4. Ω-Tiefenprofile des ÜS **(a)** vom 25 .Sep. 90 bis 11. Apr. 91, **(b)** vom 6. Mai. 91 bis 7. Aug. 91 und **(c)** vom 5. Sep. 91 bis 30. Okt. 91

Im niedrigen [$CO_{2(aq)}$]-Bereich (< 0,04 mM, entspricht der oberen Wasserschicht) liegen die Meßdaten für [Ca^{2+}] und [HCO_3^-] offensichtlich oberhalb der Gleichgewichtskurve bei 15 °C (ungefähr die Probentemperatur während der Labormessungen). Das bedeutet, daß die Wasserproben aus der oberen Schicht an Ca^{2+} und HCO_3^- stärker übersättigt sind als die Proben aus der Tiefenwasserschicht (entspricht dem höheren [$CO_{2(aq)}$]-Bereich). Auch die pH-Daten zeigen im wesentlichen das gleiche Verhalten. Im Übersättigungsbereich liegt der gemessene pH höher als der Gleichgewichtswert und nähert sich im höheren [$CO_{2(aq)}$]-Bereich dem Gleichgewichtszustand.

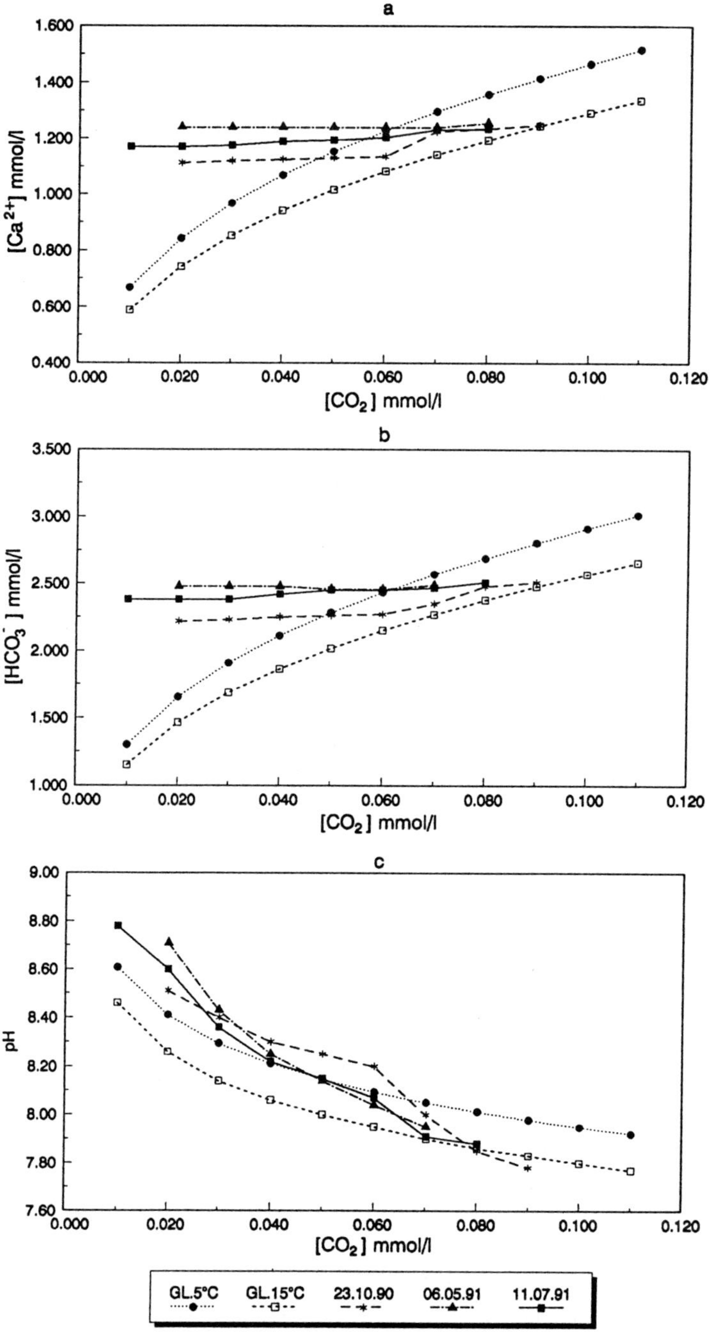

Abb. 5. Ausgewählte Meßdaten (vom 23. Okt. 90, 6. Mai. 91 und 11. Sep. 91) und berechnete Werte für **(a)** $[Ca^{2+}]$, **(b)** $[HCO_3^-]$ und **(c)** pH in Abhängigkeit von $[CO_{2(aq)}]$

CO_2-Bilanz. Eine Bilanzrechnung für das CO_2 (Che 1992) liefert folgende Resultate: **(a)** Abbau der organischen Substanz im Hypolimnion: Aus der Zunahme des CO_2-Gehalts im Hypolimnion von März bis Oktober 1991 läßt sich die Sedimentationsrate berechnen. Im Jahr 1991 ergibt sie sich zu 1,0 Mol C m^{-2}. Wenn man von einer Primärproduktionsrate (PPR) von 23 Mol C m^{-2} a^{-1} (bzw. 280 g C m^{-2} a^{-1}; Tilzer, pers Mitt) und einer Sedimentationsrate von 20 % der PPR (Kleiner u. Stabel 1989) ausgeht, wären ca. 4,7 Mol C m^{-2} a^{-1} zu erwarten gewesen. Die möglichen Ursachen für das Fehlen dieser CO_2-Menge sind:

- Die Sedimentationsrate war im Jahr 1991 kleiner als angenommen. Nach Kleiner und Stabel (1989) ändert sich die Sedimentationsrate von Jahr zu Jahr im Bereich von 10 bis 20 % der PPR;
- Der CO_2-Verbrauch durch Kalkauflösung im Hypolimnion und der horizontale Abtransport des CO_2 vom Überlinger See in den Obersee sind bei unserer CO_2-Bilanz nicht berücksichtigt;
- Man kann die durch Kalkauflösung verbrauchte CO_2-Menge grob abschätzen mittels der Sauerstoffzehrrate (s.u.) und des respiratorischen Quotienten von 0,77 (Kroopnick 1974). Der O_2-Verbrauch während des gleichen Zeitraums (März bis Oktober 1991) im Hypolimnion betrug -2,37 Mol m^{-2},was einer freigesetzten CO_2-Menge von 1,82 Mol C m^{-2} entspricht. Die Differenz von etwa 0,8 Mol C m^{-2} CO_2 im Vergleich zu dem aus der CO_2-Bilanz berechneten Wert (1,0 Mol C m^{-2}) könnte auf den Kalkauflösungsprozeß zurückzuführen sein.
- Die Austauschzeit zwischen dem Überlinger See und dem Obersee beträgt ca. 98 Tage (Heinz 1990). Einige vergleichende Testmessungen (vom März bis Mai 1990) im Überlinger See und Obersee zeigen, daß der p_{CO_2} des Obersees im Hypolimnion nur 70 bis 90 % der entsprechenden Werte vom Überlinger See betrug (Che 1992). Ein Teil des CO_2 wurde möglicherweise vom Überlinger See an den Obersee abgegeben.
- Ein Teil der sedimentierten organischen Substanzen steckt noch in Sediment, das mit der Zeit langsam abgebaut wird und somit eine sedimentäre CO_2-Quelle darstellt.

(b) Gasaustausch: In der CO_2-Bilanz ergibt sich eine Gastransfer-geschwindigkeit w_c von 0,3 m d^{-1} (Schmidtzahl Sc = 600, bei 20°C). Dies ist im Vergleich zu dem aus unserer Sauerstoffbilanz berechneten Wert von 0,8 m d^{-1} (s.u.) zu gering. Als Ursache kommen im wesentlichen zwei Effekte in Frage:

- Die Nachlieferung von CO_2 aus dem Karbonatsystem wurde nicht berücksichtigt, so daß die aus der Bilanz errechnete Menge an CO_2 zu gering ist;
- Die in der Rechnung benutzten Oberflächenkonzentrationen waren nicht die ganze Zeit vorhanden.

O_2-Bilanz. Die Sauerstoffbilanz wurde mit dem gleichen Modell berechnet wie die CO_2-Bilanz. **(a)** Sauerstoffzehrrate im Hypolimnion: Die O_2-Bilanz ergibt eine O_2-Zehrrate von -10,16 mMol m^{-2} d^{-1}) (Minuswert bedeutet O_2-Verbrauch).

Dieser Wert steht mit der O_2-Zehrrate von der Sedimentoberfläche im Überlingersee (-3,1 bis -9,4 mMol m^{-2} d^{-1}), die von Heinz (1990) abgeschätzt wurde, im Einklang.

(b) Gasaustausch: Die sich aus der O_2-Bilanz ergebende Gastransfergeschwindigkeit w_c beträgt 0,8 m d^{-1} (normiert auf CO_2, bei Sc = 600 und 20 °C). Die Austauschrate ist vergleichbar mit dem von Neubert (1991) berechneten Wert für ^{3}He im Überlinger See von 1,1 m d^{-1} (normiert auf CO_2, Sc = 600 und 20 °C). Die von Jähne et al. (1984) angegebene Transfergeschwindigkeit w_c von 2,4 m d^{-1} gilt für den Obersee, für den auch höhere Werte erwartet werden.

(c) Respiratorischer Quotient: Nach Redfield ist der respiratorische Quotient $[CO_2]/[O_2]$ gleich 0,77 (Kroopnick 1974). Für den Zeitraum vom 11. März 91 bis zum 30. Oktober 91 in Tiefen von 40 bis 150 m ergibt sich ein mittlerer Quotient von 0,53 (Che 1992). Der Grund für den kleinen Quotienten ist vermutlich ein zu geringer CO_2-Fluß. Wahrscheinlich verschwindet ein Teil des CO_2 im Hypolimnion bei der Kalkauflösung, was dann bei der Bilanzrechnung zu einem zu kleinen Fluß führt.

Schlußwort. Zusammenfassend liefern die Messungen wichtige Informationen, die für ein besseres Verständnis der biologischen und physikalisch-chemischen Prozesse im Bodensee notwendig sind.

Danksagung. Wir danken Dr. H. H. Stabel und den Mitarbeitern des Betriebs- und Forschungslabors der Bodenseewasserversorgung für ihre Mithilfe. Wir danken der Gottlieb Daimler- und Karl Benz-Stiftung für ihre finanzielle Unterstützung.

Literatur

Che GW (1992) Entwicklung einer neuen Meßmethode zur Bestimmung des physikalisch gelösten CO_2 in Gewässerproben. Dissertation Inst Umweltphysik, Univ Heidelberg

Berner RA (1971) Chemical sedimentology. McGraw-Hill

Heinz G (1990) Mischungs- und Strömungsverhältnisse im Westteil des Bodensees. Dissertation Inst Umweltphysik, Univ Heidelberg

Jähne B, Fischer KH, Ilmberger J, Libner P, Weiss W, Imboden D, Lemnin U, Jaquet JM (1984) Parameterization of air/lake gas exchange. In: Brutsaert W, Jirka D (eds) Gastransfer at water surfaces: 459-466; Reidel Publishing Company

Kleiner J, Stabel HH (1989) Phosphorus transport to the bottom of Lake Constance. Aquatic Sci 51:181-191

Kroopnick P (1974) The dissolved O_2-CO_2-^{13}C system in the eastern equatorial Pacific. Deep-Sea Res 21:211-227

Neubert R (1991) Untersuchung der winterlichen Mischung im Bodensee mit Tritium, ^{3}He und anderen Spurenstoffen. Diplomarbeit Inst Umweltphysik Univ Heidelberg

Tilzer M (1988) Produktivität und Bilanzierung des Phytoplanktons. Teilprojektbericht vom Sonderforschungsbereich 248, Limnologisches Inst, Univ Konstanz

4 Sedimente – Senke und Quelle

"Sedimente sind das Gedächtnis eines Gewässers" sagte Hans Züllig in seiner Arbeit von 1956. Nicht nur das eines Sees, sondern ebenso der Flüsse und Meere und selbst der Absetzbecken neben einer Autobahn. Diesen so profanen Tümpeln haben sich Frankfurter Kollegen genähert, um der Frage nachzugehen, ob die Verwendung des Katalysators im Auto nun das Nonplusultra des aktiven Umweltschutzes sei (→ 4.1).

In welcher Weise beeinflußt der aktive Bergbau auf Kupfermineralisationen die Flußsedimente und schließlich das Sedimentationsbecken am Ende des Flusses? Ergebnisse vom Poyang-See aus China und dem Le An Fluß geben hier Antworten (→ 4.2) und verweisen indirekt auch auf das internationale Ok Tedi-Projekt auf Papua-Neuguinea, wo reiche Industrienationen die Verantwortung für mangelnde Rücksichtnahme auf die Umwelt tragen.

Hafenbecken und Ästuare sind besonders interessante Senken und Quellen für Schwermetalle und Nährstoffe, wie Arbeiten einer Bremer Arbeitsgruppe zeigen (→ 4.3 bis 4.5). Große Hafenstädte benötigen jährlich Millionen, um der Sedimentmengen Herr zu werden, die in den Becken akkumulieren. Doch nicht allein das Ausbaggern sorgt für Kosten, sondern vor allem die Verbringung des Baggergutes, das in vielen Fällen Schwermetallkonzentrationen weit oberhalb der Klärschlammverordnung aufweist. Neben der Frage der Reinigung und Rückgewinnung von Metallen bzw. auch der sicheren Deponierung bzw. Inertisierung, stellt sich auch die hier Frage nach Vermeidungsmöglichkeiten und -strategien. So wird derzeit an der Elbe beobachtet, wie durch die Stillegung zahlreicher ehemaliger Emittenten die aktuelle Schadstoffbelastung zurückgeht. Dennoch wird der Fluß, auch bei regelmäßigen Hochflutereignissen wie an der Jahreswende 199394, nicht in kurzer Zeit so sauber werden, wie es mancher Politiker gerne hätte. Denn Sedimente sind das Gedächtnis eines Gewässers – auch ein Gedächtnis an schlechte Tage.

4.1 Platingruppenelemente (PGE) in Schlamm- und Abwasserproben aus Absetzbecken der Autobahnen A8 und A66

Fathi Zereini und Hans Urban

Einleitung

Die Platingruppenelemente Platin, Palladium, Iridium, Rhodium, Ruthenium und Osmium gehören zu den seltenen Elementen des Periodensystems und sind am Aufbau der Erdkruste mit schätzungsweise 0,4 bis 5 µg/kg beteiligt (Hartley 1991). Bislang wurde ihnen keine umweltrelevante Bedeutung zugemessen. Dies könnte sich durch die generelle Ausrüstung von Kraftfahrzeugen mit Abgaskatalysatoren in der Zukunft ändern.

Ein Kfz-Abgaskatalysator enthält in der Regel 2 bis 3 g Platin und Rhodium, welche die katalytische Reaktion bewirken (Schweizer 1990). In Motorstandversuchen wurde festgestellt, daß durch mechanische Beanspruchung des Katalysatormaterials Platin in die Umwelt emittiert. Die Pt-Emissionsrate beträgt bei einem Fahrzeug mit Oxidationskatalysator 1,2 µg/km (Hill u. Mayer 1977) und bei Fahrzeugen mit Drei-Wege-Katalysator 15 ng/m^3 (Hertel et al. 1990).

In einer Untersuchung von Schlögl et al. (1987) wurden kleine Plättchen in den Auspuff von Katalysatorfahrzeugen gesetzt und die anhaftenden Mikropartikel analysiert. Neben metallischem Platin konnte die Existenz kleiner Anteile von Pt(II) und Pt(IV), wahrscheinlich in Form von Oxiden, nachgewiesen werden. Ebenso stützt die Untersuchung von Hodge u. Stallard (1986) die Vermutung, daß die Edelmetalle an Partikel des Trägermaterials gebunden in die Umwelt ausgestoßen und in unmittelbarer Nähe der Fahrbahn im Boden deponiert werden. Zereini et al. (1993) und Zientek (1992) stellten fest, daß sich die höchsten Pt-Konzentrationen im Boden in der unmittelbaren Umgebung stark befahrener Autobahnen nachweisen lassen.

Alt et al. (1993) ermittelten im Straßenstaub Pt-Konzentrationen von 0,6 bis 130 µg/kg und fanden ferner in wäßrigen Lösungen aus Tunnelstaub eine geringere Löslichkeit des Platins als in Lösungen aus Landstaub. Neben dem Verhalten von Platin in Wasser untersuchten Freiesleben et al. (1993) die Auflösung von Palladium- und Platinpulver in wäßrigen Lösungen biogener Stoffe. Sie kamen zu dem Ergebnis, daß von den untersuchten biogenen Stoffen Adenosintriphosphat am stärksten lösend auf fein verteiltes Platin wirkt.

Im Rahmen eines Forschungsprojekts des Instituts für Geochemie der Universität Frankfurt a.M wurden die PGE-Konzentrationen anthropogener Herkunft in der Umwelt untersucht. Neben der Ermittlung der derzeitigen Gehalte in Böden konzentrierten sich die Untersuchungen auf das geochemische Verhalten der

Geowissenschaften und Umwelt
Herausgegeben von J. Matschullat und G. Müller © 1994 Springer Verlag

PGE in bezug auf ihre Löslichkeit und Bioverfügbarkeit. Als ein Teilergebnis unserer Untersuchungen sollen hier die Analysenergebnisse von Schlamm- und Abwasserproben aus Absetzbecken der Autobahnen dargestellt werden.

Probenahme, Aufbereitung und Analytik

Die untersuchten Schlammproben wurden aus drei sogenannten Absetzbecken der Autobahn A8 des Saarlandes bei Heinez (Proben Nr. 1 u. 2), Friedrichsthal (Proben Nr. 3 und 4) und am Autobahn-Dreieck Friedrichsthal (Proben Nr. 5 und 6) entnommen. In diesen Absetzbecken sammeln sich die Abwässer der Autobahn im Bereich der genannten Lokalitäten, wobei der Einzugsbereich eines Absetzbecken ca. 2 km beträgt. Aus den Absetzbecken von Friedrichsthal und Friedrichsthaler Dreieck wurden neben Schlamm- auch zwei Wasserproben entnommen und auf ihre PGE-Gehalte analysiert. Ferner wurde eine Schlammprobe aus einem Abwasserkorb vom Autobahn-Mittelstreifen der A66 Frankfurt/Wiesbaden zur Analyse herangezogen. Solche Abwässerkörbe werden von der Autobahnmeisterei im Vierwochen-Rhythmus entleert.

Alle Schlammproben (Gewicht je Probe ca. 1 kg) wurden bis zu acht Tagen bei Raumtemperatur getrocknet und anschließend auf eine Kornfraktion < 2 mm gesiebt, um die groben Bestandteile vom Probenmaterial zu trennen. Die Bestimmung der Korngrößenverteilung erfolgte nach DIN 4188 mit Trennung in die Fraktionen Grobsand (> 0,63 mm), Mittelsand bis Grobschluff (0,63 - 0,025 mm) und Mittelschluff bis Ton (< 0,025 mm). Anschließend wurden je Fraktion 50 g Probenmaterial entnommen und 2 Stunden bei einer Temperatur von 640 °C geglüht.

Die Bestimmung der Platingruppenelemente (Pt, Pd, Ir, Ru, Rh) in den Schlammproben erfolgte mittels Graphitrohr-AAS (5100 PC der Fa. Perkin-Elmer) nach der Nickelsulfid-Dokimasie (Zereini et al. 1994; Klein et al. 1991; Robert et al. 1971). Osmium kann nach diesem Verfahren nicht erfaßt werden, da es sich beim Schmelzprozeß bzw. Lösevorgang als leicht flüchtig erweist. Die Nachweisgrenzen für alle Platingruppenelemente (außer Osmium) liegen bei einer Einwaage von 50 g Probenmaterial im unteren µg/kg-Bereich (1 µg/kg).

Die Wasserproben wurden zuerst über einen Papierfilter abfiltriert und mit verdünnter HCl (1:1) angesäuert. Anschließend wurden sie auf ihre Pt-Gehalte voltammetrisch nach dem Verfahren von Messerschmidt et al. (1992) am Institut für Spektrochemie und angewandte Spektroskopie in Dortmund untersucht. An dieser Stelle möchten wir Herrn Dr. Alt für die Untersuchung der Wasserproben herzlich danken.

Untersuchungsergebnisse

Die vorliegenden Ergebnisse zeigen, daß von den Platingruppenelementen Platin und Rhodium in den untersuchten Schlammproben in meßbaren Konzentrationen auftreten (Tabelle 1). Die Gehalte von Palladium, Iridium und Ruthenium liegen unter der Nachweisgrenze von 1 µg/kg. Die Pt-Konzentration variiert zwischen 10 und 69 µg/kg. Für Rhodium beträgt die Variationsbreite 1 bis 20 µg/kg.

Tabelle 1. Platin- und Rhodium-Gehalte in [µg/kg] in den einzelnen Siebfraktionen der Schlammproben (F1: > 0,63 mm; F2: 0,63-0,025 mm; F3: < 0,025 mm)

		Platin				Rhodium			
Proben Nr.	Lokalitäten	F1	F2	F3	Mittelwert	F1	F2	F3	Mittelwert
1	Heinez	58	51	44	51	17	12	6	12
2	"	24	25	32	27	5	5	8	6
3	Friedrichsthal	28	8	24	20	4	2	5	4
4	"	22	4	3	10	1	< 1	< 1	< 1
5	Dreieck Friedrichsthal	32	16	22	23	4	3	4	4
6	"	16	16	14	15	2	2	4	3
15/A66	Mittelstreifen	50	75	81	69	15	20	25	20

Betrachtet man die Platin- und Rhodium-Gehalte in Abhängigkeit von den Entnahmelokalitäten, so ist festzustellen, daß die Konzentrationen sowohl innerhalb desselben Absatzbeckens als auch zwischen den verschiedenen Lokalitäten stark voneinander abweichen. So treten die höchsten Pt- und Rh-Konzentrationen in der Schlammprobe Nr. 15 von der Autobahn A66 mit einem Pt-Gehalt von 69 µg/kg und einem Rh-Gehalt von 20 µg/kg auf. Diese erhöhten Konzentrationen könnten sowohl auf die starke Verkehrsbelastung auf der A66 als auch auf den kurzen Transportweg der Abwässer zurückzuführen sein, da die Probe direkt vom Autobahn-Mittelstreifen und nicht aus einem 1 bis 2 km entfernten Absetzbecken stammt. Das Korngrößenspektrum der Schlammproben zeigt, daß die prozentuale Verteilung der Fraktionen relativ einheitlich ist. Der Mengenanteil der jeweiligen Siebfraktion liegt im Durchschnitt bei 35,5 % für Mittelschluff bis Ton (< 0,025 mm), 27,9 % für Mittelsand bis Grobschluff (0,63 - 0,025 mm) und 36,6 % für Grobsand (> 0,63 mm).

Die Konzentrationen von Platin und Rhodium sind in den einzelnen Siebfraktionen und in den selben Absetzbecken besonders für Rhodium mehr oder wenig gleichmäßig verteilt, eine generell ansteigende oder abfallende Tendenz in bezug auf die Fraktionen ist somit nicht gegeben. Eine Abweichung von diesem Verhalten zeigt nur die Schlammprobe von der A66, in welcher die Platin- und Rhodium-Gehalte mit steigender Korngröße abnehmen. Die höchsten Konzentrationen von 81 µg/kg Pt und 25 µg/kg Rh finden sich in der Feinstfraktion (< 0,025 mm). In der Mittelfraktion (0,63 - 0,025 mm) liegen die Gehalte bei 75 µg/kg für Platin und bei 20 µg/kg für Rhodium, und bei der Grobfraktion (> 0,63 mm) betragen sie 50 µg/kg für Pt und 15 µg/kg für Rh (Tabelle 1). Für alle Proben gilt, daß mit steigendem Platingehalt die Rh-Konzentration zunimmt (Abb. 1). Mit einer Aussagekraft von 99 % korreliert Platin mit Rhodium (r = 0,99). Dieses Korrelationsverhalten steht im Einklang mit der Tatsache, daß die Autokatalysatoren beide Elemente enthalten.

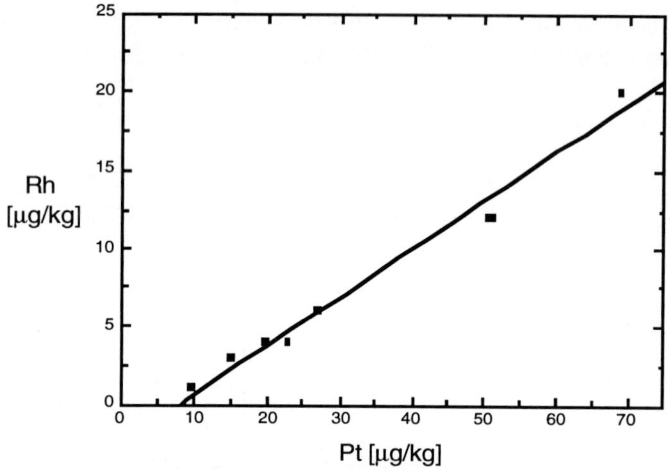

Abb. 1. Korrelation zwischen Platin und Rhodium in den Schlammproben

Einen Hinweis auf die Löslichkeit von Platin in Gewässern liefern die Ergebnisse der zwei Wasserproben aus den Absetzbecken Friedrichsthal und Friedrichsthaler Dreieck, in denen Pt-Konzentrationen von 60 und 196 µg/kg festgestellt wurden. Im Vergleich zum durchschnittlichen Pt-Gehalt von 15 und 19 µg/kg in den Schlammproben beider Lokalitäten ist Platin in den Wasserproben um den Faktor 4 bis 10 angereichert.

Folgerungen

Die vorliegenden Ergebnisse zeigen, daß von den Platingruppenelementen Platin und Rhodium in den Schlammproben in erhöhten Konzentrationen vorliegen. Im Vergleich zur Verteilung beider Elemente in der Erdkruste (5 µg Pt/kg; 0,4 µg Rh/kg) (Hartley 1991), weisen die untersuchten Proben im Durchschnitt (Median) einen Anreicherungsfakor von ca. 5 für Platin und von 10 für Rhodium auf.

Da Platin und Rhodium Bestandteile von Autokatalysatoren sind, besteht der begründete Verdacht, daß es sich hier um eine anthropogen verursachte Belastung handelt und daß die mit Abgaskatalysatoren ausgerüsteten Kraftfahrzeuge als Emissions-Quelle in Frage kommen. In dieser Hinsicht stehen die vorliegenden Ergebnisse in Einklag mit Untersuchungen von Hodge und Stallard (1986) sowie Zereini et al. (1993) über erhöhte Pt-Konzentrationen in unmittelbarer Nähe stark befahrener Verkehrswege.

Ein Zusammenhang zwischen den verschiedenen Siebfraktionen (< 0,025, 0,63-0,025 und > 0,63 mm) und den Konzentrationen von Platin und Rhodium konnte nicht festgestellt werden. Beide Elemente treten in allen Siebfraktionen in mehr oder weniger gleichen Konzentrationen auf. Dies deutet darauf hin, daß sie in Form von Partikeln unterschiedlicher Größe im Regenwasser transportiert und im Schlamm der Absetzbecken deponiert werden. Das Korrelationsverhalten von Platin zu Rhodium unterstützt die Annahme, daß durch die ständige mechanische Beanspruchung des Katalysatormaterials Pt-und Rh-Partikeln gebunden an das Trägermaterial in die Atmosphäre ausgestoßen werden (Hodge u. Stallard 1986). Die Analysenergebnisse der Wasserproben weisen auf eine gewisse Löslichkeit von Platin unter atmosphärischen Bedingungen hin. Diese Löslichkeit – auch wenn sie sehr gering ist (Freiesleben et al. 1993) – ist für die Bioverfügbarkeit von Platin in der Umwelt von Bedeutung.

Literatur

Alt F, Bambauer A, Hoppstock K, Mergler B, Tölg G (1993) Platinum traces in airborne particulate matter. Determination of whole content, particle size distribution and soluble platinum. Fresenius J Anal Chem 346:693-696

Freiesleben D, Wagner B, Hartl H, Beck W, Hollstein M, Lux F (1993) Auflösung von Palladium- und Platinpulver durch biogene Stoffe. Z Naturforsch 48b:847-848

Hartley FR (1991) Chemistry of the platinum group metals. 1-642; Amsterdam-Oxford-New York-Tokyo (Elsevier)

Hertel RF, König HP, Inacker O, Malessa R (1990) Nachweis der Freisetzung und Identifizierung von Edelmetallen im Abgasstrom von Katalysatorfahrzeugen. Ges Strahlen- Umweltforsch (GSF), Edelmetallemissionen, 16-21

Hill RF, Mayer WJ (1977) Radiometric determination of platinum and palladium attrition from automotive catalysts. IEEE Transact Nucl Sci NS-024:2549-2554

Hodge V, Stallard M (1986) Platinum and palladium in roadside dust. Environ Sci Technol 20,10:1058-1060

Klein S, Zereini F, Urban H, Schuster M, König KH (1991) Die Edelmetalle; Anreicherung, Selektion und Nachweis. Messe-Exponate Univ Frankfurt (Achema) 51-54

Messerschmidt J, Alt F, Tölg G, Angerer J, Schaller KH (1992) Adsorptive voltammetric procedure for the determination of platinum baseline levels in human body fluids. Fresenius J Anal Chem 343:391-394

Robert RVD, Van Wyk E, Palmer R (1971) Concentration of the Noble Metals by a Fire-Assay Technique using Nickel-Sulfide as the Collector. NIM-Report 1371:1-16

Schlögl R, Indlekofer P, Oelhafen P (1987) Mikropartikelemissionen von Verbrennungsmotoren mit Abgasreinigung; Röntgen-Photoelektronenspektroskopie in der Umweltanalytik. Angew Chem 99:312-322

Schweizer W (1990) Praxis Katalysatorautos. 1-179; Krafthand Verlag Walter Schutz, Bad Wörishofen. 2. Auflage

Zereini F, Zientek C, Urban H (1993) Konzentration und Verteilung von Platingruppenelementen (PGE) in Böden. UWSF Z Umweltchem Ökotox 5,3:130-134

Zereini F, Urban H, Lüschow HM (1994) Zur Bestimmung von Platingruppenelementen (PGE) in geologischen Proben mittels Graphitrohr-ASS nach der Nickelsulfid-Dokimasie. Erzmetall 1:45-52

Zientek C (1992) Zur Verteilung der Platingruppenelemente (PGE) in Böden entlang der Autobahn A 66 Frankfurt-Wiesbaden. Unveröff Diplomarbeit Univ Frankfurt, 1-91

4.2 Schwermetallbelastung des Le An Flußsystems in der Jiangxi Provinz in Südost-China durch Minenabwässer

Alfred Yahya und German Müller

Einleitung

Im Bereich sulfidischer Erzlagerstätten entstehen bei der Verwitterung oft schwermetallhaltige saure Abwässer, die zu gravierenden biogeochemischen Veränderungen von Ökosystemen in der Umgebung der Lagerstätte führen können. Im Gewässer werden Schwermetalle überwiegend an Feststoffe gebunden transportiert und kommen nach unterschiedlicher Transportstrecke und Abnahme der Fließgeschwindigkeit zur Sedimentation. Sedimente wirken somit als Senke für Schadstoffe, aber auch als Quelle, wenn Anteile dieser Schadstoffe remobilisiert werden. Veränderungen der physikochemischen Bedingungen haben eine besondere Bedeutung für die frühdiagenetischen Prozesse in Sedimenten, die das Freisetzungsverhalten der Schadstoffe bestimmen. Hierbei spielt das Porenwasser eine wichtige Rolle bei der Stofffreisetzung an der Sediment-Wasser-Grenzschicht. Ein Stoffaustausch zwischen Sediment und überstehendem Wasser kann über die Porenlösungen stattfinden.

In natürlichen Flußsystemen werden während der Regenzeit oder nach der Schneeschmelze weite Gebiete entlang der Flüsse überschwemmt und Schwebstoff setzt sich als Sedimentschicht auf Böden dieser Flächen ab. Da Überschwemmungsgebiete vielfältigen Nutzungen dienen, sind Kenntnisse über die Höhe der Schwermetallkonzentrationen in ihren Böden, ihr Verhalten und insbesondere ihre Pflanzenverfügbarkeit wichtig. Wie schwermetallhaltige saure Minenabwässer auf ein aquatisches System (Le An Fluß) wirken, wurde am Beispiel der Dexing-Kupfermine im Nordosten der Provinz Jianxi im Südosten Chinas untersucht (Abb. 1). Der Le An Fluß ist 279 km lang und fließt in westlicher Richtung, unterhalb der Kupfermine, nach ca. 200 km in das größte Frischwasser-Reservoir Chinas, den Poyang See.

Mit einem täglichen Abbau von ca. 60 000 t Gesteinsmaterial zählt die Dexing-Kupfermine zu den größten Kupferminen der Welt. Das Erz der Lagerstätte vom Typus der "porphyry coppers" wird hauptsächlich durch Chalcopyrit und Pyrit gebildet. Molybdänit, Zinkblende und Bleiglanz kommen im geringerem Anteil vor. Durch die Oxidation des Pyrits entstehen im Abraum große Mengen an schwermetallhaltigen sauren Wässer mit pH-Werten um 2. Diese sauren Wässer werden nach einer Metallsulfidfällung in den Dawu Fluß (Nebenfluß des Le An) eingeleitet. Große Mengen gelangen jedoch unaufbereitet mit verwittertem Gestein aus den Abraumhalden sowie großen Mengen an Tailingssuspension mit

Geowissenschaften und Umwelt
Herausgegeben von J. Matschullat und G. Müller © 1994 Springer Verlag

einem pH-Wert um 12 aus der Erz-Flotationsanlage in das Gewässer und münden schließlich nach wenigen Kilometern in den Le An. Bei der Vermischung von sauren und alkalischen Wässern im Dawu und im Le An werden die gelösten Metalle gefällt und als Hydroxide transportiert. Ergebnisse früherer Sedimentuntersuchungen (Schmitz u. Ramezani 1991) zeigten eine starke Belastung der Sedimente des Le An Flusses und des Poyang Sees durch Kupfer, Blei, Zink und Cadmium.

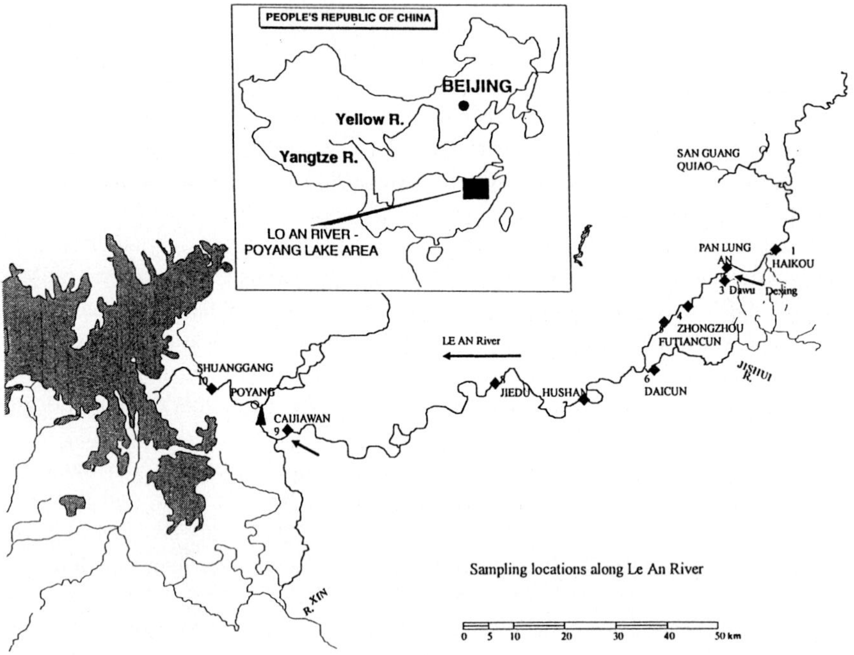

Abb. 1. Probenahmestellen am Le An Fluß, Jiangxi-Provinz, China

Material und Methoden

An zehn Entnahmepunkten entlang des Flusses (Abb. 1) wurden zwischen dem 23. Mai und dem 9. Juni 1993 (zu Beginn der Regenzeit) Sedimente des Le An sowie Böden seiner Überschwemmungsgebiete entnommen. Für die Entnahme der Sedimente wurde ein Van Veen Greifer eingesetzt. Bodenproben wurden in den oberen 5 bis 10 cm mit einer Plastikschaufel entnommen. In allen Proben wurden die Konzentrationen von Fe, Mn, Cu, Pb, Zn, Cr, Cd, Hg und Ni bestimmt. Für die Bestimmung der Schwermetalle wurde das getrocknete Material der Fraktion < 20 µm mit dem Aufschlußgerät der Firma Behrotest (Düsseldorf) nach DIN 38 414, Teil 1, mit Königswasser aufgeschlossen. Mit Ausnahme von Hg wurden die Schwermetalle mit der AAS-Flammentechnik vermessen. Hg wurde mit der Kaltdampf-Technik bestimmt. In den Bodenproben wurden zusätzlich die Karbonatgehalte und die pH-Werte bestimmt.

An der Probenahmestelle Caijiawan (ca. 30 km vor dem Poyang See) wurde mit Hilfe eines Ventilkerngerätes ein Sedimentkern entnommen und in unmittelbarer Nähe ein Dialysegerät (Peeper) zur Gewinnung von Porenwasser aus dem Sediment eingesetzt. Das Dialysegerät (Peeper), das für sechs Tage in das Sediment (obere 35 cm) eingesetzt wurde, ist ein modifiziertes Gerät nach Hesslein (1979) und besteht aus einer Rückwand aus Acryl, in der sich Schlitzkammern im 1-cm-Abstand befinden. Das Kammervolumen beträgt ca. 4 ml. Das untere Ende der Platte läuft in einer Schneide aus, um das Eindringen des Gerätes in das Sediment zu erleichtern. Die Kammern werden mit destilliertem Wasser gefüllt und mit einer Polycarbonat-Membran mit 0,2 µm Porenweite abgedeckt. Eine 4 mm starke Acrylabdeckplatte wird zur Fixierung der Membran aufgeschraubt. Gleich nach der Entnahme wurde der 85 cm lange Sedimentkern in 16 Einzelproben geteilt und die Schwermetallkonzentrationen wie oben beschrieben, bestimmt. Die Porenwässer wurden mit der Dialysetechnik gewonnen, bei der die in situ-Bedingungen aufrecht erhalten und eine Oxidation der anoxischen Porenwässer vermieden werden können. Hier besteht auch die Möglichkeit der gleichzeitigen Gewinnung von Freiwasser. Das Prinzip ist dabei, ein kleines Volumen destillierten Wassers in einer Kammer, eingeschlossen durch eine Dialysemembran, mit dem umgebenden Sedimentkörper in Kontakt zu bringen und die Einstellung des chemischen Gleichgewichts zwischen eingebrachtem Wasser und dem umgebenden Porenwasser abzuwarten. Nach Schwedhelm et al. (1988) ist dies nach sieben Tagen geschehen, andere Autoren nennen Zeiträume von 5 bis 10 Tagen (Carignan 1984).

Nach einer Zeitdauer von sechs Tagen, die für die Einstellung des chemischen Gleichgewichtes notwendig war, wurde das Gerät aus dem Sediment herausgezogen und unter Stickstoffatmosphäre aufbewahrt. Unter diesen Bedingungen erfolgte auch die Porenwasserentnahme aus den Kammern mittels Einwegspritzen, wobei jeweils 2 cm (4 Kammern) zu einer Probe zusammengefaßt wurden. NO_3^- und SO_4^{2-} wurden mit einem Ionenchromatograph (Dionex 4000), Fe und Mn mit AAS-Flammen-Technik, Cd, Zn, Pb und Cu mit der AAS-Graphitrohrtechnik (Geräte von Perkin Elmer), NH_4^+ spektralphotometrisch bestimmt und die Alkalinität titriert. Der pH-Wert und die Leitfähigkeit wurden elektrometrisch gemessen.

Ergebnisse und Diskussion

Sedimente. Die Ergebnisse der Sedimentuntersuchungen sind in der Tabelle 1 dargestellt. Die Bewertung der Sedimentqualität wird mit Hilfe des Geoakkumulationsindex (I_{geo}) (Müller 1979), das die gemessenen Konzentrationen in Bezug zu präzivilisatorischen Konzentrationen setzt, vorgenommen. Danach entsprechen die Konzentrationen von Kupfer, Blei und Zink an der Entnahmestelle Haikou oberhalb der Kupfermine der Klasse 0-1 (unbelastet bis mäßig belastet). Vergleicht man die Konzentrationen an den anderen Entnahmestellen mit denen in Haikou, so zeigt sich, daß bei Kupfer die Konzentrationen von 68 mg/kg auf 2750 mg/kg im Mündungsbereich des Dawu Flusses in den Le An gestiegen sind. Die Sedimentqualität wird hier als stark bis übermäßig belastet (Klasse 5) bewertet.

Eine Abnahme der Konzentrationen ist mit zunehmender Entfernung von der Kupfermine zu beobachten. Die Konzentrationen bleiben jedoch auf hohem Niveau. Die Konzentrationen von Zink, Blei und Cadmium liegen in Haikou mit 285 mg/kg für Zn, 55 mg/kg für Pb und 0,65 mg/kg für Cd in der I_{geo}-Klasse 1 (unbelastet bis mäßig belastet) und steigen erst deutlich auf 1940 mg/kg für Zink, 370 mg/kg für Blei und 5,3 mg/kg für Cadmium bei Daicun, wo der Jishui Fluß in den Le An einmündet. Die Sedimentqualität hat sich damit auf stark belastet (I_{geo}-Klasse 4) verschlechtert. Extraktionsversuche (Ramezani 1994) zeigten, daß im Minengebiet Cu, Zn und Pb überwiegend in organisch/sulfidischen Bindungsformen vorliegen. Ab dem mittleren Flußabschnitt kommt es zu einer Abnahme dieser Bindungsform. Cu und Pb liegen dann vorwiegend in den reduzierbaren bis austauschbaren Phasen vor. Beim Zn steigt die Residualfraktion in Richtung See an. Cd wurde in allen Sedimenten hauptsächlich in austauschbarer Fraktion gefunden.

Tabelle 1. Die Schwermetall-Konzentrationen in der Fraktion < 20 µm der Sedimente des Le An Flusses; Konzentrationen in [mg/kg], mit Ausnahme von Fe [%]

Probe	Fe	Mn	Cu	Zn	Pb	Cd	Cr	Ni	Hg
1 Haikou	4,1	1251	68	285	55	0,65	27	39	0,20
2 Gukou	5,9	590	2750	89	28	0,20	71	45	0,40
3 Zohngzhou	4,9	945	2039	343	50	0,24	44	56	0,90
4 Futiancun	5,6	1163	1808	345	42	0,20	42	61	0,50
5 Jishui	5,2	1900	1462	1938	370	5,30	35	67	0,80
6 Daicun	5,4	1507	2001	491	83	0,60	48	72	0,70
7 Hushan	4,9	1779	1261	935	130	1,98	35	67	0,50
8 Jiedu	4,3	1346	626	714	91	1,45	31	51	0,50
9 Caijiawan	5,8	1360	872	790	91	2,32	25	52	0,20
10 Huanglon	3,7	1059	75	275	53	0,37	26	43	0,20

Porenwasser und Sedimentprofil

Die Ergebnisse sind in den Abbildungen 2 und 3 graphisch dargestellt. Der Gehalt von NO_3^- beträgt im Freiwasser 2,6 mg/l. Eine schnelle Abnahme beginnt an der Sediment/Wasser-Grenzschicht und erreicht bei 25 cm im Porenwasser 0,5 mg/l. Die Konzentrationen von SO_4^{2-} schwanken im Freiwasser zwischen 10,5 und 14,1 mg/l und nehmen ebenfalls, jedoch langsamer unterhalb der Sediment/Wasser-Grenzschicht ab. In einer Tiefe von 35 cm betragen sie nur noch 0,60 mg/l. Fe^{2+} und Mn^{2+} werden direkt unter der Sediment/Wasser-Grenzschicht in das Porenwasser freigesetzt und nehmen mit der Tiefe zu. Ab einer Tiefe von 25 cm ist wiederum eine Abnahme der Konzentrationen im Porenwasser zu beobachten. Die Alkalinität variiert zwischen 4,5 und 6,9 meq/l und nimmt sehr schnell mit zunehmender Tiefe auf 17,5 meq/l als Ausdruck der Mineralisation des organischen Materials zu. Die pH-Werte schwanken zwischen 7,2 und 8,7 im Frei- und Porenwasser.

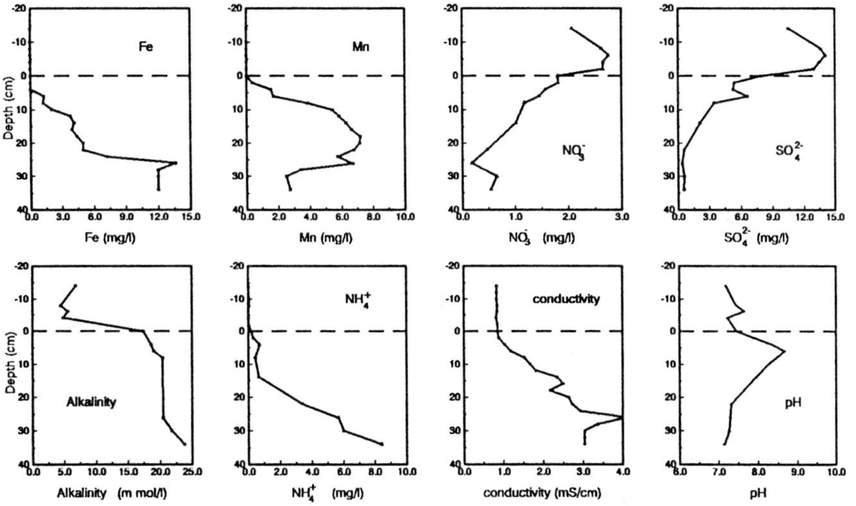

Abb. 2. Fe, Mn, NO_3, SO_4, Alkalinität, NH_4, Leitfähigkeit und pH im Porenwasser (Entnahmestelle Caijiawan)

Die Porenwasserprofile zeigen, daß das organische Material durch NO_3^-, MnO_2, FeOOH und SO_4^{2-} oxidiert wird. In diesem Prozeß werden NO_3^- und SO_4^{2-} im Sediment verbraucht. Fe^{2+} und Mn^{2+} werden dagegen ins Porenwasser freigesetzt. Der Verlauf der Fe- und SO_4^{2-}-Profile deuten darauf hin, daß direkt unter der Sediment/Wasser-Grenzschicht stark anoxische Bedingungen vorherrschen, da die $Fe(OH)_3^-$ und SO_4^{2-} Reduktion bevorzugt unter solchen Bedingungen stattfindet (Froelich et al. 1979; Van Eck u. Smits 1988).

Im Sedimentkern wurden sehr hohe Schwermetallkonzentrationen gemessen. Für Kupfer wurde ein Mittelwert von 910 mg/kg, für Zink 762 mg/kg, Blei 93 mg/kg und Cadmium 2 mg/kg ermittelt. Die gute Korrelation zwischen diesen Metallen deutet auf eine gemeinsame Quelle. An der Sediment/Wasser-Grenzschicht werden Kupfer und Cadmium freigesetzt. Im Porenwasser wurde für Kupfer eine Konzentration von 8,6 µg/l und für Cadmium von 0,11 µg/l gemessen. Danach nehmen die Konzentrationen mit zunehmender Tiefe ab. Die Konzentrationen von Zink schwanken im Freiwasser und Porenwasser zwischen 9 und 48 μg/l. Blei liegt unter der Nachweisgrenze von 0,5 μg/l. Der Konzentrationsgradient von Cu, Cd und Zn deutet nicht auf eine Mobilisierung dieser Metalle aus dem Sediment ins Frei- oder ins Porenwasser, sondern eher auf deren Fixierung hin.

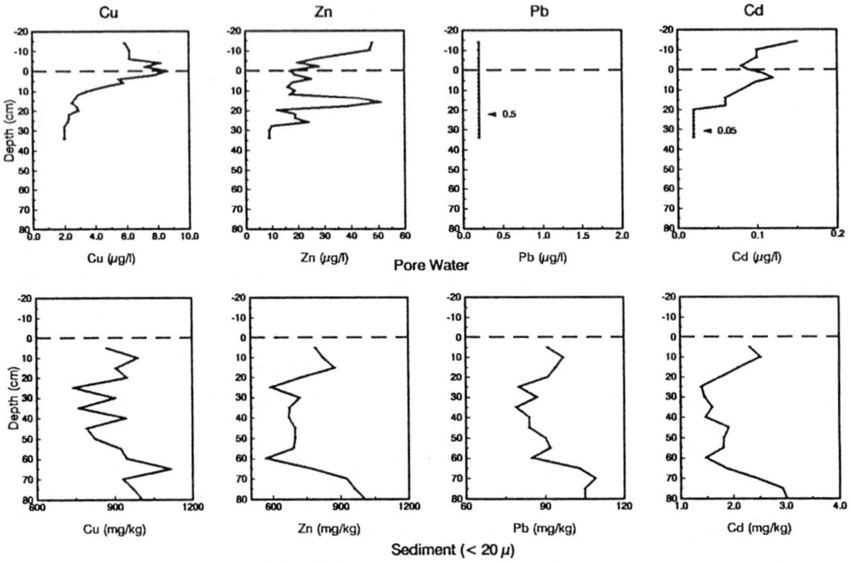

Abb. 3. Schwermetall-Konzentrationen im Porenwasser und im Sedimentkern (Entnahmestelle Caijiawan)

Bei der SO_4^{2-}-Reduktion entsteht HS^-, das zur Bildung schwerlöslicher Metallsulfide führt und die niedrigen Metallkonzentrationen im tieferen Porenwasser erklärt. Nach Calmano et al. (1992) liegt ein großer Teil der Schwermetalle in anoxischen Sedimenten in organisch/sulfidischer Bindung vor. Die erhöhten Konzentrationen von Cu und Cd an der Sediment-Wasser-Grenzschicht können durch die Oxidation von Metallsulfiden oder aus der Zersetzung des organischen Materials freigesetzt werden.

Böden

Die Ergebnisse der Bodenuntersuchungen (Abb. 4) zeigen, daß die Böden der Überschwemmungsgebiete erhöhte Cu-, Pb-, und Zn-Konzentrationen, verglichen mit dem geogenen Background, aufweisen. Kupfergehalte zwischen 125 und 1120 mg/kg wurden in Böden unterhalb der Minenregion festgestellt. Der Background-Wert für Kupfer wurde in Haikou mit 20 mg/kg ermittelt. Blei-, Zink- und Cadmiumkonzentrationen sind erst nach der Mündung des Jishui Flusses in den Böden erhöht. Die Konzentrationen für Blei erhöhten sich von 19 auf 80 mg/kg, für Zink von 114 auf 375 mg/kg und für Cadmium von < 0,2 auf 0,60 mg/kg. Geringe Gehalte wurden für Ni, Cr und Hg bestimmt.

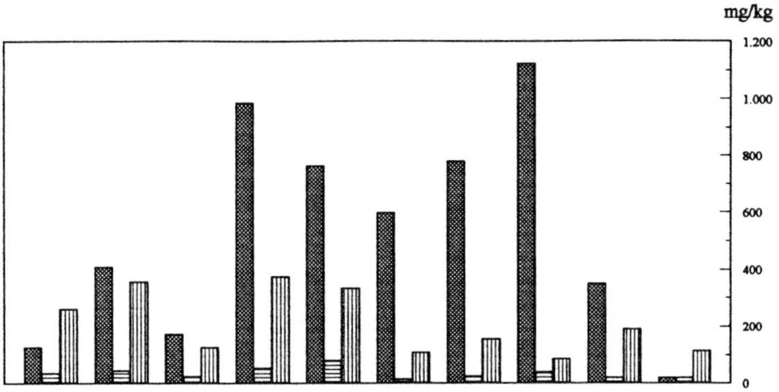

	Shuang Gang	Caijiawan	Jiedu	Hushan	Jishui	Xiangtang	Zhang Zhou	Dawu	Panlung An	Haikou
Cu ▩	125	409	171	985	761	597	778	1.123	350	20
Pb ▤	36	45	24	53	80	15	25	39	19	19
Zn ▥	260	357	125	375	334	107	154	85	189	114

Abb. 4. Cu-, Pb- und Zn-Konzentrationen in Böden der Überschwemmungsgebiete des Le An

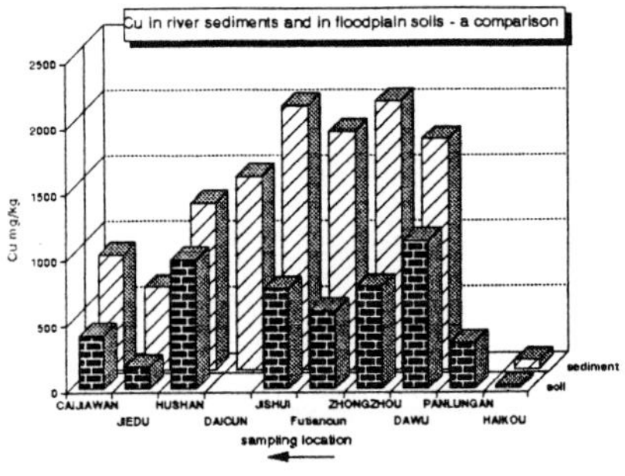

Abb. 5. Cu-Konzentrationen (mg/kg) in den Sedimenten und Böden

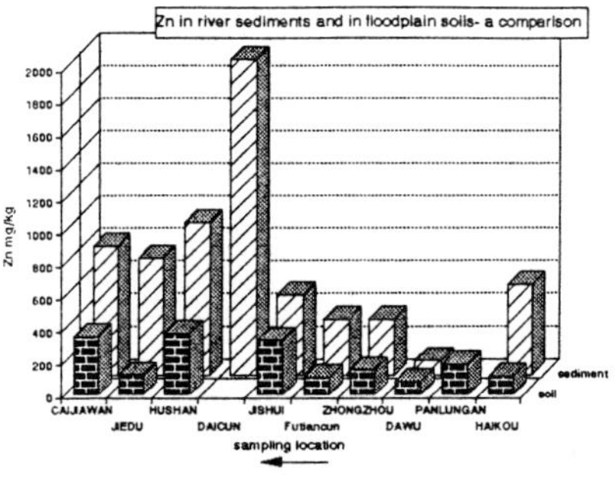

Abb. 6. Zn-Konzentrationen (mg/kg) in den Sedimenten und Böden

Der Einfluß des durch Bergbau belasteten Hochwassers auf die Böden der Überschwemmungsgebiete wird durch einen Vergleich der Konzentrationen in den Böden mit denen in Sedimenten deutlich. Die Konzentrationen in den Böden liegen zwar auf niedrigerem Niveau, ihr Verlauf ist jedoch identisch mit denen der Sedimente. Die Abbildungen 5 und 6 zeigen eine gute Korrelation zwischen den Cu- und Zn-Konzentrationen in den Sedimenten und Böden, die an jeweils gleichen Stellen entnommen wurden. Allgemein wurden niedrige pH-Werte in den Böden gemessen. Der niedrigste Wert wurde mit 2,4 im Überschwemmungsgebiet des Dawu Flusses bestimmt. Zwischen Zhong Zhou und Hushan liegen die pH-Werte im neutralen bis schwach alkalischen Bereich. Erst nach Jiedu, wo ein Kohlekraftwerk seine Abwässer in den Fluß einleitet, nehmen die pH-Werte bis zum Poyang See auf 3,9 bis 4,2 ab.

Danksagung. Diese Arbeit ist Teil des Cooperative Ecological Research Project (CERP), das vom Bundesministerium für Forschung und Technologie (BMFT), der Academia Sinica (VR China) und dem Man and Biosphere (MAB) Programm der Unesco finanziert wird. Wir danken herzlich für die gewährte Unterstützung.

Literatur

Calmano W, Hong J, Förstner U (1992) Influence of pH value and redox potential on binding and mobilization of heavy metals in contaminated sediments. Vom Wasser 78:245-257

Carignan R (1984) Interstitial water sampling by dialysis: Methodological notes. Limnol Oceanogr 29,3:667-670

Hesslein RH (1976) An in situ sampler for close interval pore water studies. Limnol Oceanogr 21:912-914

Müller G (1979) Schwermetalle in den Sedimenten des Rheins, Veränderungen seit 1971. Umschau Wiss Tech 79:778-783

Ramezani N (1994) Heavy Metal Pollution in sediments of the Le An River and the Poyang Lake (Jiangxi Province/China): Impact of the Dexing Copper Mine. Dissertation Inst Sedimentforschung Univ Heidelberg

Schmitz W, Ramezani N (1992) Heavy metal pollution of aquatic sediments in the Le An River-Poyang Lake area. J Environ Sci (China) 88-90

Van Eck GTM van, Smits JGC (1986) Calculation of nutrient fluxes across the sediment-water interface in shallow lakes. In Sly PG (ed) Sediments and Water Interactions: 353-370; Springer-Verlag

4.3 Verteilungsmuster von Schwermetallen in den Oberflächensedimenten eines Hafenbeckens der Hafengruppe Bremen-Stadt

Sabine Kasten und Horst D. Schulz

Einleitung

Über die Schwermetallgehalte der Sedimente der Unterweser und der Häfen der Hafengruppe Bremen-Stadt liegen bereits zahlreiche Untersuchungen vor (z.B. ARGE Weser 1982; Hafenbauamt Bremen 1987; Senator für Umweltschutz und Stadtentwicklung Bremen 1988). Bei den meisten dieser Untersuchungen beruhen die Aussagen über die jeweiligen Schwermetallbelastungen der Sedimente jedoch auf nur wenigen Stichproben. Ziel der vorliegenden Arbeit war es daher – ergänzend zu der üblicherweise angewandten Beprobungspraxis – die kleinräumigen Variationen der Schwermetallgehalte im Oberflächensediment in einem relativ begrenzten Areal, in diesem Fall einem Hafenbecken, zu ermitteln. Darüber hinaus sollte untersucht werden, ob die betrachteten Schwermetalle unterschiedliche Verteilungsmuster innerhalb des Hafenbeckens aufweisen und wenn ja, wie diese erklärt werden können.

Untersuchungsgebiet

In Absprache mit dem Hafenamt Bremen wurde für die vorliegende Untersuchung der zur Hafengruppe Bremen-Stadt gehörende Überseehafen (Abb. 1) ausgewählt. Das 0,2 km^2 große Hafenbecken ist offen an die Unterweser angeschlossen und unterliegt damit wie diese dem Tideeinfluß mit einem mittleren Tidenhub von fast 4,0 m (Dirksen u. Reiner 1988). Die im Rahmen des Baggergutuntersuchungsprogramms des Hafenbauamtes Bremen (Hafenbauamt 1988) durch Auswertungen von Peilplänen der Jahre 1967-1986 ermittelte rechnerische Sedimentationsrate für den Überseehafen beträgt durchschnittlich 6,3 cm/a.

Material und Methoden

Die Entnahme von insgesamt 103 Oberflächensedimentproben erfolgte mit Hilfe eines kleinen Kastengreifers, aus dessen Mitte die obersten 5 cm Sediment als Probe abgenommen wurden. Nach Homogenisierung, Trocknung und Mörsern der Proben wurden jeweils etwa 500 mg des Gesamtsedimentes mit 2 ml konzentrierter HNO_3 suprapur versetzt und vier Stunden lang bei 170°C einem Säure-Druckaufschluß nach Tölg (Kotz et al. 1972) unterzogen. Obwohl der HNO_3-

Druckaufschluß keine Totalgehalte liefert, wurde er für die vorliegende Untersuchung gewählt, um den Vergleich mit den vom Hafenamt Bremen in den Vorjahren mit Hilfe von HNO_3-Säureauszügen ermittelten Schwermetallgehalten des Hafenschlicks zu ermöglichen. Da es sich bei den im Bereich der Hafengruppe Bremen-Stadt abgelagerten Sedimenten um sehr feinkörniges Material handelt, das im Mittel zu 88 % aus Schluff und Ton besteht, kann davon ausgegangen werden, daß der größte Teil der Schwermetalle durch den HNO_3-Aufschluß erfaßt wird. Anhaltswerte für die Extrahierbarkeit von Spurenelementen aus partikulären Feststoffen durch Säuren verschiedener Stärke liefern z.B. Fiedler u. Rösler (1988).

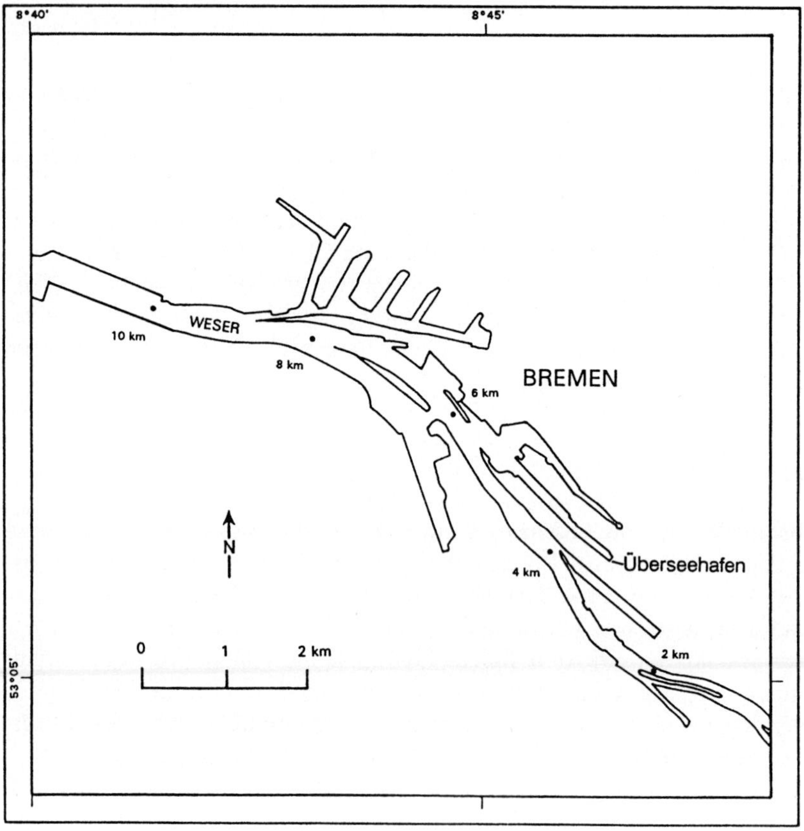

Abb. 1. Überblick über das Untersuchungsgebiet

Auf ausgewählte Gesamtproben eines zusätzlich entnommenen Sedimentkernes wurde außerdem ein von Kersten (1989) entwickeltes sequentielles Extraktionsverfahren angewandt, mit dem die Bindungsformen der Metalle am Feststoff untersucht wurden. Die mit Hilfe dieser Extraktionssequenz ermittelten Schwermetall-Bindungsformen sind operationell durch die eingesetzten Extraktionsreagenzien definiert; eine selektive Extraktion der Schwermetalle aus ganz bestimmten Bindungsformen ist nicht möglich. Für eine kritische Betrachtung verschiedener chemischer Extraktionsverfahren zur Bestimmung von Schwermetall-Bindungsformen in Feststoffen sei auf die Arbeiten von Martin et al. (1987), Pickering (1986) und Zeien u. Brümmer (1991) verwiesen.

Bei den in den Aufschlußlösungen mittels AAS bzw. ICP-OES analysierten Schwermetallen handelt es sich um Cd, Cr, Cu, Ni, Pb und Zn, da diese laut Aktionsprogramm Weser (ARGE Weser 1989) – neben Hg – die vorrangig in der Weser zu verringernden Schwermetalle darstellen. Darüber hinaus wurde der Gehalt der Sedimentproben an C_{org} auf coulometrischem Wege sowie die Konzentration von Al in den Aufschlußlösungen mit Hilfe der ICP-OES bestimmt. Al diente zur Korngrößenkorrektur, da es ein typisches Element der Tonminerale darstellt und durch seine Konzentration indirekt die "Feinkörnigkeit" des Sedimentes und somit seine Bindungskapazität für Schwermetalle repräsentiert. Nach Kracht (1992) wird der Großteil der Tonminerale durch den HNO_3-Druckaufschluß gelöst.

Die an den Probenahmepunkten mit Hilfe der oben beschriebenen Methoden ermittelten Schwermetallgehalte wurden unter Anwendung des Kriging-Schätzverfahrens regionalisiert, um die punktuell gemessenen Schwermetallgehalte auf die Gesamtfläche des Hafenbeckens zu interpolieren. Für die Datenregionalisierung kam das "public-domain"-Programmpaket Geo-EAS der amerikanischen Umweltbehörde EPA in der Version 1.2.1 zur Anwendung.

Ergebnisse

In den Abbildungen 2 und 3 sind die Al-, C_{org}- und Schwermetall-Konzentrationen unterteilt in vier gleichgroße Klassen an den Probenahmepunkten dargestellt. Abbildung 2 zeigt, daß für Al eine Häufung von Werten aus der höchsten Klasse (Stern-Signatur) am Ende des Hafenbeckens vorliegt, was auf herabgesetzte Strömungsgeschwindigkeiten und die Ablagerung entsprechend feinkörnigerer Sedimente in diesem Bereich zurückgeführt werden kann. Die Al-Gehalte im übrigen Teil des Hafenbeckens besitzen jedoch eine sehr heterogene Verteilung mit häufig hohen Wertedifferenzen benachbarter Probenahmestellen. Für C_{org} (Abb. 2) zeichnet sich eher die entgegengesetzte Tendenz ab. Hier treten die höchsten C_{org}-Gehalte gehäuft im Einfahrtsbereich des Hafenbeckens auf. Der Anteil von Werten in den höchsten Klassen nimmt grob gesehen zum Hafenkopf hin ab.

Allen untersuchten Schwermetallen ist eine ähnliche Schwankungsbreite ihrer Konzentration im Gesamtsediment gemeinsam, wobei das Konzentrationsmaximum jeweils etwa das Doppelte des Minimalwertes beträgt. Bezüglich der Verteilung ihrer Gehalte im Oberflächensediment des Überseehafens lassen sich die sechs Schwermetalle jedoch in zwei Gruppen einteilen. Die eine Gruppe bilden Cr und Ni, deren höchste Konzentrationen im Gesamtsediment v.a. am Kopf des Hafenbeckens auftreten und die im übrigen Bereich eine eher zufällige Verteilung zeigen. Cd, Cu, Pb und Zn, die der zweiten Gruppe zugeordnet werden, besitzen dagegen deutliche, sich stark ähnelnde Verteilungsmuster mit einem stetigen Anstieg ihrer Konzentrationen von der Einfahrt zum Ende des Hafenbeckens hin. Im folgenden sind daher nicht die Ergebnisse für alle sechs untersuchten Schwermetalle, sondern nur die von Cr und Cd als Stellvertreter der beiden verschiedenen Gruppen von Schwermetallen dargestellt (Abb. 3).

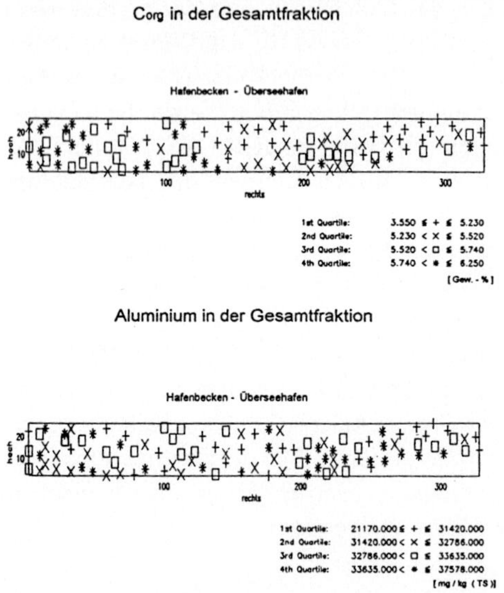

Abb. 2. C_{org}- und Al-Gehalte im Gesamtsediment der Oberflächenproben in [mg/kg] (TS) (1,5-fach überhöht; eine Entfernungseinheit entspricht 5 m)

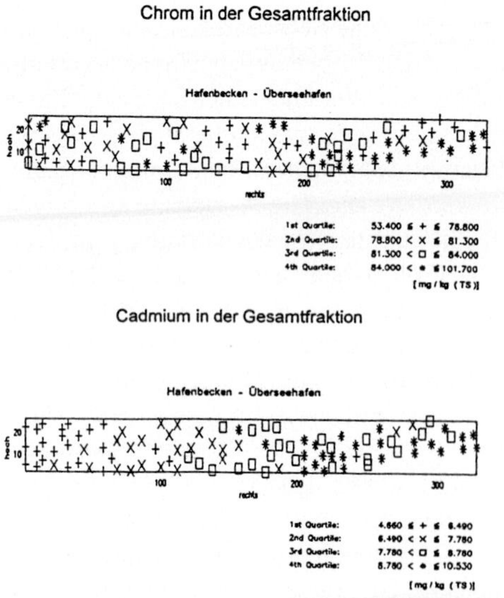

Abb. 3. Cr- und Cd-Gehalte im Gesamtsediment der Oberflächenproben in [mg/kg] (TS) (1,5-fach überhöht; eine Entfernungseinheit entspricht 5 m)

Um zu ermitteln, ob die oben dargestellten unterschiedlichen Schwermetallgehalte der Sedimentproben sowie die sich daraus ergebenden Verteilungsmuster der einzelnen Elemente aus unterschiedlichen Korngrößenzusammensetzungen der Proben resultieren oder ob es sich um echte Unterschiede in der Schwermetallbelastung handelt, wurde das Verhältnis zwischen dem Schwermetallgehalt der Gesamtprobe und dem Al-Gehalt gebildet. Diese Al-Normierung (Abb. 4) führt für Cr zu einer völlig regellosen Verteilung der Konzentrationswerte über das Hafenbecken. Die Verteilung der Al-normierten Werte von Cd unterscheidet sich hingegen nicht wesentlich von der von Cd in der Gesamtfraktion; die kontinuierliche Zunahme der Gehalte stellt sich hier sogar noch deutlicher dar.

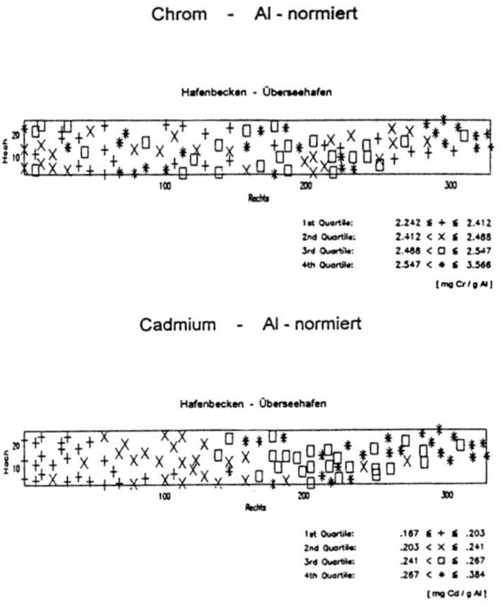

Abb. 4. Al-normierte Cr- und Cd-Gehalte im Gesamtsediment der Oberflächenproben in [mg/g] Al (1,5-fach überhöht; eine Entfernungseinheit entspricht 5 m)

Auch hinsichtlich ihrer partikulären Bindungsformen (Abb. 5) unterscheiden sich die beiden Gruppen von Schwermetallen deutlich voneinander. Cd liegt – ebenso wie Cu, Pb und Zn – zum größten Teil in oxidierbarer Bindung vor. Cr hingegen besitzt hohe Bindungsanteile in der mäßig reduzierbaren und der residualen Fraktion. Ni, das hier nicht in einer Abbildung dargestellt ist, verteilt sich zu etwa gleichen Teilen auf karbonatische, reduzierbare, oxidierbare und residuale Phasen. Es ist darauf hinzuweisen, daß es sich bei den Bezeichnungen der einzelnen Fraktionen um die von Kersten (1989) gewählten Begriffe handelt. So bezeichnet z.B. die "residuale" Fraktion in diesem Extraktionsverfahren (siehe Abb. 5) die mit HNO_3 extrahierbaren Schwermetallanteile.

Die der Interpolation der punktuell gemessenen Werte mit Hilfe des Kriging-Schätzverfahrens vorangehende Variogramm-Analyse ergab, daß sowohl für Cr als auch für Ni innerhalb des Überseehafens kein eindeutiger flächenhafter Zusammenhang besteht. Da sich in einem solchen Fall Isoliniendarstellungen verbieten, wurden Interpolationen mit Hilfe des Kriging-Schätzverfahrens und anschließende Isoliniendarstellungen lediglich für Cd, Cu, Pb und Zn vorgenommen (Abb. 6).

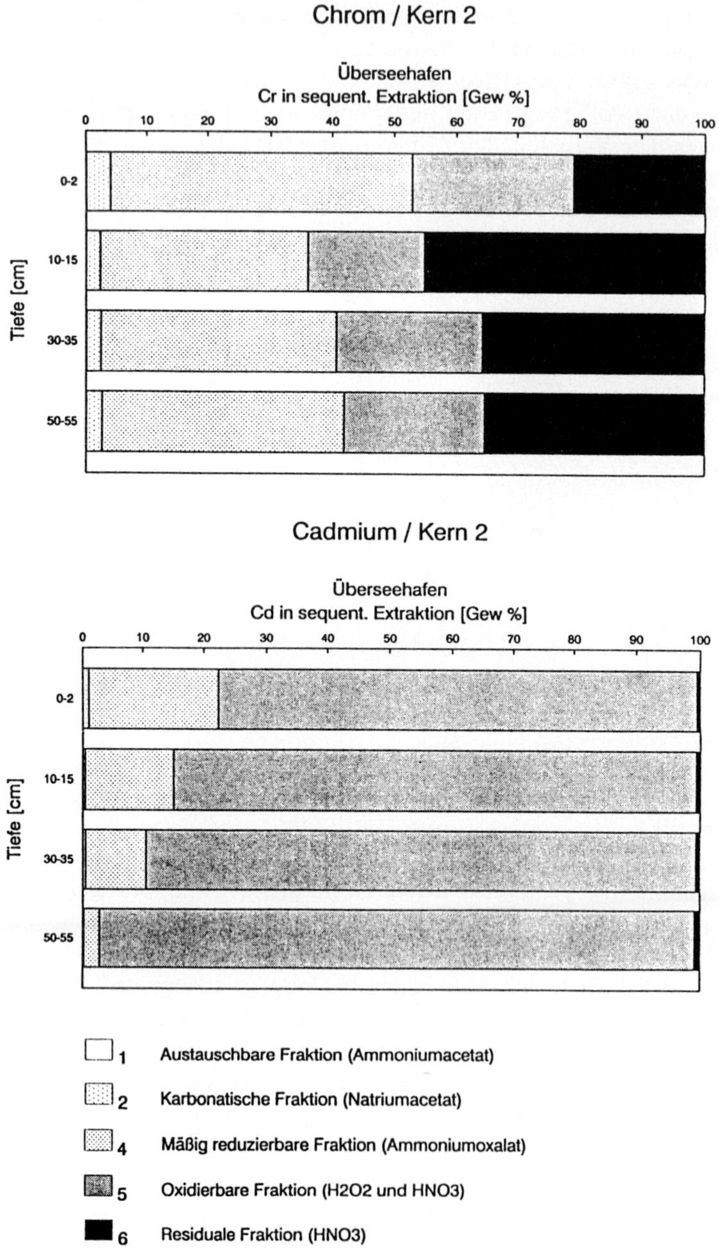

Abb. 5. Anteile der sequentiellen Cr- und Cd-Bindungsformen in ausgewählten Proben des Kerns 2 nach der Extraktionssequenz von Kersten (1989) - 100 % bezeichnen die Gesamtmenge der mit diesem Verfahren extrahierten Schwermetalle

Interpretation

Die sich stark ähnelnden Verteilungen von Cd, Cu, Pb und Zn - mit einer kontinuierlichen Zunahme ihrer Gehalte im Sediment von der Einfahrt zum Ende des Hafenbeckens hin - sind offensichtlich entscheidend durch die chemische Eigenschaft dieser Metalle geprägt, unter anoxischen Bedingungen – wie sie besonders ausgeprägt im Bereich des Hafenkopfes vorliegen – bereits bei geringen gelösten Sulfidkonzentrationen als Schwermetall-Sulfidminerale gefällt und damit im Sediment angereichert zu werden.

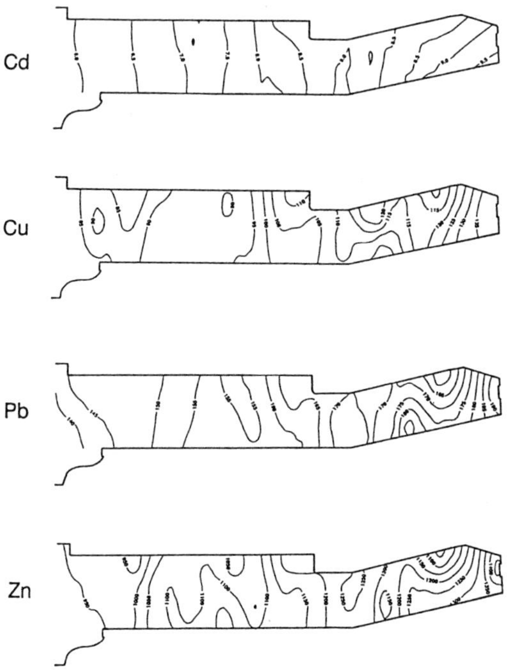

Abb. 6. Isolinien-Darstellungen der mittels Kriging interpolierten Schwermetallgehalte im Oberflächensediment des Überseehafens; Angaben in [mg/kg] (TS)

Die beobachteten Verteilungsmuster dieser vier Metalle resultieren daher mutmaßlich aus dem Zusammenspiel von verstärkter Fällung zum Hafenbeckenende hin (besonders ausgeprägt im Sommer) und zunehmender Mobilisierung durch Oxidation - bedingt durch erhöhten Wasseraustausch und Zustrom sauerstoffreichen Wassers - in der Nähe der Hafeneinfahrt (v.a. im Winter). Zu ähnlichen Ergebnissen kommen auch Recke (1987) und Holmes (1986), die die saisonalen Unterschiede der Schwermetallbelastung bzw. die Änderungen der Verteilungen ausgewählter Schwermetalle in anoxischen Hafensedimenten untersuchten. Cr, das keine Sulfide bildet, weist dagegen keine regelhafte Verteilung innerhalb des Hafenbeckens auf, sondern unterliegt z.T. starken kleinräumigen Konzentrationsschwankungen, die primär auf die Korngröße der sich ablagernden Feststoffe bzw. die strömungsbedingten Sedimentationsverhältnisse zurückzuführen sind. Ni nimmt bezüglich seines Verteilungsmusters eine Mittelstellung zwischen Cd, Cu, Pb und Zn einerseits und Cr andererseits ein. Während hohe Ni-Konzentrationen gehäuft am Ende des Hafenbeckens auftreten, liegt dieses Metall im übrigen Bereich des Überseehafens - ebenso wie Cr - in eher zufälliger Verteilung vor. Da Ni besser lösliche Sulfidminerale bildet als Cd, Cu, Pb und Zn und erst bei deutlich höheren gelösten Sulfidkonzentrationen in sulfidische Phasen überführt wird (Wallmann 1992), dürfte es erst im hinteren Bereich des Hafenbekkens, in dem der Wasseraustausch stark eingeschränkt ist, zur Ausfällung von Ni-Sulfiden kommen.

Diese Annahmen werden durch die Ergebnisse der sequentiellen Bindungsform-Analysen gestützt, wonach Cd, Cu, Pb und Zn im Gegensatz zu Cr und Ni überwiegend in oxidierbarer – und wie beschrieben, mutmaßlich vor allem in sulfidischer Bindung – vorliegen.

Literatur

ARGE Weser (Hrsg) (1982) Weserlastplan 1982. 146 S. Bremen

ARGE Weser (Hrsg) (1989) Aktionsprogramm Weser. 52 S. Wiesbaden

Dirksen J, Reiner W (1988) Planung eines neuen Weserwehres in Bremen. In: Hafenbautechnische Gesellschaft (Hrsg) Jb Hafenbautechn Ges 1987, 42:107-128; Hamburg (Hansa)

Fiedler HJ, Rösler HJ (Hrsg) (1988) Spurenelemente in der Umwelt. Stuttgart: Enke, 278 S.

Hafenbauamt Bremen (1987) Sachstandsbericht des Baggergutuntersuchungsprogramms. 42 S. Bremen. (Unveröff)

Hafenbauamt Bremen (1988) Sedimentationsverhältnisse in stadtbremischen Hafenbecken - Auswertung von Peilplänen der Jahre 1967-1986. 27 S. Bremen. (Unveröff)

Holmes CW (1986) Trace metal seasonal variations in Texas marine sediments. Mar Chem 20:13-27.

Kersten M (1989) Mechanismen und Bilanz der Schwermetallfreisetzung aus einem Süßwasserwatt der Elbe. Diss TU Hamburg-Harburg: 122 S. Hamburg

Kotz L, Kaiser G, Tschöpel P, Tölg G (1972) Aufschluß biologischer Matrices für die Bestimmung sehr niedriger Spurenelementgehalte bei begrenzter Einwaage mit Salpetersäure unter Druck in einem Teflongefäß. Z Anal Chem 260:207-209

Kracht F (1992) Einflußnahme frühdiagenetischer Prozesse auf die Schwermetallanreicherung in Sedimenten aus dem Wattgebiet der Wesermündung und aus dem Schlickgebiet der Deutschen Bucht südöstlich von Helgoland. Diss Univ Bremen, Aachen: Shaker, 108 S.

Martin JM, Nirel P, Thomas AJ (1987) Sequential extraction techniques: promises and problems. Mar Chem 22:313-341

Pickering WF (1986) Metal ion speciation - soils and sediments (a review). Ore Geol Rev 1:83-146

Recke M (1987) Untersuchungen über den Einfluß von Oxidationsprozessen auf die phasenspezifischen Bindungsformen und die Mobilisierbarkeit von Schwermetallen in anoxischen Sedimenten. Heidelberger Geowiss Abh 11:201 S.

Senator für Umweltschutz und Stadtentwicklung Bremen (Hrsg) (1988) Gewässergütebericht des Landes Bremen, Ausgabe 1988. 60 S. Bremen

Wallmann K (1992) Die Löslichkeit und die Bindungsformen von Spurenmetallen in anaeroben Sedimenten. Vom Wasser 78:1-20

Zeien H, Brümmer GW (1991) Chemische Extraktionen zur Bestimmung der Bindungsformen von Schwermetallen in Böden. - In: Sauerbeck D, Lübben S (Hrsg) Auswirkungen von Siedlungsabfällen auf Böden, Bodenorganismen und Pflanzen. Ber Ökol Forsch 6:62-91, Forschungszentr Jülich

4.4 Saisonale Variation des Nitratabbaus in intertidalen Sedimenten des Weser-Ästuars

Jens Sagemann, Frank Skowronek, Andreas Dahmke und Horst D. Schulz

Einleitung

Der Abbau von Nährstoffen in den Sedimenten der Ästuarbereiche ist ein wichtiger Prozeß zur Verringerung der Eutrophierung der Ozeane. Das Ausmaß dieser Reaktionen ist abhängig von den saisonalen Veränderungen der Temperatur, der Verfügbarkeit organischen Materials und von der Intensität der mikrobiologischen Prozesse (Emerson et al. 1984; Jørgensen u. Sørensen 1985; Viel et al. 1991; Watson et al. 1985). Zur Bilanzierung der Stoffumsätze ist es aufgrund der zeitlichen Änderungen der Stoffflüsse nötig, diese in hinreichend kleinen Zeitintervallen zu bestimmen. Durch die Anwendung einer mathematischen Beziehung zwischen dem Nitratfluß und der Oberflächentemperatur konnte die Aufstellung einer Jahresbilanz des Nitratabbaus für das untersuchte Gebiet vereinfacht werden.

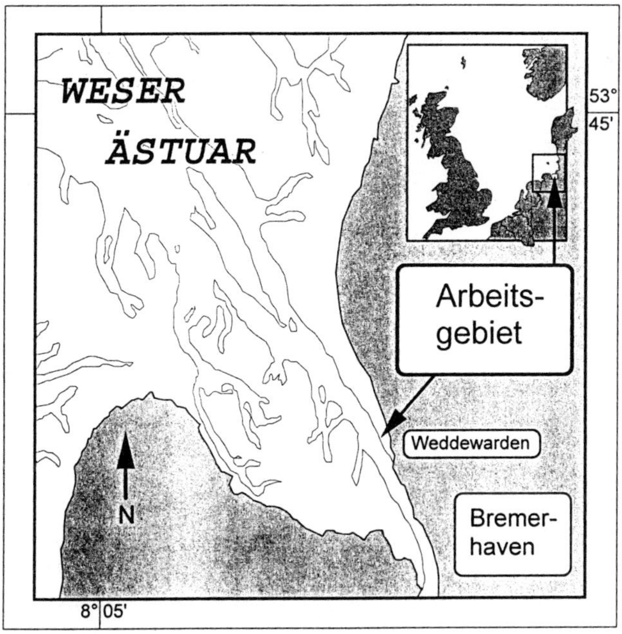

Abb. 1. Lage des Arbeitsgebietes im Weser-Ästuar

Geowissenschaften und Umwelt
Herausgegeben von J. Matschullat und G. Müller

Beschreibung des Arbeitsgebietes

Das Arbeitsgebiet liegt im östlichen Weserästuar westlich der Ortschaft Weddewarden, etwa 5 km nördlich von Bremerhaven (Abb. 1). Nach vorausgegangenen Kartierungen und Voruntersuchungen zur räumlichen Variabilität des Arbeitsgebietes wurde ein Arbeitsfeld von ca. 4 m^2 gewählt. Dieses lag in einem Buhnenfeld lag und war gegen das Fahrwasser durch einen Damm abgetrennt, der bei einsetzendem Hochwasser überflutet wurde. Durch die geschützte Lage besaß das beprobte Sediment eine Korngrößenverteilung von rund 80 % Schluff, etwa 10 % Feinsand sowie 10 % Tonfraktion. Die mittlere Porosität lag im Beprobungszeitraum von April 1992 bis März 1993 bei 0,73.

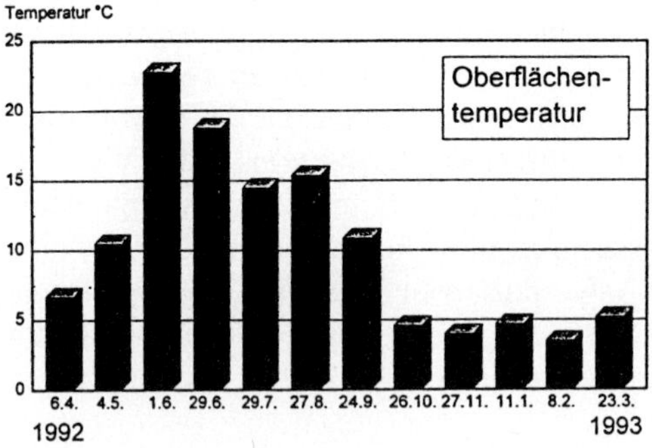

Abb. 2. Oberflächentemperatur

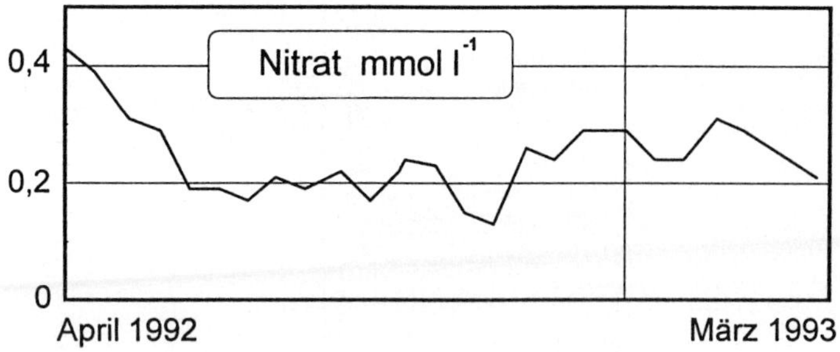

Abb. 3. Nitratkonzentrationen im Weserwasser; Meßstation Bremerhaven, 14-tägige Mittelwerte; frdl. Überlassung der Daten durch das Wasserwirtschaftsamt Bremen

Erhöhte Porositäten in den oberen 10 cm traten wegen verstärkter Bioturbation im Sommer auf (Abb. 2). Im Verlauf einer Tide fiel das Arbeitsgebiet rund 5 Stunden lang trocken und lag sieben Stunden unter Wasserbedeckung bei einem durchschnittlichen maximalen Wasserstand von 2 m Höhe bei Hochwasser. Als saisonale Einflußgröße ist zum einen die Temperatur (Abb. 3; Tabelle 1) und zum anderen die Zusammensetzung des Ästuarwassers zu nennen. Je nach der Menge des Abflusses der Weser findet eine mehr oder weniger starke Verdünnung des Seewassers im Ästuarbereich statt. Die Salinität variiert am Probenahmestandort von 5 bis 20 Promille im Verlauf des Jahres. Das Versuchsgebiet liegt damit in der mesohalinen Zone (Lüneburg et al. 1975). Die Nitratkonzentrationen waren im Ästuarwasser im Sommer geringer als im Winter (Abb. 4).

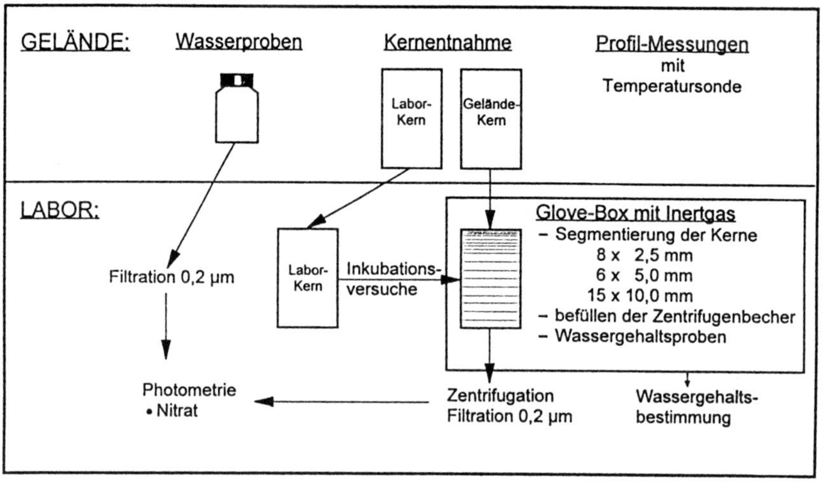

Abb. 4. Probenahmeschema

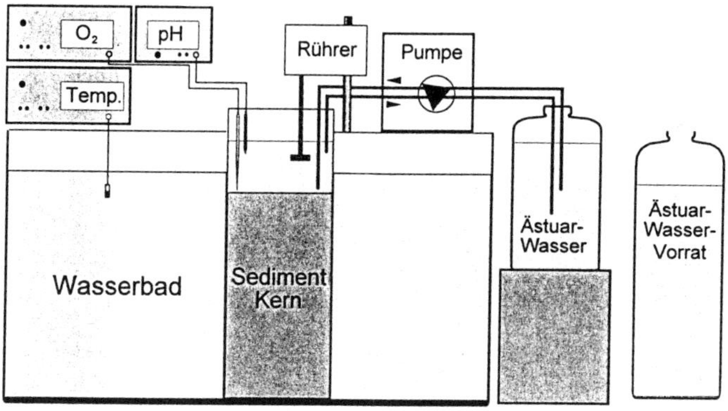

Abb. 5. Aufbau der Inkubationsversuche

Methodik

Im Abstand von vier bis sechs Wochen wurden jeweils 2 Sedimentkerne von 20 cm Durchmesser und ca. 30 cm Länge bei Niedrigwasser entnommen. Gleichzeitig fand die Temperaturmessung mit einer Temperatursonde statt. Zusätzlich wurden etwa 10 l Weserwasser zur Verwendung in den Inkubationsexperimenten in PE-Kanister abgefüllt. Nach dem Transport ins Labor an der Universität Bremen begann etwa 2 Stunden nach der Kernentnahme die Beprobung eines der beiden Sedimentkerne in einer Glove-Box unter Argonatmosphäre (Abb. 5). Der zweite Kern wurde für Inkubationsversuche unter kontrollierten Bedingungen benutzt (Abb. 6). Mit Hilfe der Laborversuche wurden die Flüsse durch die Sediment/Wasser Grenzfläche aus der Konzentrationsabnahme des Nitrats im zirkulierenden Versuchswasser bestimmt.

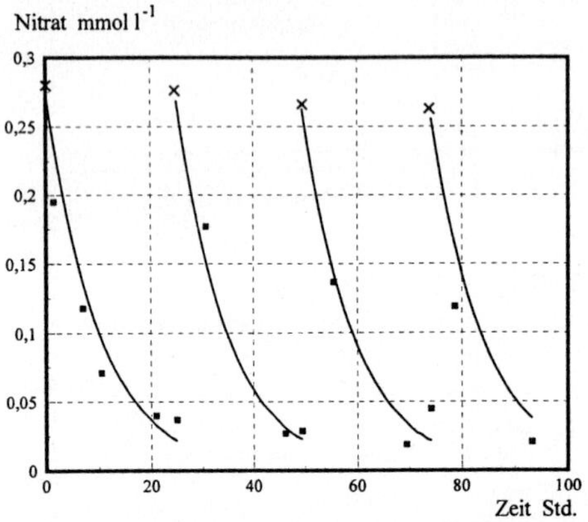

Abb. 6. Laborversuch 29.06.92-03.07.92; Temperatur: 20°C, ■: überstehendes Wasser, x: Vorratsbehälter, –: e-Funktion als Anpassung an den Nitratabbau: C = 0,28 mmol/l • $e^{(-1\cdot t)}\cdot e^{(-0{,}001\cdot T)}$ mit 0,28 mmol/l Anfangskonzentration, -0,1 h^{-1}: Abbaufaktor Überstand, -0,001 h^{-1}: Abbaufaktor Vorrat, T h: Gesamtzeit (0-93 h), t h: Zeit nach jeweiligem Wasserwechsel (0-26 h)

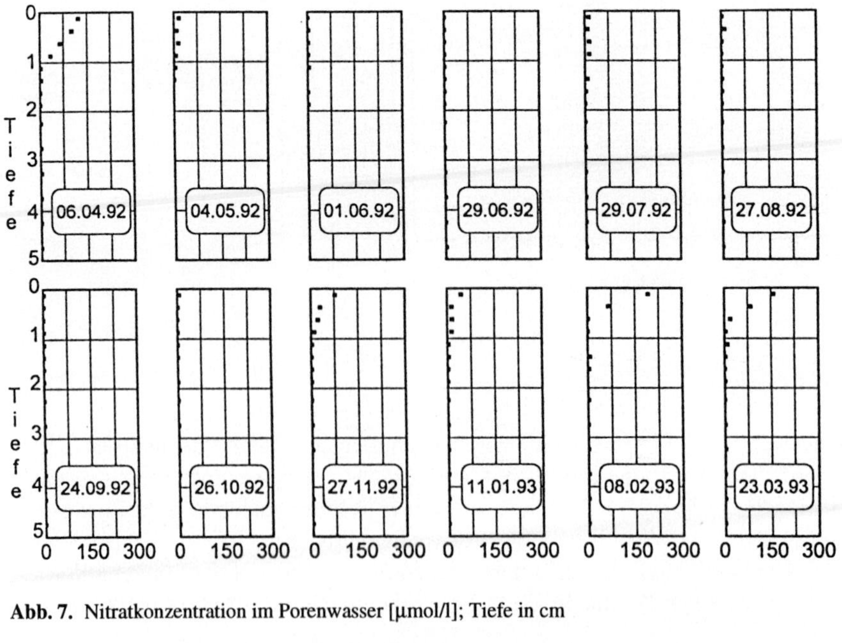

Abb. 7. Nitratkonzentration im Porenwasser [µmol/l]; Tiefe in cm

Ergebnisse

Als Elektronenakzeptor wird Nitrat von Mikroorganismen im Sediment beim Abbau organischen Materials aufgezehrt. Die Porenwasserprofile bilden den Fluß dieses Stoffes ins Sediment an den Ort seines Verbrauchs ab (Abb. 7). Unter der Annahme, daß die Konzentrationsverteilung für den Zeitraum der Beprobung stationär war, konnte das 1. Fick'sche Gesetz zur Berechnung von diffusiven Stoffflüssen angewandt werden.

Der berechnete Nitratfluß aus dem Gradienten im Sediment lag durchschnittlich um den Faktor 10 niedriger als der Fluß, der aus der Nitratabnahme im überstehenden Wasser des Inkubationsversuches ermittelt wurde. Es ist zu vermuten, daß durch Bioirrigation und Bioturbation der Stofffluß um diesen Faktor vergrößert wurde (Callender u. Hammond 1982), weshalb im weiteren nur der Nitratfluß aus den Inkubationsversuchen Berücksichtigung fand. Dieser Fluß zeigte eine lineare Korrelation mit der Temperatur der Sedimentoberfläche (Abb. 8).

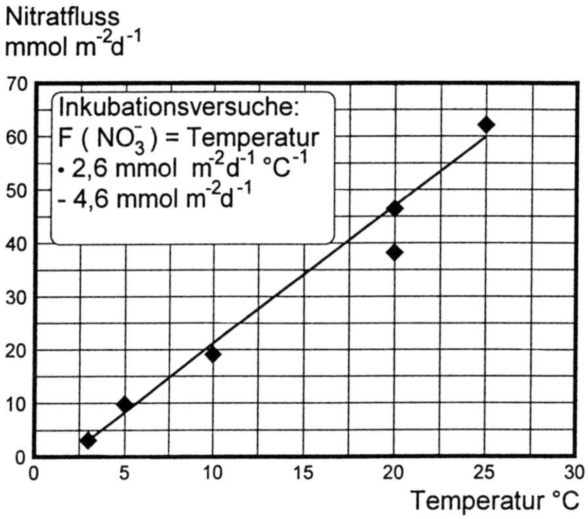

Abb. 8. Temperaturabhängigkeit des Nitratflusses im Laborversuch

Diskussion

Obwohl die Zusammensetzung des ästuarinen Wassers im Versuchsgebiet saisonale Variationen, bedingt durch die unterschiedliche Abflussmenge des Weserwassers, aufweist, ist die Temperatur der entscheidende Faktor für Änderungen im Nitratfluß durch die Wasser/Sediment Grenzschicht (Tabelle 1). Für den umweltrelevanten Nährstoff Nitrat ist eine Abschätzung des Jahresabbaus für das beprobte Material möglich, indem der monatliche Abbau, berechnet aus den Temperaturen und der Nitratabbaufunktion, addiert wird. Für einen Quadratmeter des vorliegenden Sediments erhält man so einen Nitratabbau von rund 480 g Nitrat pro Jahr. Hochgerechnet auf eine mittlere wasserbedeckte Fläche des inneren Weserästuars von 55 km^2 ergibt sich ein Jahresverbrauch des Ästuars von 26 000 t Nitrat, was bei einer in der Weser transportierten Nitratmenge von 240 000 t/a (ARGE Weser 1990) einem Anteil von 10 % entspricht. Diese Menge ist als Obergrenze anzusehen, weil ein Teil des Weserästuars von Sandwatt und Sandflächen gebildet wird, in denen geringere Stoffumsätze zu erwarten sind.

Tabelle 1. Monatlicher Nitratabbau und Jahressumme

	Temperatur °C	Nitratabbau [mol/m^2]
April '92	7	0,4
Mai '92	11	0,7
Juni '92	20	1,4
Juli '92	19	1,4
August '92	15	1,1
September '92	16	1,1
Oktober '92	8	0,5
November '92	5	0,3
Dezember '92	4	0,2
Januar '93	5	0,3
Februar '93	5	0,2
März '93	4	0,3
Gesamtabbau	6	7,7

Danksagung. Die vorliegende Arbeit entstand im Rahmen des von der DFG geförderten Graduiertenkollegs "Stoffflüsse in marinen Geosystemen". Allen KollegInnen der Geochemie sei herzlich für Ihre Hilfe und Kritik gedankt. Die ausgezeichnete Betreuung der Laborarbeiten durch Frau S. Hinrichs und Frau R. Henning half sehr, diese Arbeit durchzuführen.

Literatur

ARGE Weser (Arbeitsgemeinschaft der Länder zur Reinhaltung der Weser) (1990) Zahlentafeln der physikalisch-chemischen Untersuchungen. Freie Hansestadt Bremen, Der Senator für Umweltschutz

Callender E, Hammond DE (1982) Nutrient exchange across the sediment-water interface in the Potomac River Estuary. Estuarine Coastal Shelf Sci 15:395-413

Emerson S, Jahnke R, Heggie D (1984) Sediment-water exchange in shallow water estuarine sediments. J Mar Res 42:709-730

Jørgensen BB, Sørensen J (1985) Seasonal cycles of O_2, NO_3^- and SO_4^{2-} reduction in estuarine sediments: the significance of an NO_3^- reduction maximum in spring. Mar Ecol Prog Ser 24:65-74

Lüneburg H, Schaumann K, Wellershaus S (1975) Physiographie des Weser-Ästuars (Deutsche Bucht). Veröff Inst Meeresforsch Bremerh 15:195-226

Viel M, Barbant A, Langone L, Buffoni G, Paltrinieri D, Rosso G (1991) Nutrient profiles in the pore water of a deltaic lagoon: methological considerations and evaluation of benthic fluxes. Estuarine Coastal Shelf Sci 33:361-382

Watson PG, Frickers PE, Goodchild CM (1985) Spatial and seasonal variations in the chemistry of sediment interstitial waters in the Tamar Estuary. Estuarine Coastal Shelf Sci 21:105-119

4.5 Austrag von gelöstem Cu, Ni, Cd und Mn aus Schlicksedimenten im Weserästuar, NW-Deutschland

Frank Skowronek, Jens Sagemann, Andreas Dahmke und Horst D. Schulz

Einleitung

Ein erheblicher Anteil von Schadstoffen gelangt mit der Stofffracht von Flüssen in die Weltmeere. Den Mündungsbereichen von Tidegewässern kommt hierbei aufgrund ihrer Funktion als potentielle Senke bzw. Quelle eine besondere Bedeutung hinsichtlich der in die Ozeane gelangenden Schadstoffmengen zu (Förstner u. Wittmann 1983). In dieser Arbeit werden die Ergebnisse von Untersuchungen zum Austrag von gelösten Schwermetallen (Cu, Ni, Cd, Mn) über die Grenzfläche Sediment/Wasser aus Sedimenten des Weserästuares vorgestellt. Über einen Zeitraum von einem Jahr wurden im Bereich der Untersuchungsfläche Flußwasser- und Porenwasserkonzentrationen gemessen sowie Laborversuche an Sedimentkernen aus dem Untersuchungsgebiet durchgeführt. Das Ziel dieser Untersuchungen war es, den in Abhängigkeit von der Jahreszeit unterschiedlichen Beitrag von Freisetzungs- bzw. Festlegungsprozessen an der Sedimentoberfläche zu erfassen und für den Untersuchungszeitraum zu bilanzieren. Zur quantitativen Abschätzung des Cu- und Mn-Austrages werden Stoffflußfunktionen vorgestellt.

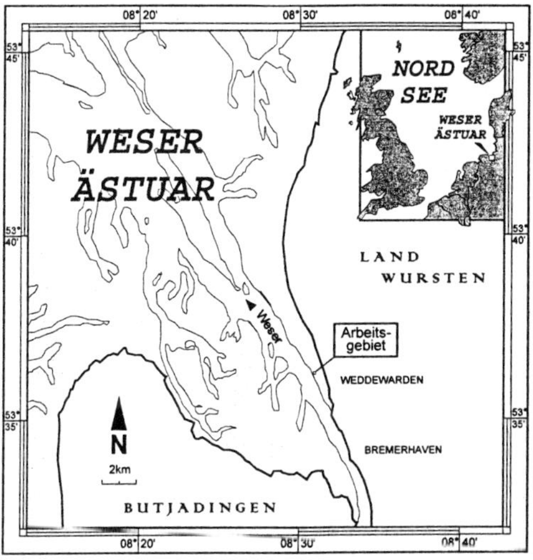

Abb. 1. Lage des Untersuchungsgebietes. Die gepunkteten Flächen in der linken Abbildung bezeichnen Gebiete mit zeitweise trockenfallenden Sedimenten

Geowissenschaften und Umwelt
Herausgegeben von J. Matschullat und G. Müller

Methodik

Von April 1992 bis März 1993 wurden in vier- bis sechswöchigen Abständen jeweils zwei Sedimentkerne aus einer Untersuchungsfläche (16 m^2) im Intertidal der Weser entnommen (Abb. 1). In einer Argonatmosphäre (O_2 < 0,04 %) wurde der erste Sedimentkern segmentiert (Probenintervalle: 0,25 bis 1cm), das Porenwasser abzentrifugiert und mittels Standardanalysenmethoden auf die Gehalte an Cu, Ni, Cd und Mn untersucht. Die verwendeten Methoden zur Probengewinnung und -behandlung sowie die Analysenmethoden sind in Tabelle 1 zusammengestellt.

Tabelle 1. Probennahme, Probenaufbereitung und analytische Methoden und Parameter

Probennahme:	Ausstechen der Sedimentkerne			
Kernparameter:	PVC-Rohr, D = 20 cm mit Endkappen verschließbar			
Porenwassergewinnung:	Sauerstofffreie Kernsegmentierung, anschließend temperaturkontrollierte Zentrifugation			
Filtration:	0,2 µm Polyamid Filter (Sartorius), säuregespült			
Probenkonservierung:	0,2 % HNO_3, suprapur, Lagerung bei 4 °C			
Analytik:	Kupfer GF-AAS z.T. mit Std.-Addition	Nickel GF-AAS z.T. mit Std.-Addition	Cadmium GF-AAS mit L'vov-plattform und Matrixmodifikation (KH_2PO_4)	Mangan GF-AAS oder ICP-AES, je nach Konzentration im Porenwasser
Bestimmungsgrenze: (berechnet mit 3σ) [µg/l]	1,1	1,9	0,39	2,0 / 20
RSD bei x (µg/l)	1,8	5,0	0,40	2,6 / 30
(%)	4,8	3,9	11,7	7,2 / 4,0
n	9	8	20	8 / 12

Zur direkten Bestimmung von Schwermetallflüssen durch die Sediment/Wasser-Grenzfläche in Abhängigkeit von der Temperatur wurde der zweite Sedimentkern einem mehrtägigen Laborversuch unter konstanten Temperaturen unterzogen. Dabei wurden für die verschiedenen Laborversuche Temperaturen zwischen 4 und 35 °C gewählt. Während des Laborversuches wurde der Kern mit überstehendem Flußwasser überspült, welches täglich ausgetauscht, in 1 bis 24 Std.-Intervallen beprobt und auf die o.a. Schwermetalle analysiert wurde. Die Stoffflüsse (J) an der Sediment-/Wasser-Grenzfläche (x = 0) wurden aus den monatlich gemessenen Porenwasserprofilen auf der Basis des 1. Fick'schen Gesetzes berechnet. Eingesetzt wurde der jeweilige Konzentrationsgradient ($\partial C/\partial x$) zwischen dem überstehenden Flußwasser und dem Porenwasser der obersten Sedimentprobe (∂x= 0,25 cm), die Porosität (ϕ) und der temperatur- und tortuositätskorrigierte Diffusionskoeffizient (D_s) im obersten Tiefenintervall des Sedimentkernes (Aller u. Benninger 1981; Ullman u. Aller 1982):

$$J_{x=0} = -\phi D_s \left(\frac{\partial C}{\partial x} \right)_{x=0}$$

Zusätzlich erfolgte die direkte Bestimmung der Stoffflüsse aus den Laborversuchen anhand der Konzentrationsdifferenz im Versuchswasser (C_t - C_0) in Abhängigkeit von dem eingesetzten Versuchswasservolumen (V_t), der Versuchszeit (∂t) sowie der Kernoberfläche (A):

$$J = V_t \left(\frac{C_t - C_o}{A \cdot \partial t} \right)$$

Ergebnisse

Die Stoffflüsse der untersuchten Schwermetalle durch die Sediment/Wasser-Grenzfläche zeigten deutliche Variationen über den Untersuchungszeitraum von einem Jahr (Abb. 2). Der Austrag von Cu, Ni und Cd aus dem Sediment in das überstehende Bodenwasser war im wesentlichen auf das Frühjahr und den Sommer beschränkt. In dieser Zeit wurden an der Sediment/Wasser-Grenzfläche Stoffflüsse im Mittel von 35 nmol Cu/cm$^2 \cdot$ a, 93 nmol Ni/cm$^2 \cdot$ a) und 5,4 nmol Cd/cm$^2 \cdot$ a bestimmt. Wesentlich geringere Stofflüsse bis hin zu einem diffusiven Fluß aus dem Bodenwasser in Richtung Sediment und entsprechender Spurenmetallfestlegung waren charakteristisch für die Situation im Herbst und Winter. Der Austrag von Mn aus den untersuchten Wattsedimenten erfolgte im Unterschied zu den beschriebenen Spurenmetallen fast ausschließlich in den Monaten Mai und Juni (im Mittel 336 µmol/cm$^2 \cdot$ a). Während des übrigen Untersuchungszeitraumes waren deutlich geringere Mn-Flüsse von -0,3 bis 30,2 µmol/cm$^2 \cdot$ a zu beobachten.

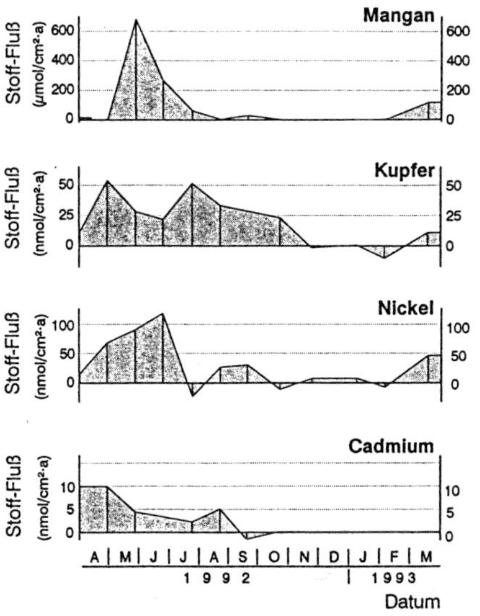

Abb. 2. Aus Porenwasserprofilen berechnete Stoffflüsse von Mn, Cu, Ni und Cd über die Sediment/-Wasser-Grenzfläche. Positive Werte bezeichnen eine Freisetzung aus den Sedimenten

Die mit beiden Methoden gemessenen (Laborversuche) bzw. berechneten (aus Porenwasser-Profilen) Stoffflüsse waren für Mn gut vergleichbar (Abb. 3b). Verglichen mit den berechneten Werten wurden in den Laborversuchen durchweg geringere Cu-Stoffflüsse gemessen (Abb. 3a). Dies war insbesondere auf Sorptions-/Desorptionseffekte an den Schwebstoffen des unfiltrierten Versuchswassers zurückzuführen. Die Auswertung der Cu-Stoffflüsse stützte sich aus diesem Grund im wesentlichen auf die berechneten Daten aus den Porenwasser-Profilen.

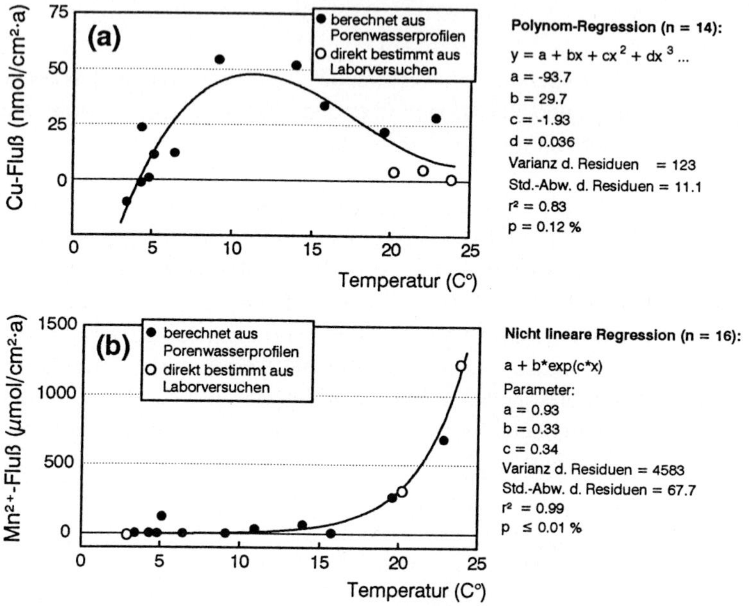

Abb. 3a. Cu-Fluß über die Sediment/Wasser-Grenzfläche in Abhängigkeit von der Temperatur. An die Meßwerte wurde eine Polynomfunktion 3. Grades (durchgezogene Linie, Funktionsparameter siehe rechte Seite der Abbildung) angepaßt. **b.** Mn-Fluß über die Sediment/Wasser-Grenzfläche in Abhängigkeit von der Temperatur. An die Meßwerte wurde eine Exponentialfunktion (durchgezogene Linie, Funktionsparameter siehe rechte Seite der Abbildung) angepaßt

Diskussion

Die kurz- und langfristigen Änderungen der Umweltbedingungen denen Ästuarsedimente ausgesetzt sind, verursachen saisonale Veränderungen in der Produktion bzw. der Festlegung von Porenwasserinhaltsstoffen. (Aller u. Benninger 1981; Elderfield et al. 1981). Je nach Richtung und Größe des resultierenden Konzentrationsgradienten an der Grenzfläche zwischen dem Sediment und dem überstehenden Bodenwasser stellt sich ein diffusionskontrollierter Transport ein, der in erster Näherung mit dem 1. Fickschen Gesetz beschrieben werden kann. In der hier für die Stofffußberechnungen verwendeten Form des 1. Fickschen Gesetzes werden zusätzliche advektive oder diffusive Transportprozesse, die aufgrund von biologischer Aktivität im Sediment (Bioturbation-, Bioirrigation) verursacht werden und zu höheren Stoffflüssen führen können (Aller u. Yingst 1978; Berner 1980), nicht berücksichtigt. Aufgrund dieser Vereinfachung ist anzunehmen, daß die berechneten Stoffflüsse für Jahreszeiten mit erhöhter biologischer Aktivität (Frühjahr, Sommer) geringer als die tatsächlichen Stoffflüsse sind.

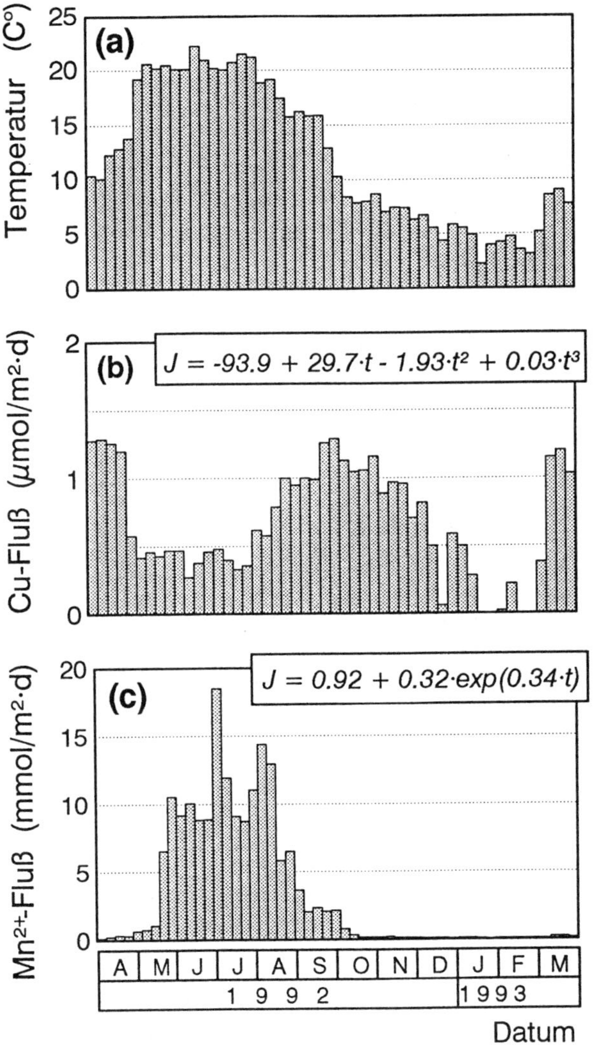

Abb. 4a. Temperatur des Weserwassers über den Untersuchungszeitraum. Die Temperaturen wurden aus mittleren Tagestemperaturen an der Meßstelle Bremerhaven (Wasserwirtschaftsamt Bremen, unveröffentl. Daten) in mittlere Wochentemperaturen umgerechnet. **b.** mit den Temperaturdaten aus Abb. 4a und der entsprechenden Stoffflußfunktion (Abb. 3a) berechneter Cu-Fluß an der Oberfläche der untersuchten Sedimente über den Untersuchungszeitraum. **c.** mit den Temperaturdaten aus Abb. 4a und der entsprechenden Stoffflußfunktion (Abb. 3b) berechneter Mn-Fluß an der Oberfläche der untersuchten Sedimente über den Untersuchungszeitraum

Saisonale Verteilung von Schwermetallflüssen. Über den Untersuchungszeitraum von einem Jahr wurden deutliche Änderungen der benthischen Stoffflüsse der Schwermetalle Cu, Ni, Cd und Mn festgestellt (Abb. 2). Diese sind der Intensität geochemischer Prozesse an der Sedimentoberfläche zuzuschreiben. Als wichtiger Parameter, der direkt auf die Umsatzrate dieser Prozesse Einfluß nimmt, kann insbesondere die Temperatur herangezogen werden. Für die Metalle Cu und Mn waren die Stoffflüsse in Abhängigkeit von der Bodenwassertemperatur quantitativ mit Hilfe der in den Abb. 3a und 3b aufgeführten empirischen Stoffflußfunktionen beschreibbar. Durch Einsetzen von Temperaturdaten aus dem Monitoringprogramm der ARGE Weser (Abb. 4a) in die Stoffflußfunktionen (Abb. 3a und 3b) wurden die Cu-Flüsse (Abb. 4b) und die Mn-Flüsse (Abb. 4c) für die Versuchsfläche in Abhängigkeit von der Zeit berechnet. Die jährlichen Stoffausträge aus den untersuchten Ästuarsedimenten entsprechen dann der Summe der Einzelwerte der berechneten Cu- und Mn-Flüsse über das Untersuchungsjahr (Tabelle 2).

Für Ni und Cd war aus den Ergebnissen dieser Untersuchungen kein statistisch belegter Zusammenhang zwischen der Stoffflußverteilung in Abhängigkeit von der Zeit oder der Umgebungstemperatur erkennbar. Die Bilanzierung der jährlichen Ni- und Cd-Austräge aus den Schlicksedimenten der Versuchsfläche erfolgte deshalb ausschließlich durch die zeitgewichtete Summierung der bei den monatlichen Probennahmen ermittelten Stoffflußdaten (Abb. 2). Das Ergebnis ist in Tabelle 2 aufgeführt.

Tabelle 2. Jährliche Schwermetallflüsse (Standardabweichung in Klammern)

	Mn	Cu	Ni	Cd
Flußbestimmung:	1)	1)	2)	2)
Jährlicher Stofffluß bezogen auf die Versuchsfläche in mol/cm^2•a (Mn) und in nmol/cm^2•a (Cu, Ni, Cd)				
	+ 121,1	+ 24,8	+ 30,8	+ 2,0
	(±19,3)	(± 23,2)	(± 14,2)	(± 1,5)

1) mit Hilfe von Stoffflußfunktionen und unter Verwendung von wöchentlichen Temperaturmittelwerten des Weserwassers berechnet (siehe Text); 2) aus Porenwasserprofilen berechnet

Temperaturabhängigkeit der Schwermetallfreisetzung. Den vorgestellten Stoffflußfunktionen liegt die Annahme zugrunde, daß die Änderung von Stoffflüssen durch Temperaturänderungen und der damit verbundenen Intensivierung bzw. Verlangsamung geochemischer Prozesse hervorgerufen werden. Zur Überprüfung dieser Annahme können die Ergebnisse der Laborversuche herangezogen werden. Die Abbildungen 5a und b zeigen am Beispiel von zwei Kernpaaren den Zusammenhang zwischen Sedimenttemperaturen und der Freisetzung von Cu und Mn in das Porenwasser. Die Parallelkerne wurden jeweils im Winter bei Temperaturen von ca. 5 °C entnommen. Der Laborkern wurde anschließend für 44 Std. bzw. für 55 Std. Temperaturen von 20 °C und 22 °C ausgesetzt. Nach den mehrtägigen Experimenten wurde für beide Metalle eine deutliche Konzentrationszunahme im Porenwasser des obersten Zentimeters festgestellt (Abb. 5a für Cu, Abb. 5b für Mn). Cu und Mn wurden dabei aus den Sedimenten in diesem Tiefenintervall mit einer Rate von 13,3 nmol/m^{-2} h bzw. 11,1 µmol/m^{-2} h freigesetzt. Daraus resultierte eine Erhöhung der Schwermetallausträge über die Sedimentoberfläche von 0,3 auf 2,6 µmol Cu/m^2 d und von 4,4 auf 141 µmol Mn/m^2 d. Während der Laborversuche blieben die pH-Werte als auch die Redoxpotentiale im Versuchs- und im Porenwasser annähernd konstant (Abb. 5a und 5b).

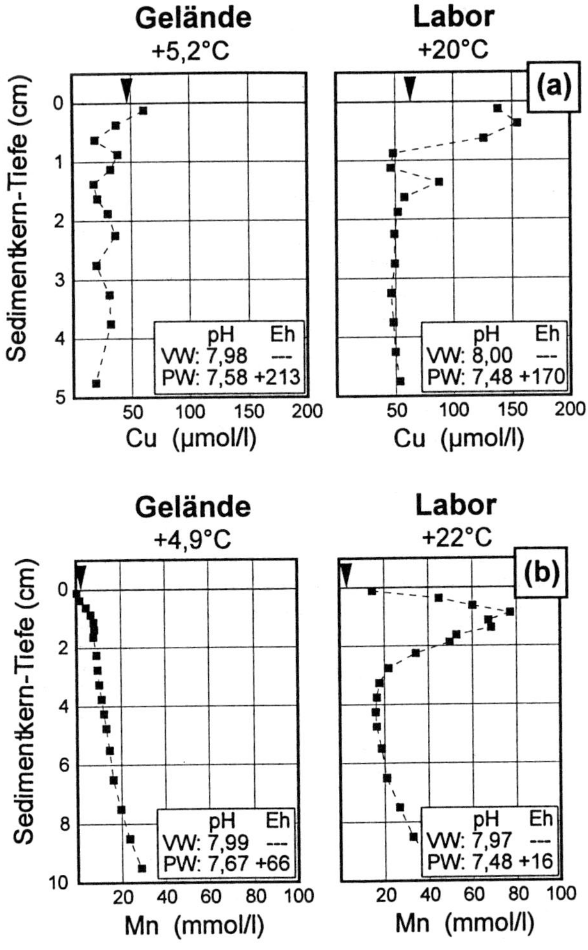

Abb. 5a. Cu-Porenwasserprofil eines Sedimentkernes unmittelbar nach der Entnahme im Gelände bei +5,2 °C (linkes Profil) und nach einem 55 stündigen Laborversuch bei +20 °C (rechtes Profil). **5b.** Mn-Porenwasserprofil eines Sedimentkernes unmittelbar nach der Entnahme im Gelände bei 4,9 °C (linkes Profil) und nach einem 66 stündigen Laborversuch bei 22 °C (rechtes Profil). Die Pfeile geben die Bodenwasserkonzentration an. (VW) steht für das überstehende Versuchswasser, (PW) für das Porenwasser des obersten Tiefenintervalles. Die Eh-Werte sind in mV angegeben

Bilanzierung der Schwermetallflüsse. Zur Abschätzung der Größenordnung der insgesamt aus den Sedimenten des Mündungsbereiches der Weser jährlich freigesetzten Metallmengen wurden die an den Sedimenten der Versuchsfläche bestimmten benthischen Stoffflüsse auf die Fläche des inneren Weserästuares (55 km^2) hochgerechnet. Dabei ist zu berücksichtigen, daß die durchgeführten Stoffflußberechnungen an Sedimenten vorgenommen wurden, die sicherlich nicht für die Gesamtheit der im Mündungsbereich anstehenden Sedimente repräsentativ sein können. Großflächige Untersuchungen im Gebiet der Wesermündung sind derzeit jedoch nicht verfügbar, so daß für eine abschätzende Bilanzierung, unter Berücksichtigung der entsprechenden Fehler (Tabelle 2), auf die Ergebnisse der hier vorgestellten Untersuchungen zurückgegriffen werden muß. Die Hochrechnung der Schwermetallflüsse ergibt jährliche Nettoausträge von 3.659 t Mn, 0,87 t Cu, 0,99 t Ni und 0,124 t Cd (Tabelle 3) in gelöster Form. Der Vergleich mit der jährlichen Metallfracht der Weser zeigt, daß insbesondere die Freisetzung von gelöstem Mn aus den Ästuarsedimenten in beträchtlicher Menge zur Netto-Metallemission der Weser beiträgt. Der Austrag von gelöstem Cu, Ni und Cd liegt im Bereich der jährlichen Metallemission durch industrielle und kommunale Abwässer und ist somit für eine Massenbilanz als relevant anzusehen.

Ästuargebiete werden u.a. von Rehm et al. (1984) bezüglich des Transportes von Schadstoffen als potentielle Senken eingeschätzt. Im Hinblick auf die Schwermetalle Cu, Ni, Cd und Mn lassen die vorgestellten Untersuchungsergebnisse den Schluß zu, daß die Ästuarsedimente, insbesondere im Frühjahr und im Sommer, nicht als Senke sondern als Quelle von gelösten Schwermetallen einzuordnen sind.

Tabelle 3. Abflußdaten der Weser und Schwermetallbilanz für das Weserästuar (in Tonnen/Jahr)

Abflußmenge (Oberwasserabfluß am Pegel Intschede)		gesamt [1] (m^3/s)		industr. Abwässer [2] (m^3/s)	komm. Abwässer [2] (m^3/s)
		324		12	2,2
Metallfracht		gesamt [2)-7)]	gelöst [6)+8)]	industr. Abwässer [2]	komm. Abwässer [2]
	Mn	2000-6200	240-1880	-	-
	Cu	60-260	11-35	4,9	0,28
	Ni	50-120	50	-	-
	Cd	3,0-6,5	1,6-2,8	0,264	0,024
			gelöst [8]		
Potentielle Metallfreisetzung aus	Mn		3659		
den untersuchten Sedimenten	Cu		0,87		
(bezogen auf die Fläche	Ni		0,99		
des inneren Weserästuares)	Cd		0,124		

Daten entnommen aus: [1]ARGE Weser(1982), Abflußmittel für die Jahre 1941 bis 1975; [2]Umweltbundesamt (1987), die Abflußmengen und Frachten wurden unterhalb der Tidegrenze für das Jahr 1985 bestimmt; [3]Nieders. LAWA (1987), Meßstelle Intschede; [4]DHI (1984); [5]Jathe u. Schirmer (1988); [6]Knauth et al. (1990); [7]aus 14-tägigen Gewässergütemessungen des Wasserwirtschaftsamtes Bremen für 1992/93 umgerechnet, [8]aus eigenen Meßdaten für den Zeitraum April 1992 bis März 1993 bestimmt

Danksagung. Die vorliegende Arbeit wurde im Rahmen des Graduiertenkollegs "Stoffflüsse in marinen Geosystemen" von der Deutschen Forschungsgemeinschaft finanziert. Den Kollegen der Arbeitsgruppe danken wir für Ihre Unterstützung bei theoretischen Problemen und bei praktischen Arbeiten im Labor. Herrn Dr. Weigel, Wasserwirtschaftsamt Bremen, gebührt unser Dank für die freundliche Überlassung von Temperatur- und Gewässergütedaten aus dem laufenden Meßprogramm der ARGE-Weser.

Literatur

Aller RC, Yingst JY (1978) Biogeochemistry of tube-dwellings: a study of the sedentary polychaete Amphitrite ornata (leidy). J Mar Res 36:201-254

Aller RC, Benninger LK (1981) Spatial and temporal patterns of dissolved ammonium, manganese and silica fluxes from bottom sediments of Long Island Sound, U.S.A. J Mar Res; 39,2:295-314

ARGE Weser (1982) Weserlastplan. Arbeitsgemeinschaft der Länder zur Reinhaltung der Weser, Bremen

Berner RA (1980) Early diagenesis. A theoretical approach. Princeton University Press, Princeton

Deutsches Hydrographisches Institut (1984) Gütezustand der Nordsee. Meereskundliche Beobachtungen und Ergebnisse. 55; Hamburg

Elderfield H, Mc Caffrey RJ, Luedtke N, Bender M, Truesdale VM (1981) Chemical diagenesis in Narragansett Bay sediments. Am Jour Sci 281:1021-1055

Förstner U, Wittmann GTW (1983) Metal Pollution in the Aquatic Environment. Springer Verlag, Berlin

Jathe B, Schirmer M (1988) Chlorierte KW und toxische Schwermetalle in und an Unter- und Außenweser. Forschungsbericht 10204354, Univ Bremen

Knauth HD, Sturm R, Milde P (1990) Zur Belastung des Weserästuars der südlichen Deutschen Bucht mit chlorierten Kohlenwasserstoffen und ausgewählten Schwermetallen. Teilgutachten des GKSS im Rahmen des Meßprogrammes Weser in Bremen, Geesthacht

Niedersächsisches Landesamt für Wasserwirtschaft (1987) Umweltvorsorge Nordsee - Belastungen, Gütesituation und Maßnahmen. Nieders Umweltministerium, Hannover

Rehm E, Schulz-Baldes M, Rehm B (1984) Geochemical factors controlling the distribution of Fe, Mn, Pb, Cd, Cu and Cr in Wadden Areas of the Weser Estuary (German Bight). Ver Inst Meeresforsch Bremerh 20:75-102

Ullman WJ, Aller RC (1982) Diffusion coefficients in nearshore marine sediments. Limnol Oceanogr 27:552-556

Umweltbundesamt (1987) Daten zur Umwelt 1986/87. Erich Schmidt Verlag, Berlin

5 Meeres- und Klimaforschung

Sich über das Ozonloch und eine drohenden Klimakatastrophe zu echauffieren, gehört bei manchen Gesprächen schon fast zum guten Ton. In krassem Gegensatz dazu steht unser wirkliches Wissen um die Bedeutung heute zu beobachtender Trends und die Gewißheit ihrer Interpretation. Wir kennen die rezenten Trends, die seit der ständigen Aufzeichnung bestimmter Parameter für einen sehr kurzen Zeitraum Schlüsse zulassen. Wir kennen Großzyklen, die sich durch Vereisungen oder Trockenzeiten in geologischen Substraten bis in die heutige Zeit erhalten haben. Doch die Auflösung zwischen beiden Maßstäben ist nicht vergleichbar. Hier setzt die marine Sedimentologie und Klimaforschung an, parallel zur Beobachtung kontinentaler Temperaturtrends an Bohrlochlogs aus Tiefbohrungen, Eiskernen aus Grönland und der Antarktis sowie limnischen Sedimenten (→ 5.1).

Offen bleibt die Frage, ob es gelingen wird, aus der Summe aller Arbeiten zu einer Erklärung zu gelangen, die mit hoher Plausibilität nachweist, daß gegenwärtige Trends in Übereinstimmung mit langfristigen Zyklen stehen bzw. im Gegensatz zu diesen Zyklen zu sehen sind. Das Problem gleicht der Frage nach dem "ökologischen Gleichgewicht", wie sie von Heling (→ 1.1) aufgeworfen wird. Da es streng genommen diese Gleichgewichte nicht gibt, müssen wir beurteilen, ob ein derzeitiger Trend auf der Flanke eines Großereignisses sitzt und damit nur ein "Zufallsprodukt" ist, oder sich eine wirkliche Anomalie dahinter verbirgt, die durch menschliche Tätigkeit ausgelöst, abgekoppelt ist von den klimatischen Großzyklen der Erde. Ebenso wie in der Ökosystemforschung sind wir vermutlich gut beraten, nicht bis zum Tag der letzten Gewißheit zu warten, wenn es darum geht, Handlungsdirektiven zu entwickeln, die uns helfen sollen, mit dem derzeit beobachteten Trend zu leben, ohne ihn zu verstärken.

In der Forschung Wichtiges von weniger Bedeutsamem zu trennen, ist dabei eine Aufgabe der Wissenschaft. Dazu bedarf es zweifelsohne noch zahlreicher Arbeiten, die vermeintlichen Trends und Anomalien nachgehen und auch scheinbar so nebensächliche Fragen klären, ob der Methanaufstieg aus mittelozeanischen Rücken einen bedeutsamen Anteil an der Methankonzentration der Atmosphäre und des Ozans hat (→ 5.3).

5.1 Meeresgeologische Beiträge zur Klimaforschung

Gerold Wefer

Einleitung

Von der Bevölkerung werden zunehmend Fragen wie "Ändert sich unser Klima?" oder "Wer steuert unser Klima?" gestellt. Der Ozean spielt im globalen Klimageschehen durch die Aufnahme und Abgabe von Treibhausgasen und den Transport von Wärme aus äquatorialen Gebieten in hohe Breiten eine wichtige Rolle. Etwa 40 % des anthropogenen CO_2 nimmt das Weltmeer auf. Damit verzögert und dämpft der Ozean die von Menschen verursachten Klimaänderungen. Über den Transport und den Verbleib des CO_2 im Ozean bestehen noch große Unsicherheiten. Das gleiche gilt für den Wärmetransport und für die Stabilität der Zirkulationssysteme.

Die Schwankungsbreite der Störungen der verschiedenen Komponenten des Klimasystems kann in brauchbarer Näherung nur aus der erdgeschichtlichen Entwicklung (Paläoozeanographie) abgeschätzt werden. Die Rekonstruktion des Wasser- und Wärmetransportes im Ozean bietet die Möglichkeit, Modelle über die Wechselbeziehungen zwischen Atmosphäre, Biosphäre und Ozean auf ihre Gültigkeit hin zu überprüfen. Der geschichtliche Ansatz liefert außerdem eine Fülle von möglichen Klimazuständen, deren Verwirklichungsfähigkeit allein durch theoretische Überlegungen nicht erfaßt werden kann. Die notwendigen Informationen sind in den marinen und terrestrischen Ablagerungen enthalten, die vielfältige Informationen über die früheren Temperaturen und Salinitäten des Oberflächen- und Bodenwassers speichern, aus denen die zeitlichen Änderungen des Wasser- und Wärmetransports zwischen den Ozeanteilen und zwischen Ozean und Land rekonstruiert werden können (für eine Übersicht siehe Seibold u. Berger 1993). Aus diesen Kenntnissen lassen sich auch Hinweise auf die Klimaentwicklung in der Zukunft ableiten.

Je nach Zeitraum und Lokalität bestimmen unterschiedliche Faktoren unser Klima. Grundlage ist die Bestrahlung der Erde durch die Sonne. Es ändert sich nicht nur die Gesamtbestrahlung, sondern auch die Verteilung der Sonneneinstrahlung auf der Erde in Abhängigkeit von der geographischen Breite. Die Ursachen für diese Variationen sind Änderungen in der Umlaufbahn der Erde um die Sonne und Änderungen der Erdneigung. Durch die Wind- und Meeresströmungen wird die Energie verteilt. Dabei spielt die Lage der Festländer und Ozeane eine große Rolle. Beeinflußt wird das Klima auch durch die Vegetation und Bebauung sowie durch die Lufthülle mit den Treibhausgasen (Wasserdampf, Kohlendioxid, Methan, FCKW). Nur weniger als 3 % der Gase in der Atmosphä-

Geowissenschaften und Umwelt
Herausgegeben von J. Matschullat und G. Müller

re bestimmen unser Klima. Welche Faktoren für das Klima wichtig sind, muß für bestimmte Zeitabschnitte getrennt betrachtet werden.

Eiszeitzyklen (Zeitraum der letzten 100 000 Jahre)

Das Klima der letzten mehreren 100 000 Jahre ist geprägt durch den Wechsel zwischen Kalt- und Warmzeiten. In den letzten ca. 900 000 Jahren trat alle 100 000 Jahre eine große Vereisung der Nordhalbkugel ein (Abb. 1). Während der Kaltzeiten waren große Teile Skandinaviens und Nordamerikas von einem dicken Eispanzer bedeckt. Das Eis reichte zeitweise bis nach Mitteleuropa, und der Meeresspiegel im Ozean war über 100 m niedriger als heute. Die Nord- und Ostsee sowie weite Schelfgebiete waren nicht mehr wasserbedeckt. Die Warmzeiten, also Zeiten mit einem Klima ähnlich wie heute, dauerten nur jeweils etwa 10 000 Jahre. Überträgt man diese historischen Befunde auf die Zukunft, so befinden wir uns jetzt bereits wieder auf dem Wege in eine neue Kaltzeit, die evtl. durch die Temperaturerhöhung aufgrund des Treibhauseffektes verzögert wird.

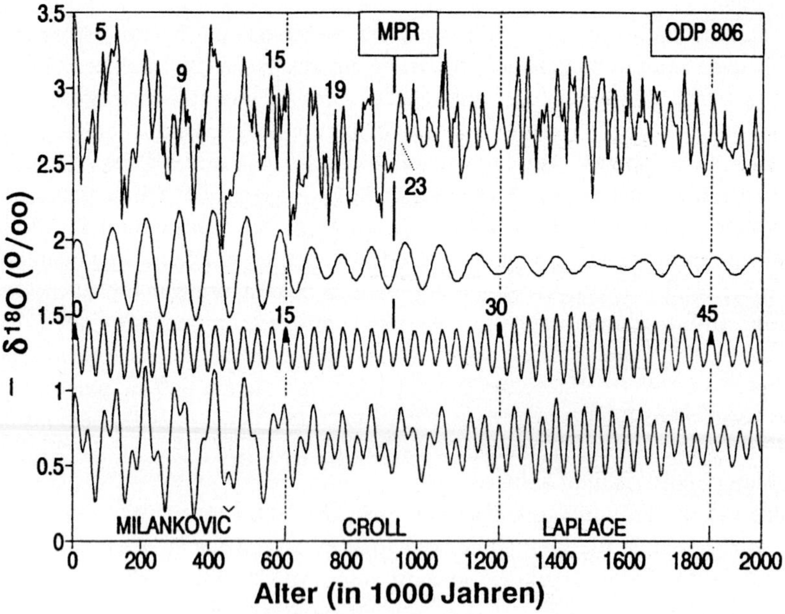

Abb. 1. Oben: Sauerstoffisotopenwerte der Bohrung 806 vom Ontong-Java-Plateau (ODP Leg 130), die in Beziehung zum Meeresspiegelstand stehen. Eine $\Delta\delta^{18}O$-Änderung von 0,1 ‰ entspricht etwa einer Meeresspiegeländerung von 10 Metern (siehe Wefer u. Berger 1991). Die letzten ca. 900 000 Jahre sind geprägt durch Wechsel zwischen Kalt- und Warmzeiten mit einer Periode von 100 000 Jahren, die mit großen Änderungen im Eisvolumen auf den Polkappen und großen Meeresspiegelschwankungen (größer 100 m) verbunden sind. Davor dominiert der Erdschiefe-Zyklus mit einer Periode von 41 000 Jahren. Die beiden mittleren Kurven zeigen die in der oberen Kurve enthaltenen dominierenden 100 000- und 41 000-Jahre-Zyklen. Unten: Kombination der beiden darüberliegenden Kurven (aus Berger u. Wefer 1992)

Die Ursachen für die Wechsel zwischen Warm- und Kaltzeiten liegen in Änderungen der Erdbahnparameter (Imbrie u. Imbrie 1979). Die Umlaufbahn der Erde um die Sonne ändert sich zwischen einer hohen Exzentrizität (mehr elliptisch) und einer geringeren Exzentrizität (mehr kreisförmig) mit einer Periode von 100 000 Jahren. Bei einer höheren Exzentrizität werden die Unterschiede zwischen den Jahreszeiten verstärkt. Die Neigung der Erdachse ändert sich zwischen maximal 24,5 Grad und minimal 21,5 Grad mit einer Periode von 41 000 Jahren. Bei hohem Achsenwinkel gelangt mehr Energie in die hohen Breiten. Ein weiterer Faktor, das Vorrücken der Nachtgleiche, hat eine Periode von 23 000 Jahren. Durch diese Erdbahnparameter wird die Sonneneinstrahlung bestimmt. Die gravierenden Klimaänderungen können jedoch nicht ausschließlich durch die Variationen der Erdbahnparameter erklärt werden. Zusätzlich wirken verstärkend oder dämpfend damit gekoppelte Zirkulationsänderungen der Atmosphäre und des Ozeans.

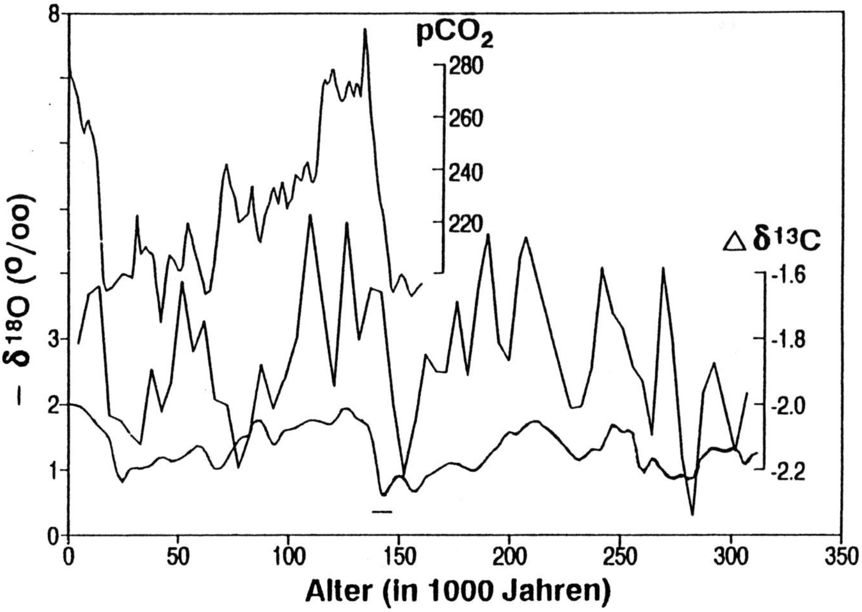

Abb. 2. Oben: CO_2-Gehalt der Atmosphäre in den letzten 160 000 Jahren anhand von Messungen an in Eiskernen der Station Vostok (Antarktis) eingeschlossener Luft (Barnola et al. 1987). Mitte: Differenz zwischen den $\delta^{13}C$-Werten planktischer und benthischer Foraminiferen als Maß für die Fruchtbarkeit des Ozeans. Unten: $\delta^{18}O$-Kurve planktischer Foraminiferen. Der CO_2-Gehalt in der Atmosphäre folgt den Warm- und Kaltzeiten (niedrige CO_2-Gehalte während der Glazialzeiten und umgekehrt). Die Fruchtbarkeit des Ozeans geht ebenfalls parallel (niedrige CO_2-Gehalte und hohe Fruchtbarkeit, angezeigt durch hohe $\delta^{13}C$-Werte) (aus Berger u. Wefer 1992)

In den letzten Jahren wurden aus dem Eis der Antarktis und Grönlands kontinuierliche Aufzeichnungen des CO_2-Gehaltes der Atmosphäre gewonnen. Sie zeigen für die letzten 150 000 Jahre eine eindrucksvolle Parallelität zu den Temperaturänderungen im Oberflächenwasser der Ozeane, so daß ein enger Zusammenhang zwischen Klima und CO_2-Gehalt der Atmosphäre angenommen werden muß (Abb. 2). Während der maximalen Vereisung vor ca. 20 000 Jahren lag der CO_2-Gehalt der Atmosphäre bei etwa 200 ppm. Er stieg dann in der heutigen Warmzeit auf ca. 280 ppm an (vorindustrieller Wert bei etwa 1850). Heute beträgt der CO_2-Gehalt infolge der Verbrennung von fossilen Energieträgern bereits 350 ppm. Bisher ist noch unklar, ob das Klima den CO_2-Gehalt verändert oder der CO_2-Gehalt das Klima steuert. Es wird angenommen, daß die Fruchtbarkeit des Ozeans den CO_2-Gehalt der Atmosphäre mitbestimmt (für eine Übersicht siehe Berger et al. 1989). Bei der Bildung organischer Substanz durch das Phytoplankton im Oberflächenwasser wird CO_2 festgelegt. Dadurch kann zusätzlich CO_2 der Atmosphäre entzogen werden. Untersuchungen zur Paläoproduktion des Ozeans sind daher wichtig zur Abschätzung des Einflusses auf den CO_2-Gehalt der Atmosphäre und auf das Klima. Mit einer neuen Methode ist es wahrscheinlich sogar möglich, über die Verteilung stabiler Kohlenstoffisotope ∂^{13}C-Werte) in organischer Substanz frühere CO_2-Gehalte der Atmosphäre direkt zu bestimmen (Rau et al. 1991; Müller et al. 1994).

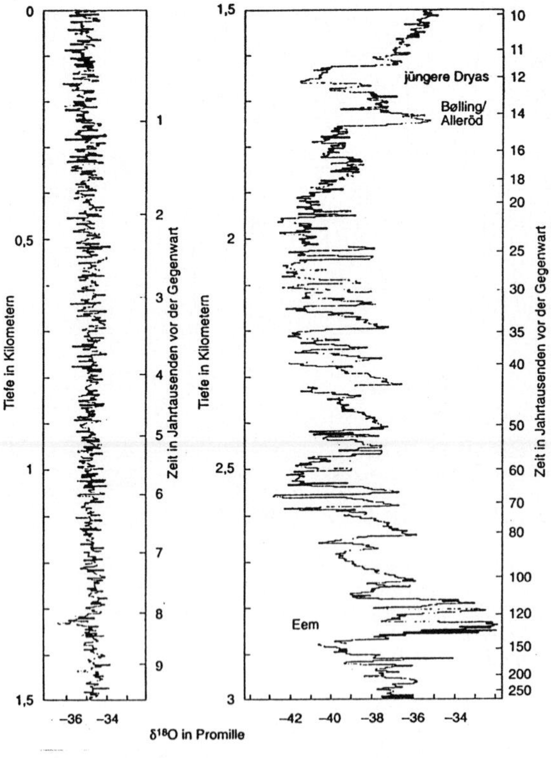

Abb. 3. Sauerstoff-Isotopenverhältnisse im Eis von Grönland als Proxy für die Temperaturen an der Erdoberfläche. Während der letzten ca. 10 000 Jahre (Holozän) waren die Temperaturen relativ konstant. Im Eem dagegen (135 000 bis 115 000 J. vor heute) wurde die Warmzeit wahrscheinlich mehrfach durch Kältephasen unterbrochen (aus Daansgard et al. 1993, umgezeichnet)

Holozän (letzte 10 000 Jahre)

Während des Holozän haben keine gravierenden Klimaänderungen stattgefunden (Abb. 3). Vermutet wird jedoch ein nacheiszeitliches Klimaoptimum 5000 bis 2500 Jahre v. Chr. Eine weitere wärmere Periode lag wohl zwischen 300 v. Chr. bis 400 n. Chr., also zur Römerzeit. Auch etwa 900 - 1200 n. Chr. (während des Mittelalters) war zumindest Nordeuropa geprägt durch wärmere Temperaturen. In diese Zeit fiel die Besiedlung Islands und Grönlands. Unsere Warmzeit scheint besonders stabil und ein außergewöhnlicher Zeitabschnitt zu sein. Im Vergleich dazu gab es im Eem (135 000 bis 115 000 Jahre vor heute) nur bis zu 2000 Jahre lange warme Perioden, die jeweils durch Kaltphasen unterbrochen wurden (Abb. 3). Die im Eis von Grönland während des Eem festgestellten Kältephasen müssen noch durch andere Proxydaten bestätigt werden. Bis dahin bestehen noch Zweifel, ob die großen Isotopen-änderungen künstlich durch Fließbewegungen des Eises entstanden sind.

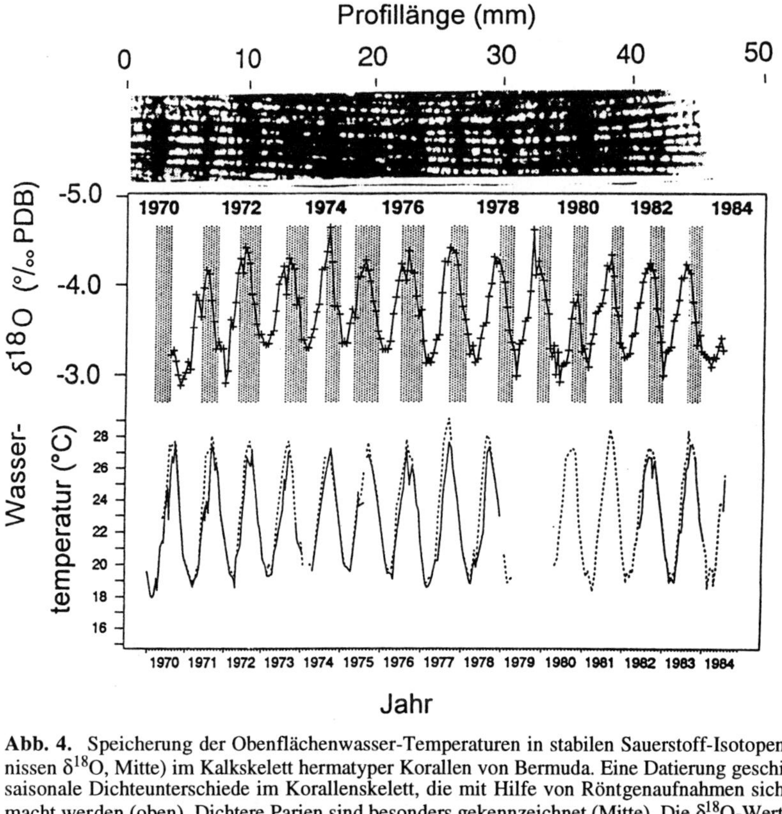

Abb. 4. Speicherung der Obenflächenwasser-Temperaturen in stabilen Sauerstoff-Isotopenverhältnissen $\delta^{18}O$, Mitte) im Kalkskelett hermatyper Korallen von Bermuda. Eine Datierung geschieht über saisonale Dichteunterschiede im Korallenskelett, die mit Hilfe von Röntgenaufnahmen sichtbar gemacht werden (oben). Dichtere Parien sind besonders gekennzeichnet (Mitte). Die $\delta^{18}O$-Werte lassen sich über eine $\delta^{18}O$-Temperaturbeziehung direkt in Temperaturen umrechnen. Die Kurven (unten) sind gemessene Temperaturen bei 1 m (gestrichelt) und 10 m Wassertiefe (durchgezogen) bei der Hydrostation S südlich von Bermuda (Pätzold u. Wefer, unpublizierte Daten)

Die letzten 1000 Jahre

In diesen Zeitabschnitt fiel die "Kleine Eiszeit" (ca. 1450 - 1850) (siehe z.B. Lamb 1969). Während dieser Zeit haben sich die Gletscher in den Gebirgen sehr weit ausgebreitet. An der englischen Küste wurden große Überschwemmungen registriert, und in diesem Zeitabschnitt waren auch die Häfen an Islands Küste stark vereist. Als Ursachen werden Änderungen in den Sonnenfleckenaktivitäten und Staubtransporte durch Vulkanausbrüche diskutiert. Nur diejenigen Vulkanausbrüche können das Klima beeinflussen, die den Staub sehr hoch in die Stratosphäre transportieren, so daß in 20 - 30 km Höhe Sonnenstrahlung reflektiert und dadurch nicht bis in die Atmosphäre durchgelassen wird. Man nimmt an, daß diese Vulkanausbrüche in Frostereignissen der Bäume registriert werden. Es gibt Übereinstimmungen zwischen historisch dokumentierten großen Vulkanausbrüchen, wie Tambora (1815) Krakatau (1883), und Frostereignissen, die in Jahresringen der Bäume dokumentiert sind (LaMarche u. Hirschboeck 1984). Andere große Vulkanausbrüche sind jedoch nicht durch Frostereignisse in Bäumen dokumentiert.

Neben Baumringen, die wichtige Dokumente für die Rekonstruktion des Klimas der letzten 1000 bis 10 000 Jahre liefern, findet man weitere wichtige Klimaaufzeichnungen in den kalkigen Jahresschichten der tropischen Korallen und in historischen Aufzeichnungen. Besonders die Korallenablagerungen bieten die Möglichkeit der hochauflösenden Rekonstruktion der saisonalen Temperaturen des Oberflächenwassers (Abb. 4). Mit Hilfe der Verteilung stabiler Sauerstoffisotope wird eine zeitliche Auflösung von bis zu zwei Wochen erreicht.

Die letzten 100 Jahre

Die letzten 100 Jahre zeichnen sich aus durch einen kontinuierlichen Temperaturanstieg von 1880 bis 1940 sowohl in der Luft als auch im Oberflächenwasser der Ozeane (Abb. 5). Während dieser Zeit ist die Durchschnittstemperatur um ca. 0,5 °C angestiegen. Dieser Trend wurde von 1940 bis 1970 durch eine Abkühlung unterbrochen. Danach erwärmen sich die Atmosphäre und auch der Oberflächenozean wieder. Seit 1982 ist der Anstieg stark beschleunigt, und in den 90er Jahren werden die wärmsten Jahre seit der Temperaturbestimmung durch Thermometer registriert. Auch die Niederschläge haben sich während dieses Zeitraumes verändert: zwischen 5 °N und 35 °N fiel weniger Niederschlag; dagegen war es zwischen 35 ° und 79 °N im Winter feuchter. Während der letzten 100 Jahre ist auch der Meeresspiegel um etwa 16 cm angestiegen. Seit 1930 ist dieser Anstieg stark beschleunigt. Man nimmt an, daß etwa die Hälfte dieses Meeresspiegelanstiegs durch Abschmelzen von Eis herrührt und die andere Hälfte auf eine Erwärmung und dadurch Ausdehnung des Ozeans zurückgeht. Parallel zur Temperaturerhöhung erhöht sich die Konzentration der sogenannten Treibhausgase, insbesondere CO_2 und Methan. Deshalb wird angenommen, daß diese Treibhausgase den schnellen Temperaturanstieg verursachen.

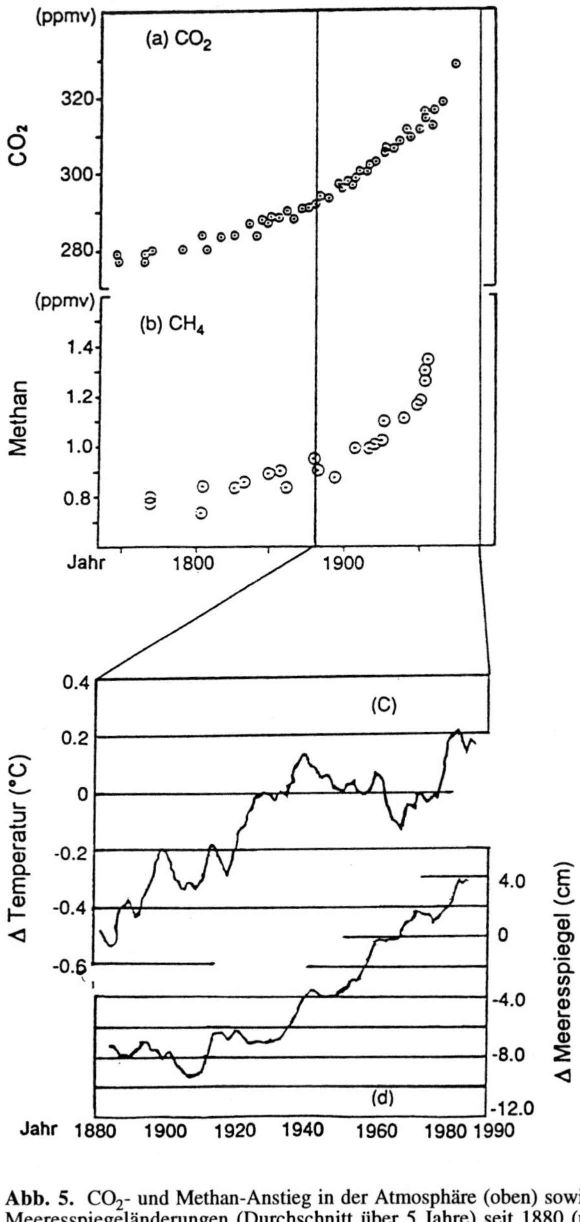

Abb. 5. CO_2- und Methan-Anstieg in der Atmosphäre (oben) sowie Durchschnittstemperatur- und Meeresspiegeländerungen (Durchschnitt über 5 Jahre) seit 1880 (unten). Bei den unteren Kurven wurde der Durchschnittswert für 1951-1970 gleich null gesetzt; die Kurven zeigen die Abweichungen (als 5-Jahres-Mittel) von diesem Durchschnittswert (aus IGBP 1990, umgezeichnet)

Der Treibhauseffekt

Die Atmosphäre läßt die kurzwellige Sonnenstrahlung fast ungehindert bis zur Erdoberfläche durchdringen, absorbiert jedoch von der erwärmten Erde ausgesandte langwellige Strahlung (Infrarotstrahlung) und setzt sie in Wärmeenergie um (für eine Übersicht siehe Enquete-Kommission "Vorsorge zum Schutz der Erdatmosphäre" des Deutschen Bundestages 1990). Diese langwellige Strahlung wird von Wasserdampf und Treibhausgasen absorbiert. Die wichtigsten Treibhausgase sind CO_2, Methan (CH_4), Stickoxide (N_2O) Fluorkohlenwasserstoffe (FCKW) und Ozon (O_3). Ohne diesen Treibhauseffekt wären die Temperaturen an der Erdoberfläche um ca. 33 °C niedriger. Statt einer Durchschnittstemperatur von + 15 °C hätten wir eine Temperatur von - 18 °C auf der Erde. Die Gase haben unterschiedliche Anteile am Treibhauseffekt und dadurch unterschiedliche Klimafaktoren. Der Klimafaktor ist auf das Kohlendioxid bezogen und beträgt für FCKW etwa 15 000. Das bedeutet, daß 1 FCKW-Molekül die gleiche Auswirkung hat wie 15 000 CO_2-Moleküle.

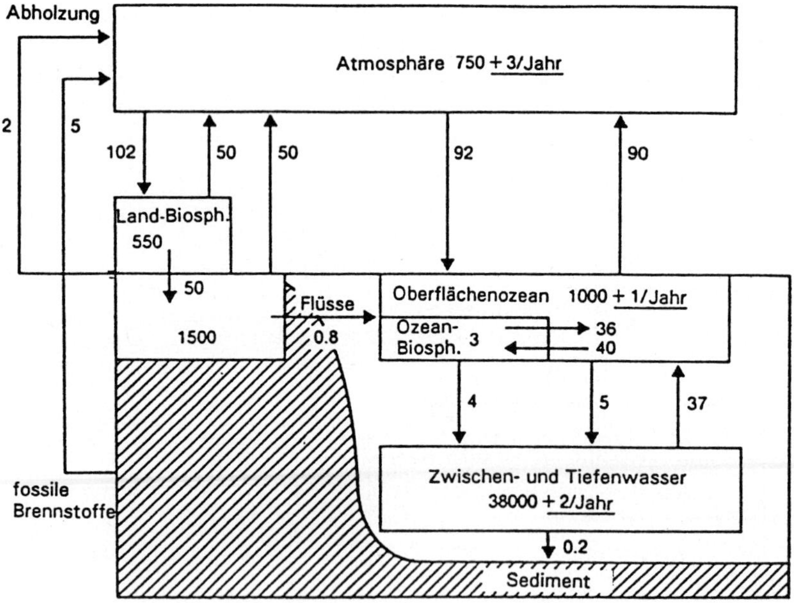

Abb. 6. Globale Kohlenstoff-Reservoirs und -Flüsse. Die Zahlen bezeichnen Gigatonnen Kohlenstoff (Gt C; 1 Gt = 10^9 tonnen = 10^{12} kg) für Reservoirs und Gt C/Jahr für Flüsse (modifiziert nach IPCC 1990)

Seit 1958 mißt man nicht nur die Zunahme der CO_2-Konzentration an mehreren Stationen auf der Erde, sondern man kann auch die saisonale Variabilität des CO_2-Gehaltes feststellen. Im Jahresgang ändert sich die CO_2-Konzentration um etwa 5 ppm. Im Winter werden höhere Werte als im Sommer gemessen. Diese jahreszeitlichen Schwankungen hängen mit der Photosynthese zusammen, die auf der Nordhalbkugel im Frühjahr und Sommer am intensivsten ist, und der Oxidation organischen Kohlenstoffs, die im Herbst und Winter dominierend ist. Da die großen Landgebiete auf der Nordhalbkugel liegen, bildet sich deshalb die Sommer/Winter-Verteilung auf der Nordhalbkugel ab. Daß die Atmosphäre sogar im Jahresgang stark variiert und durch anthropogene Einflüsse in ihrer Zusammensetzung wesentlich verändert werden kann, hängt vom relativ kleinen Kohlenstoff-Reservoir der Atmosphäre (740 Gt) im Vergleich zu den Umsatzraten zwischen Land-Biosphäre und Ozean ab (Abb. 6). Durch die Photosynthese und die Pflanzenatmung und -zersetzung werden pro Jahr etwa 100 Gt zwischen Atmosphäre und Land-Biosphäre umgesetzt. In etwa 7 Jahren durchläuft also jedes CO_2-Molekül der Atmosphäre einmal die Land-Biosphäre. ähnliche Größen werden zwischen Atmosphäre und Ozean ausgetauscht. Deshalb wirken sich geringe änderungen in diesen Austauschraten so gravierend auf die Konzentration in der Atmosphäre aus.

Heute werden etwa 5 Gt Kohlenstoff/Jahr durch die Verbrennung fossiler Brennstoffe an die Atmosphäre abgegeben. Man nimmt an, daß weitere 1 - 2 Gt C/Jahr durch die verstärkte Landnutzung und Entwaldung an die Atmosphäre abgegeben werden (IPCC 1990 und 1992). Nach Modellrechnung gehen davon etwa 2 Gt C/Jahr in den Ozean. Sie werden vor allem in den hohen Breiten im Nordatlantik im Seegebiet um Island vom Oberflächenwasser aufgenommen und in den tiefen Ozean transportiert. Etwa 3 Gt Kohlenstoff gelangen heute pro Jahr in die Atmosphäre. Seit 1850 hat dieser Eintrag zur Erhöhung des CO_2-Gehaltes von 280 ppm auf etwa 350 ppm geführt. Der Verbleib der restlichen CO_2-Mengen ist bisher nicht bekannt.

Mit komplexen Modellen wurde die Temperaturerhöhung in den letzten Dekaden und Jahrhunderten vorausberechnet. Man nimmt an, daß bis in das Jahr 2030 (Verdoppelung des CO_2-Gehaltes) die Durchschnittstemperatur auf der Erdoberfläche um 3 °C (± 1,5 °C) ansteigen wird. Diese Temperaturerhöhung wird nicht gleichmäßig stattfinden, sondern in gemäßigten und polaren Breiten wird es große Änderungen geben, dagegen sind geringe Änderungen in den äquatorialen Gebieten zu erwarten. Damit verbunden ist eine Meeresspiegelerhöhung um ca. 30 cm/100 Jahre. Zudem wird auch erwartet, daß Wirbelstürme und Sturmfluten zunehmen und die Niederschläge auf der Erde anders verteilt sein werden.

Danksagung. Ich bedanke mich bei Herrn D. Meischner für die kritische Durchsicht des Manuskriptes.

Literatur

Barnola JM, Raynaud D, Korotkevich YS, Lorius C (1987) Vostock ice core provides 160 000 year record of atmospheric CO_2. Nature 329:408-414; London

Berger WH, Smetacek VS, Wefer G (eds) (1989) Productivity of the Ocean: Present and Past. Dahlem Workshop Reports, 471 S.; Chichester (Wiley & Sons)

Berger WH, Wefer G (1992) Klimageschichte aus Tiefseesedimenten - Neues vom Ontong Java Plateau (Westpazifik). Naturwissenschaften 79:541-550; Heidelberg

Daansgaard W, Johnsen SJ, Clausen HB, Dahl-Jensen D, Gundestrup NS, Hammer CU, Hvyldberg CS, Steffensen JP, Sveinbjörnsdottir AE, Jozel J, Bond G (1993) Evidence for general instability of past climate from a 250-kyr ice-core record. Nature 364:218-220; London

Enquete-Kommission (Vorsorge zum Schutz der Erdatmosphäre des Deutschen Bundestages (Hrsg) (1990) Schutz der Erdatmosphäre 3. erw Aufl, 633 S.; Bonn (Economia Verlag)

IGBP (1990) A study of global change: The initial Core Projects. Report 12; Stockholm

Imbrie J, Imbrie KP (1979) Ice Ages (Solving the Mystery). 224 S.; Short Hills (Enslow Publishers)

IPCC (1990) Climate Change: The IPCC (Intergovernmental Panel on Climate Change Scientific Assessment. WMO/UNEP. Houghton JT, Jenkins GJ, Ephraums JH (eds) 365 S.; Cambridge (Cambridge University Press)

IPCC (1992) Climate Change 1992: The Supplementary Report to The IPCC (Intergovernmental Panel on Climate Change Scientific Assessment. WMO/UNEP. Houghton JT, Callander BA, Varney SK (eds.) 200 S.; Cambridge (Cambridge University Press)

LaMarche VC, Hirschboeck KK (1984) Frost rings in trees as records of major volcanic eruptions. Nature 307:121-126; London

Lamb HH (1969) Climatic fluctuations. In: Flohn H (ed) World survey of climatology, 2, General climatology 173-249; New York (Elsevier)

Müller PJ, Schneider R, Ruhland G (1994) Late Quaternary pCO_2 variations in the Angola Current: Evidence from organic carbon $\delta^{13}C$ and alkenone temperatures. In: Zahn R et al. (eds) Carbon Cycling in the Glacial Ocean: Constraints on the Oceanís Role in Global Change. NATO ASI Series, Series C, Vol. 117:343-366; Berlin Heidelberg (Springer-Verlag)

Rau GH, Froelich PN, Takahashi T, Des Marais DJ (1991) Does sedimentary organic $\delta^{13}C$ record variations in Quaternary ocean $[CO_2(aq)]$? Paleoceanography 5:409-431; Washington

Seibold E, Berger WH (1993) The Sea Floor. 356 S.; Berlin Heidelberg (Springer-Verlag)

Wefer G, Berger WH (1991) Isotope palaeontology: growth and composition of extant calcareous species. Marine Geol 100:207-248; Amsterdam

5.2 Hydrothermale Aktivitäten des EPR und der Methanhaushalt Geosphäre – Hydrosphäre – Atmosphäre

Eckhard Faber, Peter Gerling, Eberhard Sohns und Walter Michaelis

Vorbemerkung

Methan ist eines der Spurengase in der Atmosphäre, das den globalen Wärmehaushalt wegen seiner ansteigenden Konzentration zunehmend beeinflußt. Zahlreiche Studien über Quellen und Senken des atmosphärischen Methans (Oremland 1993) wurden und werden durchgeführt, um den Methanhaushalt im System Boden/Sediment-Wasser-Luft besser verstehen, bilanzieren und evtl. steuern zu können. Wichtige Meßgrößen im aquatischen System sind die Konzentration des Methans im Wasser und die Zusammensetzung der stabilen Kohlenstoff- (und Wasserstoff-) Isotope des Methans. Die Isotopenverteilung dient insbesondere zur Charakterisierung der genetischen Quellen und der post-genetischen Vorgänge wie Mischung und Oxidation.

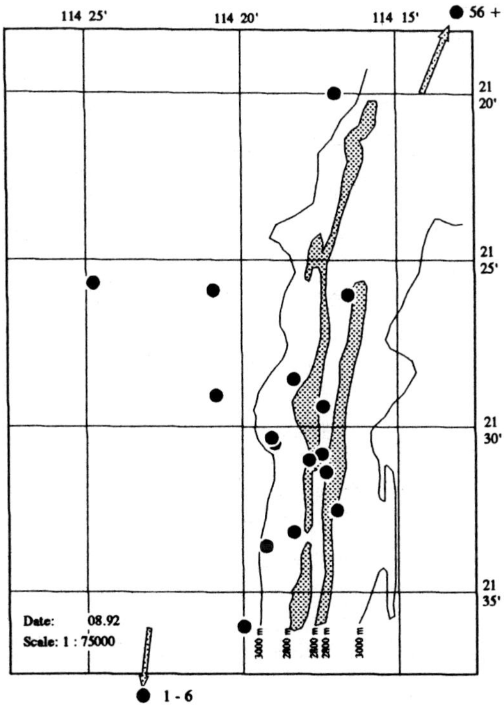

Abb. 1. Probennahmepunkte im Untersuchungsgebiet des EPR

Geowissenschaften und Umwelt
Herausgegeben von J. Matschullat und G. Müller © 1994 Springer Verlag

Die Ergebnisse aus einem Beprobungsgebiet im Bereich des Ost-Pazifischen Rückens (EPR), das im Rahmen der Forschungsfahrt FS Sonne 80B im Sommer 1992 untersucht wurde, zeigen, daß hydrothermales Methan nicht bis in die Atmosphäre gelangt. Details der in dieser Arbeit angewendeten Analytik werden an anderer Stelle (Faber et al. in Vorbereitung) ausführlicher behandelt.

Untersuchungsgebiet

Über der schnell divergierenden Spreizungszone des EPR treten, gemeinsam mit Decken-Laven, stark mit CH_4 (und anderern Gasen) angereicherte, hydrothermale Lösungen aus (Rona 1984). Durch die Untersuchungen soll herausgefunden werden, welchen Einfluß die CH_4-Emanationen auf den Methangehalt der Wassersäule haben und ob Wechselwirkungen mit der Atmosphäre auftreten. Das Untersuchungsgebiet mit den Stationen der Wasserprobennahme ist in der Abbildung 1 dargestellt und gibt deren Positionen relativ zum Spreizungsrücken wieder. Der Verlauf des Rückens ist durch einige Tiefenlinien skizziert. Einige Stationen (1 bis 6) liegen südwestlich im Einflußbereich des EPR, die Station 56 im Nordosten weit außerhalb des Arbeitsgebietes ohne EPR-Beeinflussung.

Experimentelles

Die Entnahme der Wasserproben erfolgte mit schiffseigenen Systemen aus verschiedenen Wassertiefen. Jeweils etwa 1 Liter Wasser pro Probe wurde in einer Ultraschall-Apparatur (modifiziert nach Schmitt et al. 1989) entgast. Das freigesetzte Gas wurde in (vorevakuierten) Glasflaschen (20 ml) bis zur Isotopenanalyse im BGR-Laboratorium gespeichert. Etwa 1 ml des Gases wurde an Bord zur gaschromatographischen Bestimmung der Methan-Konzentration der Wasserproben (Ausbeute: nl Methan/Liter Wasser) verbraucht (Faber et al. 1992). Durch eine technische Entwicklung (Faber et al. 1993) konnte die Mindestmenge für Kohlenstoff-Isotopen-Bestimmungen von bisher etwa 1 μ (mikro)-Liter in den Bereich von n(nano)-Litern gedrückt werden. Die Genauigkeiten der δ-Werte betragen dabei $1\sigma < \pm 1$ ‰. Dadurch lassen sich auch Ozeanwässer isotopisch untersuchen, da deren Methankonzentrationen zum Teil nur wenige n-Liter Methan/-Liter Wasser betragen. Die Isotopenverhältnisse werden in der üblichen Schreibweise als δ-Werte angegeben und beziehen sich auf den PDB-Standard.

Ergebnisse

Die Methan-Konzentrationen und die bisher vorhandenen Methan-Kohlenstoff-Isotopenwerte aller untersuchten Stationen sind tiefenabhängig in Abbildung 2 dargestellt. Zwischen Konzentrationen und Isotopenwerten besteht kein einfacher Zusammenhang. Es sind drei Gruppen von Wasserproben mit unterschiedlichen Methan-Signaturen erkennbar:

1. Oberflächennahe Wässer mit Methankonzentrationen von etwa 50 nl/l und $\delta^{13}CH_4$ von ca. -50 bis -40 ‰.
2. Tiefenwässer mit kleinen CH_4-Konzentrationen (< 20 nl/l; "Background-Konzentrationen") und Isotopenwerten von etwa -40 ‰ < $\delta^{13}CH_4$ < -30 ‰.
3. Tiefenwässer im Einflußbereich des aktiven EPR-Rückens mit CH_4-Konzentrationen häufig > 50 nl/l und Isotopen-werten von -40 ‰ < $\delta^{13}CH_4$ < -22 ‰.

Die vorläufige Interpretation dieser ersten Ergebnisse: In den Oberflächenwässern der untersuchten Gebiete im Pazifik steht das gelöste Methan im Gleichgewicht mit dem atmosphärischen Methan. Mit zunehmender Wassertiefe wird die Konzentration durch sekundäre Vorgänge (z.B. bakterielle Oxidation) verringert und das im Wasser verbleibende Restmethan im ^{13}C-Isotop angereichert (die $\delta^{13}CH_4$-Werte werden positiver), bis in Tiefen ab etwa 500 m Background-Werte erreicht werden.

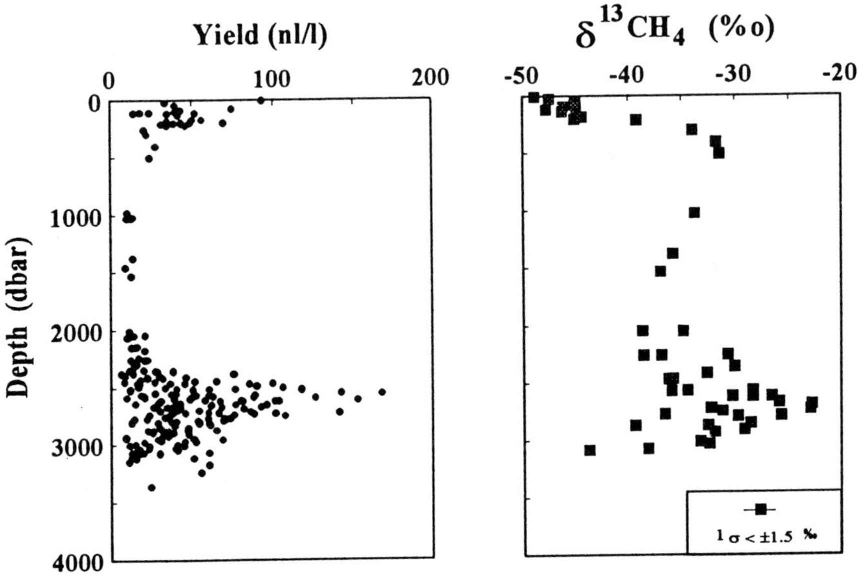

Abb. 2. Methanausbeuten und bisher vorliegende Methan-Kohlenstoff-Isotopen-werte im Tiefenverlauf (Tiefenangabe in dbar).

Das Methan der lokalen, hydrothermalen Emanationen ist isotopisch "schwer" (ca. -17 ‰ im nördlichen EPR; Whelan 1988) und mischt sich innerhalb der geschichteten Wasserkörper mit dem Background-Methan der Tiefenwässer. Aus der Abbildung 2 ist erkennbar, daß das hydrothermale Methan nur lokal das Tiefenwasser beeinflußt und im Untersuchungsgebiet nicht an die Wasseroberfläche und damit auch nicht in die Atmosphäre gelangt. Die geringe Konzentration der

Tiefenwässer (Background Proben) legt es nahe, von einer Methan-Senke in Untersuchungsgebiet, im Tiefenbereich von etwa 500 bis 2000 m, zu sprechen. Über zeitliche Abläufe dynamischer Lösungs-, Oxidations- und Mischungsvorgänge lassen sich keine Aussagen machen.

Danksagung. Dem Bundesministerium für Forschung und Technologie wird für die Unterstützung der Arbeiten (Sonne 80B; 03R 420 B) gedankt.

Literatur

Faber E, Gerling P (1993) Methan im Wasser des Ostpazifik. In: HYGAPE Hydrothermale Gas und Partikel Exhalationen im Bereich des Ostpazifischen Rückens bei 21 °S - SO 80 B. Fahrtbericht Sonne 80B. Universität Hamburg, Institut für Biogeochemie und Meereskunde

Faber E, Sohns E, Poggenburg J, Gerling P (1993) Stable carbon isotopes on methane in nanoliter quantities. In: Aberg G, Jorgensen EB (Eds) 1st Intern Symp Appl Isotope Geochem (AIG-1), 29 August - 3 September, Geiranger, Norway. Program and Abstracts. ISBN 82-7017-130-1

Oremland RS (ed) (1993) Biogeochemistry of global change. Chapman & Hall

Rona PA (1984) Hydrothermal mineralisation at sea floor spreading centers. Earth Sci Rev 20:1-104

Schmitt M, Faber E, Botz R, Stoffers P (1991) Extraction of methane from seawater using ultrasonic degassing. Anal Chem 63,5:529-532

Welhan JA (1987) Characteristics of abiotic methane in rocks. In: Fritz P, Frape SK (Eds) Saline water and gases in crystalline rocks. Geol Assoc Canada Special Paper 33:225-233

6 Terrestrische Ökosystemforschung

Ökosystemforschung – was ist das? Der Begriff klingt so schön, daß viele sich die Frage nach dem Inhalt gar nicht erst stellen mögen. Er stammt, wie der Begriff der Ökologie, aus der Biologie. Spätestens seit den Arbeiten von Eugene Odum ist es bekannt, daß ein Ökosystem nur in der Verknüpfung der biotischen mit den abiotischen Einflußgrößen beschrieben werden kann, in der Quantifizierung biogeochemischer Kreisläufe. Insgesamt sucht die Ökosystemforschung ein näher zu beschreibendes System in seinen Stoffflüssen zu quantifizieren, Senken und Quellen auszumachen und die Prozesse und ihre Geschwindigkeit offen zu legen, die diese Stoffflüsse steuern.

Obwohl der Methodenapparat der Erforschung terrestrischer Ökosystem sich mehr oder minder stark von der mariner oder auch limnischer Systeme unterscheidet, verbindet alle Teilbereich der Wunsch, alle Steuergrößen vom Eintrag (Input: z.B. Atmosphärische Deposition, Abwasserkanal, Fluß) über den Durchlauf (Throughput: z.B. Bodenpassage, Porenwasserfluß, Biomasse) hin zum Austrag (Output: z.B. Fließgewässer/Vorfluter, Grundwasser, Meeresströmung) zu charakterisieren.

In dem Moment, in dem regimeübergreifende Systeme betrachtet werden, z.B. Einzugsgebiete ganzer Flüsse oder Seen, überlagern sich terrestrische und aquatische Prozesse in vielfältiger Weise (→ 6.1). Es versteht sich von selbst, daß in solchen Fällen entweder langjährige und engständige Beobachtungen durchgeführt werden müssen (z.B. Birkenes-, Harz-, Hubbard Brook Experimental Forest-, Lake Gårdsjön-, Postturm-, Solling- oder Schönbuch-Studie) mit entsprechender Berücksichtigung der Teilsysteme oder aber Abstriche an die Auflösung der beobachteten Phänomene zu machen sind. Ersteres erfordert große Mengen an Mitteln, letzteres läßt sich mit durchaus achtenswertem Erfolg in Gebieten einsetzen, in denen vor allem prozeßorientierte Forschung betrieben werden soll und möglichst schnell grundsätzliche Fragen z.B. nach erforderlichen und erfolgversprechenden Meliorationen beantwortet werden sollen. Dort kann der Ansatz zu aussagekräftigeren und zuverlässigeren Ergebnissen führen als herkömmliche Evaluationen, die Sanierungsprojekten und Meliorationen vorangehen.

6.1 Stoffdispersion Osterzgebirge – Ökosystemforschung in einer alten Kulturlandschaft

Jörg Matschullat, Elke Bozau, Hans-Jürgen Brumsack, Reinhard Fänger, Jens Halves, Hartmut Heinrichs, Andreas Hild, Georg Lauterbach, Dieter Leßmann, Matthias Schaefer, Jürgen Schneider, Michael Schubert und Ralf Sudbrack

Einleitung

Seit Oktober 1991 fördert die DFG ein Forschungsvorhaben zur Ermittlung der anorganischen Stoffflüsse im Einzugsgebiet der Roten Weißeritz. Geowissenschaftler und Biologen untersuchen die Systemkompartimente vom atmosphärischen Eintrag über die Bodenpassage hin zu Fließ- und Stillgewässern und deren Lebensgemeinschaften. Ziel ist eine Quantifizierung der Stoffflüsse, die Differenzierung in geogene und anthropogene Komponenten, eine Analyse der Transport- und Senkenprozesse und eine Abschätzung der ökologischen Folgen der Systembelastungen.

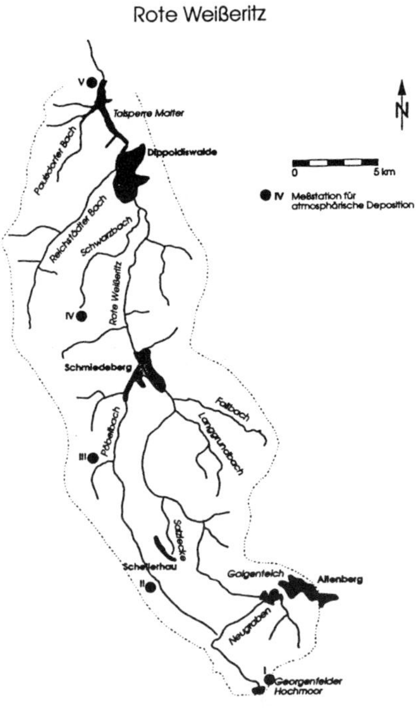

Abb. 1. Hydrologisches Einzugsgebiet der Talsperre Malter mit den Probestellen zur Ermittlung der atmosphärischen Deposition und den bodenkundlichen Standorten S (= IV) und P (= II)

Geowissenschaften und Umwelt
Herausgegeben von J. Matschullat und G. Müller

Das Einzugsgebiet der Roten Weißeritz bis zur Talsperre Malter (304 m ü.NN) bei Dippoldiswalde hat eine Fläche von 104,6 km^2. Die höchste Erhebung ist mit 905 m ü.NN der Kahleberg am Erzgebirgskamm. Die Nord-Süd-Erstreckung des Gebietes beträgt ca. 20 km, die Breitenausdehnung etwa 5 km (Abb. 1). Überwiegend saure Gesteine (Rhyolite, Granite und Granitporphyre) bestimmen die Lithologie der Region. Nach statistischen Daten von 1975 werden etwa 44 % des Gebietes forstwirtschaftlich, weitere 44 % landwirtschaftlich genutzt. Die verbleibenden 12 % entfallen auf Ortslagen (WWD 1975). Wegen der starken Ausfälle durch massive Waldschäden im Kammbereich beträgt die tatsächlich bewaldete Fläche heute nur etwa 30 %.

Atmosphärische Deposition – Ergebnisse einer laufenden Beprobung

Mit Hilfe von Totalisatoren erfolgt seit April/Mai 1992 eine monatliche Beprobung der Niederschläge an fünf Meßstationen vom Kamm des Osterzgebirges bei Zinnwald bis zur Talsperre Malter (Abb. 1). Bei der Sammlung wird zwischen Freiland- (F) und Bestandesniederschlag (B) unterschieden. Freilandniederschläge werden bei den Stationen I (Zinnwald, 877 m ü.NN), II (Pöbelbach, 690 bis 760 m ü.NN), III (Wahlsmühle, 540 m ü.NN) und IV (Sadisdorf, 527 m ü.NN), Bestandesniederschläge bei den Stationen II, III und V (Malter, 340 m ü.NN) gesammelt.

Tabelle 1. Hydrochemie der Niederschläge im Einzugsgebiet der Roten Weißeritz. (F): Freiland-, (B): Bestandesflächen; EG: Einzugsgebiet

	I (F)	II (F)	II (B)	III (F)	III (B)	IV (F)	V (B)	ø (F)	ø (B)	ø EG
pH	4,3	4,2	3,3	4,1	3,5	4,7	5,3	4,3	3,4	4,0
LF	55	45	211	54	160	57	149	53	186	97
Na^+	0,48	0,36	1,08	0,47	0,73	0,55	2,34	0,47	0,91	0,62
K^+	0,41	0,26	3,40	0,26	3,13	0,33	4,22	0,32	3,27	1,30
Mg^{++}	0,15	0,10	0,39	0,12	0,31	0,17	0,79	0,14	0,35	0,21
Ca^{++}	0,76	0,49	2,65	0,45	2,03	0,68	3,98	0,60	2,34	1,18
Cl^-	0,93	0,77	1,87	0,84	1,71	1,18	3,34	0,93	1,79	1,22
NO_3^-	2,50	1,91	10,1	2,25	5,02	3,72	10,5	2,60	7,56	4,25
SO_4^{--}	5,56	4,29	29,0	3,96	19,1	5,40	18,3	4,80	24,1	11,2
Al	0,2	0,1	0,5	0,1	0,2	0,2	0,3	0,15	0,35	0,22
Mn	< 0,05	< 0,05	0,15	< 0,05	0,30	< 0,05	0,15	< 0,05	0,23	(0,09)
Fe	0,15	0,1	0,34	0,1	0,2	0,1	0,19	0,11	0,27	0,16
Zn	0,04	0,02	0,06	0,03	0,08	0,03	0,06	0,03	0,07	0,04
Cr	< 0,5	0,8	(1,1)	< 0,5	(0,9)	< 0,5	0,6	< 0,5	(0,9)	(0,7)
Co	< 0,5	< 0,5	(0,6)	< 0,5	< 0,5	< 0,5	< 0,5	< 0,5	0,5	(0,3)
Ni	< 1	< 1	(2)	< 1	(2)	(1)	(2)	< 1	(2)	(1)
Cu	< 2	< 2	(4)	< 2	< 2	< 2	< 2	< 2	(2)	(< 2)
Cd	(0,1)	< 0,1	(0,6)	(0,1)	(0,3)	< 0,1	(0,3)	(0,1)	(0,5)	(0,2)
Pb	6	5	12	5	10	6	8	5,5	11	7

Konzentrationen (Medianwerte für den Meßzeitraum von Mai 1992 bis April 1993) der Hauptkomponenten (Anionen und Kationen) und Zn in [mg/l], der Spurenkomponenten in [µg/l]. Die Leitfähig-

keit ist in [µS/cm] angegeben. Für die Hauptkomponenten wurden bei Station II nur die Daten der Teilstation "Plateau" berücksichtigt. Bei den Berechnungen zum durchschnittlichen Eintrag ist Station V nicht berücksichtigt. Werte in Klammern: unsicher durch Einzelwerte unterhalb der Bestimmungsgrenze

Die Proben werden auf pH-Wert, Leitfähigkeit, die Konzentration der Hauptkationen Na, K, Mg, Al, Ca, Fe, NH_4, der Hauptanionen F, Cl, NO_3, PO_4 und SO_4 sowie der Spurenelemente Cr, Co, Ni, Cu, Zn, Cd und Pb mittels AAS-Techniken (Kationen) und Ionenchromatographie (Anionen) untersucht (Tabelle 1). Zur Qualitätskontrolle wurden Wiederholungsmessungen und die Bestimmung von Standard-Referenzmaterial eingebunden (Bozau 1994). Für das erste Erhebungsjahr sind die Daten für NH_4, F und PO_4 noch unvollständig und bleiben unberücksichtigt.

Die Niederschlagsmenge im Meßzeitraum, gemittelt aus den verschiedenen Höhenlagen, betrug 835 mm/a, das langjährige Mittel 975 mm/a (WWD 1975). Daraus wurde der Eintrag, wie in Tabelle 2 angegeben, berechnet. Für die spätere Bilanzierung wird für die 88 % unbesiedelter Fläche des Einzugsgebietes von einem Anteil von 33 % für Bestandes- und 66 % für Freiflächen ausgegangen.

Tabelle 2. Eintragsberechnung für die Hauptkomponenten sowie Zn [kg ha^{-1} a^{-1}] und ausgewählte Spurenkomponenten [g ha^{-1} a^{-1}] auf das Einzugsgebiet der Roten Weißeritz. Zum Vergleich Daten von Lux (1993) aus demselben Einzugsgebiet. ø EG (Einzugsgebiet): 33 % Bestandes-, 66 % Freilandeintrag (ohne Station V)

	(F) I, II, III, IV [kg ha^{-1} a^{-1}]	(B) II, III [kg ha^{-1} a^{-1}]	ø EG [kg ha^{-1} a^{-1}]	Lux (F) [kg ha^{-1} a^{-1}]	Lux (B) [kg ha^{-1} a^{-1}]
H	0,5	3,6	1,5	0,41	1,57
Na	4,1	7,9	5,3	7,0	9,1
K	2,8	29	11,4	13,5	9,1
Mg	1,1	3,0	1,7	1,9	4,1
Ca	5,2	20	10,0	11	24
Cl	8,1	16	10,6	13,3	16,7
NO_3-N	5,0	15	8,3	8,2	14,7
NH_4-N	11	11	11	10,1	10,4
SO_4-S	14	70	32,3	27,9	59,6
Al	(0,9)	3,0	(1,6)	-	-
Fe	(0,4)	2,4	(1,1)	0,3	1,3
Mn	< 0,05	2,0	(0,7)	0,3	0,46
Zn	0,3	0,6	0,4	0,6	0,09
Cr	-	(8,7)	< 3	-	-
Co	-	(2,7)	< 1	-	-
Ni	(2)	(18)	(7,3)	-	-
Cu	-	(18)	< 5	-	-
Cd	(0,5)	(4)	(1,7)	-	-
Pb	(50)	(95)	(64)	-	-

Mit Ausnahme des Meßpunktes V bei Dippoldiswalde führen wir die Stoffeinträge in das Untersuchungsgebiet überwiegend auf Ferntransport zurück. Dabei wird sowohl der kontinentalklimatische Charakter der Niederschläge (Na^+) als auch die hohe Grundbelastung (SO_4^{2-}) deutlich. Die meteorologischen Daten weisen südliche Stömungen als dominierende Windrichtung aus (SLfU 1991). Dies steht im Gegensatz zu eigenen Beobachtungen und Angaben im Klimaatlas der DDR (MDD 1973); demnach wären westliche Strömungen vorherrschend. Nach einer frdl. Mitteilung von Frau Dr. Freydank (DWD 1994) können im Bereich der Kammlagen die Richtungen S, W und NW mit jeweils ca. 20 % zeitlichem Anteil, ansonsten die Richtung SW mit ca. 25 % angegeben wqerden. Trotz der insgesamt hohen Belastung sind tendenziell etwas geringere Konzentrationen der Spurenkomponenten im Vergleich zu anderen Gebieten mit hoher Belastung, wie z.B. dem Westharz, festzustellen (Tabelle 3). Da hier jedoch Daten unterschiedlicher Zeiträume verglichen werden, muß die Aussage entsprechend eingeschränkt werden. Die Station V (Malter) ist nicht repräsentativ, weil sie deutlich lokale Einflüsse wiedergibt (naheliegende Dampfeisenbahn, Heizperiode in der Gemeinde Dippoldiswalde, Straßenverkehr unmittelbar oberhalb der Meßstation).

Tabelle 3. Vergleich der Einträge im Osterzgebirge mit anderen Mittelgebirgen. Angegeben sind die Flüsse aus Freilandniederschlägen, bzw. deren Medianwerte. Angaben für Hauptkomponenten in [kg ha^{-1} a^{-1}], für Spurenkomponenten in [g ha^{-1} a^{-1}]

	Osterzgebirge	Westharz	ø BRD 1988#	ø Europa*
H	0,4	0,6	0,5	0,3
Na	3,9	11,3	7,8	5,3
K	2,6	3,3	4,1	3,7
Mg	1,1	1,8	1,7	1,8
Ca	5,0	4,2	7,9	10,9
Al	1,3	0,7	0,8	-
Fe	0,9	0,9	1,1	1,1
Mn	< 0,05	0,1	0,2	0,2
Cl	7,8	22,1	16	16
NO_3-N	6,3	12,8	6,8	5,2
SO_4-S	20,1	22,2	18	16
Cr	6	8	7	10
Co	< 0,5	2	-	-
Ni	11	8	25	39
Cu	42	39	160	150
Zn	250	200	540	990 (?)
Cd	0,8	3,0	6	10
Pb	46	190	190	130

*Quelle: Osterzgebirge: diese Arbeit (Daten von 1992, 93); Westharz: Andreae (1994) Daten von 1988, 89; #Freilandniederschläge in Westdeutschland und *Europa (NL, B, F, CH, A, PL): Führer et al. (1988): Tafel II und III, 76ff.)*

Böden – Stoffhaushalt und Versauerungszustand

Der Element- und Wasserhaushalt je eines reinen Waldeinzugsgebiets (P) und eines ausschließlich landwirtschaftlich genutzten Einzugsgebiets (S) werden über einen Zeitraum von anderthalb Jahren beobachtet und bilanziert (Lage s. Abb. 1). Durch die Bilanz kann elementspezifisch bewertet werden, inwieweit der Boden noch als Senke atmogener Schwermetalleinträge fungiert oder ob seine Speicherfunktion bereits in eine Quellfunktion umgeschlagen ist. Zusätzliche Untersuchungen an der Boden- und Humusfestphase sollen den Versauerungszustand des Bodens und die Nährstoffsituation für die Pflanzen zeigen.

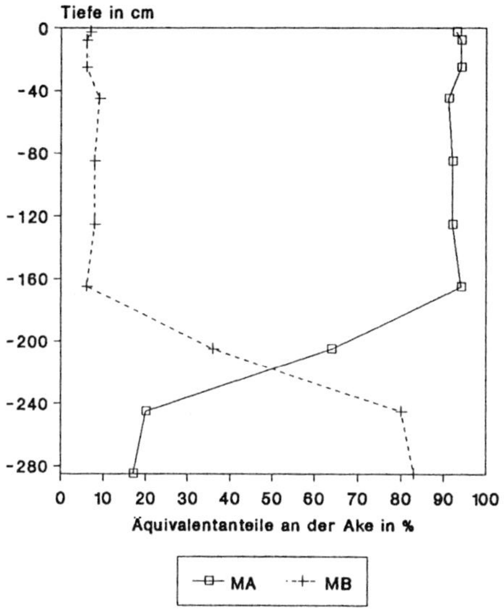

Abb. 2. Anteile der M_a- und M_b-Kationen an der Ak_e am Standort Pöbelbach-Unterhang

Untersucht werden die Konzentrationen und Flußraten der Niederschläge (s.o.), der Sickerwässer unter dem Auflagehumus sowie in 20 und 70 cm Mineralbodentiefe, des quellnahen Oberflächenabflusses und des Einzugsgebietsaustrages mit dem Oberflächenabfluß. Ferner werden Gesamtgehalte und/oder der Gehalt austauschbar gebundener Fraktionen von Makro- und Spurenstoffen im Auflagehumus, im Mineralboden und in der tieferen wasserungesättigten Zone ermittelt. Dabei soll u.a. die Frage der Existenz und Lage von Versauerungsfronten beantwortet werden. Zur Ortung der Versauerungsfront wurde an Schurf- und Bohrproben aus dem fichtenbestockten Einzugsgebiet des Pöbelbach-Oberlaufs die Austauscherbelegung des Feinbodens nach dem bei Meiwes et al. (1984) beschriebenen NH_4Cl-Perkolationsverfahren bestimmt.

Der Kationenaustauscherbelag der drei Waldbodenprofile zeigt deutliche Kennzeichen einer starken Bodenversauerung. Dominant ist der Anteil der M_a-Kationen (Metallkationen, deren Hydroxide schwache Basen sind und die durch Hydrolysereaktionen in der Bodenlösung Protonen generieren können; Terminologie nach Bruggenwert et al. 1986). Dieser Anteil beträgt im Unterboden 80 bis 95 %, wobei auf Aluminium allein 73 bis 92 % entfallen. An den Standorten Pöbelbach-Unterhang (Pö-Uh) und Pöbelbach-Oberhang (Pö-Oh) zeigt auch der Oberboden diese hochgradige Versauerung. Demgegenüber besitzt der Oberboden des Standorts Pöbelbach-Plateau (Pö-P) eine auffallend höhere Calcium-Sättigung von 38 (0-5 cm) bis 15 % (5-10 cm) als Folge einer 1989 durchgeführten

Kompensationskalkung mit 2,5 t/ha. Der hohe Aziditätsgrad der Unterböden setzt sich an den Standorten Pö-P und Pö-Oh bis über die größte Beprobungstiefe von 190 bzw. 210 cm hinaus fort. Die Austauscherbelegung des Profils Pö-Uh zeigt dagegen eine deutliche Veränderung in 160 cm Tiefe.

Abbildung 2 zeigt, daß sich die Austauscherbelegung am Standort Pö-Uh in 160 bis 240 cm Tiefe grundlegend wandelt. Während der M_a-Anteil innerhalb dieser Zone von 94 auf 20 % sinkt, steigt der Anteil der M_b-Kationen (Metallkationen, deren Hydroxide starke Basen sind; Terminologie nach Bruggenwert et al. 1986) entsprechend von 6 auf 80 % an. Dies deutet auf eine Versauerungsfront vom Typ A nach Malessa (1994) hin, d.h. eine Front mit scharf ausgebildetem Gradienten. Malessa definiert die Versauerungsfront als "Grenzschicht zwischen Austauscher- und Silikat-Pufferbereich, ab der die Basensättigung Werte > 80 % erreicht". Ausgehend von dieser Definition liegt die Versauerungsfront des Standorts Pö-Uh in 240 cm Tiefe.

Die pH-Werte des Sickerwassers am Standort Pöbelbach-Unterhang schwankten in der Meßperiode September 1992 bis Dezember 1993 zwischen 4,1 und 4,5 in 20 und 70 cm Bodentiefe (Abb. 3). Nach den Bewertungskriterien von Ulrich et al. (1984) befindet sich somit das Bodensolum dieses Standorts im Übergangsbereich vom Austauscher- zum Aluminium-Puffersystem. Am Standort Pöbelbach-Plateau liegen die pH-Werte des Oberboden-Sickerwassers bereits vollständig im Aluminium-Pufferbereich und am Oberhang-Standort hat sich dieser Pufferbereich bis in den Unterboden fortgesetzt.

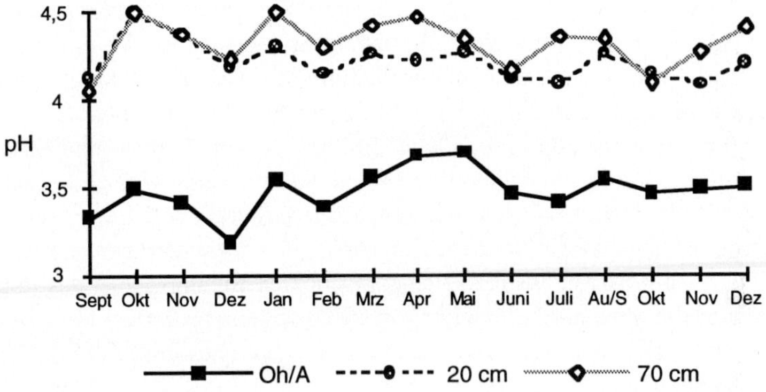

Abb. 3. Mittlere pH-Werte des Sickerwassers am Standort Pöbelbach-Unterhang; Zeitraum September 1992 bis Dezember 1993

Fließgewässer – Transportpfade und Zeugen der Umweltbelastung

Vom Erzgebirgskamm bis zur Talsperre Malter wurden neben der Roten Weißeritz alle permanent wasserführenden Nebenbäche geochemisch und limnologisch untersucht. Die Entnahme von Wasser-, Schwebstoff- und Sedimentproben wurde parallel zu einer Beprobung der Gewässerfaunen (Makrozoobenthos und Fische) durchgeführt. Dabei wurden sowohl jahreszeitliche wie ereignisbezogene Einflüsse untersucht. Die Rote Weißeritz quert alle Haupt-Gesteinsarten des Einzugsgebietes (Abb. 4). Den geologischen Untergrund bilden zu jeweils 40 % Rhyolite und Gneise und zu 20 % Granite (Tischendorf 1989)

Von November 1991 bis April 1993 wurden sechs Probenahmen durchgeführt. Die filtrierten und angesäuerten Wasser- und Schwebstoffproben wurden auf die Hauptkationen und auf wichtige Spurenmetalle (Al, As, Ba, Be, Ca, Cd, Co, Cr, Cu, Fe, K, Li, Mg, Mn, Na, Ni, Pb, Si, Sr und Zn) untersucht. Die Wasserproben sind zusätzlich auf NH_4, DOC und die Anionen Br, F, Cl, NO_3, NO_2, PO_4 und SO_4 analysiert worden. Die Schwebstoffe wurden parallel zu den Gewässerproben mittels Gasdruckfiltration gewonnen und nach Aufschluß vermessen. Da die Auswertung der Wasser- und Schwebstoffanalytik noch nicht vollständig vorliegt, sollen nur Ergebnisse der Bestimmung ausgewählter Elemente vorgestellt werden.

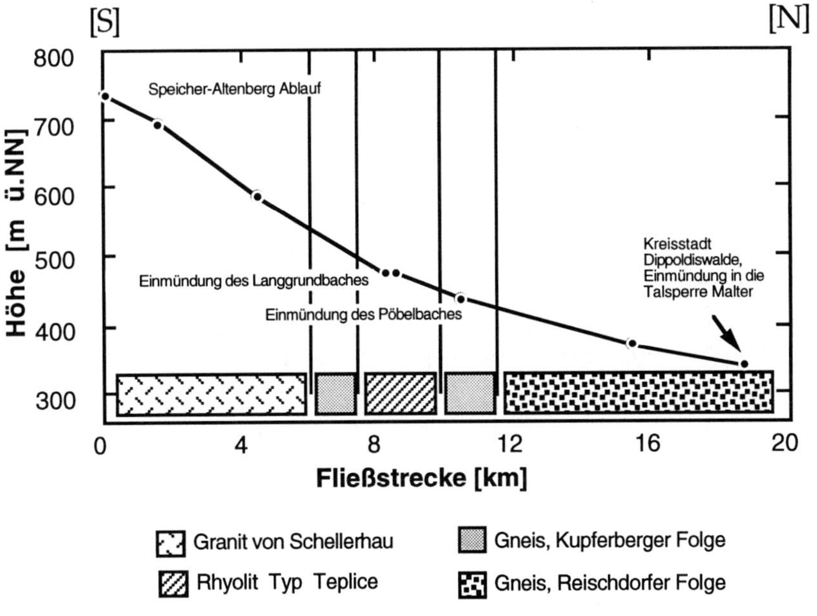

Abb. 4. Höhenprofil der Roten Weißeritz und geogene Typisierung (nach Hild 1993)

In den Oberläufen der Fließgewässer sind die gelösten Konzentrationen von Cd, Cu, Pb und Zn deutlich erhöht (Abb. 5). Die Schwermetallbelastung ist mit der des Harzes vergleichbar (Heinrichs et al. 1986, 1994). Die Rote Weißeritz zeigt vom Kahleberg bis zur Talsperre Malter einen ausgeprägten pH-Gradienten (3,8 bis 7,3). Die Wasserstoffionenkonzentration ist nicht nur abhängig von der

Höhenlag,e sondern auch von der Wasserführung. Bei hohen Schüttungen, z.B. nach der Schneeschmelze oder Starkregenereignissen, breitet sich die Versauerung großräumig aus. Zu Zeiten geringer Niederschläge ist ein Anstieg der pH-Werte in der Roten Weißeritz und ihren Nebenflüssen zu beobachten (Abb. 6).

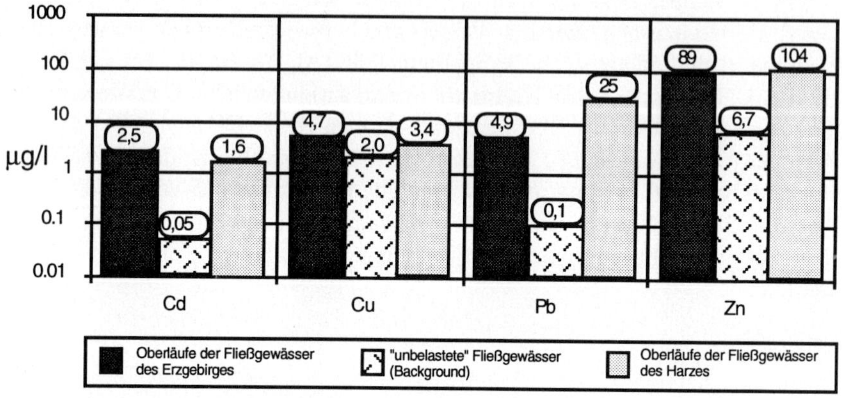

Abb. 5. Vergleich der gelösten Konzentrationen [µg/l] von Cd, Cu, Pb und Zn in unbelasteten Fließgewässern (background) mit denen des Erzgebirges und des Harzes

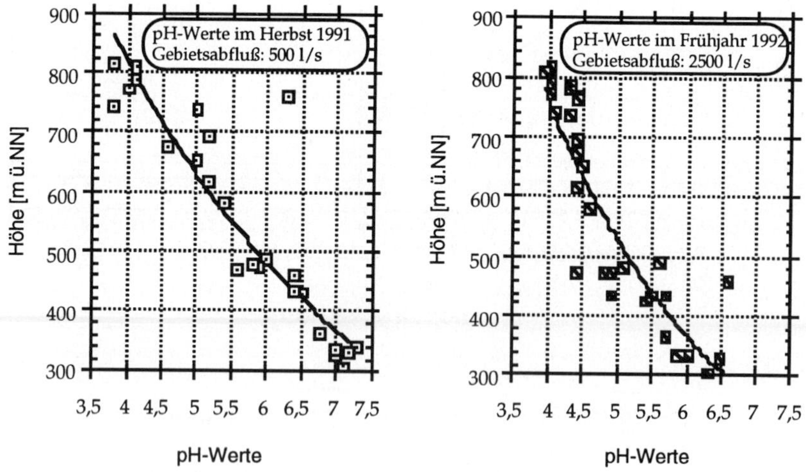

Abb. 6. pH-Werte in Abhängigkeit von Gebietsabfluß und Höhenlage

Der Gebietsabfluß war z.B. im Oktober 1991 (0,5 m^3 s^{-1}) um 1/5 niedriger als im April 1992 (2,5 m^3 s^{-1}). Das Löslichkeitsverhalten vieler Elemente weist eine hohe pH-Abhängigkeit auf. Wichtige Reaktionen im Gewässer finden im Kontaktbereich Wasser-Schwebstoff und Wasser-Sediment statt. In den Oberläufen der Bäche liegen die Schwermetalle überwiegend in Lösung vor. Der gelöste Anteil nimmt mit steigenden pH-Werten ab. Die Abbildung 7 zeigt exemplarisch diese Abhängigkeit für Al, Cd, Cu und Pb.

Flußabwärts werden die Metalle zunehmend an Schwebstoffe wie Tonminerale, organische Materialien und frisch gefällte Eisen- und Manganhydroxide adsorbiert. Die Gehalte der Schwermetalle in den Schwebstoffen und Feinfraktionen der Bachsedimente zeigen die gleiche pH-Abhängigkeit. Bei steigendem pH-Wert in den Fließgewässern kommt es zu einem Konzentrationsanstieg im Sediment.

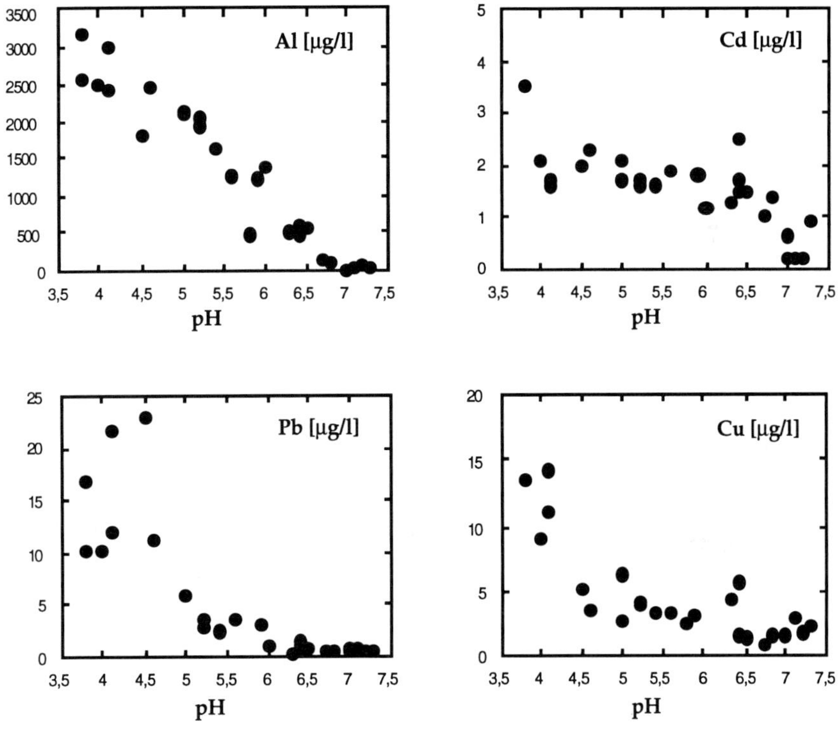

Abb. 7. Das Löslichkeitsverhalten von Al, Cd, Cu und Pb in Abhängigkeit vom pH-Wert

Die Probenahme der Bachsedimente erfolgte im November 1991 und im April 1992. Noch im Gelände wurde die Fraktion < 63 µm abgesiebt (gröberes Material verworfen). Nach einer Trennung in die Silt- und Tonfraktion im Labor wurde die geochemische Analyse beider Fraktionen durchgeführt.

Die Siltfraktion repräsentiert noch deutlich das jeweilige Umgebungsgestein, während die Tonfraktion aufgrund ihrer großen spezifischen Oberfläche hohe Anreicherungen zahlreicher Spurenelemente gegenüber dem Umgebungsgestein aufweist. Mit zunehmender Fließstrecke ist ein Anstieg von Cd, Cu, Zn und Pb zu beobachten (Abb. 8).

Durch den Wechsel in der Geologie von granitischen Gesteinen zu Gneisen mit höheren Spurenmetallkonzentrationen liegen im tieferen Bereich des Arbeitsgebietes allgemein höhere, natürliche Grundgehalte vor. Sulfidische Vererzungen, die nach Pälchen et al. (1989) im gesamten Einzugsgebiet auftreten, sind als Punktquellen mit maßgeblich lokalem Einfluß zu berücksichtigen. Die extrem hohen Schwermetallgehalte an einigen Probenahmestellen sind wahrscheinlich auf nahegelegene Gangvererzungen zurückzuführen.

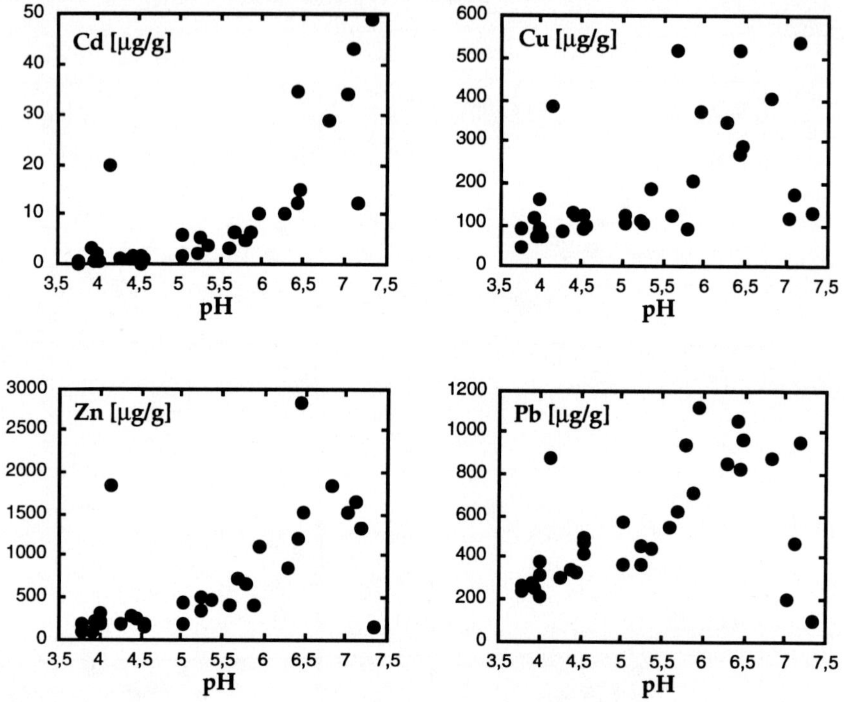

Abb. 8. Cd, Cu, Pb und Zn in der Tonfraktion der Sedimente in Abhängigkeit vom pH-Wert

Die Lösung von Metallen im "sauren Milieu" und deren anschließende Fällung beim Überschreiten von pH-Werten um 5,5 führt zu einer zusätzlichen Anreicherung dieser Elemente in den Sedimenten des unteren Fließabschnittes. Eine einfache Bilanzierung anhand von Gewässer- und Schwebstoffdaten belegt, daß die in den Bachsedimenten festgestellten Elementgehalte allein durch Ausfällung aus der Lösungsfracht zustande kommen können. Die Besiedlungsdichte, die landwirtschaftliche und industrielle Nutzung nehmen ebenfalls mit abnehmender Höhe zu. Einleitungen aus diesen Quellen sind nicht zu vernachlässigen, wie die laufenden Untersuchungen zu Halden-, Stollen- und Abwässern bereits andeuten.

Lebensgemeinschaften. Erste Untersuchungen des Makrozoobenthos und der Fische (mittels Benthosaufsammlungen im November 1991 und April 1992 sowie

Elektrobefischung im September 1992) zeigen, daß die Gewässerversauerung die Hauptbelastung auch für die Gewässerlebensgemeinschaften der Bäche und Flüsse oberhalb der Talsperre Malter darstellt. Die größte Belastung geht dabei von den erhöhten Wasserstoff- und Aluminiumionenkonzentrationen aus. Die Gesamtartenzahl ist mit 11-15 Taxa (Diptera nicht auf Artbasis) niedrig im Vergleich zu 26 Taxa unterhalb der Talsperre. Einige für Bergbäche typische Tiergruppen kommen nicht vor (Mollusca, Crustacea, Pisces und teilweise Ephemeroptera). Das Vorkommen von Fischen in der Roten Weißeritz beschränkt sich aufgrund der hohen Konzentrationen an gelöstem Aluminium auf die an die Talsperre angrenzenden Gewässerbereiche. Diese werden durch Einwanderung aus der Vorsperre von nur wenigen, teilweise für das Gewässer uncharakteristischen Arten besiedelt (Regenbogenforelle, Gründling, Karpfen, Bachforelle).

Die zusätzlichen Belastungen durch erhöhte Schwermetallkonzentrationen führen zu keinen auffälligen weiteren Veränderungen der Artenzusammensetzung und der Besiedlungsdichten im Vergleich mit den anderen versauerungsbelasteten Bereichen. Änderungen der biozönotischen Strukturen aufgrund von Veränderungen im Artenspektrum treten jedoch durch die Einleitung häuslicher Abwässer auf. Gesamtartenzahl und Besiedlungsdichte ändern sich bei parallel vorhandener Versauerungsbelastung nur wenig. Bereiche ohne Versauerung, aber Belastung durch häusliche Abwässer und erhöhte Schwermetallkonzentrationen, wie sie im Reichstädter Bach zu beobachten sind, weisen hingegen sowohl eine höhere Artenzahl (23 Taxa) als auch deutlich höhere Besiedlungsdichten auf.

Talsperre Malter – eutrophe Senke

Drei Fließgewässer speisen die Talsperre Malter direkt: die Rote Weißeritz mit 77 % der Einzugsgebietsfläche, der Reichstädter Bach mit 15 % und der Paulsdorfer Bach mit 6 %. Die verbleibenden 2 % der Fläche sind dem kleinen Seifener Bach und Abflüssen der Ortschaft Malter zuzuordnen. Die Talsperre wurde 1913 fertiggestellt und stellt ein Betriebsstauvolumen von $5{,}9 \cdot 10^6$ m^3 bereit. Bei Normalstau nimmt die Talsperre eine Fläche von 0,664 km^2 ein, hat eine mittlere Zuflußrate von 1,48 m^3/s (1,03 m^3/s aus der Roten Weißeritz) bei einem Gesamtzufluß von $46{,}71 \cdot 10^6$ m^3/a. Bei der Talsperre Malter handelt es sich um einen dimiktischen Stausee, der teilweise noch durch die Versauerung der Roten Weißeritz beeinflußt wird (Minimum-pH in der Talsperre: 6,2). Während der Sommerstagnation kann es zu anaeroben Verhältnissen im Hypolimnion kommen. Im Epilimnion steigen die pH-Werte aufgrund der hohen Primärproduktion bei Phytoplanktonblüten bis über pH 9,5 an.

35 Sedimentkerne mit einer Länge bis 60 cm lassen eine Beschreibung der Ablagerungen aus allen Bereichen des Sees zu. Auf dieser Basis können bereits einfache Bilanzen errechnet werden (Abb. 9). Die Sedimentationsrate liegt nach einer Altersdatierung (^{137}Cs) bei 2 cm/a (Muramatsu 1992), einer hohen Rate, die durch den überdurchschnittlichen Eintrag an autochthon produzierter organischer Substanz zu erklären ist.

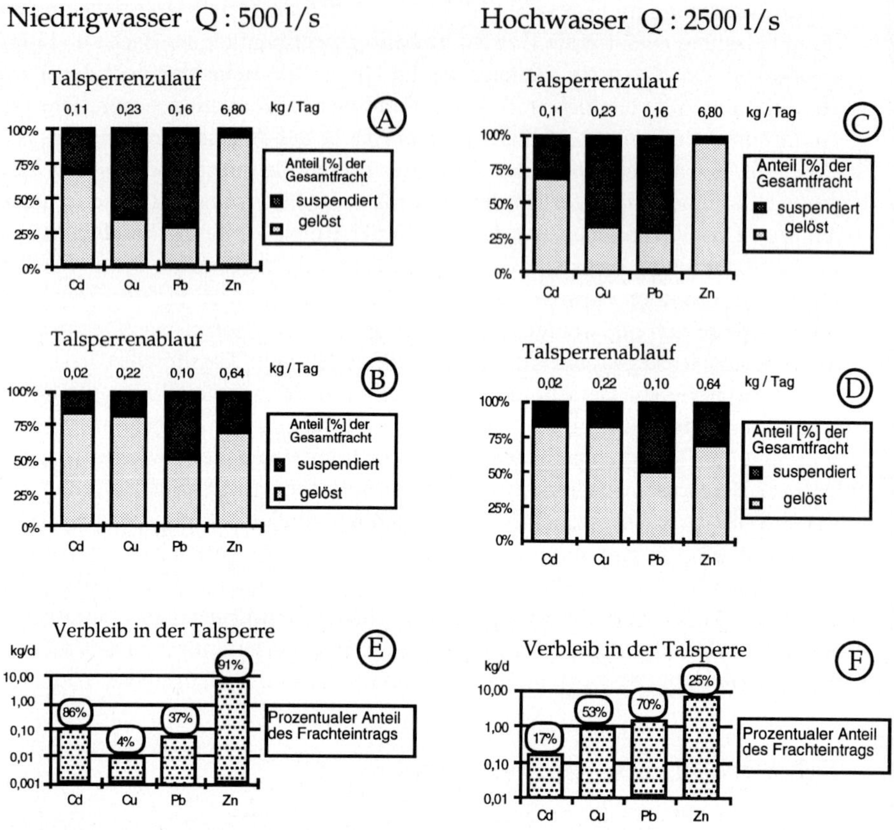

Abb. 9. Tagesfrachten (kg/Tag) am Beispiel von Cd, Cu, Pb und Zn für die Talsperre Malter bei zwei Abflußereignissen (November 1991 und April 1992)

Tabelle 4. Konzentrationen von Spurenelementen [mg/kg] in Oberflächensedimenten der Talsperre Malter (nach Schubert 1993) im Vergleich zu Tonschiefern (TS; Turekian u. Wedepohl 1961) und Sedimentdaten der ebenfalls belasteten Sösetalsperre (SÖ) im Westharz (Matschullat et al. 1994: 294 f.)

	As	Cd	Cr	Co	Ni	Cu	Zn	Pb
Mittel	140	26	230	28	73	210	1600	390
min.	19	8	81	15	35	61	410	93
max.	210	40	350	42	100	335	2300	570
TS	13	0,13	90	19	68	45	95	20
SÖ	30	4,2	73	33	40	185	1050	600

Vor allem Phosphor (Faktor 9,6), aber auch Eisen (F: 1,7) und in geringem Umfang Mangan (F: 1,2) sind in den oberen Sedimentschichten (0-5 cm) gegenüber dem Tongesteinsstandard angereichert. Einige Spurenelemente liegen ebenfalls angereichert vor (Tabelle 4). Der Eintrag über die Zuflüsse erfolgt in partikulärer und gelöster Form in den See. Gelöste Komponenten werden kurz vor Erreichen des Sees oder im See selbst bei circumneutralen pH-Werten ausgefällt und copräzipitativ mit frischen Fe- oder Mn-Hydroxiden bzw. adsorbiert an Tonminerale abgelagert. Stark angereichert sind vor allem Cadmium (F: 200), Arsen (F: 10), Zinn (F: 70), Zink (F: 17) und Blei (F: 20). Für diese Akkumulation können sowohl geogene (Vererzungen) als auch anthropogene Quellen (Bergehalden und Sickerwässer aus alten Stollen) verantwortlich gemacht werden. Der atmosphärische Stoffeintrag kommt bei dieser Belastung des Seebeckens nicht zum Tragen.

Um die Elementanreicherung in den Seesedimenten abschätzen zu können, wurden die gelösten und suspendierten Elementkonzentrationen in Frachten umgerechnet (Fracht = Konzentration • Abfluß). Die Tagesfrachten für jeweils ein Niedrig- und ein Hochwasserereignis veranschaulichen das unterschiedliche Rückhaltevermögen der Talsperre (Senkenfunktion) für Schwermetalle (Abb. 9 A-F). So ist z.B. der suspendierte Anteil der jeweiligen Gesamtfracht bei Cu und Pb viel höher als der von Cd und Zn (Abb. 9 A-D). Bei Niedrigwasser verbleiben 91 % des Zn, 86 % des Cd, 37 % des Pb, aber nur 4 % des Cu in der Talsperre. Dagegen wurden beim Hochwasserereignis vor allem Pb (70 %) und Cu (53 %) zurückgehalten (Abb. 9 E und F).

Lebensgemeinschaften. Die Ergebnisse der monatlichen Untersuchung der Planktonzoozönosen (April bis Oktober 1992 mittels Wasserschöpfer im Tiefenprofil an drei Probestellen) spiegeln vor allem die stark eutrophen Verhältnisse in der Talsperre Malter und die Belastungen durch die Zuläufe wider.

Es ließen sich 16 Rotatoria-, fünf Cladocera- und fünf Copepoda-Arten nachweisen. Insbesondere die Zahl der vorkommenden Rotatoria-Arten ist im Vergleich mit anderen Stauseen niedrig. Die Gruppe erreicht stets die höchsten Dichten (max. 15.000 Ind./l), wobei vier Arten über 90 % der Individuen stellen (*Keratella cochlearis, Keratella quadrata, Polyarthra dolichoptera* und *Pompholyx sulcata*). Beim Crustaceen-Plankton haben die Cladoceren (max. 630 Ind./l) etwas höhere Abundanzen als die Copepoden (max. 530 Ind./l). Auch hier dominieren einige wenige Arten (3 bzw. 2 Arten) sehr stark mit über 90 % der Dichte (*Daphnia cucullata, Diaphanosoma brachyurum, Eubosmina coregoni, Cyclops strenus* und *Eudiaptomus gracilis*).

Bei Betrachtung der Biomasse erreichen die Copepoda die höchsten Werte, gefolgt von den Cladocera und Rotatoria. Untersuchungen der Akkumulation von Metallen im Zooplankton erbrachten Anreicherungen gegenüber dem Epilimnion in der Reihenfolge Fe > Cu > Al > Zn > Mn > Cd.

Die Besiedlung des Benthos der Talsperre (von April bis Oktober 1992 monatlich an fünf Stellen mittels eines Van-Veen-Greifers entnommen) setzt sich zu 40,5 % aus Chironomidae (Insecta, Diptera) und zu 56 % aus Oligochaeta (Annelida) zusammen. Die Besiedlungsdichten liegen im Mittel bei rund 800 Ind./m^2. Es wurden 15 Chironomiden-Gattungen aus 4 Familien gefunden. Dominierende Gattung war *Procladius*. Die Oligochaeten waren hingegen mit nur vier Arten vertreten, wobei Tubificiden dominierten (v.a. *Potamothrix hammoniensis*).

Die erhöhten Schwermetallgehalte in der Talsperre, die keine akut toxischen Konzentrationen erreichen, führen in der Regel in den Oligochaeten zu stärkeren Anreicherungen als in den Chironomiden. Größeren Einfluß auf die Struktur der Benthosbiozönose scheinen die hohe Sedimentationsrate und der damit verbundene hohe Wassergehalt des Sediments (ca. 93 % in den obersten Schichten und 87 % in 10 cm Tiefe), die Korngrößenzusammensetzung (> 90 % Ton und Silt) sowie die Sauerstoffverhältnisse an der Wasser-Sediment-Grenzfläche mit anaeroben Bedingungen in der zweiten Hälfte der Sommerstagnation zu haben.

Versuch einer Zwischenbilanz

Der atmosphärische Stoffeintrag liegt heute in gleicher Höhe vergleichbarer Gebiete Mitteleuropas. Starke Boden- und Gewässerversauerung prägt die Lagen oberhalb von 500 m ü. NN. Davon sind einerseits die Gewässerlebensgemeinschaften betroffen, andererseits zeigt sich eine zum Teil starke Beeinträchtigung auch von privaten Trinkwassergewinnungsanlagen. Versauerungsschübe können bei Schmelzwasser- und Starkregenereignissen bis hinunter zur Talsperre Malter bei Dippoldiswalde (350 m ü.NN) wirksam werden. Mit diesen Ereignissen werden u.a. Schwermetalle in gelöster Form aus dem Gebiet ausgetragen, während sonst der partikuläre Transport dominiert. In dem Stausee selbst herrschen stark eutrophe Verhältnisse, die zu einer Festlegung eines großen Teils der eingetragenen Elemente führen.

Als Schadstoffquellen können erfaßt werden:

- Luftschadstoffe aus lokalen (Hausbrand, Industrie, Landwirtschaft) und regionalen wie überregionalen Quellen (Ferntransport);
- die Boden- und Gewässerversauerung durch die saure Deposition;
- die Stoffdispersion aus Erzlagerstätten, Bergehalden und Grubenwässern;
- die Nährstoffbelastung von Böden und Gewässern durch landwirtschaftliche Produktion auf suboptimalen Standorten;
- die Nährstoff- und Summenbelastung der Gewässer durch fehlende Kläranlagen (kommunale Abwässer) und
- die Eutrophierung von Teilstrecken der Fließgewässer und vor allem der Talsperre Malter.

Diese vielfache Belastung hat zwiespältige Konsequenzen: Teile des Einzugsgebietes sind ausschließlich von Versauerung, andere primär von der Überdüngung von Böden und Gewässern betroffen. Während dies ein verbreitetes Problem darstellt, kommt es an weiteren Standorten zu einer Überlagerung beider Prozesse, was zu einer Festlegung sowohl der durch die Säurebelastung eingetragenen Haupt- wie Spurenkomponenten und zugleich einer Bindung der Nährstoffanteile führt (v.a. Phosphor). Ein weiteres Problem ist die Belastung zahlreicher privater Trinkwasserversorgungsanlagen.

Als Ausblick deuten sich bereits jetzt folgende Möglichkeiten an:

- Rückgang des Luftschadstoffeintrags durch bessere Filtertechniken in Europa (die Säurebildner werden jedoch vermutlich zumindest für die nächsten Jahrzehnte nicht zurückgehen, da der Rückgang von SO_2 durch einen Anstieg von NO_x kompensiert wird; Galloway, 1989);
- die Stoffdispersion aus Lagerstätten, Bergehalden und Grubenwässern ist z.T. regulierbar, d.h. gerade Gruben- und Haldenwässer können mit relativ geringem Aufwand kanalisiert und einer Reinigung (Fällung) zugeführt werden;
- auch die Gewässereutrophierung ist durch eine Begrenzung der Nährstoffbelastung aus der landwirtschaftlichen Produktion minimierbar.

Besondere Probleme liegen

- in der Speicherung unerwünschter Elemente in Böden und Sedimenten – hier besteht eine langfristig aktive Stoffquelle;
- Die Boden- und Gewässerversauerung wird ebenfalls langfristig aktiv sein und die entsprechende Belastung der Oberflächen- und Grundwässer zur Konsequenz haben;
- schließlich sind entsprechende Kosten vor allem für eine sichere Trinkwasserversorgung und eine bessere Abwasserreinigung unvermeidbar.

Danksagung. Die Autoren danken der Deutschen Forschungsgemeinschaft für die Förderung des Projektes unter FKZ DFG-Br 775/4-1, -Ma 1414/1-2, -Scha 352/5-1 und -Schn 16/17-1. Ein herzliches Dankeschön auch an die Herren Dr. Lux (Univ. Hamburg) und Prof. Dr. Tobschall (Univ. Erlangen) für sorgfältige und anregende Gutachten.

Literatur

Andreae H (1994): Deposition anorganischer Komponenten. In: Matschullat J, Heinrichs H, Schneider J, Ulrich B (Hrsg) Gefahr für Ökosysteme und Wasserqualität – Ergebnisse interdisziplinärer Forschung im Harz: 107-112, Springer, Heidelberg Berlin

Bozau E (1994) Untersuchungen zum atmosphärischen Stoffeintrag in das Osterzgebirge. Dissertation Geowiss Heidelberg (in Vorbereitung)

Bruggenwert MGM, Bolt GH, Hiemstra T (1986) Acid-base systems in soils. Trans XIII. Congress Internat Soc Soil Sci, 5: 51-58; Hamburg.

Führer HW, Brechtel HM, Ernstberger H, Erpenbeck C (1988) Ergebnisse von neuen Depositionsmessungen in der Bundesrepublik Deutschland und im benachbarten Ausland. Deutscher Verband für Wasser und Kulturbau, Mitteilungen 14: 122 S., Bonn

Galloway JN (1989) Atmospheric acidification: projections for the future. Ambio 18, 3: 161-166

Heinrichs H, Wachtendorf B, Wedepohl KH, Rössner B, Schwedt G (1986) Hydrogeochemie der Quellen und kleineren Zuflüsse der Sösetalsperre (Harz). N Jb Miner Abh 156: 23-62

Heinrichs H, Siewers U, Böttcher G, Matschullat J, Roostai AH, Schneider J, Ulrich B (1994) Auswirkungen von Luftverunreinigungen auf gewässer im Einzugsgebiet der Sösetalsperre. In: Matschullat J, Heinrichs H, Schneider J, Ulrich B (Hrsg) Gefahr für Ökosysteme und Wasserqualität – Ergebnisse interdisziplinärer Forschung im Harz: 233-259 Springer, Heidelberg Berlin

Hild A (1993) Geochemische Untersuchungen an Bachsedimenten aus dem Einzugsgebiet der Talsperre Malter (Osterzgebirge). Unveröff Diplomarbeit, Geowissenschaften, Göttingen

Lux H (1993) Trends in air pollution, atmospheric deposition and effects on spruce trees in the Eastern Erzgebirge. Cerny J (ed) BIOGEOMON Workshop on integrated monitoring of air pollution effects on ecosystems, Prag, September 17-18, 1993, Czech Geological Survey: 184-185

Malessa V (1994) Ökologische Typisierung von Tiefengradienten der Bodenversauerung. In: Matschullat J, Heinrichs H, Schneider J, Ulrich B (Hrsg) Gefahr für Ökosysteme und Wasserqualität – Ergebnisse interdisziplinärer Forschung im Harz: 162 ff, Springer, Heidelberg Berlin

Matschullat J, Schneider J, Ratmeyer V (1994) Stauseen und Stauteiche als Sediment- und Elementfallen. In: Matschullat J, Heinrichs H, Schneider J, Ulrich B (Hrsg) Gefahr für Ökosysteme und Wasserqualität – Ergebnisse interdisziplinärer Forschung im Harz: 289-303, Springer, Heidelberg

Meiwes KJ, Hauhs M, Gerke H, Asche N, Matzner E, Lamersdorf N (1984) Die Erfassung des Stoffkreislaufs in Waldökosystemen. Konzept und Methodik. Ber Forschungszentr Waldökosysteme/-Waldsterben, 7: 69-142; Göttingen

MDD (Meteorologischer Dienst der DDR) (1973) Klima und Witterung im Erzgebirge. Abh d. Meteorologischen Dienstes der DDR XIII, 104; Akademie Verlag, Berlin

Muramatsu Y (1992) Geochemische Untersuchungen an Seesedimenten der Talsperre Malter (Osterzgebirge). Unveröff Bericht an den DAAD, Göttingen: 12 S.

Pälchen W, Rank G, Harpke B, Stohbach S (1989) Suche Zinn, Erzfeld Altenberg-Dippoldiswalde: Pedogeochemsiche Prospektion, Maßstab 1:25.000. Unveröff Bericht, VEB GFE Freiberg: 33 S.

SLfU (Sächsisches Landesamt für Umwelt und Geologie) (1991) Jahresbericht zur Immissionssituation 1990. Radebeul, Dresden

Schubert M (1993) Geochemische und limnogeologische Untersuchungen an den Oberflächensedimenten der Talsperre Malter (Osterzgebirge). Unveröff Diplomarbeit, Geowisn, Göttingen

Tischendorf G (1989) Silicic magmatism and metallogenesis of the Erzgebirge. Veröff Zentralinst Physik der Erde 107: 316 S.

Turekian KK, Wedepohl KH (1961) Distribution of the elements in some major units of the earth's crust. Geol Soc Am Bull 72: 175-192

Ulrich B, Meiwes KJ, König N, Khanna PK (1984) Untersuchungsverfahren und Kriterien zur Bewertung der Versauerung und ihrer Folgen in Waldböden. Forst- Holzwirt, 39, 11: 278-286; Hannover

WWD (Wasserwirtschaftsdirektion Dresden) (1975) Gebietscharakteristik der Talsperre Malter. Unveröff Bericht, Dresden

7 Geotopschutz

Nach dem Biotop nun der Geotop. In der Tat ist es gerade für Geowissenschaftler nicht abwegig, sich für den Erhalt von Örtlichkeiten einzusetzen, an denen geologische Phänomene besonders typisch, eindrucksvoll oder gut erreichbar aufgeschlossen vorliegen. Besonders in einem dicht besiedelten Land wird der Zugang zu den natürlichen Grundlagen, zur Umwelt, im wahrsten Sinne oft zubetoniert. Ebenso wie es deshalb notwendig ist, Refugien für Tiere und Pflanzen zu schützen, sei es um den Genpool zu erhalten oder einfach nur dem interessierten Bürger die Chance zu geben, einen Neuntöter, einen Admiral oder eine Silberdistel "in freier Wildbahn" zu beobachten, brauchen wir den Schutz der anorganischen Lebensgrundlage, des Geotops. Dabei sind die Interessen des Naturschutzes sensu strictu gegen die Interessen z.B. des Ausbilders der Geowissenschaften oder auch eines "Freundes der Geologie und Mineralogie" gegeneinander abzuwägen, um den Zugang zu geologischen Objekten nicht von vornherein durch Gesetze und Verordnungen zu blockieren (→ 7.1).

Auf dieses Thema aufmerksam gemacht hat die Arbeitsgruppe Geotopschutz, die sich mit Verve in kurzer Zeit bereits einen festen Platz in der fachlichen Öffentlichkeit geschaffen hat. Die Diskussion ist keineswegs abgeschlossen, wie auch die vorliegenden Beiträge zeigen. Doch ist ein Anfang gemacht und die Tatsache, daß sich die Landesämter der Aufgabe verpflichtet fühlen, sowohl weitere Geotope auszuweisen, als auch bestehende mit vielleicht mehr Nachdruck zu schützen, läßt hoffen (→ 7.2).

7.1 Geotopschutz – eine neue Aufgabe der Erdwissenschaften

Lutz Hermann Kreutzer, Victoriano Perez Postigo und Friedrich W. Wiedenbein

Was ist ein Geotop?

Die im Naturraum wirksamen Geofaktoren Relief, Boden, Gestein, Wasser und Klima bilden Teilkomplexe der Landschaft, die zusammen das Geosystem ergeben. Die Landschaftsökologie definiert den Geotop als dessen räumliche Manifestation:

Definition 1. Geotop: Die kleinste physiogeographische Raumeinheit, die von jenen einheitlich verlaufenden stofflichen und energetischen Prozessen bestimmt wird, die im Geosystem wirksam sind und in der topischen Dimension als homogen betrachtet werden, so daß der Geotop über einen für ihn charakteristischen Haushalt verfügt." (Leser 1991, S. 149). Wie das Beispiel der Biotopkartierung zeigt, besitzen Tope auch eine strategische und kategoriale Bedeutung, denn sonst wären sie nicht kartierbar. Der Schweizer Raumplaner Bruno Stürm hat den landschaftsökologischen Geotop-Begriff als Planungsinstrument untersucht und in einem dem Biotop-Begriff vergleichbaren Sinne erweitert:

Definition 2. Geotope sind erdgeschichtlich bedeutungsvolle Geländeteile mit charakteristischen, empfindlichen Elementen, Strukturen, Formen oder Wirkungsgefügen, welche vor schädigenden Eingriffen oder Einwirkungen zu bewahren sind (Stürm 1992, S. 14). Diese von Stürm anläßlich des Workshops "Geotopschutz und geowissenschaftlicher Naturschutz" am 5. März 1992 in Mitwitz/Ofr. vorgetragene Definition wurde von der dort gegründeten "Arbeitsgemeinschaft Geotopschutz" aufgegriffen und entwickelt (Wiedenbein 1992; Grube u. Wiedenbein 1992). Die Geologischen Dienste der Bundesrepublik Deutschland (GLÄ) sind dabei, den Geotop-Begriff in eine rechtsverbindliche Form zu überführen, vorläufig:

Definition 3. Geotope sind erdgeschichtliche Naturerscheinungen. Diese umfassen natürliche Landschaftsformen oder künstlich geschaffene Erdaufschlüsse, die aus Einzelobjekten oder aus Teilen eines Naturraumes bestehen können. Erhaltenswerte Geotope zeichnen sich durch ihre Seltenheit, Eigenart und Vielfalt, besondere erdgeschichtliche Bedeutung, Form oder Schönheit gegenüber anderen Naturschöpfungen aus. Für Wissenschaft, Natur- und Heimatkunde sind sie von herausragendem Wert (Lagally et al. 1993).

Geowissenschaften und Umwelt
Herausgegeben von J. Matschullat und G. Müller © 1994 Springer Verlag

Schutz und Erfassung der Geotope

Der Schutz des erdgeschichtlichen Erbes reicht in Deutschland bis in die Epoche der Romantik zurück: Um 1818 malte Caspar David Friedrich die "Kreidefelsen auf Rügen" (Grube u. Wiedenbein 1992, Titelbild), und nach Bock (1910) führte Alexander von Humboldt 1819 den Begriff des Naturdenkmals im heutigen Sinne ein. Den "Denkmalen der Natur" begegnen wir allerdings schon früher, so in einer Übersetzung der "Protogaea" des Philosophen G. W. Leibniz durch C. L. Scheid, Leipzig und Hof 1749 (Engelhardt 1949).

Die ersten gesetzlich geschützten Geotope in Deutschland waren der Drachenfels im Siebengebirge (1836), der Totenstein im Kreis Görlitz (1844) und die Teufelsmauer am Harz (1852). Eine erste systematische Erfassung von Biotopen und Geotopen als Naturdenkmale basierte in Preußen auf einer Denkschrift von Hugo Conwentz (1904). Heute erfolgt die Erfassung der Geotope in Deutschland durch die Geologischen Landesämter in sogenannten GEOSCHOB-Katastern (GEOSCHOB = Geowissenschaftlich schutzwürdiges Objekt). Einen Überblick, auch über Methoden und Kriterien der Bewertung in Bayern, geben Lagally et al. (1993) und Lagally (1994, in diesem Band).

Die Notwendigkeit des Geotopschutzes

Die Akademie für Naturschutz und Landschaftspflege in Laufen sieht im Biotopschutz die "Gesamtheit der Maßnahmen zu Schutz und Pflege der Lebensräume in ihrer natürlichen und historisch gewachsenen Vielfalt." (ANL 1991, S. 22). Seit dem Umweltgipfel in Rio gilt der Schutz der Bio-Diversität, die natürliche Vielfalt an Lebensräumen und Arten, als oberstes Ziel des Naturschutzes. Aus dieser Sicht sollte auch der Geotopschutz gesehen werden. Im Sinne von Definition 3 lassen sich Geotope als Stätten des Geotopschutzes begreifen:

Definition 4. Geotopschutz beinhaltet alle sinnvollen und notwendigen Maßnahmen zum Schutz, zur Sicherung und zur Pflege erdgeschichtlicher Vielfalt in der Landschaft. Stätten des Geotopschutzes sind die Geotope (im Singular: der Geotop), Zeugnisse der Geschichte der Erde, ihrer Dynamik, ihrer Stoffkreisläufe und der Evolution.

Geotope und Naturschutz

So wie wir in den Biotopen räumliche Verdichtungen des globalen Ökosystems erkennen, so erkennen wir in den Geotopen seine Lebensgeschichte, die als Erdgeschichte untrennbar mit der Geschichte der Erde selbst verbunden ist. Dieses erdgeschichtliche Erbe gilt es zu erkennen und da, wo es notwendig und sinnvoll ist, zu bewahren.

Biotope und Geotope verteilen sich auf die Landschaft als Ganzes. Sie können sich dabei auch räumlich durchdringen. Weil die Landschaft in Mitteleuropa überwiegend eine historisch gewachsene Kulturlandschaft ist, kann die Entwicklung von Geotopschutz-Strategien auch nur als Aufgabe eines ganzheitlichen Natur- und Kulturgüterschutzes gesehen werden (Wiedenbein 1993b).

Naturschutz kann dazu führen, daß Geotope nachteilig behandelt werden. Denn verlassene Steinbrüche oder andere Tagebaue bilden oft wichtige Refugien für bedrohte Arten (Wiedenbein 1990). Auf diese Weise können wichtige Aufschlüsse sogar der geowissenschaftlichen Lehre und Forschung entzogen werden. Hier gilt es, Kompromisse zu finden, die den Aspekt des Geotopschutzes angemessen berücksichtigen.

Grundsätzlich gilt: Biotope und Geotope müssen sich nicht gegenseitig ausschließen! Vielmehr trägt der Geotopschutz zu einer Sichtweise bei, die das erdgeschichtliche Erbe als eine gefährdetes Bildungsgut erkennt, schützt und pflegt. Wie sonst hätten wir als einen der größten naturforscherischen Denkabenteuer die biologische Vielfalt als das Ergebnis ständig stattfindender Evolution erkennen und würdigen können? Angesichts unserer schnellebigen Welt lehren uns Geotope eine Vorstellung vom zeitlichen Ablauf geologischer Prozesse und biologischer Entwicklung an Ort und Stelle ihrer Entstehung. Das aus Geotopen gewinnbare Wissen kann jedem helfen, die Vergangenheit der Erde und des Lebens zu begreifen, auch vor dem Hintergrund der Notwendigkeit, die Zukunft sinnvoll zu planen.

Geotopschutz in der Praxis

Die AG Geotopschutz. In den deutschsprachigen Ländern wurde die Arbeitsgemeinschaft Geotopschutz gegründet (Wiedenbein 1992). Eine Satzung befindet sich in Vorbereitung, ohne daß ein Verein gegründet werden soll. Vielmehr versteht sich die AG als länder- und fachübergreifendes Forum in deutscher Sprache, das alle Interessenten ansprechen soll – den Wissenschaftler gleichermaßen wie den Behördenvertreter oder auch den engagierten Laien. Neben dem Schutz der Geotope ist die damit verbundene Öffentlichkeitsarbeit ein gemeinsames Ziel. Die Ergebnisse der beiden ersten Tagungen liegen in gedruckter Form vor (ÖBO Mitwitz 1993; Quasten 1993).

Ansprache von fachfremden Behörden. Um bei Natur- und Landschaftsschutzbehörden für den Geotopschutz zu werben, müssen wir unsere an solche Institutionen gerichteten Anträge und Reden so aufbereiten, daß sie für Juristen und Beamten verständlich sind. Formulierungen müssen den jeweiligen Landesgesetzen angepaßt werden. Das bedeutet: das geowissenschaftliche Vokabular muß ins Juristendeutsch und in die dort bereits existierenden Begriffe übersetzt werden; manche Begriffe werden einem Geowissenschaftler am Anfang vielleicht ungenau erscheinen. Hier ist es jedoch weniger wichtig, daß die geowissenschaftliche Formulierung exakt ist; wichtiger ist die Verwendung der entsprechenden, in Gesetzestexten gebräuchlichen juristischen Ausdrücke, selbstverständlich ohne die geowissenschaftliche Aussage zu verfälschen (Beispiel: in der Geotopschutz-Definition der GLÄ; s. Definition 3, wird die Formulierung "erdgeschichtliche Naturerscheinungen" in erster Linie verwendet, weil sie begrifflich in bestimmten Gesetzestexten bereits etabliert ist).

Klassifizierung von Geotopen. Es muß in den nächsten Jahren nach einer einheitlichen Klassifizierungsmöglichkeit für Geotope gesucht werden. Zur Zeit sprechen die Fachleute der unterschiedlichen Disziplinen noch verschiedene Sprachen. Wenn es deshalb auch schwerfallen wird, ein exaktes und strenges Bewertungsschema zu entwickeln, das verbindlich angewendet werden kann, so sollte zumindest schnell nach einer einheitlichen Verständigungsmöglichkeit gesucht werden, die es den im Geotopschutz engagierten Fachleuten ermöglicht, sich gegenseitig auszutauschen. Dazu sind regelmäßige Tagungen unerläßlich.

Geotop-Kataster und Datenverarbeitung. Um geowissenschaftliche Feld-Arbeit zu ermöglichen, muß eine umfassende und lückenlose Katalogisierung und Registrierung der Objekte angestrebt werden, die für Forschung und Lehre unverzichtbar sind. In einigen Ländern gibt es hier schon sehr gute und beispielhafte Ansätze. Bestens geeignet sind Geographische Informationssysteme, wie zum Beispiel das relativ gut verbreitete ARC-INFO©. Ein ausgereiftes GIS bietet den großen Vorteil, sowohl punktförmige Geotope als auch flächige Geotopschutz-Landschaften nicht nur in einer Kartendarstellung jederzeit abrufbar, beliebig kombinierbar und ausdruckbar zu halten, sondern im Hintergrund eines jeden Objektes zusätzlich eine Datenbank verfügbar zu machen, die sozusagen auf "Knopfdruck" erlaubt, alle möglichen spezifischen Kenndaten abzurufen. Mittelfristiges Ziel sollte in jedem Fall sein, die Kompatibilität der Geotop-Daten auch von Land zu Land zu gewährleisten.

ADV-Punktekarten werden an der Geologischen Bundesanstalt Wien, beispielsweise im Bereich der Naturraum-Potentialkartierung, in Verbindung mit einer umfassenden Rohstoffdatenbank eingesetzt (Kreutzer 1993c; Letouzç-Zezula et al. 1993), Geotope werden hier in Zukunft ebenso erfaßt und registriert werden. Dadurch bestünde beispielsweise die Möglichkeit, Geotope als relevante Objekte in der ADV-gestützten Raumplanung zu berücksichtigen.

Geotop-relevante Daten. Bei der Katalogisierung und Archivierung müssen alle Geotop-relevanten Daten erfaßt werden, um eine möglichst "faire" Gleichbehandlung der Objekte bei einer Bewertung zu gewährleisten, aber auch um die Daten austauschbar zu machen. Folgende 14 Kategorien wären denkbar:

1. Koordinaten, Kartenblatt, Adresse; 2. Art des Aufschlusses; 3. Schutzwürdiges Phänomen; 4. Schutz-Status; 5. Morphologie; 6.Geologisches Alter; 7. Formation; 8. Lithologie; 9. Genese; 10: Montangeschichte, Kulturelles; 11. Regionale Bedeutung; 12. Gefährdungsgrad; 13. Erreichbarkeit.

Lagally et al. (1993) bieten weitere Vorschläge und Erfassungsblätter, die der GEOSCHOB-Kartierung des Landes Bayerns dienen.

Öffentlichkeitsarbeit. Als ein wichtiger Punkt erscheint uns die geowissenschaftliche Öffentlichkeitsarbeit. Auf die Bedeutung der geowissenschaftlichen Öffentlichkeitsarbeit haben bereits Kasig u. Meyer (1984) deutlich hingewiesen. Öffentliches Bewußtsein für den Aufbau und die Geschichte unseres Planeten kann zum allgemeinen Verständnis zugunsten des Umweltschutzes beitragen.

Verständnis geht in den allermeisten Fällen nur über einen persönlichen Bezug, den man zu einer Sache hat. Wächst also die Verbundenheit, ist man ganz allgemein eher dazu bereit, sich für etwas zu engagieren. Hier kommt den Geotopen plötzlich eine Bedeutung zu, die über den reinen Schutzgedanken hinausgeht: Geotope können – wenn es gelingt, sie allgemeinverständlich zu präsentieren – Katalysatorfunktion haben. Sie können als Einzelobjekt einen "Aha"-Effekt auslösen, der über ihre rein praktische Bedeutung als geschütztes Objekt weit hinaus geht.

Unter Pädagogen wird der Effekt des Lernens vor Ort – also an außerschulischen Lernorten (Kuhn 1988; Stock 1988) – des Verlassens der Übungsräume (Schmitt 1988) und der daraus resultierenden Effizienz des Erfahrens von Sinneseindrücken (Pfligersdorfer 1988) hoch geschätzt. Wurzelfeste geowissenschaftliche Öffentlichkeitsarbeit muß daher bereits bei Kindern angesetzt werden (Pistotnik 1992). Erdwissenschaften müssen demnach wesentlich stärker in die Lehrpläne der Schulen eingebracht und die zukünftigen Lehrer für das Fach interessiert werden (Pistotnik 1993). Wir müssen uns also bemühen! Wie interessiert die Öffentlichkeit grundsätzlich an geowissenschaftlichen Themen ist, erkennt man an der derzeitigen Dinosaurier-Manie. Seit kurzem weiß nahezu "jedes Kind", was ein Paläontologe ist. Wieviele Leute haben das vor zwei Jahren gewußt?

Der Geotopschutz kann allgemein zur Imageaufwertung der Geowissenschaften beitragen, und das kann den Geowissenschaftlern als Nebenprodukt nur recht sein! Es gibt einige Beispiele, wo Öffentlichkeitsarbeits-Konzepte sehr erfolgreich waren und sind, sowohl was die Medienpräsenz als auch die Publikumsreaktionen betrifft (Beispiele: Schönlaub 1991; Kasig 1993; Kreutzer 1993a).

Konzepte. Wie aber läßt sich Öffentlichkeitsarbeit am besten machen? Wie geht man ein solches Vorhaben an? Welche Tricks sind notwendig, um zwischen der strengen Wissenschaftlichkeit einerseits und einem für Laien verständlichen Text mit ansprechenden Zeichnungen andererseits, eine Brücke zu schlagen, ohne dabei die Pfade der Seriösität zu verlassen? Ist das überhaupt möglich?

Der umfangreiche Wissensstand der Geowissenschaften ist bestens geeignet, ein breites Publikum für das Gesamtsystem "Raumschiff Erde" zu interessieren - das Wissen muß allerdings in professionelle Konzepte umgesetzt werden. Am schlimmsten ist Halbherzigkeit; Unprofessionalität richtet mehr Schaden an, als sie hilft. Die Mittel sind grundsätzlich frei wählbar, aber es gibt einige wichtige Grundregeln:

1. Die journalistische Aufbereitung: man schreibt nie für sich, sondern für andere. Texte müssen also aufbereitetes Wissen transportieren. Hier müssen vom Wissenschaftler fundierte Zusatzfähigkeiten gefordert werden!

2. Die graphische Gestaltung muß professionell, ansprechend, aber einfach sein!
3. Die Architektur von Geländetafeln sollte zur Landschaft passen. Sie sollte einfühlsam, aber auch selbstbewußt sein. An der Qualität, was Material und Ausführung betrifft, sollte nicht gespart werden.
4. Die Public Relations sollten aufwendig genug sein, um zu greifen und dem Konzept das nötige Publikum zu bringen.

Sanfter Tourismus. Funktionierende Öffentlichkeitsarbeit im Geotopschutz setzt Besucher voraus, denn: Geologie ist – wie alle Geowissenschaftler aus eigener Erfahrung wissen – am besten vor Ort zu erfahren, also an "Originalschauplätzen". Das wirft Konflikte auf, zum Beispiel in Zusammenhang mit der Empfindlichkeit von Ökosystemen ("Besucherdruck") oder unvernünftigem Verhalten einzelner Besucher (bis hin zum "Vandalismus"). Als wichtigste Voraussetzung für einen weithin akzeptierten und wirkungsvollen Geotopschutz muß jedoch folgende Faustregel oberste Maxime sein: Es darf weder an der Natur, noch am Menschen "vorbeigeschützt" werden (Kreutzer 1993b). Und das hat einen ganz einfachen Grund: Der Mensch wird sich jedem Verständnis gegenüber verschließen, als Schädling betrachtet zu werden. Besucherströme und ihr Verhalten müssen lediglich sinnvollen Kontrollen unterliegen. Ein Naturwunder erkennen kann nur der, der nicht von ihm ausgegrenzt ist. Dabei sollten Vereine und Organisationen vor Ort für eine Mitarbeit gewonnen werden.

Patenschaften. Patenschaften ergeben sich durch Kontakte mit Vereinen und Interessensgruppen oder Schulen. Skeptiker werden sagen, so etwas funktioniert nicht. In England geht dies sehr gut. In Deutschland und Österreich gibt es ebenfalls Ansätze; mit etwas Mühe wird man Interessenten finden; denn Wissenschaft kann durchaus spannend sein (Wiedenbein 1991).

Seitens der Landschaftpflege könnten Kosten gespart werden, würde man Grundlagen schaffen, freiwillige Helfer sinnvoll in Konzepte einzugliedern und entsprechende Aufgaben bindend zu verteilen. Auch Sponsoren können eine Art Patenschaft eingehen. Sportsponsoring gehört längst zum Alltag. Aus Kunst und Musik sind solche Gelder nicht mehr wegzudenken. Während ein Sportler dabei leicht zur Litfaßsäule werden kann, ist der Künstler und Musiker von dieser Art Werbung meistens nicht betroffen. Hier geht es den Firmen lediglich darum, Ihr Image zu verbessern. Deshalb wird es für einige Firmen auch immer attraktiver, Wissenschaft zu unterstützen. Hierfür gibt es finanzkräftige Beispiele (Kreutzer 1993a). Bei einem sauber ausgearbeiteten Konzept sind Firmenleitungen gut zu überzeugen. Selbstverständlich müssen Konzept und Inhalt vom Finanzier unabhängig bleiben.

Internationale Zusammenarbeit. Geotopschutz verlangt internationale Zusammenarbeit. Die USA, Großbritannien und Frankreich leisten bereits Vorbildliches, auch hinsichtlich der Öffentlichkeitsarbeit. Frankreich hat 1991 die erste internationale Konferenz zum Thema Geotopschutz unter der Schirmherrschaft der UNESCO veranstaltet, wobei die "Internationale Erklärung des Rechts der Erde auf ihre Geschichte" verabschiedet worden ist (Wiedenbein 1993a). Eine zweite Konferenz fand 1993 in Great Malvern, England, statt (Joyce 1994). Die UNESCO hat eine vorläufige Liste von Objekten erarbeitet, denen eine globale Bedeutung beigemessen wird (Grube 1993). Darunter befinden sich Stätten ("Sites") wie Messel und Geotopschutz-Landschaften ("areas") wie die Gebiete um Holzmaden, Solnhofen, Bundenbach oder das Nördlinger Ries.

Schlußwort

Geotopschutz ist sicher für einige Geowissenschaftler eine ungewohnte Art, mit Wissenschaft umzugehen. Und doch ist und bleibt Geotopschutz wissenschaftlich, wenn er auch hier und da über den Tellerrand klassisch strenger Wissenschaftsdisziplin hinaussieht. Damit wird aber kein Gesetz der Wissenschaft verletzt, sondern lediglich durch zeitgemäße und notwendige Ideen ergänzt.

Das erdgeschichtliche Erbe in den Geotopen präsentiert sich also als ein gefährdetes Bildungsgut, das es vor vermeidbaren Beschädigungen und sinnlosen Zerstörungen zu bewahren gilt. Was – für museale und wissenschaftliche Belange teilweise unverzichtbare – Aktivitäten von Sammlern betrifft, so lassen sich durch Lenkung und Kanalisierung der Aktivitäten unnötige Beeinträchtigungen vermeiden. Das betrifft ebenso den Geo-Tourismus, der in seiner umwelt- und sozialverträglichen Form strukturschwache Gebiete zu fördern vermag. Hier gilt es besonders an die Entwicklungsländer zu denken (Perez Postigo 1993).

In der Bundesrepublik Deutschland bietet bei größeren Planungen die Umweltverträglichkeitsprüfung (UVP) die Möglichkeit, Belange des Geotopschutzes zu überprüfen. Diese Praxis wurde von den Geologischen Diensten in Deutschland bereits eingeführt. Übersichten zum Geotopschutz in Deutschland bieten Grube u. Wiedenbein (1992), ÖBO Mitwitz (1993), Quasten (1993) und Müller u. Matschullat (1993).

Literatur

ANL (1991) Begriffe aus Ökologie, Umweltschutz und Landnutzung. ANL Informationen 4:125 S.

Bock W (1910) Die Naturdenkmalpflege. Naturwiss Wegweiser 10:VIII + 109 S.; Stuttgart, Strecker & Schröder

Conwentz H (1904) Die Gefährdung der Naturdenkmäler und Vorschläge zu ihrer Erhaltung, Denkschrift. 207 S.; Berlin, Borntraeger

Engelhardt W v (1949) Gottfried Wilhelm Leibniz, Protogaea. 182 S.; Stuttgart, Kohlhammer

Grube A (1993) Die "World Heritage List" der UNESCO. In: Geotopschutz. Ökologische Bildungsstätte Oberfranken - Naturschutzzentrum Wasserschloß Mitwitz eV

Grube A, Wiedenbein FW (1992) Geotopschutz. Eine wichtige Aufgabe der Geowissenschaften. Geowissenschaften 8:215-219; Weinheim

Joyce B (1994) The Malvern Intern Conf Geol Landscape Conservation - a review. Earth Heritage 1:4-6; Peterborough

Kasig W (1993) Der Eifel-Geopfad zwischen Aachen und Daun als Beispiel geologischer Öffentlichkeitsarbeit. Eifeljahrbuch 1993:57-69; Bonn

Kasig W, Meyer DE (1984) Grundlagen, Aufgaben und Ziele der Umweltgeologie. Z dt geol Ges 135:383-402; Hannover

Kreutzer LH (1993a) Panorama in die Urzeit - Der Geo-Park Wendelstein. Wendelsteinbahn GmbH; 112 S.; München

Kreutzer LH (1993b) Geotopschutz - Strategien zum Erfolg einer neuen Aufgabe der Erdwissenschaften. Heidelberger Geowiss Abh 67:90-91

Kreutzer LH (1993c) Moderne Rohstoff-Forschung: der Beitrag von ARC/INFO zur Naturraum-Konfliktlösung. Heidelberger Geowiss Abh 67:91

Kuhn W (1988) Die Bedeutung "außerschulischer Lernorte" für den Biologieunterricht heute.- Pädagogische Welt 2/88:60-67; Donauwörth

Lagally U, Kube W, Frank H (1993) Geowissenschaftlich schutzwürdige Objekte in Oberbayern. Ergebnisse einer Erstaufnahme. Erdwiss Beitr Naturschutz, 168 S.; München

Letouzç-Zezula G, Kreutzer LH, Lipiarski P, Reitner H (1993) An Expert System to Evaluate the Protectivity of Mineral Resources. GIS for Environment - Conf Geogr Inform Sys Environ Studies, Krakow, 25-27. November 1993; 129-141; Krakow

Leser H (1991) Landschaftsökologie. Ansatz, Modelle, Methodik, Anwendung. Uni-Taschenbücher 551:647 S.; Stuttgart, Ulmer

Müller G, Matschullat J (Hrsg) (1993) Geowissenschaftliche Umweltforschung, Tagung 5. und 6. November 1993 in Heidelberg. Heidelberger Geowiss Abh 67:199 S.

ÖBO Mitwitz (Ökologische Bildungsstätte Oberfranken/Naturschutzzentrum Wasserschloß Mitwitz (Hrsg) (1993) Geotopschutz. Materialien 1:200 S.; Mitwitz

Perez Postigo V (1993) Geotopschutz – Utopie oder Luxus für die Entwicklungsländer? In: Müller G, Matschullat J (Hrsg) Geowissenschaftliche Umweltforschung. Heidelberger Geowiss Abh 67: 119-120; Heidelberg

Pfligersdorfer G (1988) Ein Konzept zur methodisch-didaktischen Gestaltung von Freilandunterricht. Praxis Nat-Wiss Biol 8,37:35-37; Köln

Pistotnik U (1992) Educational Aspects of Geotope Conservation. Proc Third Meeting European Working Group Earth Science Conservation. NINA Utredning 41:32-34; Oslo

Pistotnik U (1993) Geotop - Was ist das? Von der Notwendigkeit geologischer Öffentlichkeitsarbeit. Heidelberger Geowiss Abh 67:121

Quasten H (Hrsg) (1993): Geotopschutz. Probleme der Methodik und der praktischen Umsetzung. 1. Jahrestagung der AG Geotopschutz 15.-17. April 1993, Otzenhausen/Saarland, Abstracts, 56 S.; Saarbrücken

Schmitt H (1988) "Verlaßt die Übungsräume".- Pädogogische Welt 2:55-59; Donauwörth

Schönlaub HP (1991) Vom Urknall zum Gailtal - Geo-Trail Karnische Alpen. Geol BA, 3. Aufl:169 S.; Hermagor

Stock H (1988) Außerschulische Lernorte - Zu ihrer Bedeutung in Erziehung und Unterricht. Pädogogische Welt 2:50-54; Donauwörth

Stürm B (1992) Geotop. Grundzüge einer Begriffsentwicklung und Definition. In: Wiedenbein FW, Grube A (Hrsg) Geotopschutz und Geowissenschaftlicher Naturschutz, Workshop-Abstracts:14; Erlangen

Wiedenbein FW (1990) Natural succession in disused excavations and its significance for nature conservation. In: Lüttig G (ed) Geosciences assisting land-use planning in settling opposing interests between aggregates extraction and environmental protection; Abstracts 2nd int Aggragates Symp, Erlangen Oct. 1990:46-47

Wiedenbein FW (1991) Möglichkeiten zur Sicherung einer Fundstelle für seltene Phosphatminerale in Auerbach (Oberpfalz). Geol Bl NO-Bayern 41,1-2:101-124; Erlangen

Wiedenbein FW (1992) Gründung einer deutschsprachigen "Arbeitsgemeinschaft Geotopschutz" in Mitwitz/Oberfranken. - Geol Bl NO-Bayern 42,1/2:147-152; Erlangen

Wiedenbein FW (1993a) Die Deklaration von Digne-les-Bains. In: Geotopschutz. Ökologische Bildungsstätte Oberfranken - Naturschutzzentrum Wasserschloß Mitwitz; Materialien 1:21-24

Wiedenbein FW (1993b) Wozu brauchen wir Geotopschutz? Heidelberger Geowiss Abh 67:167-168

7.2 Grundlagenforschung zum Geotopschutz – eine Aufgabe der Geologischen Dienste am Beispiel Bayerns

Ulrich Lagally

Einleitung

Die Forderung, daß besondere Zeugnisse der Erdgeschichte wegen ihrer Schönheit oder Eigenart oder auch wegen ihres Informationsgehaltes erhalten werden müssen, ist so alt wie der Naturschutzgedanke selbst. Als dieser im letzten Jahrhundert formuliert wurde, stand nicht – wie heute – der Artenschutz im Vordergrund; vielmehr war die Bewahrung einzigartiger Bildungen der unbelebten Natur, die nach einer Schädigung weder von selbst noch mit technischen Mitteln ihre natürliche Form oder Ausbildung wiedererlangen können, das primäre Anliegen. Daher wurden zunächst eindrucksvolle Felsfreistellungen und spektakuläre Aufschlüsse oder Einzelfunde als erdgeschichtliche Naturdenkmäler unter Schutz gestellt. Einige der bekanntesten Bildungen sind die Teufelsmauer bei Neinstedt, eine steil aufgerichtete, verkieselte Sandsteinbank, der Donaudurchbruch bei Kloster Weltenburg, wo der Fluß Malmkalke der Südlichen Frankenalb durchschneidet, die eindrucksvolle Wollsackverwitterung des Totenstein in Niederschlesien, der Bayerische Pfahl, eine quarzgefüllte, oft als landschaftsprägende Mauer herauspräparierte, Schwächezone im ostbayerischen Grundgebirge oder das weltweit erste, amtliche Naturdenkmal, der Drachenfels im Siebengebirge bei Bonn, wo durch den Abbau vulkanischer Gesteine hervorragende Aufschlüsse geschaffen wurden.

Definitionen

In den letzten Jahren sind im deutschen Sprachraum die Begriffe "Geotop" und "Geotopschutz" aufgetaucht. Da sie jedoch weder genau festgelegt noch in allgemeinem Gebrauch waren, wurden von verschiedenen Seiten Definitionen erarbeitet und zur Diskussion gestellt (z.B. Stürm 1993; Wiedenbein 1993; Kreutzer et al. 1994, in diesem Band). Diesen Vorschlägen gemein ist eine Nomenklatur, die mit geowissenschaftlichen Fachausdrücken operiert. Es hat sich aber herausgestellt, daß derartige Definitionen bei den mit dem Vollzug eines "Geotopschutzes" befaßten Stellen, die in den meisten Fällen keine Geowissenschaftler beschäftigen, oft schwer verstanden werden und daher Verwechslungen und Fehlinterpretationen auftreten.

Geowissenschaften und Umwelt
Herausgegeben von J. Matschullat und G. Müller

Um die zwingend erforderliche Verständigung zwischen Geowissenschaften einerseits sowie Verwaltungsvollzug und interessierter Bevölkerung andererseits zu erleichtern, haben die staatlichen geowissenschaftlichen Dienste der Bundesrepublik Deutschland vor kurzem Definitionen erarbeitet. Ein Entwurf wurde anläßlich der 1. Jahrestagung der AG Geotopschutz in Otzenhausen im April 1993 von Look (mdl. Mitteilung) zur Diskussion gestellt, der sich nomenklatorisch eng an den bestehenden Naturschutzgesetzen orientiert. Nach dem derzeitigen Diskussionsstand sind *"Geotope erdgeschichtliche Bildungen der unbelebten Natur. Sie umfassen Naturschöpfungen und natürliche Landschaftsformen sowie künstlich geschaffene Erdaufschlüsse und Zeugnisse der Nutzung von Gesteinen und Böden; sie können aus Einzelobjekten oder Naturraumteilen bestehen und sind in der Regel unersetzlich. Erhaltenswerte Geotope zeichnen sich durch ihre besondere erdgeschichtliche Bedeutung, Seltenheit, Eigenart, Form oder Schönheit aus. Für Wissenschaft, Forschung und Lehre sowie für Natur- und Heimatkunde sind sie von besonderem Wert".*

Diese Definition stellt klar, daß es sich bei Geotopen um räumlich genau definierte, ortsgebundene, natürliche Objekte in der Landschaft handelt, wobei auch vom Menschen geschaffene Erdaufschlüsse einbezogen sind. Die Erhaltung eines Geotopes bedeutet daher die Bewahrung eines Ausschnittes der Erdoberfläche oder von Teilen davon, die für den Menschen leicht zugänglich sind. Sollen diese Bereiche formal unter Schutz gestellt werden, so bietet sich dafür in den meisten Ländern in erster Linie das Naturschutzrecht an. Daher definieren die Geologischen Dienste den *"Geotopschutz als den Bereich des Naturschutzes, der sich mit der Erhaltung schutzwürdiger erdgeschichtlicher Bildungen (erhaltenswerter - Geotope) befaßt. Fachbehörden für den Geotopschutz sind die Geologischen Dienste."*

In einigen Bundesländern unterliegen bestimmte paläontologische Objekte nicht dem Naturschutz, sondern speziellen Regelungen im Rahmen des Bodendenkmalschutzes (Gerlach 1993; Grzegorczyk 1993; Wild 1993; Wuttke 1993). Sollen besondere, mit einer ehemaligen Nutzung von mineralischen Rohstoffen in Zusammenhang stehende "geo-historische" Bauwerke formal geschützt werden, bieten die Denkmalschutzgesetze entsprechende Möglichkeiten.

Ziele des Geotopschutzes

Geotopschutz ist heute nicht mehr, wie in den Anfängen des Naturschutzes, die Bewahrung von Besonderheiten und Einmaligkeiten der unbelebten Natur. Ziel eines umfassenden Geotopschutzes ist vielmehr die dauerhafte Erhaltung derjenigen Objekte, die für Wissenschaft, Forschung, Lehre, Volks- und Heimatkunde einen hohen Aussagewert haben oder deren Erhaltung wegen ihrer hervorragenden Schönheit oder Eigenart im öffentlichen Interesse liegt. An derartigen Geotopen lassen sich geologische Vorgänge und erdgeschichtliche Abläufe erkennen und nachvollziehen, die zur Entwicklung eines bestimmten Landschaftsausschnittes mit all seinen charakteristischen Merkmalen beigetragen haben. Darüberhinaus helfen sie, generelle geowissenschaftliche Sachverhalte wie die Entstehung und Weiterentwicklung des Planeten Erde und des Lebens auf ihm in der Natur anschaulich zu erläutern. Häufig werden sie deshalb auch als Demonstrationsobjekte in Lehrpfade und Wanderwege integriert. Sogenannte "Sekundärgeotope", also vom Menschen geschaffene, nicht mehr die ursprünglichen Strukturen oder das natürliche Erscheinungsbild repräsentierende Objekte, wie zum Beispiel künstlich angelegte geologische Lehrpfade mit Objekten, die nicht mehr an ihrem Fundort liegen, Bergehalden, renaturierte Bachläufe u.ä., haben als Dokumente der Erdgeschichte nur geringe Aussagekraft und sind daher im Sinne des Geotopschutzes nicht schutzwürdig.

Geschichte des Geotopschutzes in Bayern

Die Erkenntnis, daß Geotope unwiederbringlich verloren sind, sobald sie einmal zerstört sind, und daß deshalb die besonders wertvollen Objekte erhalten werden müssen, führte 1836 mit der Unterschutzstellung des Drachenfels im Siebengebirge bei Bonn zur ersten Ausweisung eines Naturdenkmals in Deutschland. Diese Erkenntnis war wohl auch ein Grund dafür, daß König Ludwig I. von Bayern 1840 Anweisungen zum Schutz der romantischen Felspartien an der Weltenburger Enge gab (Zielonkowski 1989). Dadurch wurde erfolgreich einer drohenden "Devastation derselben durch Steinbrüche" entgegengewirkt. Durch diese hoheitliche Verfügung wurde ein Gebiet unter Schutz gestellt, das heute als eines der wertvollsten Naturschutzgebiete in Europa gilt.

In der Folgezeit kam es in Deutschland verstärkt zu Erhaltungsmaßnahmen von erdgeschichtlichen Naturdenkmälern. In Bayern wurden beispielsweise der Schutzfels im Donautal bei Regensburg oder die Gipshügel bei Bad Windsheim im Jahre 1905 unter Schutz gestellt. Diese Maßnahmen zielten jedoch in erster Linie auf die Einrichtung besonderer Pflanzenschongebiete ab; der Schutz des Geotopes war nur ein, heute allerdings besonders willkommener Nebeneffekt des eigentlichen Schutzzweckes. Aber auch "richtige" Geotope wie der Findling bei Au im Landkreis Miesbach, das Kiental bei Andechs, die Maisinger Schlucht bei Starnberg, der Pfahl bei Viechtach oder der Parkstein in der Oberpfalz wurden in den folgenden Jahren unter Schutz gestellt. Sie alle zählen heute zu unseren wertvollsten erdgeschichtlichen Naturdenkmälern in Bayern.

Rechtliche Grundlagen für den Geotopschutz in Bayern

Eine breite Basis für eine formale Unterschutzstellung von erdgeschichtlichen Naturdenkmälern (Geotopen) in Deutschland lieferte das Reichsnaturschutzgesetz von 1935. Es bot bereits ein ausreichendes Instrumentarium, um besondere Einzelschöpfungen der unbelebten Natur vor Beschädigung und Zerstörung zu bewahren. Durch Erlaß des Bayerischen Naturschutzgesetzes im Jahre 1973 wurde schließlich eine moderne Rechtsgrundlage geschaffen, die neben den artenschutzrechtlichen Regelungen im Prinzip auch die Belange des Geotopschutzes voll abdeckt. Der Schutz geohistorischer Objekte kann im Einzelfall im Rahmen des Denkmalschutzes erfolgen.

Bestandsaufnahme und Bewertung durch Geologische Dienste

Eine ausgewogene Erhaltung von wertvollen Geotopen kann nur aufgrund einer genauen Kenntnis sämtlicher möglicherweise in Frage kommenden Objekte erfolgen. Dazu ist eine umfassende, möglichst flächendeckende Inventarisierung und eine fachliche Bewertung erforderlich. Diese Grundlagenarbeit kann nur von den Staatlichen Geologischen Diensten geleistet werden. Diese Behörden besitzen die fachlichen Voraussetzungen zu einheitlicher Erfassung, die Grundlagen für die geowissenschaftliche Bewertung und vor allem den landesweiten Überblick über die geologischen Verhältnisse im jeweiligen Bundesland.

Um eine generelle Übersicht über den Bestand an erhaltenswerten Geotopen in Bayern zu bekommen, auf dem weiterführende Maßnahmen basieren können, hat das Bayerische Geologische Landesamt mit einer flächenintensiven Erfassung von geowissenschaftlich schutzwürdigen Objekten (Projekt GEOSCHOB) begonnen. Dieses vom Bayerischen Staatsministerium für Landesentwicklung und Umweltfragen finanziell geförderte Vorhaben hat zum Ziel, alle bedeutenden Geotope zu erfassen, ihre Schutzwürdigkeit aus geowissen-schaftlicher Sicht festzustellen und für erhaltenswerte Objekte – besonders wenn sie gefährdet sind – Maßnahmen einzuleiten, die ihren Bestand auf Dauer sichern sollen. Das Vorhaben wurde 1985 unter der Federführung des Bayerischen Geologischen Landesamtes mit der Bearbeitung des Regierungsbezirkes Oberbayern begonnen. Diese erste Phase, die als Pilotprojekt angelegt war und neben der Inventarisierung von bedeutenden Geotopen vor allem der Entwicklung der Arbeitsmethodik diente, wurde 1987 abgeschlossen. In den Jahren 1988 bis 1993 erfolgte unter Mitarbeit weiterer Fachstellen und freier Mitarbeiter die Ersterfassung der übrigen Regierungsbezirke.

Jeder Geotop, der auf Grund seiner augenscheinlichen geowissenschaftlichen Bedeutung für eine Aufnahmen in den Datenbestand des Vorhabens geeignet ist, wird detailliert beschrieben. Pro Objekt werden Daten zur Lage (Bezeichnung, administrative Angaben, r/h-Wert, Blatt-Nr. der TK 25, naturräumliche/regionalgeologische Einheit usw.), eine geowissenschaftliche Beschreibung (geologische Einstufung, Geotoptyp, Petrographie, Lagerung usw.), eine Beurteilung des aktuellen Zustandes und möglicher Gefährdungen, der Schutzstatus sowie verschiedene Bewertungskriterien für eine fachliche Bewertung und für eine rechtliche Unterschutzstellung dokumentiert. Jeder Datensatz wird einem EDV-gestützten Bewertungsverfahren unterzogen, in dem der Grad der Schutzwürdigkeit des jeweiligen Geotopes im Vergleich zum gesamten Datenbestand ermittelt wird.

Bei dieser Bewertung werden vorwiegend geowissenschaftliche Parameter berücksichtigt, die überwiegend bereits bei der Erhebung im Gelände ermittelt worden sind (Lagally 1993). Sie können zum einen direkt am Objekt festgestellt werden, zum anderen setzen sie eine gewisse Kenntnis der regionalgeologischen Verhältnisse beim jeweiligen Bearbeiter voraus. Die übrigen zur Bestimmung des Bewertungsergebnisses herangezogenen Kriterien werden durch das Bewertungsprogramm automatisch ermittelt (Abb. 1).

	Kategorie	Punkte	Erläuterung
Vergabe bei Geländeerhebung	Informationsgehalt	1 - 3	Angabe der geowissenschaftlichen und verwandten Teildisziplinen, für die das Objekt Informationen liefert: Punktezahl abhängig von der Anzahl der Teildisziplinen
	Beeinträchtigung	0 -2	Abschätzung von Zustand und Aussagekraft des Objektes: stark, gering oder nicht beeinträchtigt
	Verlust	1 - 3	Bedeutung eines möglichen Verlustes des Objektes für den betrachteten Naturraum: unbedeutend, bedeutend oder sehr bedeutend
	Zusatzbewertung	3/0	Möglichkeit der zusätzlichen Punktezuteilung aufgrund außerordentlicher Bedeutung des Objektes: ja oder nein
Ermittlung in Datenbank	Vergleichbares Objekt unter Schutz	0/3	Ermittlung, ob vergleichbares Objekt (gleiche Objektbeschreibung und geologische Einstufung) im betrachteten Naturraum bereits geschützt ist: ja oder nein
	Anzahl	1 - 3	Ermittlung vergleichbarer Objekte im betrachteten Naturraum: Punktezahl abhängig von der Anzahl der Objekte
	Verbreitung	1 - 3	Ermittlung, in wievielen weiteren Naturräumen ein vergleichbares Objekt vorkommt: Punktezahl abhängig von Anzahl der Naturräume
Ergebnis	Gesamtpunktezahl	$\sum$	Addition der vergebenen und errechneten Punkte; maximale Punktezahl: 20
Geowissenschaftliche Bewertung	Schutzwürdigkeit		Einteilung der ermittelten Gesamtpunktezahl in Schutzwürdigkeitsklassen: > 14 Punkte: unbedingt schutzwürdig 12 bis 14 Punkte: schutzwürdig 8 bis 11 Punkte: bedingt schutzwürdig < 8 Punkte: bedeutend

Abb. 1. Bewertungsschema von Geotopen in Bayern (nach Lagally et al. 1993)

Ergebnisse der Ersterfassung Bayerns

Im Rahmen der Erstinventarisierung der sieben Regierungsbezirke Bayerns, die beinahe abgeschlossen ist, wurden bis 1993 ca. 2900 Objekte dokumentiert. Dabei handelt es sich überwiegend um Einzelobjekte; untergeordnet sind auch größerflächige Schutzgebiete mit geowissenschaftlichem Schutzzweck aufgenommen worden, die jedoch noch im Detail erfaßt und kartiert werden müssen. Der jetzt vorliegende Datenbestand umfaßt je ca. 1000 Aufschlüsse und Reliefformen, 130 geohistorische Objekte und 770 Höhlen. Ihre Verteilung innerhalb der einzelnen Regierungsbezirke ergibt sich aus Abbildung 2. Dabei ist zu beachten, daß die Komplettierung der Aufnahme in Oberfranken noch aussteht.

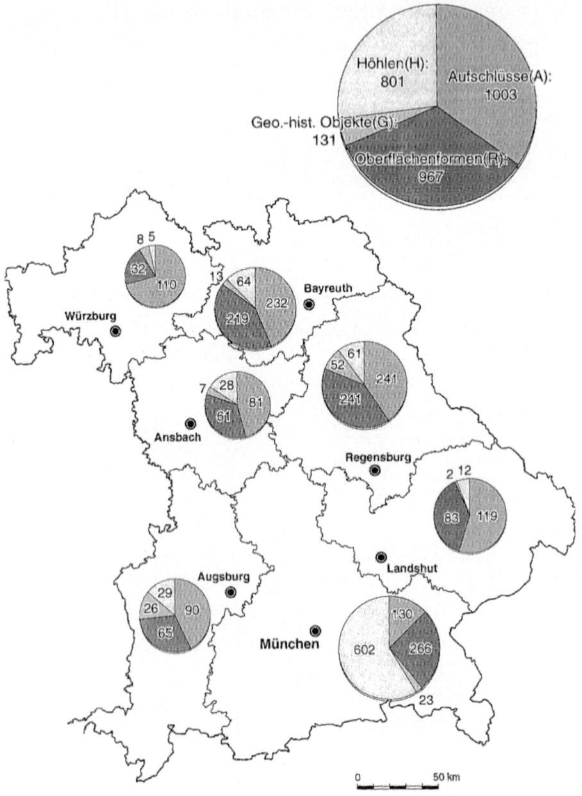

Abb. 2. Verteilung der erfaßten Geotope auf Regierungsbezirke und Objektklassen in Bayern sowie Zusammenfassung sämtlicher Objekte nach Objektklassen

Umsetzung der Ergebnisse

Erstes Ziel der weiteren Arbeiten zum Geotopschutz in Bayern muß die Inschutznahme derjenigen Objekte sein, deren Notwendigkeit der Erhaltung aufgrund ihres geowissenschaftlichen Wertes außer Zweifel steht und die in ihrem Bestand akut bedroht sind. Derartige Geotope werden aufgrund der fachlichen Objektbewertung selektiert, die gegenüber der oft subjektiven Einschätzung von Regionalgeologen, Heimatpflegern, Naturliebhabern usw. nur geowissenschaftliche oder statistische Parameter verwendet. Naturschutzfachliche Belange, die den Arten- oder Landschaftsschutz betreffen, sind in voller Absicht nicht einbezogen. Sie bleiben einer späteren Abwägung im Rahmen eines naturschutzrechtlichen Verfahrens vorbehalten. Um aber repräsentative Ergebnisse zu erhalten, müssen sämtliche im Zuständigkeitsbereich des zu vollziehenden Gesetzes vorhandenen Objekte einbezogen werden. Daher ist es in Bayern erforderlich, zunächst die landesweite Ersterfassung abzuschließen.

Die Auswertung des gesamten Datenbestandes wird, wie bereits am Beispiel Oberbayern demonstriert wurde (Lagally et al. 1993), eine Klassifizierung der Einzelobjekte nach ihrer Schutzwürdigkeit sowie die Angabe ihres jeweiligen Schutzstatus, der Wertungskriterien für eine mögliche Inschutznahme und von Anhaltspunkten zu möglichen Gefährdungen einzelner Objekte zum Zeitpunkt der Erfassung liefern. Auf diesen Ergebnissen kann gezielt eine Überprüfung einzelner Objekte aufbauen sowie die Einleitung geeigneter Maßnahmen zum Erhalt von Objekten beginnen. Eine umfassende Bearbeitung dieses umfangreichen Datenbestandes ist nur mit Hilfe der elektronischen Datenverarbeitung möglich. Daher wird am Bayerischen Geologischen Landesamt derzeit eine Datenbankanwendung realisiert, welche die Verwaltung der Datenmengen gewährleistet und die Weitergabe unterschiedlichster geowissenschaftlicher Grunddaten in einem einzigen Datenbanksystem im Netzwerkbetrieb zuläßt. Damit wird auch die Bearbeitung der umfangreichen geowissenschaftlichen Fragestellungen im Rahmen des Projektes GEOSCHOB ermöglicht, die für eine ausgewogene Unterschutzstellung die Grundlage bilden.

Die Ergebnisse des Vorhabens werden in das im Aufbau befindliche Bayerische Bodeninformationssystem BISBY einbezogen werden, das derzeit unter der Federführung des Bayerischen Staatsministerums für Landesentwicklung und Umweltfragen in Bayern aufgebaut wird. Damit wird auch der Weg bereitet für einen schnellen und reibungslosen Informationsfluß zwischen den im Umweltbereich tätigen Behörden und Fachstellen.

Literatur

Gerlach R (1993) Paläontologische Denkmalpflege im Rheinland. Materialien I:91-98; Mitwitz (Ökol Bildungsst Oberfranken)

Grezegorczyk D (1993) Paläontologische Bodendenkmalpflege in Nordrhein-Westfalen, insbesondere in Westfalen-Lippe. Materialien I:89; Mitwitz (Ökol Bildungsst Oberfranken)

Lagally U (1993) Geowissenschaftlich schutzwürdige Objekte in Bayern, Erfassung -Bewertung - Inschutznahme. Materialien I:155-163; Mitwitz (Ökol Bildungsst Oberfranken)

Lagally U, Kube W, Frank H (1993) Geowissenschaftlich schutzwürdige Objekte in Oberbayern - Ergebnisse einer Ersterfassung. Erdwiss Beitr Natursch 168 S, München (Bayer Geolog Landesamt)

Stürm B (1993) Geotop - Grundzüge der Begriffsentwicklung und Definition. Materialien I:13-14; Mitwitz (Ökol Bildungsst Oberfranken)

Wiedenbein FW (1993) Gründung einer deutschsprachigen "Arbeitsgemeinschaft Geotopschutz" in Mitwitz/Oberfranken. Geol Bl NO-Bayern 42:147-152; Erlangen

Wild R (1993) Fossilschutz in Baden-Württemberg. Materialien I:115-120; Mitwitz

Wuttke M (1993) Erdgeschichtliche Denkmalpflege in Rheinland-Pfalz. Materialien I:99-102; Mitwitz (Ökol Bildungsst Oberfranken)

Zielonkowski W (1989) Geschichte des Naturschutzes. Laufener Seminarbeiträge, 2:5-12; Laufen (Akad Natursch Landschaftspflege)

8 Altlasten und Deponien

Zu sanierende "Altlasten" und damit verbunden Sanierungsideen und -büros sind über mehrere Jahre nahezu wie Pilze auf feuchtem Waldboden gesprossen. Bei einigen "Sanierungen" wurde auch des Guten zuviel getan bzw. der Teufel durch Beelzebub ausgetrieben. Manche Gemeinde hat sich damit an den Rand des finanziellen Ruins gewirtschaftet, wobei oft die reine Wundergläubigkeit Pate bei der Auftragsvergabe gewesen sein muß. Dies steht in einem nur scheinbaren Widerspruch zu der Vielzahl von Publikationen, Büchern und Zeitschriften, die sich nahezu ausschließlich dem Thema widmen. Denn Erfahrungen mit der Reaktion von Abfallstoffen in der Pedo-, Hydro- und Lithosphäre liegen nur in sehr eng begrenztem Umfang vor. Oft besteht nicht einmal Einigkeit darüber, ob ein Stoff tatsächlich langfristig von der Biosphäre abgekoppelt sein muß, ob die Deponierung endgültig oder rückholbar angelegt werden sollte.

Hier besteht nicht allein Forschungsbedarf, sondern auch die Notwendigkeit, existierende Antworten aus der Forschung seitens der Exekutive zur Kenntnis zu nehmen und zusätzliche Fragen so zu formulieren, daß mit hoher Effizienz an der Lösung brennender Probleme gearbeitet werden kann. Ideologische Diskussionen sind dabei eher hinderlich, werden sich jedoch kaum unterdrücken lassen, solange auch von politischer Seite Zielvorgaben und -wege nur unpräzis und eher auf kurz- denn langfristigen Erfolg abgestimmt sind.

Die folgenden Beiträge zeigen recht eindrucksvoll Beispiele für den derzeitigen Stand der Forschung und Projekte aus der Praxis zur Bearbeitung von Altlasten sowie zu Chancen und Risiken der Sanierung. Angesichts der Vielzahl von Einzelfällen muß diese Diskussion begrenzt bleiben. Im Folgenden wird Grundsätzliches in den Vordergrund gerückt (→ 8.1), "neue" Methoden und deren Möglichkeiten vorgestellt (Isotopengeochemie, Tracertechniken, Analytik; → 8.2, 8.4 und 8.5), bzw. Erfahrungen mit Schadensfällen (→ 8.3) und Grenzen der Deponietechnik (→ 8.6) aufgezeigt.

8.1 Persistenz organischer Schadstoffe in Boden und Grundwasser – können einmal entstandene Untergrundverunreinigungen wieder beseitigt werden?

Peter Grathwohl

Einführung

Seit Ende der 70er Jahre werden in den westlichen Industrienationen in zunehmendem Maße Boden- und Grundwasserkontaminationen durch organische Schadstoffe bekannt. Bei massiven punktförmigen Kontaminationen des Untergrundes treten vor allem organische Lösemittel (z.B. C1- und C2-Chlorkohlenwasserstoffe), aromatische Kohlenwasserstoffe wie Benzol, Toluol und Xylole, Mineralölkohlenwasserstoffe (Vergaserkraftstoffe, Heizöl, Schmiermittel...) sowie Teer- und Teerölverunreinigungen (ehemalige Gaswerke und Kokereistandorte), die polyzyklische aromatische Kohlenwasserstoffe (PAK) enthalten, häufig auf. Daneben können auch punktuell Verunreinigungen durch Transformatorflüssigkeiten (polychlorierte Biphenyle - PCB), Holzschutzmittel (Pentachlorphenol - PCP, Kreosot) und Weichmacher (Phthalate) vorkommen. Flächenhafte Bodenkontaminationen weisen meist geringere Schadstoffkonzentrationen auf und gehen auf die Anwendung von Pestiziden in der Landwirtschaft oder auf atmogenen Eintrag einer Vielzahl anthropogener organischer Schadstoffe (PAK, PCB, Herbizide...) zurück. Tabelle 1 zeigt einige typische Vertreter aus der Gruppe der angesprochenen hydrophoben Schadstoffe mit Angaben zur Wasserlöslichkeit und zum Oktanol/Wasser-Verteilungskoeffizienten (K_{OW}).

Bei den meisten kontaminierten Standorten treten Verunreinigungen auf, die bereits verhältnismäßig alt sind (mehrere Jahre bis Jahrzehnte, "Altlasten") oder durch langfristigen Eintrag von Schadstoffen (z.B. Pestizideinsatz in der Landwirtschaft) entstanden sind. Die Schadstoffe konnten daher im Laufe der Zeit gelöst im Sickerwasser oder in flüssiger Phase in größere Tiefen transportiert werden und über die molekulare Diffusion in gering permeable Bereiche (Ton- oder Schlufflagen) sowie in kleinste Poren poröser Partikel (Bodenaggregate, Gesteinsfragmente, Sand-/Kieskörner) eindringen.

Längerfristig angewendete Pestizide, die an sich biologisch gut abbaubar sind und unter Laborbedingungen Halbwertszeiten von wenigen Tagen aufweisen, sind unter Feldbedingungen z.T. sehr persistent. Steinberg et al. (1987) wiesen 1,2-Dibromethan (EDB - Ethylendibromid), ein flüchtiges Insektizid (bzw. auch Zuschlag in verbleitem Benzin), das biologisch vollständig abbaubar ist (Pignatello 1986), selbst 19 Jahre nach der letzten Anwendung in Konzentrationen bis zu 200 µg/kg im Oberboden eines Tabakfeldes in Connecticut nach. Den Bodenproben im Labor neu hinzugefügtes, ^{14}C-markiertes EDB konnte durch die vorhandenen Mikroorganismen binnen weniger Tage bis Wochen abgebaut werden –

Geowissenschaften und Umwelt
Herausgegeben von J. Matschullat und G. Müller © 1994 Springer Verlag

nahezu vollständige Mineralisierung in 22 Tagen (Pignatello et al. 1990). Gleichzeitig wurde nur ein geringfügiger Abbau des bereits im Boden vorhandenen, nicht markierten EDB beobachtet. Als Grund für diese außerordentliche Persistenz der Schadstoffe wird ihre langsame Desorption aus feinporösen Aggregaten angenommen, die durch die molekulare Diffusion in Mikroporen limitiert wird ("micropore entrapment"). Ähnliches stellten auch Scribner et al. (1992) für Simazin in Oberböden fest und folgerten daraus, daß (1) vor einem biologischen Abbau die Desorption der Schadstoffe in die wässerige Phase notwendig ist und (2) durch kontinuierliche, langjährige Anwendung von Herbiziden eine resistent sorbierte Schadstoff-Fraktion entsteht, die nur sehr langsam wieder desorbiert. Als resistent sorbiert wird nach Pignatello (1989) diejenige Schadstoff-Fraktion bezeichnet, welche zwar vollständig (also reversibel) aber nur sehr langsam wieder desorbiert.

Tabelle 1. Molekulargewicht (M), Wasserlöslichkeit (S) und Oktanol/Wasser-Verteilungskoeffizienten (log K_{OW}) einiger typischer organischer Schadstoffe

Verbindung	Abkürzung	M [g]	S (S)[a] [mg/L]	log K_{OW}
Chlorierte aliphatische Kohlenwasserstoffe				
Dichlormethan	DCM	84,9	19500	1,15
Trichlorethen	TCE	131,4	1200	2,42
Tetra(Per)chlorethen	PCE	165,8	150	2,88
Dibromethan	EDB	187,9	1700	-
Aromatische Kohlenwasserstoffe (BTX)				
Benzol	B	78,1	1780	2,13
Toluol	T	92,1	520	2,69
o-Xylol	X	106,2	185	3,12
Pentachlorphenol[b]	PCP	266,4	14	5,01
Polyzyklische aromatische Kohlenwasserstoffe (PAK)				
Naphthalin	Nap	128,2	31,5 (112)	3,36
Fluoren	Fl	166,2	1,82 (13,8)	4,18
Phenanthren	Phen	178,2	1,12 (6,18)	4,57
Fluoranthen	Fla	202,3	0,237 (1,68)	5,22
Benzo(a)anthracen	BaA	228,3	0,0112 (0,25)	5,91
Benz(a)pyren	BaP	252,3	0,0015 (0,05)	6,50

Daten nach Schwarzenbach et al. (1993) [25°C]; [a]supercooled liquid solubility; [b]Verschueren (1983) [20°C]; Literaturangaben streuen z.T. erheblich

Ähnlich persistent wie Pestizide in Oberböden zeigen sich massive Untergrundverunreinigungen beim Versuch einer Dekontamination durch in situ oder on site Maßnahmen (z.B. Bodenluftabsaugungen bei leichtflüchtigen Schadstoffen; "pump-and-treat" - Abpumpen des kontaminierten Grundwassers; Bodenwäsche, Bioabbau in Mieten). So konnten beispielsweise Travis und Doty (1990) in einer Analyse der z.T. über eine Dekade im Sanierungsstadium befindlichen amerikanischen "Superfund-Sites" keine vollständig sanierten Schadensfälle ausmachen. Sanierungsziele werden innerhalb mehrerer Jahre nicht erreicht - bei vermeintlich "sanierten" Fällen treten nach Abstellen der Sanierungsmaßnahmen oft ansteigende Schadstoffkonzentrationen im Grundwasser oder der Bodenluft auf, die weit über den während der Sanierung erreichten Werten liegen. Auch bei naßmechanischen Bodenreinigungsverfahren ("Bodenwäsche") kann ein so hoher Anteil von Schadstoffen im behandelten Erdreich verbleiben, daß eine Wiederverwertung des Materials (z.B. als Schotter beim Straßenbau) nicht möglich ist.

Die beobachteten Schwierigkeiten bei der Sanierung von Untergrundkontaminationen liegen zum Großteil darin begründet, daß der Schadstofftransport während der Dekontamination wegen der hohen Strömungsgeschwindigkeiten des Grundwassers bzw. der Bodenluft unter Ungleichgewichtsbedingungen abläuft, d.h. einer schnellen Abnahme der Schadstoffkonzentrationen in der mobilen Phase (Bodenluft, Grundwasser, Sickerwasser) steht nur eine verhältnismäßig geringe Reduzierung der Schadstoffgehalte in der immobilen Phase (Feststoffe des Bodens, residuale Schadstoffe, Haftwasser, pendulares Wasser) gegenüber (Abb. 1). Der Schadstofftransfer zwischen mobiler und immobiler Phase wird dabei im wesentlichen von der Diffusion der Schadstoffe im Wasser (Haftwasser, pendulares Wasser, Porenwasser der immobilen Phase) bestimmt, da auch in der wasserungesättigten Bodenzone Poren bis zu einem Radius von 0,1 µm bei einer relativen Luftfeuchte nahe 100 % wassergesättigt sind. Diese diffusionslimitierte Freisetzung von Schadstoffen hat bei der Behandlung von Schadensfällen in der Praxis bisher kaum Beachtung gefunden.

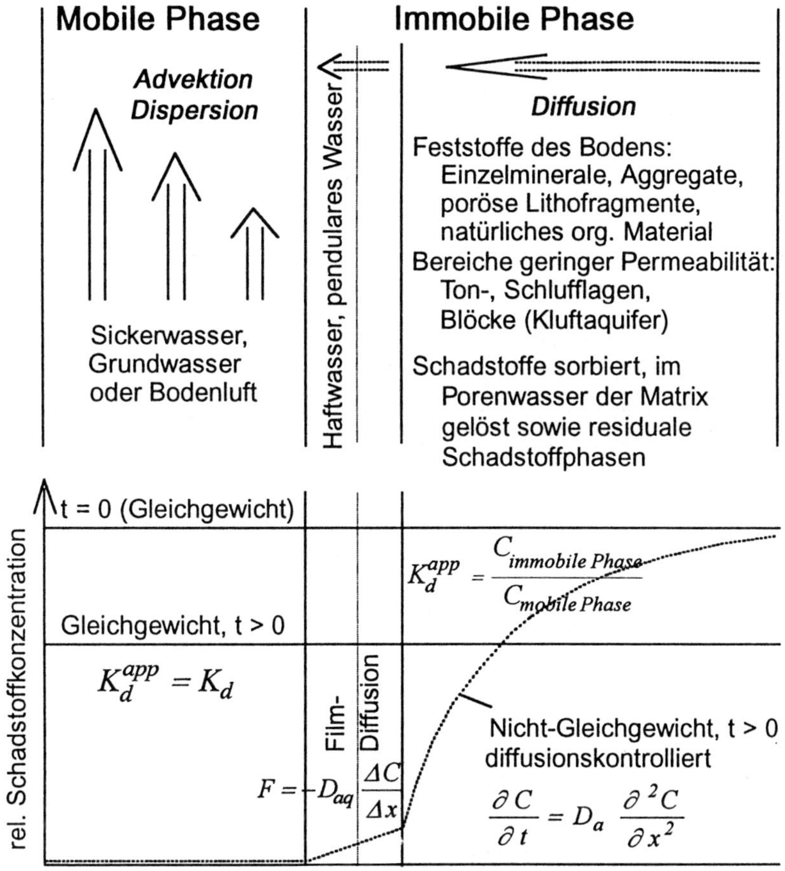

Abb. 1. Schema zum Schadstofftransfer zwischen mobiler und immobiler Phase. K_d bezeichnet den Verteilungskoeffizienten Boden/Wasser unter Gleichgewichtsbedingungen (durchgezog. Linie). Wenn mobile und immobile Phasen nicht im Gleichgewicht stehen (gestrichelte Linie) gilt K_d^{app}

Diffusionslimitierte Freisetzung hydrophober organischer Schadstoffe in Böden und Sedimenten

Gering permeable Bereiche im Untergund, die bei alten Verunreinigungen über verhältnismäßig lange Zeiträume Schadstoffe akkumulieren konnten, wie z.B. Tonlagen/-linsen, feinporöse Gesteinsfragmente, Aggregate aber auch natürliches organisches Material stellen eine Langzeitquelle für organische Schadstoffe dar. Die Freisetzungsrate wird von der molekularen Diffusion der sorbierten Schadstoffe bestimmt, die je nach stoff- bzw. bodenspezifischen Eigenschaften sehr lange Zeiträume (mehrere Jahre bis Jahrzehnte) in Anspruch nehmen kann. Aber auch Schadstoffe, die in residualer Phase (z.B. Lösemittel, PAK-haltiges Teeröl...) im Untergund vorkommen, gehen aufgrund ihrer geringen Wasserlöslichkeit nur sehr langsam in die wässerige Phase über. Die Sanierungsdauer bzw. -effizienz hängt damit von der Lösungs- oder Desorptionskinetik der Schadstoffe ab.

Sorptions- und Desorptionskinetik. Die Sorption nichtionischer hydrophober Verbindungen in Böden und Sedimenten geht größtenteils auf die natürlichen organischen Substanzen zurück. Da meist nicht geklärt ist, ob eine Adsorption (Anlagerung auf Grenzflächen) oder Absorption (Aufnahme in einer Phase, z.B. Lösung) vorliegt bzw. beides gleichzeitig auftreten kann, wird hier der Begriff Sorption übergreifend verwendet.

Wie in neueren Laborexperimenten festgestellt wurde, stellt die molekulare Diffusion im Intrapartikel- oder Intrasorbent-Bereich den geschwindigkeitsbestimmenden Schritt bei der Sorption und Desorption von Schadstoffen dar, d.h. der Transport vom und zum Sorptionsplatz innerhalb des Sorbenten (feinporöse Aggregate, natürliche organische Polymere) bestimmt die Sorptionskinetik (Wu u. Gschwend 1986; Pignatello et al. 1990; Ball u. Roberts 1991; Brusseau et al. 1991; Grathwohl 1992; Grathwohl u. Reinhard 1993). Eine langsame diffusionskontrollierte Sorptionskinetik kann die in Laborexperimenten z.T. beobachtete Hysterese bei der Desorption erklären, wenn zuvor – bei der Sorption – aufgrund der langsamen Kinetik kein Gleichgewicht (Pseudogleichgewicht) erreicht wurde (Miller u. Pedit 1992).

Die Diffusion einer Verbindung in feinporösen Gesteinsfragmenten (z.B. Sandkörner) oder Aggregaten kann mittels dem 2. Fick'schen Gesetz in Radialkoordinaten beschrieben werden (Crank 1975):

$$\frac{\partial C}{\partial t} = D_a \left[\frac{\partial^2 C}{\partial r^2} + \frac{2}{r} \frac{\partial C}{\partial r} \right] \qquad \text{(Gl. 1)}$$

C steht für die Konzentration im Porenwasser [M/L^3], D_a ist der scheinbare Diffusionskoeffizient [L^2/T], r und t bezeichnen den radialen Abstand vom Kornmittelpunkt und die Zeit. D_a beinhaltet die veringerte diffusionswirksame Fläche, die Tortuosität sowie die Kapazität des porösen Mediums (Gl. 2 in Abb. 2). Der Tortuositätsfaktor τ_f [-] kann auch analog zum Gesetz von Archie (1942) als Funktion der Porosität ε [-] alleine abgeschätzt werden:

$$\tau_f = \varepsilon^{1-m} \qquad \text{(Gl. 3)}$$

Der empirische Exponent m liegt für verschiedene Gesteine und Sedimente zwischen 1.5 und 3. In erster Näherung kann ein Wert von 2 angenommen werden (Wakao u. Smith, 1962; Grathwohl, 1992). Der K_d-Wert für hydrophobe organische Verbindungen kann aus dem Gehalt des Bodens bzw. Gesteins an organisch gebundenem Kohlenstoff und dem darauf bezogenen Verteilungskoeffizienten bestimmt werden (Grathwohl 1989, 1990). Wie Gleichung 2 (Abb. 2) zeigt, nimmt D_a mit zunehmender Sorption ($K_d > 0$ bzw. $R > 1$) ab (retardierte Porendiffusion). Tabelle 2 listet in einer Übersicht bisher in verschiedenen Medien gemessene, z.T. sehr niedrige Diffusionskoeffizienten auf.

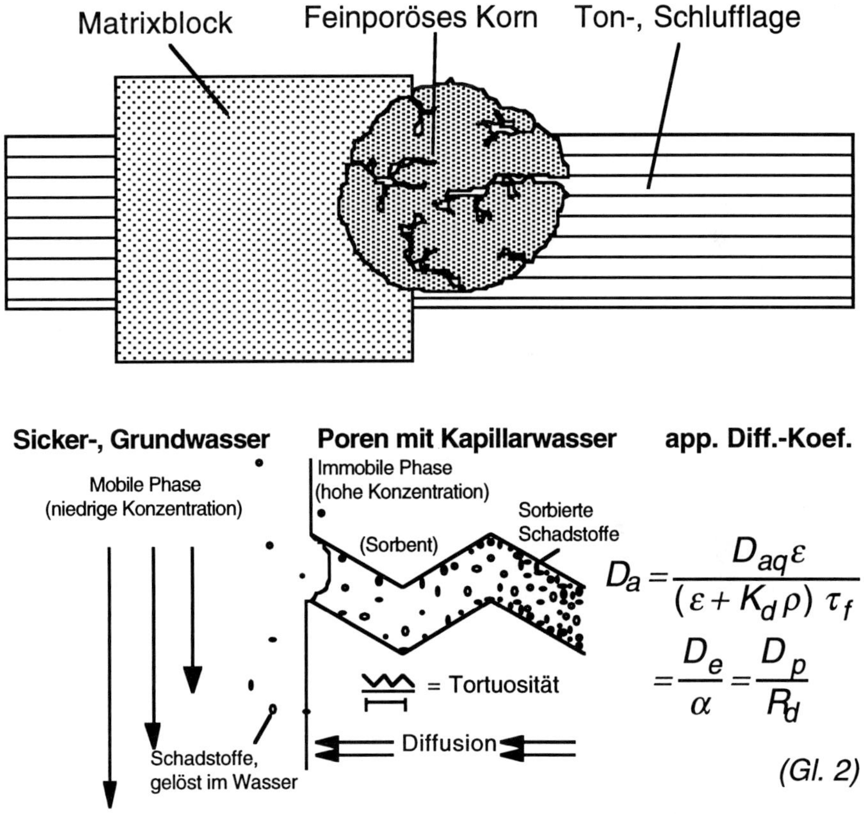

Abb. 2. Retardierte Porendiffusion in porösen Medien. D_{aq}: freier Diffusionskoeffizient im Wasser $[L^2/T]$ (zur Berechnung siehe: Hayduk u. Laudie 1974); D_a, D_e: scheinbarer bzw. effektiver Diffusionskoeffizient $[L^2/T]$; ε, τ_f: Porosität bzw. Tortuositätsfaktor [-]; K_d: Verteilungskoeffizient-Boden/-Wasser $[L^3/M]$; ρ, α: Dichte $[M/L^3]$ und Kapazität [-] des porösen Mediums; D_p: Porendiffusionskoeffizient $[L^2/T]$; R: Retardationsfaktor [-]

Sowohl die Desorptionsraten als auch die Abnahme der Schadstoffkonzentrationen mit der Zeit können unter der Annahme, daß vor der Desorption die Konzentration im Korn konstant war ($C = C_{eq}$, $t = 0$, $0 < r < a$; C_{eq} = initiale Gleichgewichtskonzentration; a = Kornradius) und die Konzentration des Schadstoffs und der Grenzfläche mobile/immobile Phase (Kornoberfläche) während der Desorption sehr gering bleibt ($C \approx 0$ bzw. $C << C_{eq}$, $t > 0$, $r = a$) mittels analytischer Lösungen für Gleichung 1 einfach berechnet werden. Für den diffusiven Fluß bzw. die Schadstoffdesorptionsrate F [M/T] gilt dann (Häfner et al. 1992):

$$F = 6\ M_{eq} \frac{D_a}{a^2} \sum_{n=1}^{\infty} exp(\ -n^2 \pi^2 t\ D_a / a^{\ 2}\ ) \qquad \text{(Gl. 4)}$$

wobei M_{eq} [M/M] den Anfangsschadstoffgehalt (Gleichgewicht) im Korn bezeichnet (M_{eq}=C_{eq}/). Für die relative Schadstoffabnahme im Korn M/M_{eq} [-] gilt (Crank 1975):

$$\frac{M}{M_{eq}} = \frac{6}{\pi^2} \sum_{n=1}^{\infty} \frac{1}{n^2} exp(-n^2\ \pi^2\ tD_a / a^2) \qquad \text{(Gl. 5)}$$

M bezeichnet den Schadstoffgehalt im Korn zum Zeitpunkt t. Für lange Zeiten oder einem entsprechenden Rückgang der Konzentrationen (> 50 %) reicht das erste Glied der Summen in Gl. 4 und 5 aus, um die Schadstoffdesorptionsraten bzw. -abnahmen im Korn zu berechnen. Die Zeit einen Dekontaminationsgrad von über 50 % zu erreichen ($M/M_{eq} < 0{,}5$) kann dann einfach abgeschätzt werden:

$$t = -\frac{a^2}{D_a} (0{,}233 \log \frac{M}{M_{eq}} + 0{,}05) \qquad \text{(Gl. 6)}$$

Die Dekontaminationszeit hängt von a^2/D_a ab, steigt also quadratisch mit dem Kornradius (effektive Diffusionsstrecke) und linear mit abnehmendem D_a an. Bei nichtlinearen Isothermen muß die Konzentrationsabhängigkeit von K_d und damit auch von D_a berücksichtigt werden. Da in den meisten Fällen eine relative Zunahme der Sorptionskapazität mit abnehmender Konzentration beobachtet wird, nimmt D_a im Laufe der Desorption immer weiter ab. Der Einfluß nichtlinearer Isothermen wird erfahrungsgemäß dann wichtig, wenn die Konzentrationsabnahme in der immobilen Phase mehr als eine Größenordnung ausmacht.

Tabelle 2. Literaturüberblick zu Diffusionskoeffizienten in porösen Medien

	Material	[-]	D_a [cm^2/s]	Quelle
Chlorid	Ton	0,52 - 0,35	5E-6	Johnson et al. 1989
Benzol/Naphthalin	Ton	0,52 - 0,35	2E-7 - 2E-8	Johnson et al. 1989
Tritium	Dolomit	0,08	4E-7	Dykhuizen u. Casey 1989
C1 - C5	Sand-, Tonst.	0,16 - 0,004	6E-6 - 9E-9	Kroos u. Schäfer 1987
Nonan, Xylol	Kerogen	-	2E-8, 4E-9	Thomas u. Clouse 1990
Trichlorethen	Grobsand	0,025	1E-10	Grathwohl u. Reinhard 1993
Perchlorethen	Sand (Borden)	[a] 0,05	[a] 1E-10	Ball 1989
Tetrachlorbenzol	Sand (Borden)	[a] 0,05	[a] 1E-12	Ball 1989
Dibromethan	Oberboden	-	2-6E-17	Steinberg et al. 1987

Die so abgeschätzten Desorptionsraten gelten für maximales Konzentrationsgefälle zwischen stationärer und mobiler Phase (Konzentration in der mobilen

Phase = 0) und stellen Maximalwerte ("best case") für die Dekontamination dar. Eine Erhöhung der Desorptionsraten ist nur bei Erhöhung von D_a (z.B. durch Temperaturerhöhung) bzw. bei Verkürzung der diffusionswirksamen Strecke (a) zu erwarten. Bei geringen Diffusionsraten, z.B. bei kleinen Porositäten und hohen Tortuositäten sind geringe diffusive Austragsraten über relativ lange Zeiträume zu erwarten. Dies bedingt entsprechend geringe Schadstoff-Konzentrationen in der mobilen Phase (z.B.: Grundwasser), was bei der Gefährdungsabschätzung im Grundwasser berücksichtigt werden kann.

Abbildung 3 zeigt am Beispiel von vier verschiedenen Aquifersanden Daten zur Desorption von TCE und die zugehörige Modellierung nach Gl. 4 und 5. Sande, die eine Intrapartikelporosität (z.B. karbonathaltige Sande) aufweisen und organisch gebundenen Kohlenstoff enthalten, zeigen eine deutlich langsamere Desorption von TCE als Sande mit geringem f_{oc} ("Quarzsande"). Die Zeit, um 90 % des sorbierten TCE wieder zu entfernen, reicht von unter einem Tag bis zu mehreren Wochen. Daß wesentlich längere Zeiträume (6 Monate bis 145 Jahre) für die Desorption organischer Verbindungen mit höherer Sorptionsneigung notwendig sind, zeigt Abbildung 4 am Beispiel eines PAK-kontaminierten Mittelsandes, der von einem ehemaligen Gaswerksstandort stammte, und vor der Desorption im Labor on-site einer Bödenwäsche mit Tensiden unterzogen worden war. Durch die Bodenwäsche konnten aufgrund der geringen Kontaktzeit zwischen Waschlösung und kontaminiertem Material zwar auf den Kornoberflächen anhaftende Teerreste, nicht jedoch die intrapartikulär sorbierten PAK entfernt werden, so daß die Sandfraktion nach der Behandlung noch eine relativ hohe Restkontamination an PAK aufwies, die bei der Desorption umso langsamer zurückging, desto höher der K_{OW} des PAK war.

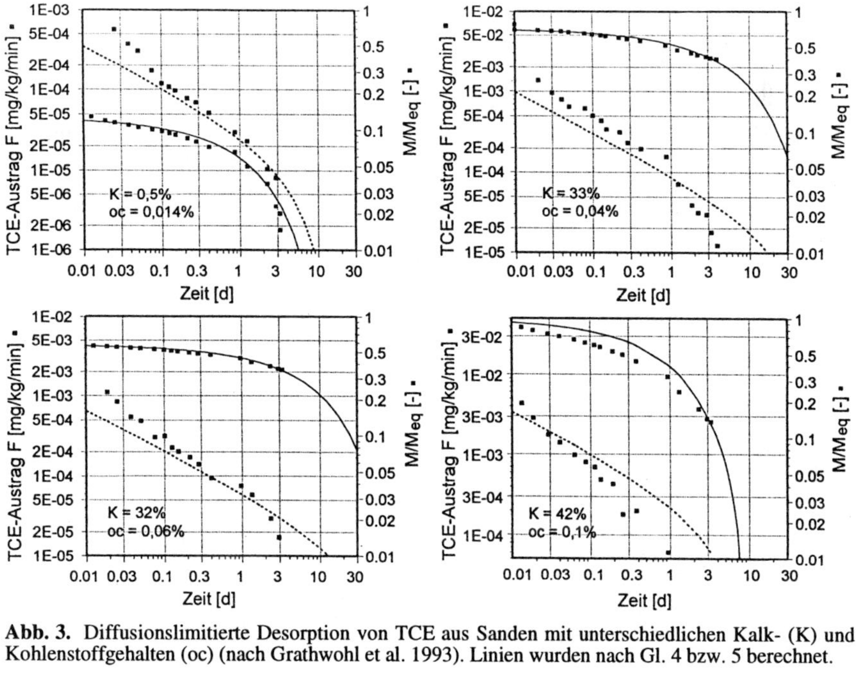

Abb. 3. Diffusionslimitierte Desorption von TCE aus Sanden mit unterschiedlichen Kalk- (K) und Kohlenstoffgehalten (oc) (nach Grathwohl et al. 1993). Linien wurden nach Gl. 4 bzw. 5 berechnet.

Lösung residualer Schadstoffphasen. In flüssiger Phase in den Untergund eingedrungene Schadstoffe erreichen nach einiger Zeit (bei nachlassendem Nachschub) den Zustand der Residualsättigung, d.h. die Schadstoffe erfüllen nur noch einen Teil des verfügbaren Porenraums (meist unter 30 %) und sind daher immobil. Eine Entfernung dieser residualen Phasen erfolgt bei schwerflüchtigen Stoffen nur noch durch Lösung im Grund- und Sickerwasser. Die Lösungsraten werden dabei von der Film-Diffusion bestimmt, d.h. einem Transport des Schadstoffs über einen immobilen Wasserfilm, der an die residuale Schadstoffphase angrenzt (Abb. 1). Die Filmdiffusionsrate wird vom Diffusionskoeffizienten im Wasser, dem Konzentrationsgefälle im Film, der Filmdicke und vor allem von der Kontaktfläche zwischen residualer und mobiler Phase bestimmt. Die Lösungsraten hängen daher vor allem von der Verteilung der residualen Phase im porösen Medium ab. Wenn relativ große zusammenhängende residuale Phasen im Untergrund existieren, sind die Kontaktflächen und damit auch die Lösungsraten verhältnismäßig gering. Zusätzlich muß berücksichtigt werden, daß die Durchlässigkeit des Untergrundes bei Anwesenheit residualer Phasen stark zurückgeht, so daß es zu einer Umströmung der stark kontaminierten Bereiche im Grundwasser kommt, was mit einer weiteren Reduktion der Lösungsraten einhergeht. Aufgrund bisher durchgeführter Laborexperimente und Modellrechnungen kann davon ausgegangen werden, daß die Lösung von z.B. residualen Lösemittelphasen im Grundwasser ebenfalls Jahrzehnte in Anspruch nehmen kann (Powers et al. 1992).

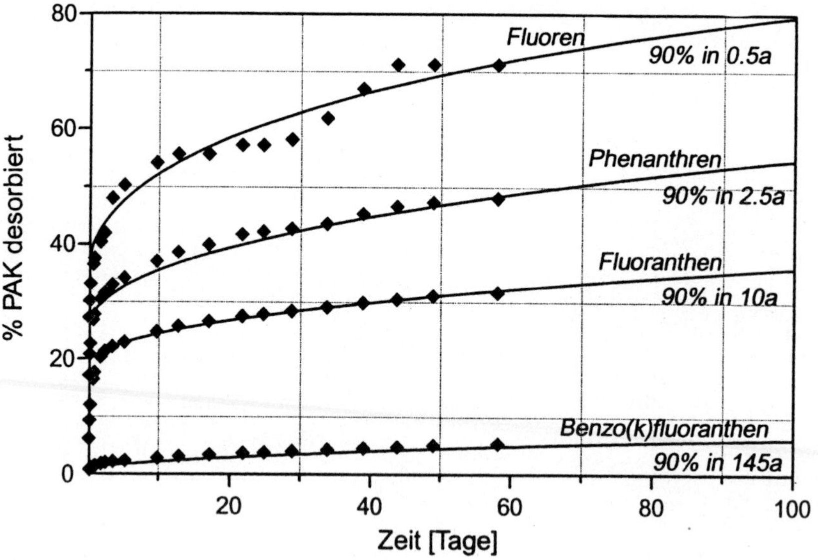

Abb. 4. Diffusionslimitierte Desorption von PAK aus kontaminiertem Sand im Anschluß an eine onsite Bodenwäsche (nach Entfernung anhaftender Teerreste mit Tensiden). Linien nach Gleichung 5 berechnet (100-100 M/M_{eq})

Wenn Schadstoffe in Gemischen vorliegen, beispielsweise PAK in Teer- bzw. Teerölverunreinigungen, ist die Löslichkeit der einzelnen Verbindung geringer als die Löslichkeit der Reinsubstanz. Die Wasserlöslichkeit C_{wi} [M/L^3] einer

Komponente i kann aus deren Konzentration im Gemisch C_{Ti}, dem Molekulargewicht des Gemisches M_T (bei Steinkohlenteer ca. 300-600 g/mol) und der Löslichkeit der reinen Substanz S_{wi} (bei Feststoffen die "supercooled liquid solubility", siehe Tabelle 1) berechnet werden (Lane u. Loehr 1992):

$$C_{wi} = C_{Ti}\, M_T\, S_{wi} \qquad \text{(Gl. 7)}$$

Säulen- und Batchexperimente zeigten jedoch, daß sich bei der Freisetzung von PAK aus residualer Teerphase ebenfalls kein Gleichgewicht einstellt (Grathwohl et al. 1993, 1994; Pyka 1994). Der Grad des Ungleichgewichts nimmt dabei mit abnehmender Wasserlöslichkeit (bzw. zunehmendem K_{OW}) der Verbindungen zu. Diese Ergebnisse deuten darauf hin, daß die Lösung einzelner PAK aus Teer ebenfalls durch die molekulare Diffusion im Teer limitiert wird und damit analog zur Intrasorbent-Sorption verläuft. Eine vollständige Entfernung von PAK aus residualer Teerphase kann demnach mehrere Jahre bis Jahrtausende dauern (Pyka et al. 1992). Die im Teer für verschiedene PAK direkt gemessenen Diffusionskoeffizienten (Pyka 1994) nahmen wie bei der retardierten Porendiffusion mit zunehmendem Oktanol/Wasser-Verteilungskoeffizienten ab (Abb. 5).

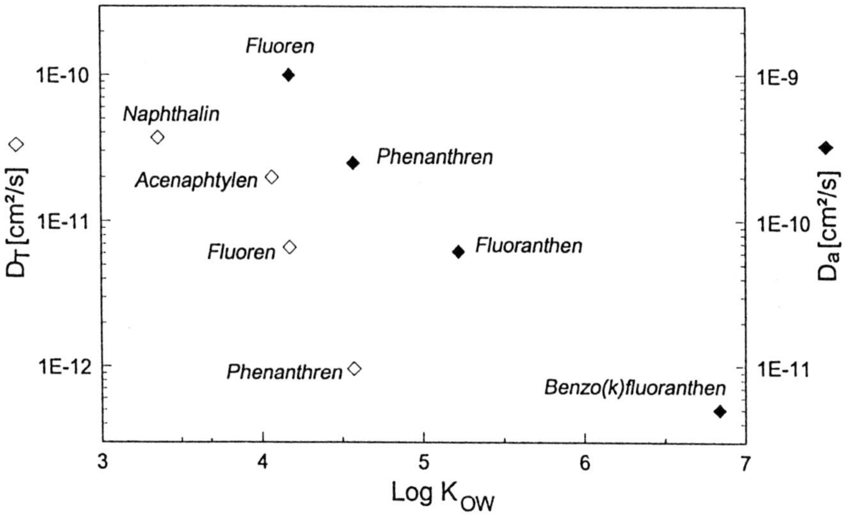

Abb. 5. Diffusionskoeffizienten verschiedener PAK in Steinkohlenteer (offene Symbole nach Daten aus Pyka 1994) und feinporösem kontaminierten Sand (ausgefüllte Symbole, nach Daten aus Grathwohl et al. 1994) in Abhängigkeit von log K_{OW}

Schlußfolgerung

Feldbeobachtungen und Laboruntersuchungen zeigen, daß die Entfernung organischer Schadstoffe aus kontaminiertem Erdreich prinzpiell zwar möglich ist, aber sehr lange Zeiträume erfordern kann. Bedingt durch eine langsame Desorptions- und Lösungskinetik bleiben während der Sanierung die Schadstoffkonzentrationen im Grund- und Sickerwasser trotz verhältnismäßig hoher Schadstoffgehalte im Boden nur gering. Solche Nichtgleichgewichtsbedingungen sind insbesondere bei alten Schadensfällen, wo die initiale Phase der Schadstofflösung bzw. -desorption weit zurückliegt, und während laufender Sanierungsmaßnahmen zu erwarten. Die Schadstoff-Freisetzungsraten und damit auch die Sanierungseffizienz hängen dann von der Diffusion der Schadstoffe und der effektiven Diffusionsstrecke ab. Die Zeit einen bestimmten Schadstoffanteil (z.B. 90 % oder 99 %, siehe Abb. 6) zu entfernen, nimmt mit dem Quadrat der Diffusionsstrecke und zunehmender Sorption (abnehmender D_a bei zunehmendem log K_{OW}) zu und kann bei bekannter Diffusionsratenkonstante über einfache Modelle (Gl. 4, 5; siehe Abb. 3 und 4) abgeschätzt werden. Bei niedrigen Diffusionsratenkonstanten sind entsprechend geringe Freisetzungsraten zu erwarten, die nur langsam weiter abnehmen. Verbindungen mit hohem K_{OW}, die im Boden entsprechend stark sorbiert werden (z.B. PAK, PCB, Pestizide etc...), sind sehr persistent, weil sie nur sehr langsam – über Zeiträume von vielen Jahren bis Jahrhunderten – wieder desorbiert werden können.

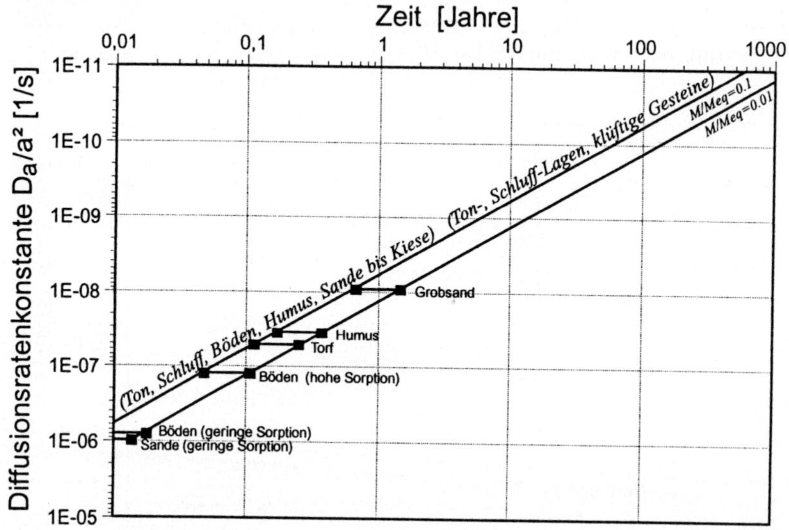

Abb. 6. Zeit für 90 %ige (M/M_{eq}=0,1) und 99 %ige (M/M_{eq}=0,01) Dekontamination in Abhängigkeit von der Diffusionsratenkonstante (D_a vgl. Tabelle 1, Abb. 2). Symbole: in Böden und Sedimenten für TCE gemessene D_a/a^2 (Grathwohl u. Reinhard 1993; Mattes 1992; Seitz 1992). Bei Verbindungen mit höherem K_{OW} ergeben sich entsprechend niedrigere Werte für D_a/a^2 und damit längere Zeiten für die Dekontamination

Literatur

Archie GE (1942) The electrical resistivity log as an aid in determining some reservoir characteristics. Trans A.I.M.E., 146:54-61

Ball WB (1989) Equilibrium partitioning and diffusion rate studies with halogenated organic chemicals and sandy aquifer material. PhD Dissertation, Stanford University, California, USA

Ball WB, Roberts PV (1991) Long term sorption of halogenated organic chemicals by aquifer material. 2. Intraparticle diffusion. Environ Sci Technol, 25:1237-1249

Brusseau ML, Jessup RE, Rao PSC (1991) Nonequilibrium sorption of organic chemicals: Elucidation of rate-limiting processes. Environ Sci Technol, 25:134-142

Crank J (1975) The mathematics of diffusion, 2nd ed. University Press, Oxford, U.K.

Dykhuizen RC, Casey MH (1989) An analysis of solute diffusion in rocks. Geochim Cosmochim Acta, 53:2797-2805

Grathwohl P (1989) Verteilung unpolarer organischer Verbindungen in der wasserungesättigten Bodenzone am Beispiel leichtflüchtiger aliphatischer Chlorkohlenwasserstoffe: Modellversuche. Tübinger Geowiss Arbeiten, 1C:102 S.
Grathwohl P (1990) Influence of organic matter from soils and sediments from various origins on the sorption of some chlorinated aliphatic hydrocarbons: Implications on K_{oc} correlations. Environ Sci Technol, 24:1687-1693
Grathwohl P (1992) Diffusion controlled desorption of organic contaminants in various soils and rocks. In: Kharaka YK, Maest AS (eds) Proceedings of the 7th Intern Symp Water-Rock Interaction, Balkema, Rotterdam, 283-286
Grathwohl P, Reinhard M (1993) Desorption of Trichloroethylene in aquifer material: Rate limitation at the grain scale. Environ Sci Technol, 27,11:2360-2366
Grathwohl P, Gewald T, Pyka W, Schüth C (1993): Determination of pollutant release rates from contaminated aquifer materials. In: Arendt F, Annokkée GJ, Bosman R, van den Brink WJ (eds) "Contaminated Soil '93", Kluwer Academic Publishers, Dordrecht/Boston/London, S. 175
Grathwohl P, Pyka W, Merkel B (1994) Desorption of organic pollutants (PAHs) from contaminated aquifer material. Intern Symp "Transport and Reactive Processes in Aquifers", April 11-15, 1994, ETH Zürich, Switzerland; Balkema, Rotterdam
Häfner F, Sames D, Voigt HD (1992) Wärme- und Stofftransport. Springer-Verlag, Berlin, Heidelberg, S. 626
Hayduk W, Laudie H (1974) Prediction of diffusion coefficients for nonelectrolytes in dilute aqueous solutions. AIChE Journal, 20:611-615
Johnson RL, Cherry JR, Pankow JF (1989) Diffusive contaminant transport in natural clays: a field example and implications for clay-lined waste disposal sites. Environ Sci Technol, 23:340-349
Kroos BM, Schaefer RG (1987) Experimental measurement of the diffusion parameters of light hydrocarbons in water-saturated sedimentary rocks. I. A new experimental procedure. Org Geochem, 11:193-199
Lane WF, Loehr RC (1992) Estimating the equilibrium aqueous concentrations of polynuclear aromatic hydrocarbons in complex mixtures. Environ Sci Technol, 18:983-990
Mattes A (1992) Vergleichende Untersuchungen zur Sorption und Sorptionsdynamik organischer Schadstoffe an Opalinuston und unterschiedlichen Aquifersanden. Unveröff Diplomarbeit, Geol Inst Univ Tübingen
Miller CT, Pedit JA (1992) Use of a reactive surface-diffusion model to decribe apparent sorption-desorption hysteresis and abiotic degradation of lindane in subsurface material. Environ Sci Technol, 26:1417-1426
Pignatello JJ (1986) Ethylene dibromide mineralization in soils under aerobic conditions. Appl Environ Microbiol, 51:588-592
Pignatello JJ (1989) Sorption dynamics of organic compounds in soils and sediments. In: Sawhney BL, Brown K (eds) Reactions and movement of organic chemicals in soils, SSSA Special Publ 22:45-80, Madison Wisconsin, USA
Pignatello JJ, Frink CR, Marin PA, Droste EX (1990) Field-observed ethylen dibromide in an aquifer after two decades. J Cont Hydrol, 5:195-214
Powers SE, Ariola LM, Weber WJ Jr (1992) An experimental investigation of nonaqueous phase liquid dissolution in saturated subsurface systems: Steady state mass transfer rates. Water Resour Res, 28:2691-2705
Pyka W, Schüth C, Wilhelm T, Grathwohl P (1992) Dissolution of coal tar constituents and their impact on groundwater quality. Intern Symp Environ Contam Central and Eastern Europe, 12-16. Oktober, 1992, Budapest, Ungarn
Pyka W (1994) Freisetzung von Teerinhaltsstoffen aus residualer Teerphase: Laborversuche zur Lösungsrate und Lösungsvermittlung. Tübinger Geowiss Arbeiten, C17
Schwarzenbach RP, Gschwend PM, Imboden DM (1993) Environmental Organic Chemistry. John Wiley & Sons, New York, 681 S.
Scribner SL, Benzing TR, Sun S, Boyd SA, (1992) Desorption and bioavailability of aged simazine residues in soil from a continuous corn field. J Environ Qual 21:115-120
Seitz N (1992) Vergleichende Untersuchungen zur Sorption und Sorptionsdynamik von Trichlorethen in verschiedenen Bodenhorizonten und Humusformen. Unveröff Diplomarbeit Geol Inst Univ Tübingen
Steinberg MS, Pignatello JJ, Sawhney BL (1987) Persistence of 1,2-dibromoethane in soils: entrapment in intraparticle micropores. Environ Sci Technol 21:1201-1208
Thomas MM, Clouse JA (1990) Primary migration by diffusion through kerogen: II. Hydrocarbon diffusivities in kerogen. Geochim Cosmochim Acta, 54:2781-2792
Travis CT, Doty CB (1990) Can contaminated aquifers at Superfund sites be remediated? Environ Sci Technol 24:1464-1466
Verschueren K (1983) Handbook of environmental data on organic chemicals. Second Edition. Van Nostrand Reinhold Company Inc., New York, 1310 S.
Wakao N, Smith JM (1962) Diffusion in catalyst pellets. Chem Engin Sci, 17:825-834
Wu S, Gschwend PM (1986) Sorption kinetics of hydrophobic organic compounds to natural sediments and soils. Environ Sci Technol, 20:717-725

8.2 Anthropogenes Blei in der Umwelt von Schlema (Sachsen) – Identifizierung durch Pb-Isotopie

Guido Bracke und Muharrem Satir

Einführung und Problemstellung

Über 44 Jahre (1946 bis 1990) wurde in Schlema (Sachsen) Uranerzbergbau durch die SDAG Wismut (1991) bis in 1800 m Tiefe betrieben. Dies führte zur Aufschüttung von zahlreichen Abraumhalden und der Errichtung industrieller Absetzanlagen (IAA) für nasse Aufbereitungsrückstände. Eine dieser Absetzanlagen ist zur Zeit noch in Betrieb, da die noch anfallenden Schachtwässer bis zur endgültigen Stillegung des Bergwerks dort eingeleitet werden. Danach werden die Halden durch Abschrägen und Abdecken gesichert. Durch diese Maßnahmen soll gleichzeitig eine Sanierung erreicht werden. Mit dem Abraum und der Aufbereitung des Erzes wurden radioaktive und toxische Schadstoffe in die Biosphäre gebracht. Hier handelt es sich vor allem um die radioaktiven Elemente Uran, Radium und Radon und die potentiell ökotoxischen Elemente Blei, Arsen und Zink.

Im Untersuchungsgebiet sind neben anderen Schadstoffen erhöhte Bleikonzentrationen gefunden worden. Die Herkunft dieser Bleibelastungen z.B. an Straßenrändern, auf ehemaligen mehrfach genutzten Industriegeländen und in der Umgebung von Schachtanlagen des Uranerzbergbaus ist nicht eindeutig geklärt. Verschiedene Quellen, wie z.B. der Kraftfahrzeug-Verkehr (CEC 1989), der Uranerzbergbau (Gatzweiler u. Mager 1993) und andere ehemalige Industriebetriebe (Harrison 1981) kommen als Verursacher in Betracht. Die Herkunft der Bleikontaminationen soll in dieser Studie mittels der Blei-Isotopie ebenso wie die allgemeine Hintergrundbelastung ermittelt werden. Die Kenntnis der Herkunft und der Belastungspfade ist eine notwendige Voraussetzung für die Beurteilung des Gefährdungspotentials und eine Sanierung.

Probenahme und Methodik

Die Bleiisotope ^{206}Pb, ^{207}Pb und ^{208}Pb entstehen als stabile Endprodukte der Zerfallsreihe von ^{238}U, ^{235}U und ^{232}Th. Jedem Tochterisotop des Bleis kann eindeutig ein Mutterisotop des Urans oder des Thoriums zugeordnet werden. In Abhängigkeit von Alter, Uran- und Thoriumkonzentration bilden sich unterschiedliche Anreicherungen dieser Blei-Isotope in Gesteinen und Lagerstätten aus. Lediglich das ^{204}Pb weist kein Mutterisotop auf und bleibt in seiner Menge unverändert. Die so entstandenen unterschiedlichen Blei-Isotopenverhältnisse können daher

Geowissenschaften und Umwelt
Herausgegeben von J. Matschullat und G. Müller

als Signatur der Herkunft des Bleis verwendet werden (Gulson 1986; Horn et al. 1993). Folgende Proben wurden gesammelt und auf die Bleiisotopenzusammensetzung und die -konzentration untersucht:

- Gesteinsproben: Alaunschiefer des produktiven Gesteins, Quarz-Phyllite des Grundgebirges, Diabas, Amphibolit und Hornfels;
- Bohrproben aus einer industriellen Absetzanlage (IAA) des Uranerzbergbaus;
- Bohrproben aus einer Aufschüttung (Schachtbetriebsgelände/Halde) des Uranerzbergbaus;
- Bohrproben von einem ehemaligen Industriegelände, das zuerst einem Farbwerk und anschließend der Uranerzverladung diente.

Der chemische Aufschluß wurde mit HNO_3/HF durchgeführt. Die Bestimmung der Bleikonzentration erfolgte mit Flammen-AAS gegen externe Standards. Zur Bestimmung der Isotopenverhältnisse wurden die Reinigungsschritte unter Reinraumbedingungen mittels Kationenaustauscherharz als Bleibromidkomplex durchgeführt. Nach Laden mit Silicagel und Phosphorsäure wurden die Isotopenverhältnisse am Thermionen-Massenspekrometer Finnigan MAT 262 bestimmt (Tatsumoto u. Unruh 1976).

Ergebnisse und Diskussion

Die Bleikonzentrationen der Bohrproben aus der Halde und der IAA variieren von 40 bis 66 mg/kg und sind im Vergleich zum Grundgebirge (vor allem Quarz-Phyllite mit Konzentrationen von 30 bis 34 mg/kg) erhöht. In Bohrproben vom ehemaligen Industriegelände wurden deutlich erhöhte Belastungen von 82 bis 605 mg/kg Blei gefunden.

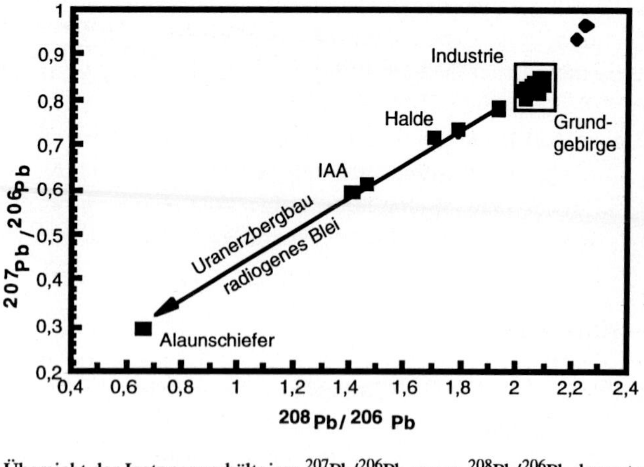

Abb. 1. Übersicht der Isotopenverhältnisse $^{207}Pb/^{206}Pb$ gegen $^{208}Pb/^{206}Pb$ der untersuchten Proben.

Das Bohrprofil auf der IAA zeigt in 2 m Tiefe ein $^{206}Pb/^{204}Pb$-Verhältnis von 26,15 und in 5,5 m Tiefe ein $^{206}Pb/^{204}Pb$-Verhältnis von 27,27. Diese Werte zeigen gegenüber dem Untergrund der IAA in 15 m Tiefe mit einem Verhältnis von 18,88 eine deutliche Anreicherung an ^{206}Pb. Das Pb-Verhältnis von Quarz-Phylliten (Grundgebirge) beträgt 18,91. Dies bedeutet, daß die Pb-Isotopensignatur in einer Tiefe von 15 m der des Grundgebirges entspricht. Auch die Pb-Isotopie am Haldenprofil ergibt ein ähnliches Bild. Somit unterscheidet sich das Blei aus dem Uranerzbergbau (Halde und IAA) deutlich vom geogenen Untergrund.

Die Abbildung 1 zeigt ein Isotopendiagramm, das die Verhältnisse der radiogenen Komponenten ^{208}Pb, ^{207}Pb und ^{206}Pb darstellt. Das ^{208}Pb/^{206}Pb-Verhältnis von IAA und Halde liegt zwischen 1,4 und 2,0; das ^{207}Pb/^{206}Pb-Verhältnis im Bereich von 0,6 bis 0,8. Das produktive Gestein der Uranvererzung (Alaunschiefer) weist ein ^{208}Pb/^{206}Pb- bzw. ^{207}Pb/^{206}Pb-Verhältnis von 0,65 bzw. 0,3 auf. Die ^{208}Pb/^{206}Pb- bzw. ^{207}Pb/^{206}Pb-Isotopenverhältnisse von Gesteinen des Grundgebirges und des Industriegeländes liegen im Bereich von 2,05 bis 2,10 bzw. von 0,8 bis 0,85. Das Gestein der Uranvererzung und des Grundgebirges definieren mit diesen Pb-Isotopenverhältnissen eine Mischungslinie, auf der die Pb-Isotopenverhältnisse der IAA und der Halde liegen. In der IAA und der Halde liegen also Mischungen aus dem Blei der Uranvererzung und geogenem Blei vor.

Die Herkunft des Bleis aus dem Kraftfahrzeugbereich kann ebenfalls durch Pb-Isotopie festgestellt werden. Zur Herstellung des Benzinadditivs Bleitetraethyl wird in West-Europa fast ausschließlich Blei aus Broken Hill, Australien, verwendet. Dessen Pb-Isotopenverhältnisse (Doe 1970; Horn et al. 1993) sind in der Abbildung 1 als Rauten dargestellt und unterscheiden sich von den untersuchten Proben aus Schlema. Mischungen des geogenen Bleis und des anthropogenen Bleis aus dem Kraftfahrzeugbereich können so erkannt werden. In der ehemaligen DDR wurde das Blei zur Herstellung von Bleitetraethyl jedoch überwiegend aus Rußland bezogen. Erst seit 1990 wird zur Herstellung auch Blei aus Broken Hill eingesetzt. Mit der Untersuchung alter Auspuffanlagen (DDR-Fahrzeuge) aus der Zeit vor 1990 soll die Pb-Isotopie des verwendeten Bleitetraethyls bestimmt werden. Zur Zeit wird von uns die Pb-Isotopie des Belastungspfads Staub und der Schadstoffsenke Sediment bearbeitet. Da auch die Braunkohleverbrennung zur Bleibelastung beiträgt, sind entsprechende Untersuchungen zur Pb-Isotopie bereits vorbereitet.

Literatur

CEC (Commission of the European Communities) (1989) Environment and Quality of Life, Isotopic Lead Experiment. Final Report EUR 12002 EN, Luxembourg

Doe BR (1970) Lead Isotopes, Minerals, Rocks and Inorganic Materials. Springer Verlag

Gatzweiler R, Mager D (1993) Altlasten des Uranbergbaus. Geowissenschaften 11,5-6:164-172

Gulson BL (1986) Lead Isotopes in Mineral Exploration. Dev Economic Geol 23, Elsevier,

Harrison RM (1981) Lead Pollution - Causes and control. Chapman and Hall, London

Horn P, Hölzl S, Schaaf P (1993) Pb- und Sr-Isotopensignaturen als Herkunftsindikatoren für anthropogene und geogene Kontamination. Isotopenpraxis 28:263-272

SDAG Wismut (1991) Seilfahrt. 2. Auflage, Bode-Verlag, Haltern, ISBN 3-925094-40-7

Tatsumoto M, Unruh D (1976) KREEP basalt: grain by grain U-Th-Pb systematics study of the quartz monzodiorite clast 15405,88. Geochim Cosmochim Acta, Suppl 7,2:2107-2129

8.3 Typische Grundwasser-Schadensfälle durch nicht basisgedichtete Hausmülldeponien

Karlheinz Brand

Einleitung

Die Deponietechnik machte in den vergangenen 20 Jahren eine rasante Entwicklung durch. Der aktuelle Stand der Deponietechnik ist in der TA Siedlungsabfall (3. Allgemeine Verwaltungsvorschrift zum Abfallgesetz) dokumentiert, die im Mai 1993 in Kraft getreten ist. Diese "Technische Anleitung zur Verwertung, Behandlung und sonstigen Entsorgung von Siedlungsabfällen" regelt sowohl abfallwirtschaftliche Belange als auch die Belange der Deponietechnik und die Anforderungen an den potentiellen Deponiestandort. Deponien werden heute nach dem Multibarrieren-Prinzip konzipiert. Gegenwärtig sind noch eine Reihe von Deponien in Betrieb, die in den siebziger Jahren eingerichtet wurden und über keine oder nur eine unzureichende Basisabdichtung verfügen. Während in modernen Deponien Flächendränagen und ein dichtes Netz von Dränageleitungen den Einstau von Deponiesickerwasser auf der Basisdichtung verhindern und das anfallende Sickerwasser in aufwendigen Aufbereitungsanlagen gereinigt wird, kann auf alten Deponien das Sickerwasser ungehindert in den Untergrund eindringen und je nach den Standortbedingungen zu Grundwasserverunreinigungen unterschiedlichen Ausmaßes führen. Zwei Deponien mit unterschiedlichen Standortbedingungen werden hier vorgestellt.

Deponie A

Die Deponie A liegt in einem Kerbtal auf Buntsandstein. Vor Beginn der Deponierung gab es im Talschluß mehrere Quellaustritte. Im Bereich der Talsohle existiert in einer dünnen Lockergesteinsauflage aus pleistozänen Fließerden und Hangschutt ein geringmächtiger Porengrundwasserleiter über dem Kluftgrundwasserleiter des Buntsandsteins. Das Grundwasser in dem Porengrundwasserleiter exfiltriert in den im Haupttal fließenden Bach. Die Deponie ist seit über 20 Jahren in Betrieb. Zur Vorbereitung der Deponiefläche wurde damals lediglich eine Rodung des Baumbestandes und eine Fassung der Quellen durchgeführt. Die Ablagerung erfolgte hinter einem Vordamm, der mit zunehmender Verfüllung weiter aufgeschüttet wurde. Im Lauf des Betriebs stellte sich heraus, daß die Quellfassung nicht funktionierte. Da die Deponie weder über eine Oberflächenwasserfassung noch über eine Sickerwasserfassung verfügt, kann das Sickerwas-

Geowissenschaften und Umwelt
Herausgegeben von J. Matschullat und G. Müller © 1994 Springer Verlag

ser ungehindert dem oberflächennahen Grundwasser zufließen. Seit mehreren Jahren besteht eine Grundwasserüberwachung der Deponie aus 21 Grundwassermeßstellen mit denen das oberflächennahe und das tiefere Grundwasser überwacht wird (Abb. 1). Probenahmen erfolgen quartalsweise.

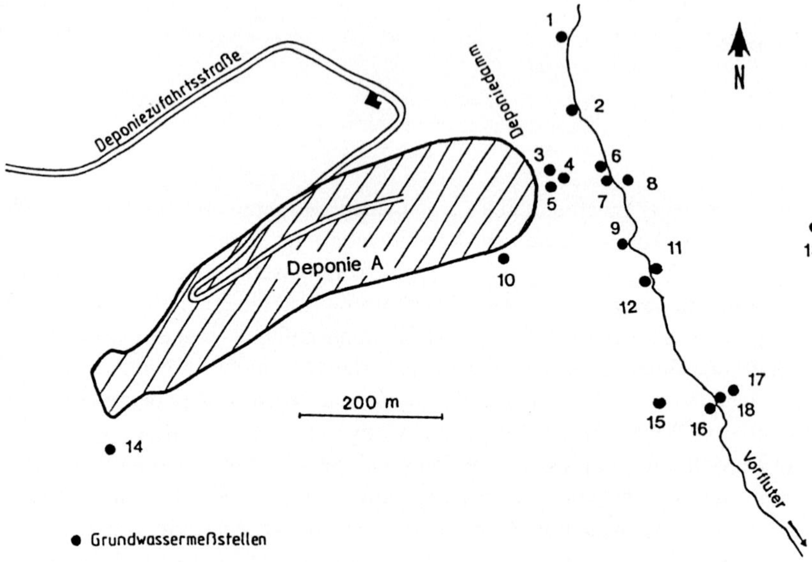

Abb. 1. Grundwasserüberwachung Deponie A

Am Deponiedamm wurden im Lauf der Jahre häufig Wasseraustritte festgestellt, es kam zu flachgründigen Rutschungen. Bei der Bohrung von Gasbrunnen im Deponiekörper wurde festgestellt, daß ein zusammenhängender Wasserkörper im Bereich der Abfälle nicht existiert, daß sich aber auf Stauhorizonten in dem inhomogenen Müllkörper Wasser aufgestaut hat. Die unmittelbar vor dem Damm gelegenen Meßstellen 5 und 6 zeigen erhebliche Aufsalzungen (Leitfähigkeiten über 9000 µS/cm), die damit um den Faktor 20 über den natürlichen im oberflächennahen Porenaquifer (Meßstelle 2) und dem tieferen Kluftaquifer (Meßstelle 15) registrierten Leitfähigkeiten liegen (Abb. 2).

Charakteristisch sind die starken Konzentrationsschwankungen in den belasteten Meßstellen. Hier besteht ein direkter Zusammenhang mit der anfallenden Sickerwassermenge. Die Ionenverteilung des belasteten Grundwassers zeigt gegenüber dem unbelasteten Grundwasser deutliche Veränderungen. Im Gegensatz zu vielen anderen Deponien spielen bei dieser Deponie die Ionen Calcium, Magnesium und Sulfat, die typische Indikatoren von Bauschuttablagerungen sind, keine wesentliche Rolle. Erheblichen Anteil an der Aufsalzung haben Natrium, Kalium und Chlorid. Ein ganz typischer Sickerwasserparameter ist das Ammonium, das bei der Analyse der Meßstelle 5, die der Darstellung in Abbildung 3 zugrunde liegt, einen Wert von 400 mg/l erreichte.

Die Belastung durch organische Schadstoffe zeigt sich an den Parametern Oxidierbarkeit und AOX. In der stark belasteten Meßstelle 5 werden für die Oxidierbarkeit Werte bis 800 mg/l (natürlicher Hintergrund 1-2 mg/l) registriert. Abbildung 4 zeigt die Konzentrationsentwicklung dieser beiden Parameter sowie die von Ammonium und Chlorid für die Meßstelle 3.

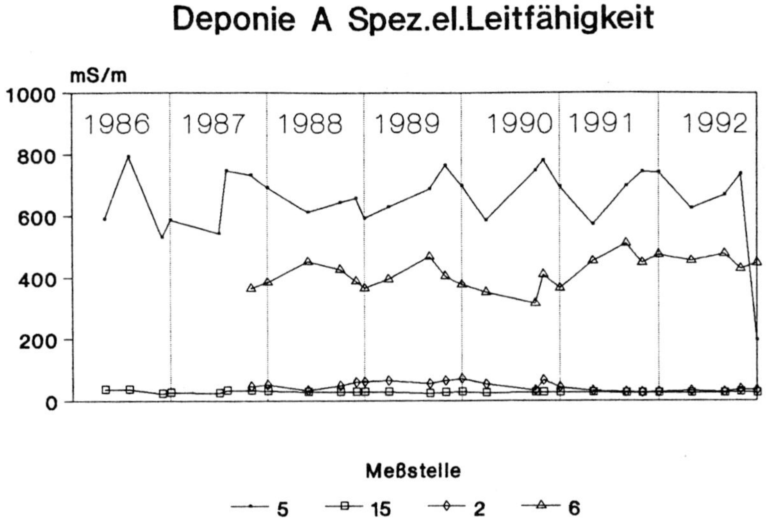

Abb. 2. Ganglinien der spezifischen elektrischen Leitfähigkeit in mehreren Meßstellen

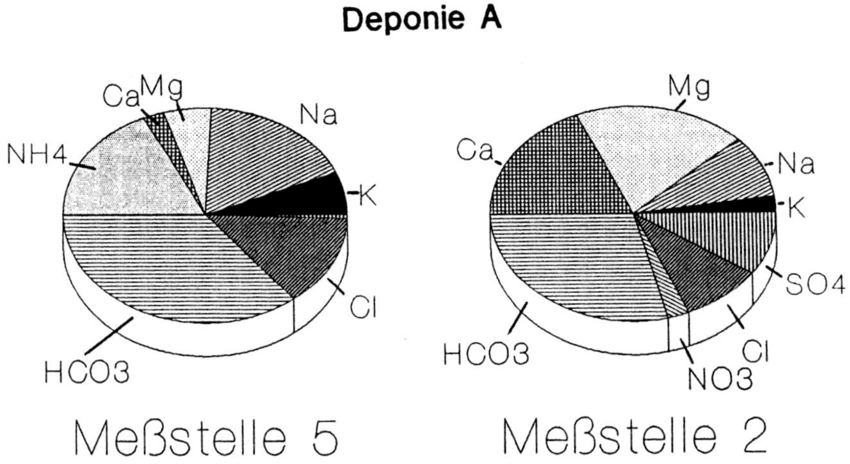

Abb. 3. Ionenverteilung des Grundwassers in der belasteten Meßstelle 5 und der unbelasteten Meßstelle 2

Auffallend sind die Konzentrationsspitzen im Sommer 1987 und im Sommer 1988, wo der Bereich der Meßstelle 3 jeweils von einer Sickerwasserfront durchströmt wurde. Zwischen dem Deponiedamm und dem Vorfluter zeigt sich im oberflächennahen Porengrundwasserleiter eine erhebliche Belastung. Diese ist im Haupttal auf der deponieseitigen Flanke des Baches noch bis zur Meßstelle 9 zu beobachten. Das belastete Grundwasser exfiltriert in den Bach. Auf der anderen Seite des Baches und im tieferen Grundwasser sind keine Belastungen nachweisbar. Bei der Deponie A ist eine Minimierung der Sickerwasserbildung durch eine Oberflächenabdichtung nicht möglich, da der Deponie ständig Wasser aus den überschütteten Quellen zusickert. Neben der Grundwasserproblematik besteht auch wegen des nicht mehr standsicheren Deponiedammes dringender Sanierungsbedarf. Der Deponiebetreiber beschloß aus diesem Grund als Sanierungsmaßnahme eine vollständige Umlagerung auf basisgedichtete Flächen. Die Umlagerung, die etwa 10 Jahre erfordern wird, soll im nächsten Jahr beginnen. Ob der Wegfall der Sickerwasseremittenden ausreicht oder ob eine hydraulische Grundwassersanierung erforderlich sein wird, läßt sich erst nach vollzogener Umlagerung klären.

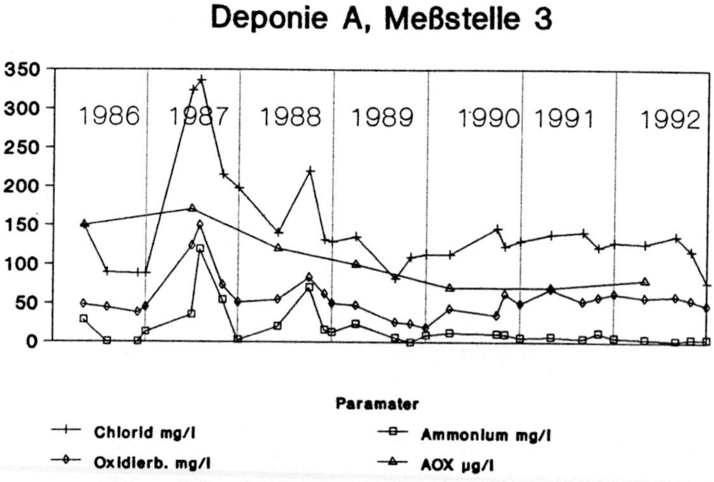

Abb. 4. Konzentrationsganglinien der Parameter Chlorid, Ammonium, Oxidierbarkeit und AOX in dem mäßig belasteten Grundwasser der Meßstelle 3

Deponie B

Die Deponie B wurde Mitte der siebziger Jahre in einer ausgebeuteten Sand- und Kiesgrube angelegt. Im Untergrund stehen mächtige Serien von Sanden und Kiesen an, in die geringmächtige Ton- und Schluffschichten eingelagert sind. Bis in eine durch Meßstellen erschlossene Tiefe von 70 m unter Geländeoberkante ist keine hydraulische Stockwerksgliederung zu erkennen. Die Deponie liegt im Bereich des Schwemmfächers eines größeren Baches. Der Bach besitzt Vorflutcharakter für das oberflächennahe Grundwasser (Abb. 5). Die Deponie war ohne Basisabdichtung eingerichtet worden, eine Auswaschung von Schadstoffen in das Grundwasser konnte ungehindert stattfinden. Bereits nach etwa 10-jährigem Deponiebetrieb wurden deutliche Grundwasserbelastungen durch die Deponie beobachtet. Die Belastung zeigte sich durch signifikante Erhöhungen der Leitfähigkeit, der Gesamthärte, der Oxidierbarkeit, des AOX, des DOC sowie den Konzentrationen an Alkalien, Erdalkalien, Eisen, Ammonium und Chlorid.

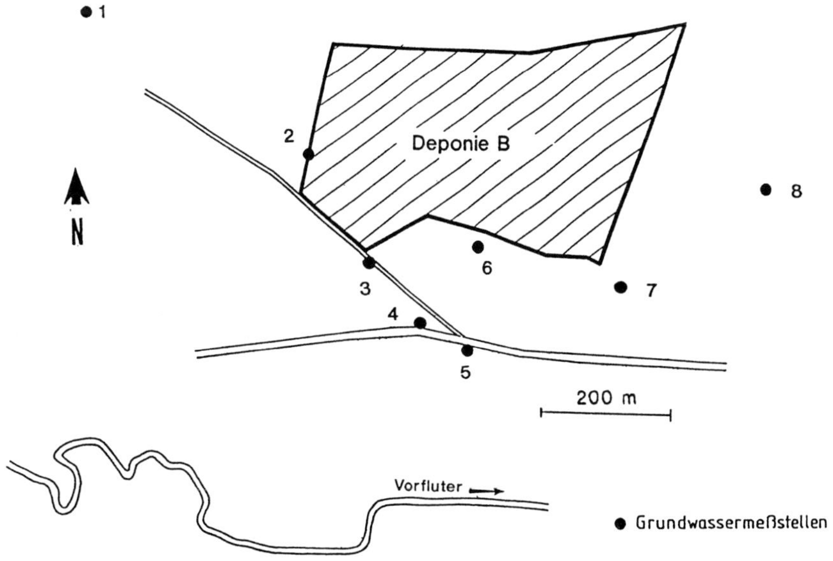

Abb. 5. Lage der Grundwassermeßstellen um die Deponie B

Im direkten Abstrom der Deponie (Meßstellen 3 und 6) ist im oberflächennahen Grundwasser eine deutliche Aufsalzung des Grundwassers zu beobachten (Abb. 6). 1989/90 wurde ein Konzentrationsmaximum beobachtet. Inzwischen ist die Schadstoffkonzentration auf Grund von Sanierungsmaßnahmen leicht rückläufig. Der deutliche Rückgang im Frühjahr 1993 ist vermutlich auf die in diesem Zeitraum geringen Niederschläge zurückzuführen, wodurch insgesamt wesentlich weniger Sickerwasser gebildet wurde und dem Grundwasser zusickerte.

Die in der Abbildung 6 im Vergleich dargestellte Meßstelle 7, die unmittelbar östlich der Deponie liegt, zeigt keine deponiespezifischen Belastungen. Anhand der belastungsanzeigenden Parameter Ammonium und DOC kann der Deponieeinfluß auch in der Meßstelle 4 im weiteren Abstrom nachgewiesen werden. Abbildung 7 zeigt die Entwicklung des DOC in der Meßstelle 4 im weiteren Abstrom, in der stark belasteten Meßstelle 6 sowie der unbelasteten Meßstelle 7. Die unmittelbar am Deponierand gelegene Meßstelle 6 zeigt große Konzentrationsschwankungen bei insgesamt großer organischer Belastung. Die Meßstelle 4 zeigt einen gegenüber der unbelasteten Meßstelle 7 deutlich erhöhten DOC. In

Abbildung 8 sind die Konzentrationsganglinien der Parameter DOC, Ammonium und Kalium in der Abstrommeßstelle 4 dargestellt.

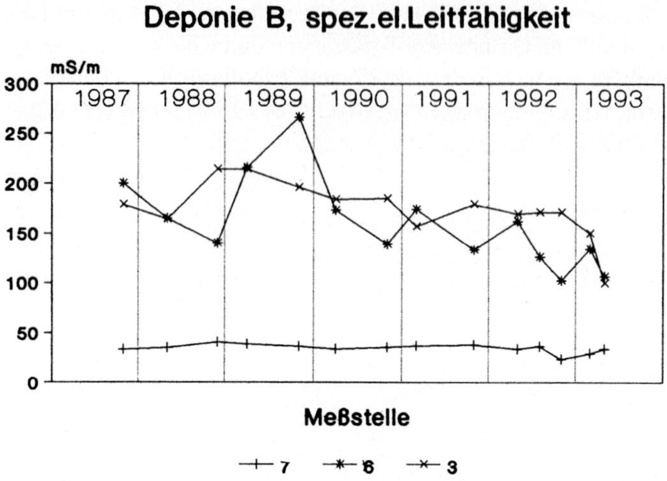

Abb. 6. Entwicklung der elektrischen Leitfähigkeit in repräsentativen Meßstellen der Deponie B

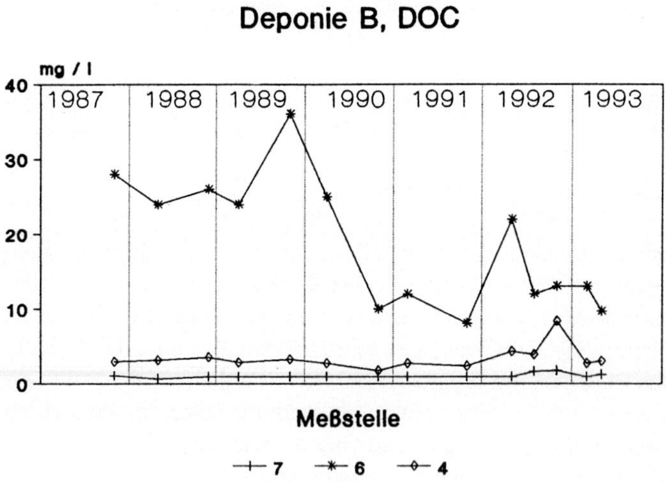

Abb. 7. Konzentrationsganglinien des DOC der Meßstellen 4, 6 und 7 der Deponie B

Aus der Abbildung 8 ist erkennbar, daß Kalium bei Hausmülldeponien ebenfalls ein Parameter ist, der den Sickerwassereinfluß anzeigt. Gegenüber dem natürlichen Hintergrund ist Kalium in diesem Fall um den Faktor 4 erhöht. Das Ammonium, das im Deponiesickerwasser selbst in hohem Maß für die Aufsalzung verantwortlich ist, ist im weiteren Deponieabstrom nur noch phasenweise nachzuweisen, da es als milieuabhängiger Parameter Abbaureaktionen unterliegt.

Das mit Deponiesickerwasser belastete Grundwasser aus den Meßstellen 3 und 6 besitzt eine gegenüber der unbelasteten Meßstelle 7 um den Faktor 5 höhere Gesamtmineralisation. Durch den Sickerwassereinfluß ergibt sich eine merkliche Erhöhung des Alkali-, Ammonium-, Sulfat- und Chloridgehaltes (Abb. 9).

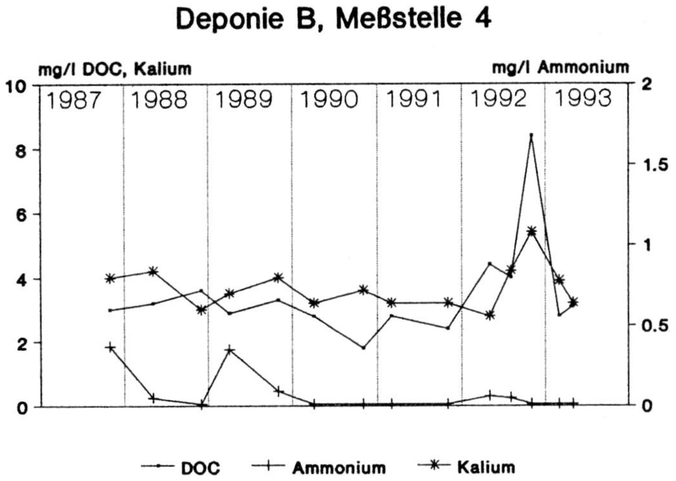

Abb. 8. Konzentrationsganglinien der Parameter DOC, Ammonium und Kalium in der Meßstelle 4 der Deponie B

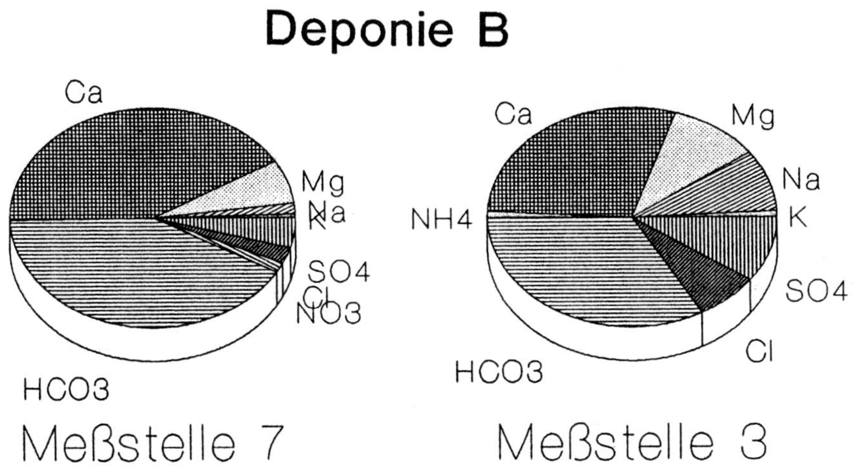

Abb. 9. Gesamtmineralisation der Meßstellen 3 (stark belastet) und 7 (unbelastet) der Deponie B

Südlich der Deponie B konnte in Richtung auf den Vorfluter eine Schadstoff-Fahne festgestellt werden. Die Schadstoff-Konzentration nimmt infolge von Verdünnung und zum Teil infolge von Schadstoffabbau mit zunehmender Entfernung von der Deponie rasch ab. Das tiefere Grundwasser ist bisher nur durch die

Meßstelle 8 erschlossen; dort konnten keine deponiespezifischen Belastungen beobachtet werden. Da bei der Deponie eine Kapazitätserweiterung geplant war und die Sanierungserfordernis für den Deponiealtteil unstrittig war, forderte die zuständige Genehmigungsbehörde ein Sanierungskonzept.

Auf dem Altmüllkörper wurde eine Zwischenabdichtung aufgebracht und für den darüber abzulagernden Müll eine Sickerwasserfassung nach dem Stand der Technik errichtet. Auf diese Weise konnte man die Sickerwasserneubildung im Altmüllkörper effektiv reduzieren. Da Hausmüllkörper extrem setzungsempfindlich sind, mußte man, um die Funktionsfähigkeit der Zwischendichtung zu gewährleisten, den Altmüll durch eine dynamische Intensivverdichtung zunächst vorverdichten. über einer Ausgleichsschicht wurde nach Erreichen der bodenmechanischen Anforderungen eine Dichtungsschicht nach dem Stand der Technik eingebaut. Während der Durchführung der dynamischen Intensivverdichtung 1989/90 wurden kurzfristig deutliche Erhöhungen der Schadstoff-Konzentrationen im Grundwasser der umgebenden Meßstellen festgestellt (Abb. 6, 7). Dies ist darauf zurückzuführen, daß während der Verdichtung Sickerwasser aus der Deponie ausgetrieben wurde. Außerdem wurden durch diese Verdichtungsaktion möglicherweise Behältnisse mit flüssigen Abfällen zerstört und dadurch Schadstoffe freigesetzt.

In der Folgezeit ist bei den nahe der Deponie gelegenen hochbelasteten Meßstellen eine abnehmende Tendenz in der Schadstoff-Konzentration festzustellen. Die bisherige Beobachtungszeit reicht jedoch noch nicht aus, um die Effektivität der durchgeführten Sicherungsmaßnahmen abschließend zu beurteilen. Eine Besserung der Situation im Grundwasserabstrom kann sich nur allmählich einstellen, da der Altmüllkörper noch Sickerwasser enthält und sich auf absehbare Zeit auch noch Ab- und Umbaureaktionen ereignen.

Schlußbemerkungen

Die Beschreibung zweier Beispiele von Grundwasserschadensfällen bei Hausmülldeponien zeigt, daß der heutige Weg der Deponietechnik, der eine weitgehende Inertisierung der Abfälle und eine vollständige Fassung und Reinigung der Abfälle vorsieht, erforderlich ist, um ähnliche Schadensfälle in Zukunft zu verhindern. Die Beispiele verdeutlichen auch, daß das Schadensausmaß und die Sanierbarkeit von Altdeponien sehr stark von den örtlichen Gegebenheiten, d.h. dem Grundwasserflurabstand sowie der Art und Ausdehnung des Grundwasserleiters, abhängen.

Maximallösungen, wie sie im Fall der Deponie A verwirklicht werden, sind in der Regel nicht durchsetzbar. Ein wirksamer Schutz kann jedoch oft auch mit geringerem Aufwand erzielt werden. Es muß jedoch berücksichtigt werden, daß primär kostengünstige Sicherungsmaßnahmen oft nur über langfristige hydraulische Sicherungsmaßnahmen effektiv durchgeführt werden können. Der Erfolg der Sicherungs- bzw.- Sanierungsmaßnahmen, der an einer deutlichen Verbesserung der Grundwasserqualität im Abstrom der Deponien zu messen sein wird, wird sich sehr langsam, d.h. im Verlauf mehrerer Jahre einstellen.

Literatur

Ehrig HJ (1989) Sickerwasser aus Hausmülldeponien: Menge und Zusammensetzung. 39 S. In: Hösel G, Schenkel W, Schnurer H (Hrsg) Müll-Handbuch.

LAGA (Länderarbeitsgemeinschaft Altlasten) (1979): Richtlinie für das Vorgehen bei physikalischen und chemischen Untersuchungen im Zusammenhang mit der Beseitigung von Abfällen - Wö 77- Umfang der Überwachung von Grund-, Oberflächen- und Sickerwasser im Bereich von Abfallbeseitigungsanlagen, 4 S.

Hötzl H (1983): Geogene Zusammensetzung von Grundwässern. DVWK Fortbildung 5. Fortbildungslehrgang Grundwasser. 146-168; Bonn

BUNDESREGIERUNG (1991): Zweite allgemeine Verwaltungsvorschrift zum Abfallgesetz (TA Abfall).- Bek. d. BMU v. 12.3.1991- WA II S - 30121.

BUNDESREGIERUNG (1993): Dritte allgemeine Verwaltungsvorschrift zum Abfallgesetz (TA Siedlungsabfall) vom 14.5.1993 (B Anz. Nr. 99 A).

8.4 Nachweis und Simulation der Schadstoffausbreitung aus Abwasserkanälen mit Hilfe von Markierungsversuchen und hydrochemischen Methoden

Matthias Eiswirth

Einführung

Seit einigen Jahren wird den kommunalen und privaten Kanalisationssystemen im Zusammenhang mit den durch Abwasserexfiltrationen verbundenen Kontaminationen große Bedeutung zugemessen. Beispielhaft wurden die Möglichkeiten zur Ortung von Kanalisationsschäden an einer Abwasserkanal-Teststrecke in der Stadt Rastatt erkundet und dargestellt. Dabei wurden neue Detektionsmethoden und Modellansätze zur Abschätzung der möglichen Gefährdungspotentiale entwickelt, angewandt und bewertet. Hydrochemische Untersuchungen und Markierungsversuche ermöglichten die Detektion von Leckagen bei Abwasserkanälen und den Nachweis aktiver Abwasserexfiltrationen sowie die Abschätzung der davon ausgehenden Gefährdungspotentiale. Die Ergebnisse der Untersuchungen zeigen deutlich, daß Risse bzw. Anrisse nicht automatisch aktive Abwasseraustrittstellen darstellen.

Abwasserexfiltrationen aus defekten Kanalisationen können das System Boden - Bodenluft - Grundwasser z.T. weiträumig und nachhaltig kontaminieren (Härig u. Mull 1992). Das Ausmaß der Verunreinigung wird dabei im wesentlichen von der Bodenbeschaffenheit des Rohrumfeldes, dem Grundwasserstand, der Größe der Leckagen und dem Schadstoffgehalt des Abwasser bestimmt. Das Gefährdungspotential für Boden, Bodenluft und Grundwasser wird anhand der exfiltrierenden Abwassermengen ersichtlich. In der Bundesrepublik Deutschland versikkern nach einer Hochrechnung jährlich mehrere Mio. m^3 Abwasser aus den zu ca. 23 % beschädigten Kanalisationen (Matthes 1992). Dies stellt für das ohnehin schon gefährdete Grundwasser ein zusätzliches und nicht unerhebliches Gefährdungspotential dar. Der Straftatbestand der Gewässerverunreinigung (§ 324 Abs. 1 StGB) und der umweltgefährdenden Abfallbeseitigung (§ 326 Abs. 1 StGB) ist mithin erfüllt wenn Abwässer in größeren Mengen ins Grundwasser gelangen. Deshalb ist besonders im Hinblick auf die einschlägigen Umweltschutzgesetze der Erkennung und Beseitigung von exfiltrierenden Kanalisationsschäden oberste Priorität einzuräumen.

Die Schätzungen für die notwendigen bundesweiten Sanierungskosten des defekten Kanalnetzes liegen in der Größenordnung zwischen 50 und 180 Milliarden DM. Deshalb ist die Festlegung eines Schadensklassifizierungssystems mit ein-

Geowissenschaften und Umwelt
Herausgegeben von J. Matschullat und G. Müller © 1994 Springer Verlag

heitlichen Kriterien erforderlich, mit dessen Hilfe das von undichten Abwasserkanälen ausgehende Gefährdungspotential für das System Boden - Bodenluft - Grundwasser detailliert bestimmt werden kann (Hagendorf u. Krafft 1992).

Eine eindeutige Bewertung der Schadensfälle im Hinblick auf eine Umweltgefährdung ist zur Zeit jedoch noch nicht möglich, da die derzeit gängigen Detektionsmethoden die notwendige Schadensqualifizierung nicht in ausreichendem Maße zulassen (Eiswirth 1993; Eiswirth u. Hötzl 1993). Eine detaillierte Schadensbewertung muß neben dem baulichen Zustand auch die Geologie des Rohrumfeldes, die Abwasserzusammensetzung, den Grundwasserstand und die örtliche Lage berücksichtigen.

Abwasserkanal - Teststrecke "Rheinauer Murgdamm"

Für die im Rahmen des Forschungs - und Entwicklungsprojekts "Leckagendetektion bei alten Abwasserkanälen und Kanalisationssystemen im Bereich schwankender Grundwasserstände" durchzuführenden Untersuchungen wurde eine nachweislich stark beschädigte alte Kanalstrecke aus dem Kanalisationssystem der Stadt Rastatt ausgewählt und ein Testfeld errichtet (Abb. 1). Bei der Abwassertransportleitung (Mischsystem) im Testfeld handelt es sich um ein im Jahre 1908 in Ortbetonbauweise hergestelltes und im Hochwasserdamm der Murg verlegtes Kanalrohr (DN 1000). Als vorteilhaft erwies sich die gute Zugänglichkeit und unverbaute Erdoberfläche, die eine Kombination verschiedener Untersuchungsmethoden ermöglichte. Parallel zu diesem alten Kanal wurde 1986 eine neue Abwasserleitung (DN 1200) im Murgdamm verlegt und an Stelle der alten Kanalisation in Betrieb genommen. Aufgrund der extremen Heterogenität des Untergrundes wurden im Vorfeld der eigentlichen Versuche eine Vielzahl von Voruntersuchungen zur detaillierten Beschreibung des Kanalumfeldes und Dammuntergrundes durchgeführt (Armbruster et al. 1992).

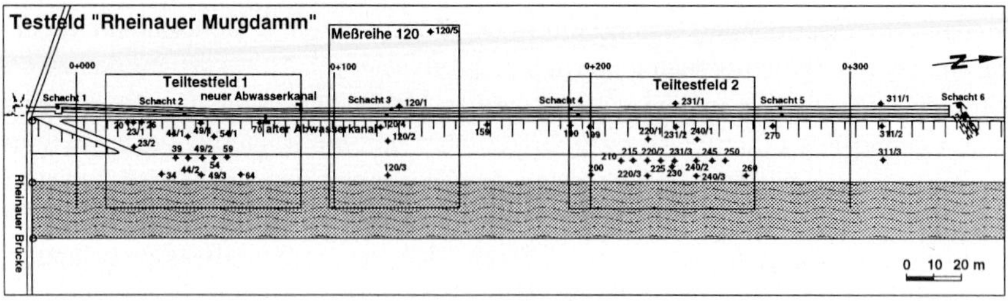

Abb. 1. Testfeld und Grundwasser-Beobachtungsstellen

Voruntersuchungen. Zur detaillierten Zustandsbeschreibung der Kanalumgebung und des Dammaufbaus fanden verschiedene geologische, hydrogeologische, geophysikalische, bodenphysikalische und chemische Verfahren ihre Anwendung. Im Rahmen umfangreicher bautechnischer Untersuchungen des Kanals hat das Tiefbauamt der Stadt Rastatt eine Reihe von TV-Befahrungen des Kanalrohres durchgeführt und analysiert (nach ATV-Merkblatt M 143 Teil 1-2). Zahlreiche Rammkernsondierungen erlaubten eine detaillierte Darstellung des geologischen Aufbaues des Dammuntergrundes (Abb. 2). Geochemische und bodenphysikalische Untersuchungen an den Bohrkernen der Rammkernsondierungen gaben einen Überblick über mögliche Schadstoffverteilungen im Boden, sowie über den heterogenen Aufbau der Sedimente.

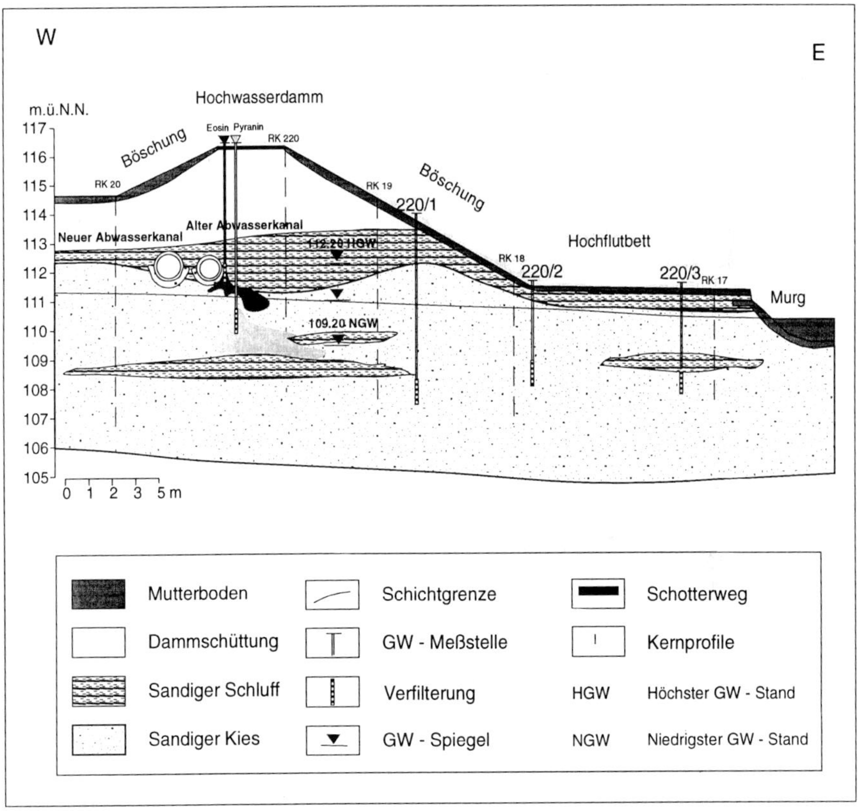

Abb. 2. Geologischer Profilschnitt durch den Hochwasserdamm bei Profilmeter 220

Kombinierter Markierungsversuch. Im Anschluß an die bereits beschriebenen Voruntersuchungen wurden mit einem kombinierten Markierungsversuch mit punktueller Tracereingabe die Fließparameter und Durchlässigkeitsbeiwerte des Grundwasserleiters bestimmt. Die Eingabe der Farbtracer erfolgte in zwei verschiedenen Eingabestellen in unmittelbarer Nähe des alten Abwasserkanals bei Profilmeter 220 (Abb. 2). Die Pyraninlösung wurde dabei über das in 7 m Tiefe unter Dammkrone (auf 109,5 m ü.NN) verfilterte Rohr direkt in den Kiesaquifer eingegeben. Der reaktionsinerte Farbstoff Pyranin sollte dabei als nahezu idealer

Tracer die Bestimmung der Aquiferparameter ermöglichen. Zusätzlich sollte der mäßig sorptive Tracer Eosin das Ausbreitungsverhalten einer Schadstofflösung im Untergrund simulieren. Die Eosintracerlösung wurde deshalb auf Höhe des alten Abwasserkanals in der Eingabestelle (Vollrohrstrecke mit offenem Rohrende, 5,4 m u. Dammkrone) direkt in die ungesättigte Zone eingebracht (Abb. 2).

Die Probenahme aus den Meßstellen des Teiltestfeldes 2 erfolgte mit Hilfe festinstallierter Kleinpumpen (Campingpumpen). Die Campingpumpen waren in den Grundwassermeßstellen einheitlich auf 109,5 m ü. NN eingehängt. Der Einsatz von jeweils einer festinstallierten Pumpe pro Grundwassermeßstelle garantierte eine hohe Sicherheit gegenüber Verschleppungserscheinungen.

In den insgesamt 16 beprobten Grundwassermeßstellen im Teiltestfeld 2 konnte nur in den Meßstellen 230 und 231/3 ein positiver Tracernachweis erbracht werden (vgl. Abb. 1). Zur Auswertung der Tracerdurchgangskurven wurde unter der Annahme, daß die Meßstellen 230 und 231/3 im Bereich der eng begrenzten Tracerabstrombahn liegen und eine kurzeitige Tracerinjektion (Dirac - Stoß) vorlag, näherungsweise mit einem 1- dimensionalen Dispersionsmodell gerechnet. Dabei wurde ein normiertes Modell eingesetzt, das jedoch nur einen "scheinbaren" Wert für die longitudinale Dispersivität liefert. Die daraus berechneten Migrations - und Dispersionsparameter sind trotz der Einfachheit des gewählten Modells vergleichsweise gut übertragbar. Die berechneten mittleren Abstandsgeschwindigkeiten v_a lagen für Pyranin bei 0,025 m/Tag und für Eosin bei 0,023 m/Tag. Unter der Annahme einer annähernd laminaren Grundwasserströmung (Reynoldszahl R_e zwischen 1 und 10) und mit der Kenntnis des hydraulischen Gradienten i = 0,00313 sowie des nutzbaren Porenvolumens n = 0,26 konnte mit Hilfe des Darcy - Gesetzes ein mittlerer K_f-Wert von $3{,}38 \cdot 10^{-4}$ [m/s] für den Porenaquifer im Bereich des Teiltestfeldes 2 berechnet werden (Eiswirth 1993).

Hydrochemische Untersuchungen. Da sich das Gefährdungspotential undichter Abwasserkanäle für das System Boden - Bodenluft - Grundwasser hauptsächlich aus den Abwasserinhaltsstoffen häuslicher und industriell - gewerblicher Abwässer ergibt, standen hydrochemische Untersuchungen während der Voruntersuchungsphase im Vordergrund. Für die Kontamination von Boden und Grundwasser sind hauptsächlich persistente und mobile Schadstoffe wie z.B. LHKW (leichtflüchtige halogenierte Kohlenwasserstoffe), AOX, BTX (Aromaten) sowie Schwermetalle von Bedeutung. Ihr Migrationsverhalten wird im wesentlichen von der Bodenzusammensetzung (Tongehalt, organische Substanz, pH-Wert) beeinflußt. Zur Beschreibung der hydrochemischen Veränderungen des Grundwassers bei seiner Untergrundpassage wurde es auf alle Parameter der Grundwasseranalyse (DVWK-Regeln 128) und alle umweltrelevanten Wasserinhaltsstoffe untersucht.

Bei den in 14-tägigen Abständen durchgeführten Grundwasserentnahmen wurden während der Probennahme folgende Parameter bestimmt: Temperatur, Färbung, Trübung, Geruch, Freie Kohlensäure, Sauerstoff, pH-Wert, Redoxpotential, elektrische Leitfähigkeit. Die Wasserproben wurden nach gründlichem Vorspülen elektrische Leitfähigkeit. Die Wasserproben wurden nach gründlichem Vorspülen in 500 ml Polyethylenflaschen abgefüllt. Eine Konservierung der Wasserproben für die Schwermetallanalyse erfolgte durch Zugabe von jeweils 50 µl Salzsäure (suprapur) bei einem Probenvolumen von 100 ml. Diese Proben wurden zusätzlich vor dem Abfüllen über 0,45 µm - Membranfilter filtriert. Die Analytik der Wasserproben erfolgte nach den Richtlinien der Deutschen Einheitsverfahren für Wasser-, Abwasser- und Schlammuntersuchungen (Fachgruppe Wasserchemie) im Labor der Angewandten Geologie, Universität Karlsruhe. Zusätzlich zu den Untersuchungen der Grundwasserproben bezüglich der Normalwasserchemie wurden Abwasseranalysen und Kanalschlammanalysen durchgeführt. Dabei sind auch die Parameter AOX (adsorbierbare organische Halogenverbindungen), MBAS (Methylenblauaktive Substanzen; Tenside), Phenole, Kohlenwasserstoffe, CSB (chemischer Sauerstoffbedarf), sowie organisch gebundener Stickstoff, Aluminium und Quecksilber bestimmt worden.

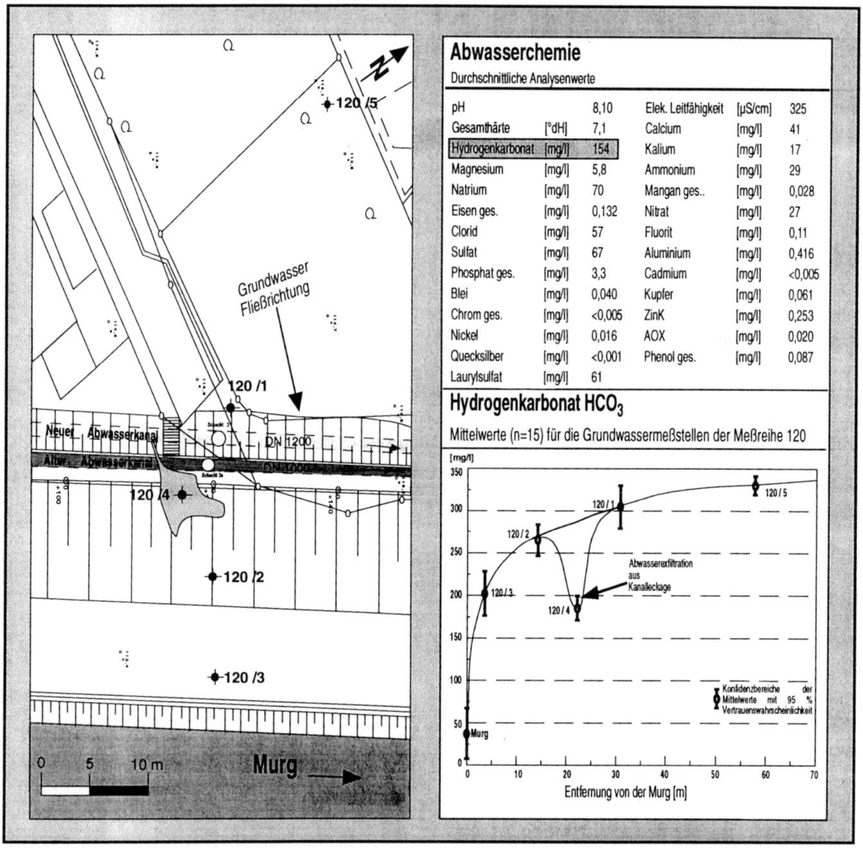

pH		8,10	Elek. Leitfähigkeit	[µS/cm]	325
Gesamthärte	[°dH]	7,1	Calcium	[mg/l]	41
Hydrogenkarbonat	[mg/l]	154	Kalium	[mg/l]	17
Magnesium	[mg/l]	5,8	Ammonium	[mg/l]	29
Natrium	[mg/l]	70	Mangan ges..	[mg/l]	0,028
Eisen ges.	[mg/l]	0,132	Nitrat	[mg/l]	27
Clorid	[mg/l]	57	Fluorit	[mg/l]	0,11
Sulfat	[mg/l]	67	Aluminium	[mg/l]	0,416
Phosphat ges.	[mg/l]	3,3	Cadmium	[mg/l]	<0,005
Blei	[mg/l]	0,040	Kupfer	[mg/l]	0,061
Chrom ges.	[mg/l]	<0,005	ZinK	[mg/l]	0,253
Nickel	[mg/l]	0,016	AOX	[mg/l]	0,020
Quecksilber	[mg/l]	<0,001	Phenol ges.	[mg/l]	0,087
Laurylsulfat	[mg/l]	61			

Abb. 3. Nachweis der Abwasserexfiltration aus dem Neuen Abwasserkanal mit hydrochemischen Untersuchungen

Aufgrund der Vielzahl der durchgeführten Analysen, wurden zur Interpretationshilfe statistische Auswerteverfahren angewandt. Insgesamt standen die Ergebnisse von 133 Vollanalysen mit jeweils 26 Grundwasserparametern zur Verfügung. Um Aussagen über Veränderungen des Grundwasserchemismus auf dem Exfiltrationsweg treffen zu können, wurden zuerst die Häufigkeitsverteilungen ermittelt. Danach wurden für normalverteilte Parameter Korrelations- und Regressionsanalysen durchgeführt.

Mit Hilfe dieser hydrochemischen Untersuchungen konnten in der Voruntersuchungsphase neben den allgemeinen räumlichen und saisonalen hydrochemischen Veränderungen während der Untergrundpassage auch eine Kontamination des Grundwassers durch aus einer Leckage exfiltrierendes Abwasser aufgezeigt werden. Beispielhaft ist in Abbildung 3 der Einfluß des exfiltrierenden Abwassers auf den Hydrogenkarbonatgehalt des Grundwassers in der Nähe der Kanalleckage aufgezeigt. Das überwiegend hydrogenkarbonatische, normal erdalkalische Grundwasser erfährt auf seiner Exfiltrationspassage zur Murg hin durch Zumischung überwiegend sulfatisch, erdalkalischen Murgwassers signifikante Veränderungen. Wie in Abbildung 3 erkennbar, ist der deutlich erniedrigte Hydrogenkarbonatgehalt im Grundwasser der Meßstelle 120/4 nur durch Zumischung von exfiltrierendem Abwassers zu erklären. Diese Anomalie zeigte sich bei nahezu allen anderen Wasserinhaltsstoffen (Eiswirth 1993).

Kombinierte Flutungs- und Markierungsversuche

Nach den umfangreichen Voruntersuchungen wurden kombinierte Flutungs - und Markierungsversuche unter Einsatz unterschiedlicher Verfahren zur Detektion von präferentiellen Makrofließwegen mit geringer Sorptionskapazität, die im Hinblick auf eine mögliche Schadstoffausbreitung aus Kanalleckagen wesentlich sind, im alten Abwasserkanal durchgeführt. Der alte Abwasserkanal wurde durch Mitarbeiter der Stadtwerke Rastatt für die Flutung vorbereitet. Durch Einbringen von Trennwänden wurde der 350 Meter lange Kanal in drei Haltungen unterteilt (Abb. 4). Danach wurden nacheinander jeweils eine Haltung mit unterschiedlich markiertem Murgwasser geflutet. Die drei Teilbereiche des Abwasserkanals wurden mit drei unterschiedlich reaktiven Tracern und NaCl markiert. Die kombinierte Anwendung eines gering bis nicht reaktiven Tracers (Pyranin) und reaktiven Tracern (Uranin, Eosin) lieferte differenzierte Informationen über die ausgeprägte Heterogenität des Dammuntergrundes und erbrachte den Nachweis präferentieller Makroabflußbahnen in der ungesättigten Zone sowie im Porenaquifer. Anhand der Variabilität der berechneten Migrationsparameter einzelner Tracer (1 D-Dispersionsmodell für NaCl- Markierung und Kombination des 1 D-Dispersionsmodells mit dem chemischen Cameron u. Clute- Modell für die nicht idealen Tracer) war eine detaillierte Charakterisierung des Aquifersystems möglich. Eine Zurückverfolgung dieser bevorzugten Tracerabflußwege als hochdurchlässige Strukturen mit einer geringen Sorptionskapazität erlaubte die Detektion der Lekkagen. In Abbildung 5 sind die in Kombination mit geophysikalischen Methoden detektierten Tracerabflußbahnen und die damit verbundenen Kanalleckagen aufgezeigt. Der Vergleich der Einzelergebnisse von unterschiedlichen Leckagendetektionsmethoden zeigte eine gute Übereinstimmung der prognostizierten Leckagepositionen. Im Bereich des Testfeldes "Rheinauer Murgdamm" konnten so in einer Kombination von geophysikalischen Methoden und Markierungsversuchen Leckagen im alten Abwasserkanal mit hoher Signifikanz nachgewiesen werden.

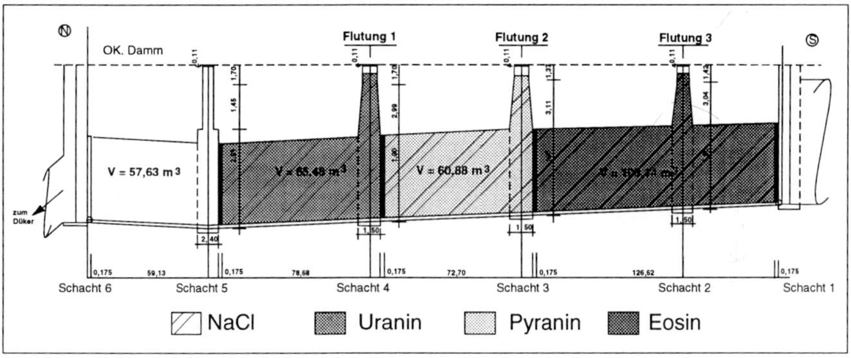

Abb. 4. Längsschnitt durch den alten Abwassserkanal mit unterschiedlich markierten Haltungen

Bewertung der eingesetzten Leckagendetektionsverfahren

Hydrochemische Untersuchungen können den Nachweis von Abwasserexfiltrationen aus Kanalleckagen erbringen. Im Rahmen der Untersuchungen innerhalb dieses Forschungsprojektes konnte neben den allgemeinen hydrochemischen Veränderungen auf der Untergrundpassage auch eine bereichsweise Kontamination des Grundwassers festgestellt werden. Dies konnte eindeutig auf die Exfiltration von Abwasser aus einer Kanalleckage zurückgeführt werden. Diese anomalen hydrochemischen Bereiche des Grundwasser konnten detailliert beschrieben werden und das Ausbreitungsverhalten der Schadstoffe simuliert werden.

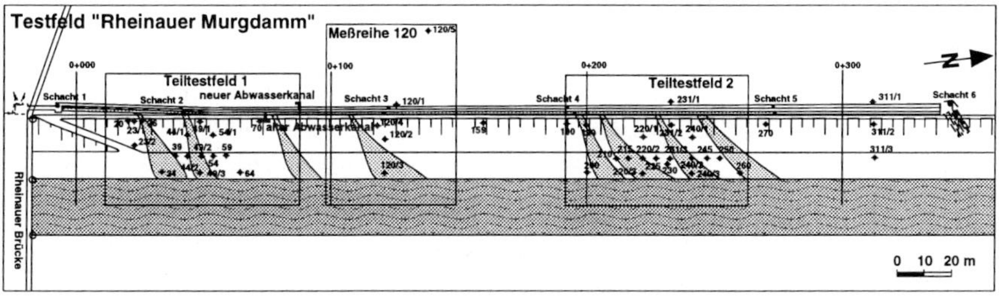

Abb. 5. Mit verschiedenen Verfahren nachgewiesene Abflußwege

Generell scheinen Markierungsversuche, aufgrund der Möglichkeit der Detektion kleinräumiger Strukturen und Abflußbahnen, die von entscheidender Bedeutung für den Schadstofftransport sind, in Kombination mit anderen Methoden ein geeignetes Verfahren für den Nachweis aktiver Abwasserexfiltrationen aus Kanalleckagen darzustellen. Die Übertragbarkeit dieser Ergebnisse auf andere Kanalisationssysteme konnte durch Untersuchungen in einem stark bebauten Gebiet der Stadt Rastatt/Plittersdorf aufgezeigt werden.

Die mit Hilfe hydrochemischer Untersuchungen und Markierungsversuche mögliche Abschätzung des Gefährdungspotentials undichter Kanalabschnitte für das System Boden - Bodenluft - Grundwasser ermöglicht somit die Festlegung eines nach Prioritäten zeitlich gestaffelten Sanierungsplanes.

Die heute hauptsächlich angewandte Methode der Leckagendetektion (ATV - Merkblatt 143) – visuelle Betrachtung mittels TV-Befahrung – ist nicht in der Lage die tatsächliche Abwasserexfiltration aus Kanalleckagen zu erkennen und damit das tatsächliche Gefährdungspotential für Boden und Grundwasser zu definieren (Eiswirth 1993). Das Umfeld des Kanalrohres muß daher mit in die eigentliche Kanalrohruntersuchung einbezogen werden, um eine Zuordnung von Wasserwegsamkeiten zu visuell erfaßten Rohrschäden vornehmen zu können. Bei der derzeitigen Finanzlage der Gemeinden und Kommunen können, zusätzlich zu TV-Befahrung, neue kostengünstige Leckagendetektionsmethoden die Anzahl der tatsächlich aktiv exfiltrierenden Kanalleckagen exakt bestimmen. Die notwendige Sanierung kann so gezielter und zeitlich gestaffelt gestaltet werden. Dies kann letztendlich auslösendes Moment für die Freistellung von kommunalen Investitionsmitteln zur Sanierung von Kanälen sein.

Danksagung. Das vorgestellte Forschungsprojekt wird vom BMFT im Rahmen des Schwerpunktprogrammes "Umweltschonende Technologien zur Sanierung undichter Kanäle" finanziell gefördert. Dem BMFT sei an dieser Stelle im Namen aller am Forschungsprojekt beteiligten Institutionen für die Unterstützung der Untersuchungen gedankt.

Literatur

Armbruster H, Eiswirth M, Hötzl H, Merkler GP, Mors K, Nägelsbach E (1992) Leackage detection of sewer pipes by combined geophysical and tracer techniques. In: Hötzl H, Werner A [Eds] Tracer Hydrology; Proc 6th Int Symp Water Tracing, Karlsruhe, September 21 - 26

ATV -Merkblatt M 143 (1989) Inspektion, Instandsetzung und Erneuerung von Entwässerungskanälen und Leitungen Teil 1: Grundlagen.- Gesellschaft zur Förderung der Abwassertechnik e.V. (GFA); St. Augustin

ATV -Merkblatt M 143 (1991) Inspektion, Instandsetzung und Erneuerung von Entwässerungskanälen und Leitungen Teil 2: Optische Inspektion.- Gesellschaft zur Förderung der Abwassertechnik e.V. (GFA); St.Augustin

DVWK (Deutscher Verband für Wasserwirtschaft und Kulturbau) (1992) Entnahme und Untersuchungsumfang von Grundwasserproben. DVWK - Regeln, H. 128:36 S. Hamburg u. Berlin

Eiswirth M (1993) Detektion der Schadstoffausbreitung aus Abwasserkanälen mit unterschiedlichen Verfahren. WLB Wasser, Luft und Boden, 9:34-39

Eiswirth M, Hötzl H (1993) Leckstellen im Abwasserkanal: Neuartige Detektionsmethoden. Wasser - Boden - Luft Umweltschutz, 9:24-26

Fachgruppe Wasserchemie in der Gesellschaft deutscher Chemiker (fortlaufend): Deutsche Einheitsverfahren zur Wasser-, Abwasser- und Schlammuntersuchung. - Loseblattsammlung mit fortlaufenden Ergänzungen; Weinheim/Bergstr.

Hagendorf U, Krafft H (1992) Gefährdung von Boden und Grundwasser durch undichte Kanäle. 26. Wassertechnisches Seminar an der TH Darmstadt: Erfassung und Sanierung schadhafter Abwasserkanäle. Schriftenreihe WAR, 60:7-26; Darmstadt

Härig F, Mull R (1992) Undichte Kanalisationssysteme - die Folgen für das Grundwasser. GWF Wasser/Abwasser, 133,4:196-200; München (Oldenburg)

Matthes W (1992) Schadenshäufigkeitsverteilung bei TV-untersuchten Abwasserkanälen. Korrespondenz Abwasser, 39,2:363-367

8.5 Analytik von niedermolekularen Organo-Blei- und Organo-Quecksilber-Spezies im Umfeld von Altlasten

Marlene Robecke, Jörg Bettmer, Heidrun Elfering, Thomas Klenke, Karl Cammann und Kurt Gerhard Poll

Problematik

Ein Kernproblem der aktuellen angewandten geochemischen Forschung besteht in der sicheren Analyse von Schadstoffverbindungen und der soliden Erfassung ihrer Umsetzungen in einzelnen Umweltkompartimenten, insbesondere in Altlasten, Deponien etc. Von den Schwermetallen Blei und Quecksilber geht häufig ein besonderes Gefährdungspotential aus, da sie durch mikrobiellen Metabolismus von den anorganischen Spezies u.a. in alkylierte Spezies transformiert werden, die für höhere Organismen schädigend sind (Merian 1984).

Vor allem bei Standorten mit hohen Blei- und Quecksilber-Kontaminationen, etwa Akkumulatorenwerke, Raffinerien oder bei der Chlor-Alkali-Elektrolyse, müssen neben den Gesamtkonzentrationen dieser Schwermetalle auch die Anteile der verschiedenen toxikologisch relevanten, niedermolekularen Organo-Schwermetall-Spezies bestimmt werden, um einerseits die Gefährdungssituation und andererseits das Abbauverhalten im Boden-Grundwassersystem adäquat zu erfassen. Da die bisher zur Verfügung stehenden Analyseverfahren störanfällig und wenig nachweisstark sind, ist es notwendig, verschiedene analytische Verfahren zur chromatographischen Bestimmung von zum Teil sehr geringen Konzentrationen relevanter Spezies in realen Wasser- und Bodenproben zu optimieren oder neu zu entwickeln.

Analytik

Biomethylierung und Charakteristik der Spezies. Bei der Biomethylierung von Blei wird davon ausgegangen, daß in einem Schritt die Methylierung bis zum Tetramethylblei erfolgt (Tölg u. Lorenz 1977; De Jonghe u. Adams 1982). Trimethyl- und Dimethylblei entstehen schließlich durch die Zersetzung des Tetramethylbleis. Die Monoalkylbleiverbindungen sind wenig beständig, so daß diese Spezies in der Umwelt nicht zu erwarten ist.

Bei der Methylierung des Quecksilbers werden zwei Methylierungsschritte beobachtet, wobei das Monomethylquecksilber das Hauptprodukt darstellt (Craig 1989). Das Monomethylquecksilber kann dann in einem weiteren Schritt zum Dimethylquecksilber umgesetzt werden.

Geowissenschaften und Umwelt
Herausgegeben von J. Matschullat und G. Müller

Die Wahrscheinlichkeit, daß quecksilber- und bleiorganische Spezies im Boden und im Wasser auftreten, wächst mit ihrer Stabilität. Zusätzlich gilt es, zwischen den unpolaren, vollständig alkylierten Tetraalkylblei- und Dialkylquecksilberverbindungen sowie den polaren, ionischen Tri- und Dialkylblei- und Monoalkylquecksilberverbindungen zu differenzieren. Die ionischen Spezies sind hierbei vorwiegend gelöst im Wasser oder sorbiert an Bodenbestandteilen zu erwarten. Aufgrund ihrer oben gerafft beschriebenen, unterschiedlichen physikalisch-chemischen Eigenschaften müssen zur – vorzugsweise simultanen – Bestimmung dieser Spezies unterschiedliche Trenn-, Anreicherungs- und Detektionsverfahren eingesetzt werden.

Tetramethylblei/Tetraethylblei. Die unpolaren Tetraalkylbleiverbindungen können mit HPLC-Technik und amperometrischer Detektion unter Verwendung quecksilberamalgamierter Goldelektroden oder Glassy Carbon Elektroden bestimmt werden (Robecke u. Cammann 1991). Bei Messungen an realen Proben erwies sich die Verwendung der Glassy Carbon Elektrode als vorteilhaft (Abb. 1). Störeinflüsse von natürlichen Wasser- oder Bodeninhaltsstoffen konnten nicht festgestellt werden. Allerdings weisen Bodenproben in Abhängigkeit ihrer petrographischen Charakteristik ein unterschiedliches Extraktionsverhalten auf: feinkörnigere Proben zeigen geringere Wiederfindungsraten als grobkörnigere. Die Nachweisgrenzen in Wasserproben liegen bei 31 µg/l für Tetramethylblei und bei 25 µg/l für Tetraethylblei.

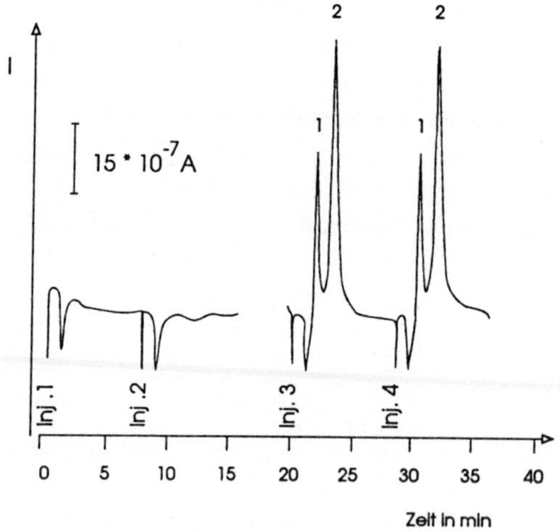

Abb. 1. Chromatogramm einer realen Grundwasserprobe ohne (inj. 1 und 2) und mit Zugabe von Tetraalkylbleiverbindungen (inj. 3 und 4). Bedingungen: Stationäre Phase: MERCK Select B RP 18 100x4 mm, mobile Phase: Methanol/Chloroform/0.1 m Lithiumperchlorat (75/10/15), Durchfluß: 1,5 ml/min; Probevolumen 20 µl; pulsamperometrische Detektion: Glassy Carbon Elektrode, Pulsbasis -0,6 V, Puls + 1,9 V, Pulsdauer 0,4 s. Peak 1: Tetramethylblei (1,2 µg), Peak 2: Tetraethylblei (1,5 µg)

Trimethylblei/Dimethylblei/Triethylblei/Diethylblei. Die Auftrennung und Analyse von Tri- und Dialkylbleiverbindungen gelingt mit HPLC-Techniken bei UV-Detektion (Blaszkewicz et al. 1984) .Die Elution von Tri- und Dimethyl- sowie Diethylblei erfolgt mit einem isokratischen System, die von Triethylblei mit Gradientenelution. Die Nachweisgrenzen liegen absolut bei 18,3 ng für Dimethylblei, 35,3 ng für Trimethylblei, 30,5 ng für Diethylblei und 60,7 ng für Triethylblei (Abb. 2)

Trimethylblei/Dimethylblei/Triethylblei/Diethylblei/Monoalkylquecksilber/Monoethylquecksilber. Tri- und Dialkylblei- sowie Monoalkylquecksilberverbindungen zeigen ähnliches chromatographisches Verhalten, das zu ihrer simultanen Analyse mittels HPLC-Technik und UV-Vis-Detektion genutzt werden kann (Abb. 3).

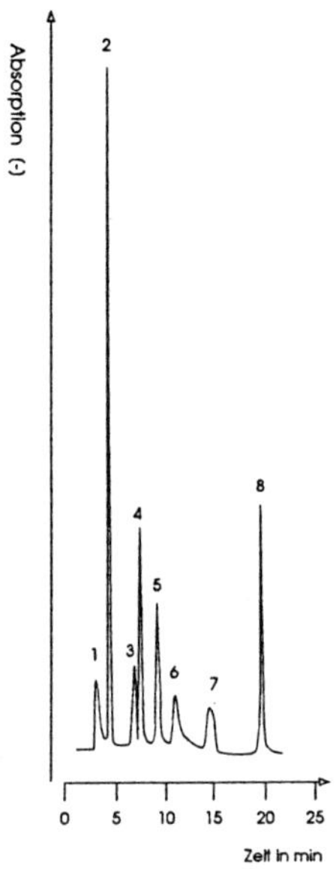

Abb. 2. Chromatogramm einer realen Grundwasserprobe mit Zugabe relevanter Spezies. Bedingungen: Stationäre Phase: NUCLEOSIL 120/5 RP 18, mobile Phase: Methanol/0,2 mol/l Citratpuffer pH 6,7 (20/80), 0,02 % Mercaptoethanol, nach 10 min innerhalb von 2 min auf Methanol/0,2 mol/l Citratpuffer pH 6,7 (55/45), 0,02 % Mercaptoethanol, Durchfluß: 10 ml/min; UV-Vis-Detektion bei 254 nm. Peak 1: Blei (620 ng), Peak 2: Mercap Mercaptoethanol, Peak 3: Quecksilber, Peak 4: Dimethylblei (321 ng), Peak 5: Trimethylblei (493 ng), Peak 6: Diethylblei (982 ng), Peak 7: System, Peak 8: Triethylblei (756 ng)

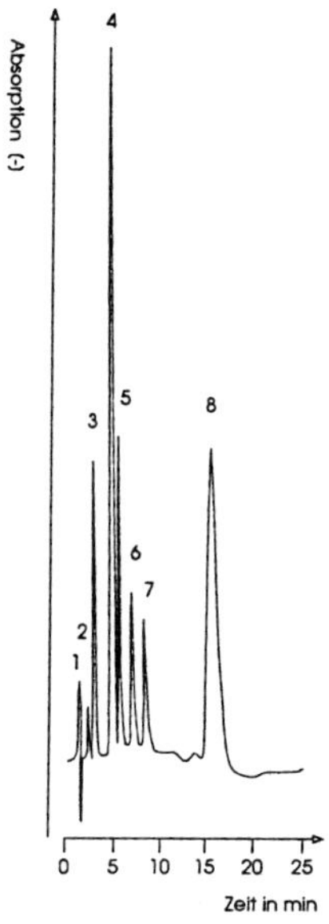

Abb. 3. Chromatogramm einer realen Grundwasserprobe mit Zusatz relevanter Spezies. Bedingungen: Stationäre Phase: NUCLEOSIL 120/5 RP 18, mobile Phase: Methanol/0,1 mol/l Citratpuffer (65/35), pH 6,7, 0,02 % Benzylmercaptan; Durchfluß: 1,5 ml/min; UV-Vis-Detektion bei 254 nm. Peak 1: Methanol, Peak 2: Verunreinigung aus Benzylmercaptan, Peak 3: Trimethylblei (120 ng), Peak 4: Benzylmercaptan, Peak 5: Monomethylquecksilber (95 ng), Peak 6: Triethylblei (120 ng), Peak 7: Monoethylquecksilber (105 ng), Peak 8: Dimethylblei (200 ng)

Neben der simultanen Bestimmung von blei- und quecksilberorganischen Verbindungen besitzt die Methode weiterhin den Vorteil, daß die oftmals schwierige Trennung zwischen Methylquecksilber und Quecksilber(II) bei Verwendung von Benzylmercaptan keine Probleme bereitet, da Quecksilber(II) nicht eluiert wird. Dadurch gelingt es auch, Methylquecksilber neben einem großen Überschuß an Quecksilber(II) zu bestimmen. Die Nachweisgrenzen liegen absolut bei 43,8 ng für Trimethylblei, 25,0 ng für Triethylblei, 48,2 ng Monomethylquecksilber und 31,2 ng für Monoethylquecksilber.

Dimethylquecksilber/Diethylquecksilber. Dialkylquecksilberverbindungen können mittels HPLC-Verfahren bei pulsamperometrischer Detektion mit Goldelektroden bestimmt werden. Die Nachweisgrenzen liegen in realen Wasserproben bei 640 µg/l für Dimethylquecksilber und bei 600 µg/l für Diethylquecksilber. Ähnlich wie bei den vollständig alkylierten Tetraalkylbleiverbindungen muß bei den Dialkylquecksilberverbindungen eine deutliche Abhängigkeit der Extraktionseffizienz von der Probenbeschaffenheit beachtet werden (Abb. 4).

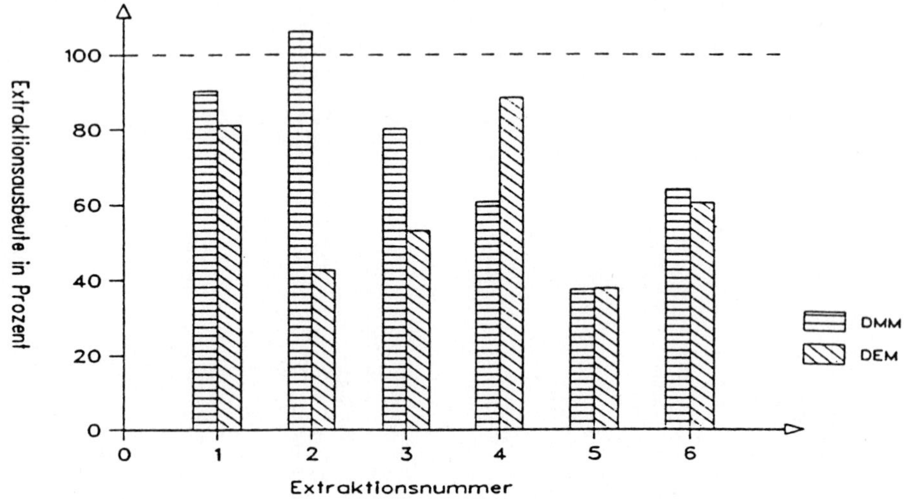

Abb. 4. Wiederfindungsraten von Dialkylquecksilberverbindungen in unterschiedlichen Bodenproben. Dimethylquecksilber (DEM) und Dimethylquecksilber (DMM)

Anwendungsbeispiele

Die aufgezeigten speziesanalytischen Ergebnisse werden durch Erkenntnisse aus zwei typischen Kontaminationsfällen gestützt:

Akkumulatorenwerk. Bei der Herstellung von Bleiakkumulatoren sind grundsätzlich drei Kontaminationspfade zu berücksichtigen: Deponiegut (feste Abfälle, Schlämme etc.), Produktionsabwässer und Luftemissionen. Die entsprechenden speziesanalytischen Untersuchungen auf einem Akkumulatorenwerk konnten bisher auf keinem dieser Pfade einen positiven Nachweis für Organobleiverbindungen führen, obwohl z. B. aufgebrachte Sedimente eines Produktionsabwassergrabens bis zu 38 g/kg Blei aufweisen. Möglicherweise spielen die in den anfallenden Produktionsabfällen jeweils vorliegenden Bindungsformen, die nicht oder nur sehr langsam biomethyliert werden können, dafür eine entscheidende Rolle bzw. die Nachweisgrenzen reichen noch nicht aus.

Produktionsstätte für Kraftstoffadditive. Bei einem Schadensfall war aufgrund der hohen Dichte von Bleitetraalkylen (spez. Dichte 1,65 g/ml) mit einer Versickerung der nicht adsorbierten Anteile zu rechnen. Die sehr geringe Wasserlöslichkeit läßt eine fast vollständige Versickerung bis zur Grundwassersohle erwarten. Dort werden unter anaeroben Bedingungen mikrobiell wasserlösliche Trialkylbleiverbindungen gebildet.

Bei den Untersuchungen an verschiedenen Grundwassermeßstellen konnte bisher kein Tetraethylblei nachgewiesen werden. Tetramethylblei fand sich nur im direkten Abstrombereich einer Grube mit Produktionsschlämmen. Demgegenüber sind die toxikologisch bedenklicheren Trialkylbleiverbindungen mit 80 bis 90 % des Gesamtbleigehaltes im Wasser festgestellt worden. Diese Erkenntnisse erlauben nunmehr die Wahl eines geeigneten Sanierungsverfahrens, z. B. Naßoxidation der Bleialkyle, und ermöglichen ein begleitendes Monitoring der Sanierungsfortschritte.

Verfahrensvorschlag

Speziesanalytische Bestimmungen von organischen Blei- und Quecksilberverbindungen ergänzen bei der Aufarbeitung von Kontaminationsfällen die (hydro-)geologischen, geochemischen, ggf. mikrobiologischen und technischen Basisuntersuchungen. Die Speziesanalytik benötigt dabei für ihren sinnvollen Einsatz eine umfangreiche geochemische Rahmenanalytik, sowohl von Wasser- als auch von Boden- und Substratproben. Nur anhand der dabei erhobenen Basisdaten über das geochemische Milieu und die Gesamtkonzentrationen von Schadstoffen in den einzelnen Bereichen eines Standorts läßt sich der Einsatz der – kostenintensiven – Speziesanalytik optimieren und das geeignete Analyseverfahren auswählen. Die Speziesdetektion ist aber, wie die Anwendungsbeispiele verdeutlichen, unerläßlich für die Abschätzung des Gefährdungspotentials und für die Wahl der möglicherweise notwendigen Sanierungsverfahren. Allerdings sind auf dem Weg zu einem generellen Analyseverfahren zunächst noch weitere angewandt-analytische Probleme zu lösen:

1. Wegen der Abhängigkeit der Extraktionseffizienz von den petrographischen Eigenschaften der Bodenproben müssen Proben zunächst aufgestockt und in einem weiteren Analysengang die Wiederfindungsrate speziell aus dem beprobten Material bestimmt werden. Dies gilt auch für Wasserproben.

2. In großer Verdünnung tritt eine rasche und merkliche Zersetzung ein. Dies erfordert spezifisch zugeschnittene Probenahme-, Transport- und Probeaufbereitungstechniken, die verfeinert werden müssen, um die bei einzelnen Spezies erheblichen Verluste durch Verdunstung und Zersetzung zu vermeiden.

3. Das noch relativ geringe Nachweisvermögen der vorgeschlagenen Analysemethoden im Vergleich zu den in den meisten Fällen zu erwartenden Konzentratio-

nen machen Verbesserungen der Anreicherungs- und Detektionsverfahren notwendig.

Danksagung. Die Autoren danken der Deutschen Forschungsgemeinschaft für die finanzielle Unterstützung der Arbeiten (Förderkennzeichen: Po 75/19-1).

Literatur

Blaszkewicz M, Baumhoer G, Neidhart B (1984) Kopplung von HPLC und chemischem Reaktionsdetektor zur Trennung und Bestimmung von bleiorganischen Verbindungen. Fresenius Z Anal Chem 317:221-225

Craig PJ (1989) Biological and environmental methylation of metals. In: Hartley FR (Hrsg) The chemistry of metal-carbon bond, V:437-463

De Jonghe WRA, Adams FC (1982) Measurements of organic lead in air - A review. Talanta 29:1057-1067

Merian E (Hrsg) (1984) Metalle in der Umwelt. 435 S.; Verlag Chemie, Weinheim

Robecke M, Cammann K (1991) Determination of tetraethyllead and tetramethyllead using high performance liquid chromatography and electrochemical detection. Fresenius J Anal Chem, 341:555-558

Tölg G, Lorenz I (1977) Quecksilber - ein Problemelement für den Menschen? Chemie in unserer Zeit 5:150-156

8.6 Isotopengeochemische Untersuchungen an mineralischen Deponieabdichtungen – Der Karbonatgrenzwert der TA Abfall

Heinrich Taubald und Muharrem Satir

Einführung

Deponien und Altlasten stellen eine potentielle Gefahren- und Kontaminationsquelle für die Umwelt dar. Die in ihnen entstehenden aggressiven, toxischen Sickerwässer und Gase belasten sowohl die Hydrosphäre wie auch die Bio- und Atmosphäre. Ziel von Deponieforschung und -technik muß es daher sein, Abdichtungssysteme zu entwickeln und zu bauen, die sowohl ein extremes Rückhalte- als auch ein hohes Reinigungsvermögen besitzen. Mineralische Abdichtungsmaterialien sind in der modernen Deponietechnik zu diesem Zweck als Baustoffe allgemein anerkannt. Die Richtlinien für Materialkennwerte mineralischer Deponieabdichtungen sind in der TA-Abfall und TA-Siedlungsabfall (TA-Abfall, Teil 1, vom 12.3.1991, TA-Siedlungsabfall vom 14.5.1993) festgelegt.

Das Karbonatproblem

Während der sogenannten sauren Gärungsphase entstehen in Deponien saure Sickerwässer, ältere Deponien und Altlasten können Säuren auch als Inhaltsstoffe selbst enthalten. Diese Säuren können Karbonate, die in nahezu allen natürlichen Abdichtungsmaterialien in unterschiedlichen Mengen vorhanden sind, an- und weglösen, was zur Veränderung der Abdichtung und damit deren Durchlässigkeit führen kann. Aus diesem Grund wurde in der TA-Abfall (1991) ein Karbonatgrenzwert für mineralische Deponieabdichtungen eingeführt und von 30 Gew.-% nach unten auf 15 Gew.-% korrigiert, ohne dies mit neuen wissenschaftlichen Untersuchungen zu begründen. Durch die zunehmende Rohstoffverknappung und die steigenden Preise auf dem Gebiet der Deponietone, kommt aber der genauen Analyse der tatsächlich notwendigen Materialkennwerte größte Bedeutung zu. Der Grenzwert von 15 Gew.-% schließt viele geotechnisch sehr gut geeignete Deponietone vom Praxiseinsatz aus. Dies hat zur Folge, daß Material über lange Transportwege beschafft werden muß. Um zu untersuchen, wie sich unterschiedliche Karbonatgehalte in Deponietonen auswirken, wurde mit geochemischen und isotopengeochemischen Untersuchungsmethoden der Einfluß von Säuren auf Karbonate in mineralischen Deponieabdichtungen im Labor unter möglichst natürlichen, praxisnahen Bedingungen untersucht.

Geowissenschaften und Umwelt
Herausgegeben von J. Matschullat und G. Müller © 1994 Springer Verlag

Probenherstellung und Versuche

Die Wechselwirkungen zwischen sauren Deponiesickerwässern und Karbonaten wurden unter praxisrelevanten Bedingungen simuliert. Dies wurde durch den Einsatz einer Durchlässigkeitszelle erreicht, die speziell für diese Versuche konstruiert wurde. (Taubald et al. 1992, 1994). Folgende Bedingungen standen dabei im Vordergrund:

- geringe und variable hydraulische Gradienten (0 bis 5);
- offenes System für entstehende Gase;
- Durchströmung von oben nach unten.

Diese Bedingungen entsprechen im wesentlichen den Bedingungen, die in Deponien am Kontakt von Sickerwasser mit der mineralischen Abdichtung herrschen. Um vergleichende Untersuchungen durchführen zu können, wurden verschieden zusammengesetzte, in der Praxis als Abdichtung verwendete, Materialien eingesetzt:

- karbonatreicher Deponieton, mit ca. 35 % Karbonat, (ca. 28 % Calcit, ca. 7 % Dolomit, Tonfraktion: Hauptgemengteil Montmorillonit), Obere Süßwassermolasse (OSM) Tongrube Hammerschmiede, Südbayern,
- karbonatarmer Deponieton, mit ca. 3 % Karbonat (Calcit, Tonfraktion: Hauptgemengteil Kaolinit), Opalinuston, Tongrube Frommern, Württemberg.

Aus diesen Materialien wurden Probekörper von 12 cm Höhe und 10 cm Durchmesser nach DIN 18127 hergestellt. Um verschiedene Sickerwässer zu simulieren, wurden sowohl organische als auch anorganische Säuren verwendet (10 %ige Essigsäure, pH 2,3; 6 %iges Gemisch (1:1:1) aus konzentrierten Säuren: HCl, HNO_3 und H_2SO_4, pH < 0,5).

Beide Deponietone mit verschiedenen Karbonatanteilen wurden mit beiden Säuren in oben genannten Spezialzellen bei Raumtemperatur beaufschlagt. Die k-Werte der Materialien für Wasser lagen in Triaxialzellen (DIN 18130) im Bereich 10^{-9} bis 10^{-10} m/s. Die in den Spezialzellen erreichte Eluatmenge pro Woche von 70 bis 250 ml zeigte jedoch, daß in den Spezialzellen nur eine Durchlässigkeit erreicht werden konnte, die eine Größenordnung darunter lag. Dabei zeigten die einzelnen Körper stark unterschiedliche Durchlässig-keiten, vermutlich hervorgerufen durch strukturelle Inhomogenitäten durch das Verdichten oder durch den Einbau in die Zelle. Da jedoch keine Durchlässigkeiten bestimmt, sondern chemische Prozesse studiert werden sollten, wurde dieser Nachteil in Kauf genommen. Die Versuchsdauer wurde durch den Einsatz relativ starker Säuren (pH < 2,3) statt Originalsickerwässern (pH 5-7) von Jahren auf 15 Wochen reduziert. Langzeitversuche mit unterschiedlichen, schwächeren Säuren werden folgen. Um erste Grundlagen zu erhalten, erschienen uns 15 Wochen Versuchsdauer als sinnvoll.

Die von oben nach unten durchströmten Probekörper wurden nach dem Ausbau aus den Zellen in horizontale Scheiben zerlegt und auf Karbonatgehalt (= Restkarbonatgehalt) hin untersucht. Es sollte festgestellt werden, wieviel der ursprünglichen Karbonatmenge (= Ausgangsgehalt) noch vorhanden ist. Zusätzlich wurden die $\delta^{13}C$ und $\delta^{18}O$ Isotopenverhältnisse dieser Karbonatphasen (= Restkarbonatphasen) gemessen. Die Eluate (je nach Durchlässigkeit zwischen 10 und 35 ml/Tag, Durchflußmenge damit zwischen ca. 1 und 3 Liter/15 Wochen) wurden aufgefangen und etwa wöchentlich der pH-Wert gemessen (Abb. 2). Die Messung der Isotopenwerte erfolgte nach der Aufschlußmethode von McCrea (1950). Bei diesem H_3PO_4-Säureaufschluß wird das Karbonat als CO_2 frei und die Menge kann volumetrisch (als Druck in mbar) bestimmt werden. Mit einer Eichgerade kann dieser Druck dann in mg Karbonat umgerechnet, und so der Gesamtkarbonatgehalt ermittelt werden.

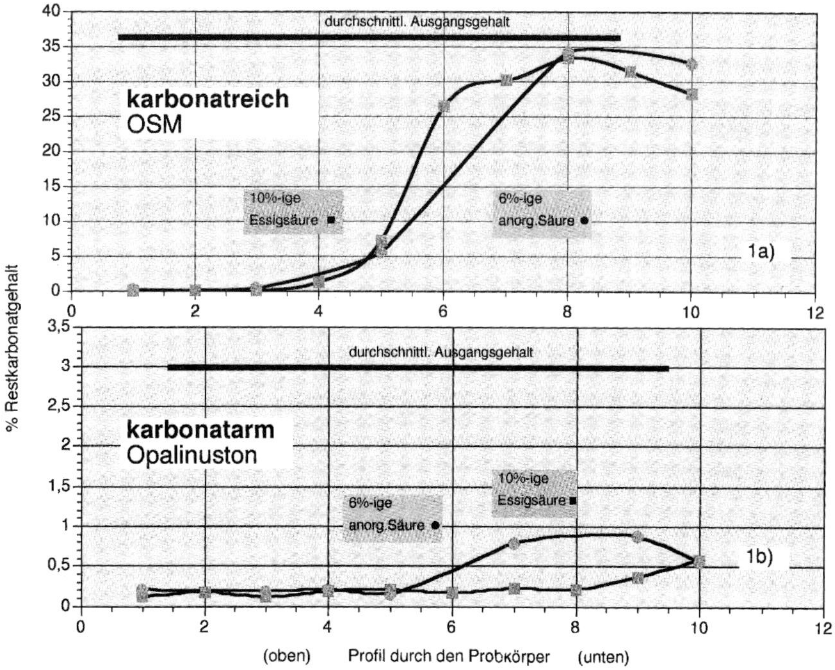

Abb. 1a, b. Restkarbonatgehalt der 15 Wochen lang beaufschlagten Probekörper nach dem Ausbau aus den Prüfzellen

Ergebnisse der Geochemie und Isotopengeochemie

Die Abbildung 1a/b zeigt den Restkarbonatgehalt in den beaufschlagten Proben in Abhängigkeit von der Tiefe. Die karbonatreichen Proben unterscheiden sich deutlich von den karbonatarmen. Während im ersten Fall (ca. 35 % Karbonat) die Säure nur bis zu einer Tiefe von 4-6 cm eindringen und dort Karbonat lösen konnte, ist beim karbonatarmen Opalinuston (ca. 3 % Karbonat) im gesamten

Bereich Karbonat gelöst worden. Es hat sich nicht, wie in karbonatreichen Materialien, eine Reaktionsfront ausgebildet, an der durch Karbonatlösung die Säure neutralisiert und somit weniger aggressiv wurde, sondern die Säure wanderte als aggressive Lösung durch den Probekörper. Eine Neutralisation der Säure konnte nicht stattfinden. Dies spiegelt sich in der pH-Wert Entwicklung der Eluate wieder. Die Abbildung 2 zeigt die zeitliche Entwicklung der pH-Werte der Eluate. Während die pH-Werte bei karbonatreichen Proben konstant im neutralen Bereich bzw. bei relativ hohen Werten (pH 7 bzw. 5,8) liegen, ist bei karbonatarmen Proben eine deutliche Tendenz zu saureren und fallenden Werten (pH 2 bis 1) hin zu beobachten. Die Ausgangswerte (in Abb. 2 markiert) wurden zunächst bei allen Proben durch Karbonatlösung stark angehoben, fallen im karbonatarmen Opalinuston jedoch rasch wieder ab, obwohl noch geringe Mengen an Karbonat vorhanden sind (Restgehalte ca. 0,5 bis 1 %). Diese reichen jedoch offenbar nicht mehr aus, eine Neutralisierung durchzuführen. Die pH-Werte werden deswegen kontinuierlich saurer.

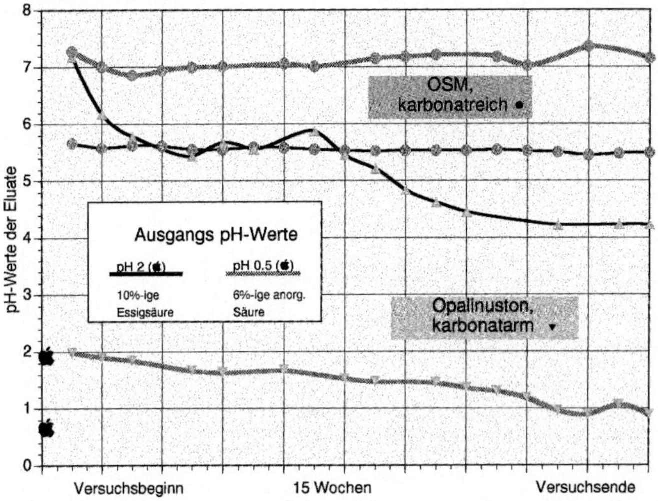

Abb. 2. Die zeitliche Entwicklung der Eluat-pH-Werte von karbonatreichen und karbonatarmen Proben über 15 Wochen

Die Abbildung 3 zeigt die Entwicklung der C- und O-Isotopenverhältnisse in der karbonatreichen Probe. Daraus kann folgendes abgeleitet werden: Je mehr Karbonat gelöst wurde, desto stärker werden die $\delta^{13}C$ und $\delta^{18}O$ Isotopenwerte gegenüber den Ausgangswerten fraktioniert, d.h. verändert. Durch die Lösung der Karbonate kommt es, je nach gerade vorhandenem pH-Wert, sowohl zu CO_2-Entgasung als auch zu Bildung von H_2CO_3, HCO_3^-- und CO_3^{2-}-Ionen. Diese Phasen zeigen untereinander unter Gleichgewichtsbedingungen eine Fraktionierung für C und O von max. 10 ‰ bei Raumtemperatur. Selektives Entfernen einzelner Phasen kann so die Gesamtisotopie verändern. Entgast CO_2 unter Gleichgewichts-bedingungen, so wird in der entweichenden CO_2-Phase das schwerere O- (^{18}O) und das leichtere C- (^{12}C) Isotop angereichert. Entgast CO_2 unter Ungleichgewichtsbedingungen, treten kinetische Effekte in den Vordergrund. Es ist zu erwarten, daß dann die leichten Isotope ^{12}C und ^{16}O schneller entweichen, die Restphase sozusagen schwerer werden müßte.

Die beobachteten, extremen Isotopenverschiebungen von über 50 ‰ hin zu leichteren Werten, sowohl für C als auch für O, in den obersten Schichten, sind mit einfachen Modellen nicht zu erklären. Die Verschiebungen sind sowohl in karbonatreichen (Abb. 3), als auch in karbonatarmen Materialien, dort in allen Tiefen und nicht nur in den obersten Schichten, zu beobachten. Ungleichgewichtsbedingungen mit damit verbundenen starken kinetischen Effekten können nur dann diese Phänomene erklären, wenn isotopisch leichtes CO_2, das entweicht, die darüberliegenden Schichten passiert und dort als Karbonat ausgefällt wird, oder die dort noch vorhandenen Residualkarbonatphasen beeinflußt. Austauschprozesse mit anderen, koexistierenden Mineralphasen wie z.B. Tonmineralen und Feldspäten, die durch die starken Säuren ebenfalls angegriffen werden können, oder mit organischer Substanz sind andere Erklärungsmöglichkeiten. Mineralogisch-geochemische Untersuchungen an Tonmineralen und Feldspäten wurden bisher nicht durchgeführt. Da sie O-Atome enthalten, könnten sie für die Isotopenverschiebungen von Sauerstoff mit verantwortlich sein. C-Isotopenmessungen an Gesamtkohlenstoff und organischer Substanz zeigten, daß auch die organische Substanz mit $\delta^{13}C$-Werten von ca. -25 bis -32 ‰ PDB, gerade auch in Proben, die mit Essigsäure beaufschlagt wurden, einen entscheidenden Einfluß haben kann (Rügner et al. 1994).

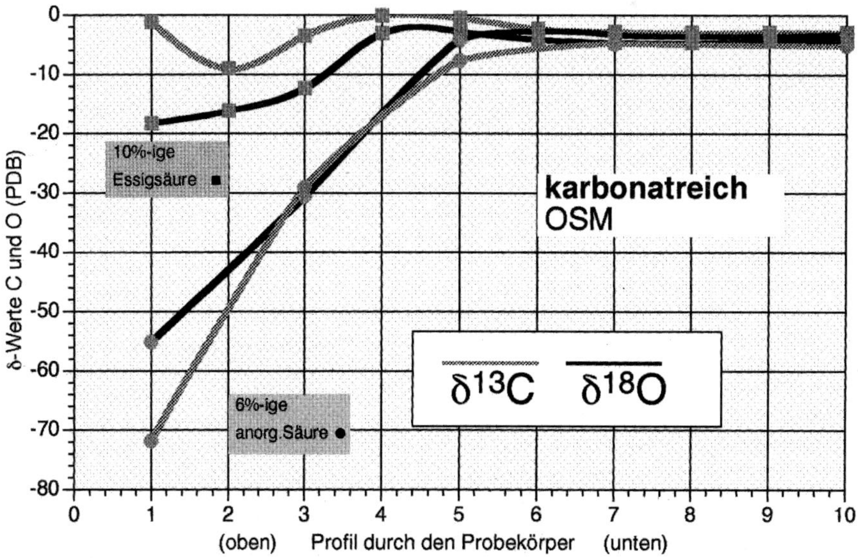

Abb. 3. Die Entwicklung der Isotopenverhältnisse der karbonatreichen Probe im beaufschlagten Probekörper entlang eines Profils, analog zu Abbildung 1a

In der obersten Kontaktschicht werden die leichtesten und damit negativsten Isotopenwerte erreicht. Dort kam es sehr schnell zu Karbonatlösung und CO_2-Entgasung. In den tieferen Schichten liefen diese Prozesse langsamer ab, da die Säure erst durch das darüberliegende Material hindurch wandern mußte. Entsprechend werden dort auch weniger veränderte, schwerere Isotopenwerte gemessen. Dies könnte ein Hinweis auf kinetische Effekte sein. Sind die in den obersten Schichten gefundenen Karbonatphasen Residualphasen, müssen sie mit isotopisch leichtem CO_2 oder anderen Materialien ausgetauscht haben. Neubildung von Karbonat in den oberen Schichten setzt einen relativ neutralen pH-Wert voraus. Eine Messung dieses pH-Wertes im Probekörper ist leider nicht möglich. Da von oben jedoch ständig neue Säure nachgeliefert wird, ist es sehr unwahrscheinlich, daß in den oberen Schichten ein für Karbonatneubildung geeignetes Milieu vorhanden sein kann. Bei den gemessenen Karbonaten handelt es sich also vermutlich um Residualphasen.

In tieferen Schichten sind Isotopenverschiebungen nur bis zu ca. 2 ‰ gegenüber dem Ausgangsmaterial zu beobachten. Dies kann mit Ausfällung von sekundärem Calcit erklärt werden (Salomons u. Mook 1986). Gelöstes Karbonat, das nicht als CO_2 entweicht, wird als HCO_3^- und CO_3^{2-} in Lösung in tiefere Bereiche des Probekörpers transportiert und dort wieder ausgefällt. Dies ist mit quantitativen Karbonatbestimmungen nicht zu zeigen, da dieser Effekt von Probeninhomogenitäten (Schwankungen im Gesamtkarbonat von ca. ± 3 %) überlagert wird.

Diskussion

Der deutliche Unterschied von Gesamtkarbonatgehalt, Isotopenverhältnissen und pH-Wert der Eluate zwischen karbonatreichen und -armen Abdichtungsmaterialien ist in der Karbonatlösung selbst begründet. Der Säuregrad wird bei karbonatreichen Tonen in neutrale bis schwach saure pH-Bereiche (pH 7 bis 5,8; der Wert von 5,8 kommt vermutlich durch die saure Reaktion der Acetat-Ionen der Essigsäure zustande) verschoben. Dadurch kann in tieferen Schichten kein Karbonat mehr gelöst werden. Diese Neutralisierung begünstigt gleichzeitig die (Wieder-)Ausfällung von neuen Karbonatphasen und anderen Verbindungen in tieferen Schichten des Prüfkörpers. In den karbonatarmen Proben, wie z.B. Opalinuston reicht der geringe Karbonatgehalt jedoch nicht aus, die Neutralisierung der Säure durchzuführen. Deshalb wird dort im gesamten Probekörper Karbonat weggelöst. Dies wird bestätigt durch pH-Werte der Eluate (pH 1 bis 2).

In karbonatreichen Tonen bildet sich eine Reaktionsfront aus. Deren Geschwindigkeit wird nicht nur durch die Durchlässigkeit des Materials (k-Wert), sondern durch die vorhandene Menge Karbonat bestimmt. Solange noch Karbonat vorhanden ist, wird eine pH-neutrale Lösung als Eluat zu finden sein (Abb. 2). Erst wenn alles Karbonat verbraucht ist, wird das Eluat saurere pH-Werte erreichen. In der Praxis ist dies jedoch wegen der begrenzten Säurekapazität einer Deponie einerseits und Mächtigkeiten der mineralischen Abdichtung von bis zu

1,5 m andererseits in karbonatreichen Tonen unwahrscheinlich (bei einem durchschnittlichen Karbonatgehalt von 30 Gew.-% stehen pro ha Deponiefläche ca. 8000 t Karbonat zur Verfügung. Für dessen Auflösung, bzw. eine Neutralisierung der Säure wären ca. 15 800 t $HCl_{konz.}$ oder ca. 586 000 t 1 %-ige HCl nötig). In karbonatarmen Tonen dagegen wird eine vollständige Karbonatlösung viel früher erreicht. Die Geschwindigkeit der Lösungsfront wird hier nur durch den k-Wert des Materials bestimmt. Den Verzögerungseffekt des Durchbrechens einer Säurefront konnte auch Cherry (1984) nachweisen. Er untersuchte die Auswirkungen saurer Urantailings auf karbonatisch gebundene Sandsteine und postulierte einen "acid-front retardation factor" durch Karbonatlösung.

Voraussetzung ist jedoch ein relativ homogen verteilter und feinkörniger (mindestens Sandfraktion, besser noch feiner) Karbonatanteil, d.h. es dürfen keine mit Karbonat gefüllten Klüfte auftreten, die selektiv herausgelöst werden und somit Wegsamkeiten bilden können. Dies ist bei den von uns verwendeten Materialien und in der Praxis durch mechanische Aufbereitung der Materials vor Einbringen der Dichtung gegeben.

Die C- und O-Isotopen zeigen mit ihren extremen, tiefenabhängigen Verschiebungen in den oberen Schichten in karbonatreichen und in allen Schichten in karbonatarmen Materialien zu leichteren Werten hin, daß die Lösungskinetik in den einzelnen Tiefen des Probekörpers unterschiedlich sein muß, und/oder Austauschprozesse mit koexistierenden Mineralphasen (z.B. Tonmineralen) oder organischer Substanz stattgefunden haben müssen. In den tieferen Schichten zeigen die Isotopenwerte an, daß es zu Ausfällung von sekundären Karbonat gekommen sein muß.

Praxisrelevanz

Die Neutralisation saurer Sickerwässer durch Karbonate in mineralischen Deponieabdichtungen hat folgende Vorteile:

- Sickerwasser verliert Aggressivität gegenüber anderen Mineralphasen, z.B. Tonmineralen, die Schwermetalle adsorbieren;
- Organische Substanz, die bei der Fixierung von organi-schen Schadstoffen eine wichtige Rolle spielt, wird weniger beansprucht;
- höhere, basischere pH-Werte begünstigen Wiederausfällungen bereits gelöster Karbonatphasen, was zu einer Porenraumversiegelung mit zusätzlicher Dichtwirkung führt;
- die Mobilität und damit der Austrag von Schwermetallen ist im neutralen Milieu stark verlangsamt oder behindert.

Die hier vorgestellten Ergebnisse sind das Resultat geochemischer Untersuchungen, wobei geotechnisch zu bedenken ist, daß (1) Durch die Karbonatlösung ein Massenverlust auftritt, der zu Setzungen führen kann, da er sich als Volumensverminderung auswirken wird. In unseren Probekörpern wurde jedoch bei Beaufschlagung mit Essigsäure Acetatausfällung und bei Beaufschlagung mit der anorganischen Säure Nitrat- und Sulfatausfällung beobachtet. Dadurch wird zumindest ein Teil des Massenverlusts kompensiert. (2) Bei der Karbonatlösung CO_2-Gas entstehen kann, das entweichen können muß. Da allerdings Sickerwasser nur dann in Kontakt mit der mineralischen Dichtung kommt, wenn die HDPE-Folie Risse oder andere Wegsamkeiten aufweist, und es demnach auch nur dann zur Bildung von CO_2-Gas kommt, dürfte auch die Entgasung auf diesem Wege möglich sein.

Nach dem derzeitigen Untersuchungsstand sind wir der Meinung, daß der Karbonatgrenzwert der TA-Abfall noch einmal kritisch überprüft, nach oben korrigiert oder eventuell durch einen Minimum-Maximum Bereich ersetzt werden müßte, da Karbonate, wie gezeigt, nicht nur Nachteile, sondern auch entsprechende Vorteile bieten können. Ebenfalls sollte darauf geachtet werden, daß das Karbonat feinkörnig (mindestens Sandfraktion, besser noch feiner) und relativ homogen verteilt vorkommt. Gerade in Anbetracht eines weitgehend unbekannten Langzeitverhaltens von Deponiebasisabdichtungen über Jahrzehnte kommt einer Neutralisierung saurer Sickerwässer durch Karbonatlösung erhebliche Bedeutung zu.

Literatur

Cherry JA (1984) Mineral Dissolution and Acid Consumption. In: Fleet ME (ed) Mineralogical Association of Canada: Short Course in Environmental Geochemistry, London 1984: 292-293.

DIN 18127 Proctorversuch, April 1976, Beuth Verlag Berlin.

DIN 18130 Teil1: Bestimmung des Wasserdurchlässigkeitsbei-werts, November 1989, Beuth-Verlag Berlin.

McCrae JM (1950) On the isotopic chemistry of carbonates and a paleotemperature scale. J Chem Phys 18:849-857

Rügner H, Taubald H, Satir M (1994) Lösung von organisch (TOC)- und anorganisch gebundenem Kohlenstoff in mineralischen Deponiebasisabdichtungen. Quantitative C-Bestimmungen und C-Isotopenmessungen. Beih Eur J Mineral, im Druck

Salomons W, Mook WG (1986) Isotope geochemistry of carbonates in the weathering zone. In: Fritz P, Fontes JC (eds) The terrestrial environment, Vol.B, 558p. Elsevier Sci Publ, Amsterdam

TA-Abfall: Zweite allgemeine Verwaltungsvorschrift zum Abfallgesetz, Teil 1: Technische Anleitung zur Lagerung, chemisch/physikalischen, biologischen Behandlung, Ver-brennung und Ablagerung von besonders überwachungsbe-dürftigen Abfällen, GMBl, 42, 12. März 1991

TA-Siedlungsabfall: Dritte allgemeine Verwaltungsvorschrift zum Abfallgesetz: Technische Anleitung zur Vermeidung, Verwertung, Behandlung und sonstigen Entsorgung von Siedlungsabfällen vom 14.Mai 1993, Bundesanzeiger 45,99: 28.Mai 1993.

Taubald H, Satir M, Kohler EE (1992) Karbonat-lösung in mineralischen Deponieabdichtungen: Isotopen-geochemische Untersuchungen. In: Günay Kocasoy (ed) Proc ninth Turkish-German-Polish Environ Enginnering Symp, 345-362; Istanbul 1992

Taubald H, Satir M, Kohler EE (1994) Karbonate in mineralischen Deponieabdichtungen: Isotopenuntersuchungen an Tonen unterschiedlicher mineralischer Zusammensetzung. Müll Abfall 2:83-95

9 Sanierung und Melioration

Es vergeht kaum eine öffentliche Veranstaltung auch der Geowissenschaften, in der nicht Vertreter der Ministerien oder von Behörden die gesellschaftliche Verantwortung der Wissenschaften anzumahnen und um konkrete Lösungshilfen für aktuelle Probleme bitten. Diese Bitte ist verständlich und legitim, wenngleich viele von uns bei diesem Anliegen ein Damoklesschwert dräuen sehen, welches die Grundlagenforschung zugunsten der Angewandten Forschung beschneiden will. Wie widersinnig das wäre, mag ermessen, der die Bedeutung und Geschichte z.B. der Grundlagenforschung in einer mächtigen Industrienation wie Japan, kennt.

Tatsächlich haben sich inzwischen Arbeitsrichtungen etabliert, die neben der nunmehr fast klassischen Hydro- und Ingenieurgeologie Fragen z.B. der Abfallverwertung und Deponierung aus neuer Perspektive betrachten. So können wir im Folgenden grundsätzliche geochemische Konzepte aus Abfallforschung und -praxis kennenlernen (→ 9.1) und werden mit der Bedeutung der Tonmineralogie für den Bau von geo- und hydrochemischen Barrieren konfrontiert (→ 9.2). Daß eine Deponierung und ein sicherer Abschluß toxischer Stoffe vor der Biosphäre notwendig ist, wissen wir. Die damit verbundenen Kosten sind uns ebenfalls bewußt. Hier setzen Arbeiten an, die durch Immobilisierung der Schadstoffe einen in-situ Abschluß vor der Biosphäre erreichen wollen – eine Chance für eine intelligente und preiswerte Entsorgungstechnik (→ 9.3)? Und werden die geschaffenen Mineralneubildungen langfristig stabil bleiben, bzw. welche Prozesse lassen sich modellieren, um ihr Langzeitverhalten zuverlässig prognostizieren zu können? Hier versucht ein weiterer Beitrag, Antworten zu geben (→ 9.4).

Daß Quecksilber heute noch immer ein Umweltproblem darstellt, ist Vielen nicht bewußt. Im krassen Gegensatz dazu steht die Nachfrage nach Sanierungskonzepten für quecksilberbelastete Standorte. Nicht nur die Detektion und Speziierung des Quecksilbers (→ 8.5) ist hier bedeutsam, sondern eben auch die Frage nach Möglichkeiten, den kontaminierten Standort nachhaltig und preiswert zu dekontaminieren (→ 9.5).

9.1 Geochemische Konzepte in Abfallforschung und -praxis

Ulrich Förstner

Einleitung

Ein Schwerpunktthema für die Geochemie im Umweltschutz wird zukünftig das Langzeitverhalten von Abfällen und insbesondere deren Schadstoffe sein. Nach der "Technischen Anleitung zur Verwertung, Behandlung und sonstigen Entsorgung von Abfällen" (Anonym 1993a) soll die Beseitigung so erfolgen, daß die Entsorgungsprobleme von heute nicht auf künftige Generationen verlagert werden. Dies bedeutet, daß bei der Ablagerung hinsichtlich eines Ausschlusses von Schadstoffen aus der Biosphäre nicht allein technisch aufwendige Abdichtungsmaßnahmen entscheiden, sondern vor allem die Eigenschaften der abzulagernden Abfälle. "Folglich sind die abzulagernden Abfälle erforderlichenfalls durch vorherige Behandlung weitgehend von Schadstoffen zu entfrachten oder zu mineralisieren und zu stabilisieren" (Wiedemann 1993). Das bislang nur in geowissenschaftlichen Kreisen diskutierte Konzept der "Endlagerqualität" könnte eines der zentralen Leitbilder des ökologisch-technischen Umweltschutzes werden, denn es stimmt in jeder Hinsicht mit der politischen Forderung nach einer "nachhaltigen, zukunftsfähigen Entwicklung" überein (Abb. 1).

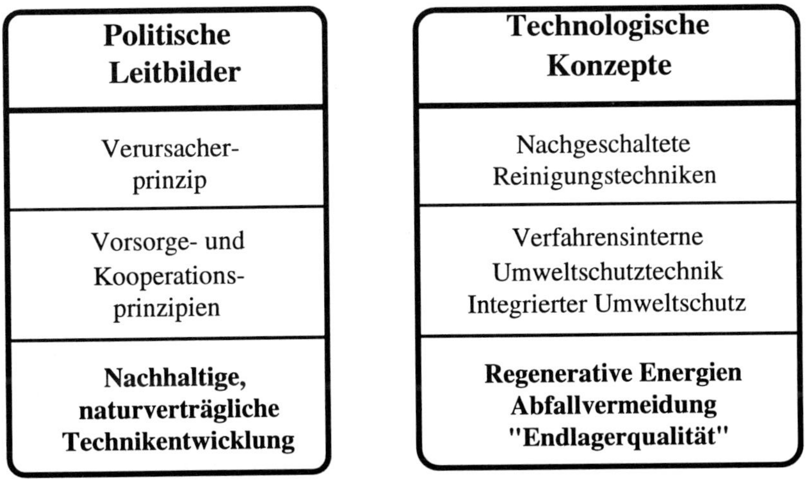

Abb. 1. Entwicklung politischer Leitbilder und technologischer Konzepte im Umweltschutz mit dem besonderen Hinweis auf den ingenieurgeochemischen Ansatz der "Endlagerqualität"

Geowissenschaften und Umwelt
Herausgegeben von J. Matschullat und G. Müller © 1994 Springer Verlag

Abfallprobleme und die Entwicklung umweltgeochemischer Konzepte

Aus geowissenschaftlicher Sicht verdienen zuerst die Massenabfälle Beachtung. Die Schätzung nach verschiedenen Unterlagen in Tabelle 1 zeigt kommunale Abfälle und Baggerschlämme bei etwa 1 Milliarde Kubikmeter pro Jahr und Klärschlamm – mit 95 % Wasser – bei ungefähr 3 Mrd. Kubikmeter. Der Anfall von Bergbauresten liegt mit ca. 20 Mrd. Kubikmeter in der Größenordnung der aktuellen Erosionsrate. Da die Ausbeute bei vielen Erzen immer schlechter wird, nimmt die Menge an Reststoffen zu; nach den Erhebungen des Umweltprogrammes der Vereinigten Nationen (UNEP 1983) für den Zeitraum 1972-1982 kann man abschätzen, daß sich die Abfallmenge aus dem Bergbau und der Aufbereitung von Rohstoffen ungefähr alle zwanzig Jahre verdoppelt.

Tabelle 1. Globale Abfallbilanzen und Vergleichsdaten

Häusliche Abfälle	~ $1 \cdot 10^9$ m^3/Jahr
Baggergut	~ $1 \cdot 10^9$ m^3/Jahr
Klärschlamm (95 % H_2O)	~ $3 \cdot 10^9$ m^3/Jahr
Bergbaurestmassen	$17{,}8 \cdot 10^9$ m^3/Jahr[a)]
kontinentale Kruste-Archaikum	$1{,}2 \cdot 10^9$ m^3/Jahr[a)]
Sedimenttransport, prä-human	$4{,}5 \cdot 10^9$ m^3/Jahr[a)]
Gesteinserosion aktuell	$26{,}7 \cdot 10^9$ m^3/Jahr[a)]

[a)] Abschätzungen zitiert nach Neumann-Malkau (1991)

Das Massenproblem bei den Abfällen hat E.U. von Weizsäcker (Anonym 1993b) so charakterisiert: "Vielleicht sind die riesigen Ströme von Eisenerz, Stickstoff und Wasser, die der Mensch in Bewegung setzt, langfristig viel gefährlicher als Dioxine. Jedenfalls können wir die Folgen heute nicht überblicken".

Stoffhaushalt. Erst relativ spät hat die Abfallwirtschaft begonnen, solche großräumigen Stoffbewegungen und ihre langfristigen Konsequenzen näher zu betrachten. Untersuchungen von Stoffflüssen, wie sie beispielsweise an der Abteilung Abfallwirtschaft und Stoffhaushalt der ETH Zürich durchgeführt werden (Baccini u. Brunner 1991), bilden die Grundlage einer "nachhaltigen Bewirtschaftung" von Rohstoffen und Energie, aber auch von Abfallprodukten. Dabei gilt das (geochemische) Prinzip, daß die Rate der Schadstoffemissionen die Kapazität zu deren Adsorption nicht übersteigen darf – und zwar sowohl global als auch national und regional. Den Regionen kommt besondere Bedeutung zu, denn hier findet die aktive Auseinandersetzung mit der Umwelt, mit konkreten Ansätzen für eine nachhaltige Ressourcenbewirtschaftung, statt.

Die Betrachtung von langfristigen chemischen Freisetzungs- und Festlegungsprozessen im Rahmen der Stoffflußanalyse steckt noch in den Anfängen, wird jedoch für die Weiterentwicklung dieses methodischen Ansatzes immer mehr an Bedeutung gewinnen. Geochemische Reaktionen innerhalb definierter Umweltbereiche, in Gewässern und Böden usw., sind intensiv untersucht worden. Entsprechend wurden Grenzwerte abgeleitet und werden Maßnahmen ergriffen, um die Belastung dieser Bereiche oder Immissionen von benachbarten Systemen in einem erträglichen Rahmen zu halten. Bei gefährlichen Stoffen kommt der sogenannte "Stand der Technik" - Einsatz der fortschrittlichsten, bereits mit Erfolg im Betrieb erprobten Technologien - zum Tragen.

Schwieriger zu fassen sind die Effekte, die bei geochemischen Reaktionen über Mediengrenzen hinweg auftreten (Abb. 2). Da ist zum Beispiel die Anreicherung von Schadstoffen an Feststoffen: Unter ungünstigen Umständen kann allein durch die Wechselwirkung mit Regenwasser-Inhaltsstoffen ein Klärschlamm für landwirtschaftliche Zwecke unbrauchbar werden (Koppe 1983). Ein anderer Fall ist die sogenannte Bodenreaktion, wo beispielsweise auch ohne wesentliche anthropogene Metallanreicherung im Boden, nur durch die Wirkung von Säuren, der Transfer von kritischen Metallen so intensiviert wird, daß Grenzwerte in Nutzpflanzen überschritten werden (Herms u. Brümmer 1980). Durch den Ferntransport von Luftschadstoffen können in weit entlegenen Gebieten völlig überraschende Anreicherungen von Schadstoffen in Partikeln und der nachfolgenden Nahrungskette auftreten (Kersten u. Förstner 1989). In allen diesen Bereichen besteht ein hoher Bedarf an geochemischer Forschung, insbesondere auch im Hinblick auf technische Maßnahmen zur medienübergreifenden Emissionsminderung.

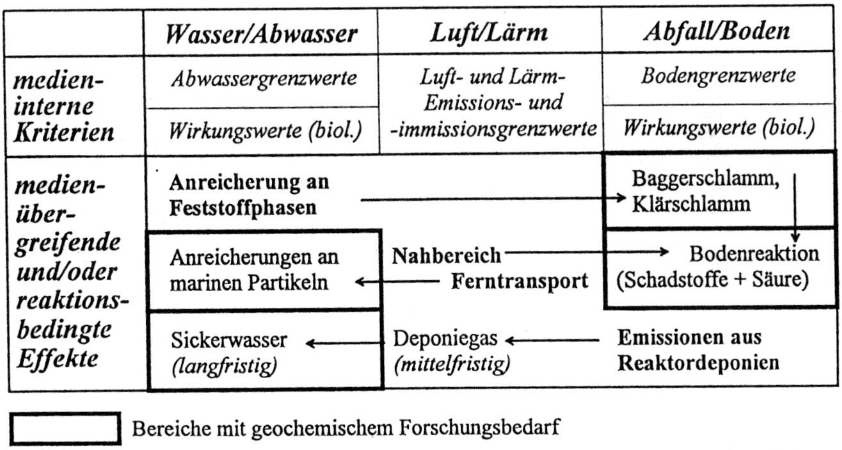

Wasser/Abwasser
Luft/Lärm
Abfall/Boden
medien-interne Kriterien
Abwassergrenzwerte
Wirkungswerte (biol.)
Luft- und Lärm-Emissions- und -immissionsgrenzwerte
Bodengrenzwerte
Wirkungswerte (biol.)
medien-über-greifende und/oder reaktions-bedingte Effekte
Anreicherung an Feststoffphasen
Baggerschlamm, Klärschlamm
Anreicherungen an marinen Partikeln
Nahbereich
Ferntransport
Bodenreaktion (Schadstoffe + Säure)
Sickerwasser (langfristig)
Deponiegas (mittelfristig)
Emissionen aus Reaktordeponien
Bereiche mit geochemischem Forschungsbedarf

Abb. 2. Medienübergreifende Effekte bei der Schadstoffanreicherung und Bereiche mit hohem geochemischen Forschungsbedarf

Von vorrangigem Interesse sind jedoch die Emissionen aus Abfalldeponien, die über die Sickerlösungen langfristig auf die Qualität des Grundwassers einwirken. In der Modellstudie "Metaland" haben Baccini et al. (1992) abgeschätzt, wie stark das Grundwasser durch den langfristigen Austrag von Stoffen aus herkömmlichen Reaktordeponien beeinflußt wird. Es wurden wirklichkeitsnahe Bedingungen sowohl für das Abfallaufkommen als auch für die Größe des Grundwasserreservoirs angenommen. Das wichtigste Ergebnis ist, daß vor allem der Abbau der organischen Substanzen mit hoher Intensität das Grundwasser verändern wird (Tabelle 2).

Tabelle 2. Stoffübergang ins Grundwasser nach Versagen der Deponieabdichtung (aus Modellstudie "Metaland"*, Baccini et al. 1992). SW = Sickerwasser; GW= Grundwasser

	C_{org} [mg/l]	Chlorid [mg/l]	Zink [µg/l]
mittlere Konzentration im SW nach 50 Jahren	600	500	600
mittlere Konzentration im nicht kontaminierten GW	0,5	3	5
mittlere jährliche Konzentraionszunahme im GW	0,24	0,2	0,24
Jährliche Zunahme in Prozent	50 %	7 %	5 %

*) *50 Jahre Laufzeit; Siedlungsabfallmenge in der Deponie: 40 000 kg pro Einwohner; spezifischer Sickerwasserflux bei Grundwasserkörper von* $2 \cdot 10^9 m^3$*: 0,02 Liter pro kg Abfall und Jahr*

Geochemische Steuerprozesse. Auslöser für die Mobilisierung von Schadstoffen ist häufig eine biochemische Umsetzung organischer Stoffe, doch spielen auch anorganische Komponenten eine wichtige Rolle als Milieu- und Steuerfaktoren. Organische Substanzen in Bodenlösungen und Sickerwässern aus Deponien beeinflussen die nachgeschalteten Systeme in mehrfacher Weise, nämlich

- als lösungsvermittelnder Faktor für den Transport von Spurenelementen, vor allem durch Komplexierungsprozesse mittels organischer Abbauprodukte,
- als Ursache für die Bildung von Kolloiden, mit der ein intensiver Transport auch der schwerlöslichen Komponenten im Grundwasserbereich erfolgt,
- als Motor und wesentlicher Milieu- und Steuerfaktor für die Stoffkreisläufe anderer Haupt- sowie Neben- und Spurenkomponenten (Abb. 3, nach Salomons 1992). Biochemische Umsetzungen spielen eine wichtige Rolle.

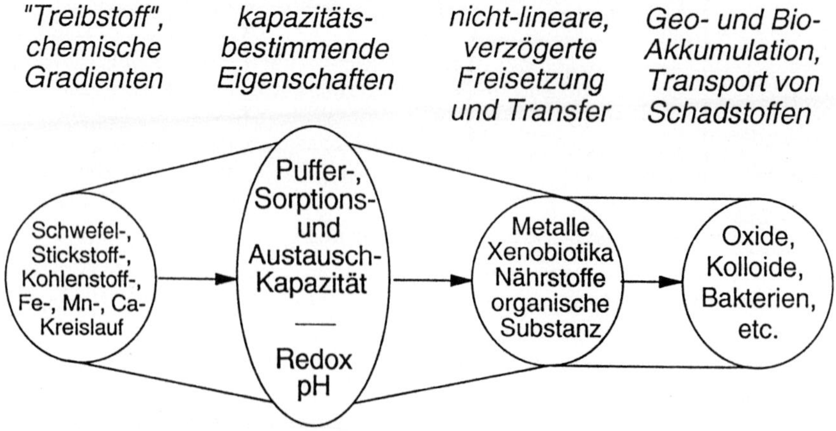

Abb. 3. Abfolge von (umwelt)geochemischen Faktoren und Prozessen, welche die Mobilität von Schad- und Belastungsstoffen beeinflussen. Der Vorschlag Salomons (1992) mit den Komponenten "Treibstoff/chemische Gradienten", "kapazitätsbestimmende Eigenschaften" und "Freisetzung" wird hier durch den "Anreicherungszyklus" ergänzt

Konzept der kapazitätsbestimmenden Eigenschaften. Wie stark die Steuerprozesse ein geochemisches System verändern (und gegebenenfalls zu einer massiven Freisetzung von Schadstoffen führen), hängt von dessen "kapazitätsbestimmenden Eigenschaften" (Stigliani 1992) ab. Dieser Faktor - charakteristische Komponente des übergreifenden Konzepts der "Chemischen Zeitbombe" - zeigt sich einmal darin, daß die Aufnahmefähigkeit des Feststoffs durch direkte Sättigung erschöpft werden kann, weist aber zum anderen vor allem auf die Möglichkeit hin, daß bestimmte Feststoffphasen, die als "Puffer" oder "Barrieren" wirken, durch äußere Einflüsse in ihrer Kapazität reduziert werden können. Vor allem Systeme, die hohe Anteile abbaubarer organischer Substanzen enthalten, zeigen typische nicht-lineare, verzögerte Entwicklungen und sind – anders als mineralogisch-geochemische Systeme – mit den derzeit verfügbaren Methoden nicht ausreichend beschreibbar, modellierbar und prognostierbar.

Ein typischer nicht-linearer und verzögerter Prozeß ist die Spaltung von Sulfat im Redoxkreislauf: Bei der mikrobiellen Reduktion von Sulfat und Eisenoxid – organische Substanz wird dabei abgebaut – entstehen u.a. Eisensulfid und Bikarbonat. Wäre das System geschlossen, so würde sich an den pH-Bedingungen nichts ändern. Es ist jedoch möglich oder gar wahrscheinlich, daß die Bikarbonatkomponente, die das Säure-Neutralisationspotential des Systems darstellt, weggeführt wird, während das Eisensulfid, das Säurebildungspotential, als Feststoffphase zunächst an Ort und Stelle verbleibt, wo es bei erneuter Sauerstoffzufuhr oxidiert werden kann – und dabei Säure erzeugt. Durch häufige Wiederholung dieses Vorgangs, z.B. in einem Flußmündungsgebiet, können die Pufferkomponenten sukzessive aufgebraucht werden, bis es zum Durchbruch der Säure kommt.

Tabelle 3. Chemismus von Baggergut-Spülfeldsickerwässern (nach Maaß u. Miehlich 1988)

	Reduzierte Wässer	Oxidierte Wässer
Ammonium	125 mg/l	< 3 mg/l
Eisen	80 mg/l	< 3 mg/l
Nitrat	< 3 mg/l	120 mg/l
Zink	< 10 µg/l	5.000 µg/l
Cadmium	< 0,5 µg/l	80 µg/l

Ein Beispiel geben die Daten von Spülfeldsickerwässern, die von Maaß und Miehlich (1988) im Großraum Hamburg untersucht worden sind (Tabelle 3). Die frisch deponierten Baggerschlämme enthalten hohe Konzentrationen von Ammonium und Eisen in den Porenwässern. Nach einigen Wochen oder Monaten sind die Ablagerungen teilweise oxidiert. Nun steigen die Gehalte an Nitrat, Zink und Cadmium sehr stark an. Die hohe Mobilität kritischer Metalle führt auch dazu, daß diese in Nutzpflanzen, die auf diesen Flächen angebaut wurden, angereichert sind (Herms u. Tent 1982).

Mobilitätskonzept. Das Mobilitätskonzept beschreibt die beschleunigenden und retardierenden Faktoren bei der Ausbreitung von Schadstoffen im Untergrund.

Bei Schwermetallverunreinigungen zum Beispiel, sind physikalische Prozesse wie die Sedimentation und Filtration (retardierend) wirksam, biologische Mechanismen wie die "Biomethylation" (beschleunigend) und insbesondere chemische Prozesse wie die Komplexierung, Adsorption/Desorption und Fällung/Auflösung. Bei der Abschätzung der Langzeiteffekte kommt den letztgenannten Prozessen besondere Bedeutung zu, weil sie eine sprunghafte Schadstoff-Freisetzung bewirken können.

Die Tabelle 4 zeigt die Mobilität von deponiespezifischen Wasserinhaltsstoffen in einer zeitlichen Abfolge. In der ersten Phase des anaeroben Abbaus kommen durch Vermittlung bestimmter Bakterien Prozesse in Gang, bei denen zunächst kurzkettige Carbonsäuren gebildet werden (sog."azidogene Phase"). Die Carbonsäuren werden dann in einem weiteren Schritt in Kohlendioxid und Methan umgewandelt ("methanogene Phase"). Dabei steigt der pH-Wert wieder an (Ehrig 1983). Hinsichtlich der Schadstoffmobilität gibt es eine kritische Phase am Beginn der Entwicklung, wenn die pH-Werte sinken und reichlich organische Zersetzungsprodukte für die Bildung von Kolloiden zur Verfügung stehen. Dagegen ist die Entwicklung über etwa 30 Jahre hinaus bislang weitgehend unbekannt. Findet dann noch kolloidaler Transport statt? Reicht die organische Substanz aus, um Kolloide zu bilden? Was passiert, wenn wieder sauerstoffreiche Lösungen durch die Deponie sickern und auf Metallsulfide treffen? Immerhin könnte man sich vorstellen, daß durch eine Folge von Auflösungs- und Fällungsreaktionen sich eine Front erhöhter Metallkonzentrationen durch die Deponie auf das Grundwasser hin bewegt (Tabelle 4).

Tabelle 4. Langfristige chemische Entwicklungen in Reaktordeponien (a = Jahre)

	Azidogene Phase	Methanogene Phase	Post Methanogene Phase (• 100 a)
BSB_5 [mg/l]	13.000	180	organische Substanz für Kolloidbildung?
CSB [mg/l]	22.000	3.000	
pH-Wert	6,1	8	Sulfidoxidation?
Calcium [mg/l]	1.200	60	Wechselwirkungen von H^+, Fe^{3+} und Ca^{2+} mit der festen Matrix erhöhen die Mobilität von Spurenelementen
Eisenk [mg/l]	780	15	
Mangan [mg/l]	25	0,7	
Zink [mg/l]	5	0,6	

Endlagerkonzept. Wie läßt sich dieser völlig unakzeptable Mangel an Prognosesicherheit, auch was die Kosten beispielsweise für die sehr teure Sickerwasserbehandlung angeht, beheben. Neben der traditionellen Ablagerungsform der "Reaktordeponie", bei der die organischen Substanzen über einen bislang unüberschaubar langen Zeitraum durch natürliche Vorgänge zersetzt werden, steht eine alternative Art der Ablagerung, der man den quasi "Endzustand" bereits mit auf den Weg gibt. Im Falle des Endlagers können die Bedingungen mit technischen Mitteln – meist beginnend mit einer thermischen Behandlung – so eingestellt werden, daß die Belastungen gesichert in dem gesetzlich festgelegten Rahmen bleiben (Baccini 1989).

Es gibt eine breite Palette von Maßnahmen, mit denen die Langzeitstabilität von Abfallstoffen verbessert werden kann. Prinzipielle Ansätze aus geochemischer Sicht sind die Entfernung reaktiver und reaktionsvermittelnder Komponenten (wie z.B. lösliche Salze und organische Substanzen, die langfristige Vorgabe von Sorptions- und Pufferkapazität (vor allem von hinreichenden Karbonatgehalten), die Verringerung der Durchlässigkeit durch Mineralausfällungen im Porenraum sowie unter bestimmten Voraussetzungen ein Vorzug von Fällungs- gegenüber Sorptionsprozessen, weil die Schadstoff-Konzentration in Lösung weitgehend unabhängig von den Gehalten in den Feststoffphasen ist (Salomons 1985).

Ingenieurgeochemie: Verknüpfung von Prozeßstudien, Deponie- Ablagerungs- und Verwertungstechniken, sowie Testverfahren

Die langfristige Konditionierung von Abfallstoffen, sowohl hinsichtlich der Ablagerung als auch der möglichen Verwertung, stellt eine Hauptaufgabe der neuen Fachdisziplin "Ingenieur-Geochemie" dar. In der Abbildung 4 wird gezeigt, wie die technischen Maßnahmen zur Emissionsminderung und die Bewertung der Produkte mit grundlagenwissenschaftlichen Erkenntnissen, insbesondere von geochemischen Prozessen, verbunden sind. Die ingenieurgeochemischen Techniken können an den Schadstoffen, der Feststoffmatrix oder an den Steuerfaktoren ansetzen.

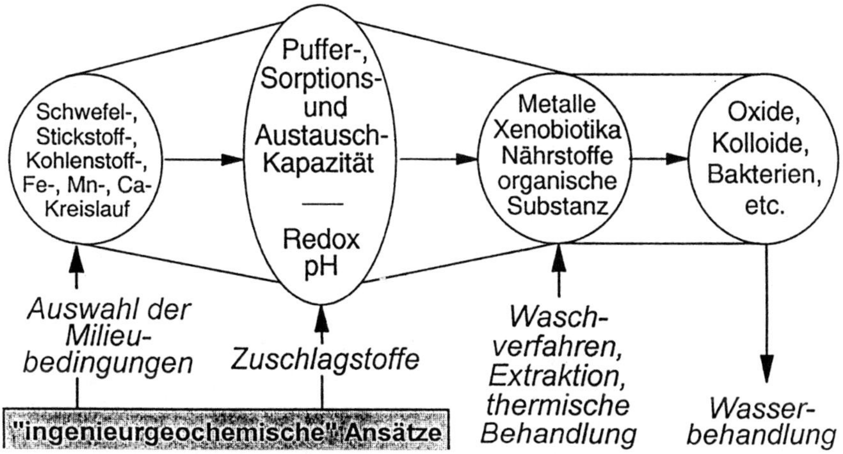

Abb. 4. Einsatzmöglichkeiten ingenieurgeochemischer und traditioneller Behandlungstechniken für Abfallstoffe in den einzelnen Stufen der modifizierten umweltgeochemischen Standardabfolge von Salomons (1992) in Abbildung 3

Die Auswahl geeigneter Ablagerungsbedingungen, z.B. für Baggergut in einem permanent anoxischen Milieu, kann eine kostengünstige Alternative zu Konditionierungsverfahren darstellen. Die Pufferwirkung der "Matrix" läßt sich durch Zuschlagstoffe, wie z.B. Kalk, technisch beeinflussen. Während daraus eine indirekte Änderung des Milieus und eine Fixierung relevanter Substanzen *innerhalb* der Matrix resultiert, zielt die weitestgehende Herstellung einer "Immissionsneutralität" der Abfälle direkt auf die potentiellen Schadstoffe, indem diese durch Extraktion oder thermische Fraktionierung aus der Matrix abgetrennt werden. In diesen Fällen liegt natürlich eine Verwertung der Produkte nahe, eine Zielsetzung, die durch die neue Abfallgesetzgebung weiter in den Vordergrund gerückt wurde, weil damit das Prinzip der Ressourcenschonung unterstützt wird (Förstner 1994).

Stabilisierung und Inertisierung. Das Ziel dieser Maßnahmen ist bislang nicht allgemeingültig definiert, was angesichts der Unterschiede bei den methodischen Ansätzen - sowohl verfahrenstechnisch als auch bei der Bewertung der Produkte - nicht verwundert. Die grundsätzliche Zielsetzung, daß möglichst wenig Schadstoffe an die Umwelt abgegeben werden sollen, wurde in den vergangenen Jahren immer stärker durch dem Aspekt der Langfristigkeit erweitert.

Der Begriff *"Stabilisierung"* wird von der US-amerikanischen Umweltbehörde in dem "Handbuch der Stabilisierung/Verfestigung" (Anonym 1986a) definiert als das Ziel "das Abfallmaterial in eine *stabilere chemische Form* umzuwandeln und die Löslichkeit der Inhaltsstoffe zu begrenzen". Der Grad der Stabilisierung wird durch Elutionstests, durch Sorptions-, Diffusions- und Verfestigungsuntersuchungen ermittelt. Im günstigsten Fall bewirkt die Stabilisierung durch ein Verfestigungsverfahren eine Festlegung des Schadstoffs bei allen zukünftig denkbaren, realistischen Umweltbedingungen - sein Transport über eine Abfalloberfläche wird unterbunden (= Immobilisierung bzw. Inertisierung), zumindest aber minimiert (= Demobilisierung; Förstner 1987).

Eine Inertisierung, die letztlich auch eine Verwertung der Produkte ermöglicht, wird vor allem durch Schmelzverfahren erreicht (Faulstich 1994). Bei einigen Verfahrensansätzen werden zuerst bei relativ niedrigen Temperaturen verwertbare Gase entwickelt. Die Hochtemperatur-Verfahren beginnen bei etwa 1200°C in Abhängigkeit vom Fließverhalten der Inertbestandteile des aufgegeben Rohmülls (Reimer 1994). Bei noch höheren Temperaturen – etwa 1600°C – kann eine weitergehende Auftrennung von Silikat-, Metall- und Kondensationsprodukten, vergleichbar der magmatischen Differentiation, erreicht werden. Die Silikatphase des RedMelt-Verfahrens (Faulstich et al. 1992), bei dem die aufbereitete Schlacke und der zugemischte Flugstaub dem elektrischen Lichtbogenofen zugeführt wird, liegt im wesentlichen frei von umweltrelevanten Schwermetallen vor (Tabelle 5). Nach dem reduzierenden Schmelzen entsteht ein Metallprodukt mit den hochsiedenden Metallen Kupfer, Chrom, Nickel und Eisen, welches im Sumpf abgezogen und der Weiterverwertung zugeführt wird. Das Kondensat enthält die leichtflüchtigen Metalle sowie einen Großteil der Chloridfracht. Die hohen Gehalte an

Zink und Blei bieten auch hier eine metallurgische Aufbereitung in einer Buntmetallhütte an.

Das Leitbild für die schweizerische Abfallwirtschaft (Anonym 1986b) hat den Begriff "erdkrustenähnlich" als Synomym für die "Immissionsneutralität" geprägt. Nicht immer ist so klar, was damit gemeint ist, wie in dem vorliegenden Fall der neugebildeten Silikatphase.

Tabelle 5. Elementgehalte in den Fraktionen des RedMelt-Verfahrens (nach Faulstich et al. 1992)

		Massenanteile in %		
Element	Input		Produkte	
		Silikat	Metall	Kondensat
Silicium	22,0	26,2	3,4	6,4
Aluminium	5,5	6,8	0,2	0,5
Calcium	9,0	10,6	0,6	0,8
Eisen	10,1	4,5	85,0	1,4
Kupfer	0,3	0,03	4,4	0,3
Chrom	0,04	0,04	0,2	0,03
Nickel	0,01	0,006	0,3	0,001
Zink	0,6	0,09	0,08	14,5
Blei	0,2	< 0,01	< 0,001	6,3
Cadmium	0,004	< 0,00001	< 0,001	0,1
Chlor	1,3	0,3	0,03	23,5

Zwei Verfahren, die bei dem anschließenden Vergleich betrachtet werden, sind das 3R-Waschverfahren und das ABB-Schmelzverfahren. Beim 3R-Verfahren (Rauchgasreinigung mit Rückstandsbehandlung) des Kernforschungszentrums Karlsruhe (Vogg et al. 1988) werden mit den sauren Lösungen der Rauchgaswäsche Metalle teilweise ausgelaugt. Beim ABB-Verfahren (Asea-Brown-Boveri; Anonym 1989) werden die Flugstäube in einem Elektroschmelzofen bei 1200 °C eingeschmolzen und anschließend im Wasserbad granuliert.

Gefährdungsabschätzung. Die Abschätzung des langfristigen Gefährdungspotentials ist ein integraler Bestandteil des ingenieurgeochemischen Ansatzes in der Abfalltechnik. Künftig sind die Testmethoden hinsichtlich der geochemischen Steuerfaktoren, der kapazitätsbestimmenden Eigenschaften und der Schadstoffmobilität auf die nachfolgenden technischen Behandlungsmaßnahmen abzustimmen.

Das Langzeitverhalten von Reststoffen wird mit Hilfe von Auslaugungstests abgeschätzt, und die Schweizerische Technische Verordnung für Abfälle hat für die beiden Klassen der "Inertstoffe" und "Reststoffe" jeweils Anforderungen festgelegt, die bei einer Behandlung mit Lösungen bei pH 4 erfüllt werden müssen (Anonym 1990). Die Tabelle 6 zeigt, daß die unbehandelte und auch die gewaschene Elektrofilterasche dieser Norm nicht entspricht, und auch die zementverfestigte Elektrofilterasche liegt mit ihrem Zinkgehalt nur wenig unterhalb des Grenzwertes, der künftig eine Ablagerung auf einer "Regeldeponie" neuer Art zulassen würde. Demgegenüber ist mit den fortschrittlicheren Auslaugungsverfahren (z.B. dem 3R-Verfahren) und den Schmelzverfahren (Beispiel ABB-Verfahren) dieses Kriterium problemlos einzuhalten. Diese bereits relativ niedrigen Elutionswerte lassen sich mit dem RedMelt-Verfahren nochmals um eine Größenordnung unterbieten, und diese Metallgehalte in den Auslaugungslösungen entsprechen den Werten vergleichbarer Natursteine, z.B. Granit (Faulstich et al. 1992).

Tabelle 6. Auslaugbarkeit von Resten aus der Müllverbrennung (Anonym 1991, ergänzt). unb.= unbehandelt; gew.= gewaschene; EFA=Elektrofilterasche; GW=Grenzwerte; zv=zementverfestigt; Verf.=Verfahren.

	Pb [mg/kg]	Cd [mg/kg]	Zn [mg/kg]	Cu [mg/kg]
unb. EFA MVA Oberhausen	4,2	4,5	133	1,7
gew. EFA, Naßwaschrückstände (NWR)	0,77	0,94	57	0,26
Schweizer TVA-GW für Reststoffe (pH=4)	1,0	0,10	10	0,50
zv E-EFA + NWR, Bindemittel/Asche= 1:2	0,14	0,08	5,1	0,05
nach 3R-(KfKVerfahren behandelte EFA	0,1	0,02	0,7	0,08
glasartiger Rückstand aus dem ABB-Verf.	< 0,04	< 0,03	0,11	< 0,04
Silikatphase aus dem RedMelt-Verfahren	< 0,01	< 0,001	< 0,02	< 0,01

Ausblick. Die zukünftigen Entwicklungen werden einmal der Umsetzung der im Pilotmaßstab erprobten Techniken gelten, zum anderen wird sich die Wissenschaft verstärkt mit methodischen und strategischen Fragen bei der Konzeption und Anwendung von Prüfverfahren befassen müssen. Dabei sind die Testmethoden hinsichtlich Abschätzung des Schadstoffpotentials, also der Konzentration und Bindungsformen eines Schadstoffs, vergleichweise einfach.

Die schwierigeren Fragen gelten der Bewertung des Gefährdungspotentials, denn hier sind weitergehende Informationen erforderlich hinsichtlich möglicher Umweltbedingungen, der potentiellen Ausbreitungspfade und der Wirkungen der Schadstoffspezies sowie über die Exposition eines Organismus. Aus geochemischer Sicht stehen im Bereich des Grundwasserschutzes die Kriterien "Löslichkeit" und "Dispersion" im Vordergrund. Bei dem Einsatz neuer Methoden-"Pakete" wird zu unterscheiden sein zwischen Eignungsprüfungen für bestimmte Ablagerungsbedingungen und Verwertungsverfahren. Unerläßlich sind Langzeitbetrachtungen, zum einen hinsichtlich der Veränderung der Produkte ("Alterung") und insbesondere im Hinblick auf langfristigen Veränderungen der Milieubedingungen, die möglicherweise Reaktionen mit Komponenten der Produkte auslösen können.

In beiden Fällen ist eine Standardisierung anzustreben, die jedoch bei komplizierteren Fragestellungen die fachwissenschaftliche Expertise nicht ausschließen sollte. Unter den derzeit verfügbaren Testverfahren für die langfristige Mobilität von anorganischen Abfallbestandteilen gibt es zwei Ansätze, die ohne weitere Modifikationen eingesetzt werden könnten: 1) Für Eingangsuntersuchungen und Zuordnung zu Deponieklassen ist das Elutionsverfahren der Technischen Verordnung für Abfälle (Anonym 1990) gut geeignet, weil es mit einem pH-Wert von

4,0 ungünstige, aber noch realistische Milieubedingungen in Abfallablagerungen simuliert. 2) Die gleichzeitige Erfassung von Matrixeigenschaften wie Säurebildungs- bzw. Neutralisationspotential und der Auslaugungskinetik von Elementen ermöglichen die pH_{stat}-Tests, z.B. das von Obermann und Cremer (1992) vorgeschlagene Verfahren mit einem computergesteuerten Titriersystem bei pH 4 und pH 11.

Abschließend muß festgestellt werden, daß eine so komplexe Aufgabe wie die Bewertung der langfristigen Inertisierung von Abfällen eine schrittweise Vorgehensweise erforderlich macht, bei der Grenzwertfestlegungen nur in demjenigen Umfang möglich sind, wie die zugrundliegenden Prozesse verstanden worden sind.

Literatur

Anonym (1986a) Handbook for stabilization/solidification of hazardous waste. EPA/540/2-86/001. US Environmental Protection Agency Cincinnati

Anonym (1986b) Leitbild für die Schweizerische Abfallwirtschaft. Eidgenössische Kommission für Abfallwirtschaft. Bundesamt für Umweltschutz, Bern. Schriftenreihe Umweltschutz 5

Anonym (1989) Thermisches Verfahren zur umweltfreundlichen Entsorgung von dioxin- und schwermetallhaltiger Filterasche aus Müllverbrennungsanlagen. Bericht der Asea Brown Boveri, März

Anonym (1990) Technische Verordnung über Abfälle (TVA) vom 10. Dezember 1990. SR 814.015

Anonym (1991) Immobilisierung von Rauchgasreinigungsrückständen aus Kehrichtverbrennungsanlagen. IMRA-Projekt, Zürich, MBT Umwelttechnik: 365 S.

Anonym (1993a) Dritte Allgemeine Verwaltungsvorschrift zum Abfallgesetz – TA Siedlungsabfall – vom 21. April 1993; Bonn

Anonym (1993b) Anhörung der Chemie-Enquekommission des Deutschen Bundestags. In: Zwischen Nanogramm Dioxin und Megatonnen Eisenerz". Frankfurter Rundschau vom 12.10.1993, S.6

Baccini P (Hrsg) The Landfill - Reactor and Final Storage. Lecture Notes in Earth Sciences 20. Springer-Verlag, Berlin 1989

Baccini P, Brunner PH (1991) Metabolism of the Anthroposphere. 157 S. Springer-Verlag Berlin

Baccini P, Belevi H, Lichtensteiger T (1992) Die Deponie in einer ökologisch orientierten Volkswirtschaft. Gaia 1:34-49

Ehrig HJ (1983) Quality and quantity of sanitary landfill leachate. Waste Management Res 1:53-68

Faulstich M (1994) Übersicht über die derzeit verfügbaren thermischen Inertisierungsverfahren und Entwicklungstendenzen. In: Eilderer P, Schindler U (Hrsg) Inertisierung durch thermische Abfallbehandlung. 17. Mülltechnisches Seminar, Berichte aus Wassergüte- und Abfallwirtschaft 118:45-66; TU München

Faulstich M, Freudenberg A, Köcher P, Kley G (1992) RedMelt-Verfahren zur Wertstoffgewinnung aus Rückständen der Abfallverbrennung. In: Faulstich M (Hrsg) Rückstände aus der Müllverbrennung. Berlin: EF Verlag für Energie und Umwelttechnik:703-727

Förstner U (1987) Demobilisierung von Schwermetallen in Schlämmen und festen Abfallstoffen. In: Straub H Hösel G, Schenkel W (Hrsg) Handbuch Müll- und Abfallbeseitigung, Nr. 4515, 20 S. Erich Schmidt Verlag, Berlin

Förstner U (1994) Langzeitperspektiven bei der Abfallbeseitigung. In: Alfred-Wegener-Stiftung (Hrsg) Die benutzte Erde:181-195. Verlag Ernst & Sohn, Berlin

Herms U, Brümmer G (1980) Einfluß der Bodenreaktion auf Löslichkeit und tolerierbare Gesamtgehalte an Nickel, Kupfer, Zink, Cadmium und Blei in Böden und kompostierbaren Siedlungsabfällen. Landwirtschaftl. Forschung 33:408-423

Herms U, Tent L (1982) Schwermetallgehalte im Hafenschlick sowie in landwirtschaftlich genutzten Hafenschlickspülfeldern im Raum Hamburg. Geol. Jahrb F12:3-11

Kersten M, Förstner U (1989) Trace element composition of suspended particulate matter in surface waters of the entire North Sea and Irish Sea. In: Vernet JP (Hrsg) Proc Intern Conf Heavy Metals in the Environment, Genf, 2:371-374. CEP Consultants Edinburgh

Koppe P (1983) Schadstoffelimination in Abwässern vor Einleitung in einer öffentliche Abwasseranlage unter Berücksichtigung der zulässigen Gehalte im Klärschlamm. Z Gewässerschutz - Wasser - Abwasser 59:159-176

Maaß B, Miehlich G (1988) Die Wirkung des Redoxpotentials auf die Zusammensetzung der Porenlösung in Hafenschlickspülfeldern. Mitt Dtsch Bodenkundl Ges 56:289-294

Neumann-Malkau, N (1991) Anthropogenic mass movement – interfering with geologc cycles. Kongeßhandbuch Geotechnica '91:153-154

Reimer H (1994) Verfahrensvorschlag für Hochtemperaturverbrennung von kommunalem Restmüll. Müll Abfall 26,5:218-224

Salomons W (1985) Sediment and water quality. Environ Technol Letts 6:315-326

Salomons W (1992) Non-linear responses of toxic chemicals in the environment: A challenge for sustainable development. In: ter Meulen GRB et al. (eds) Chemical Time Bombs, Proc European State-of-the-Art Conf Delayed Effects of Chemicals in Soils and Sediments. Veldhoven, Niederlande, 02.-05.09.92, S. 31-43

Stigliani WM (1992) Chemical time bombs, predicting the unpredictable. In: ter Meulen GRB et al. (eds) Chemical Time Bombs. European State-of-the-Art Conference on Delayed Effects of Chemicals in Soils and Sediments. Veldhoven/Niederlande, 02.-05.09.92 September 1992, S. 12

Vogg H, Christmann A, Wiese K (1988) Das 3R-Verfahren, ein Baustein zur Schadstoffminderung bei der Müllverbrennung. VGB Kraftwerkstechnik 68:258-261

Wiedemann H (1993) Abfallbeseitigung und Deponien - Anforderungen der TA Abfall und Aufgaben des Geowissenschaftlers. In: Dörhöfer G, Thein J, Wiggering H (Hrsg) Abfallbeseitigung und Deponien - Anforderungen an Abfall und Deponie. Umweltgeologie heute, 1:1-10. Ernst & Sohn, Berlin

9.2 Tonmineralogie in der Umwelttechnik

Erich R. Müller, Andreas R. Stiefel und Michael R. Stockmeyer

Einleitung

In der Umwelttechnik werden Tone und Bentonite in vielfältiger Weise eingesetzt. Neben mineralischen Abdichtungen von Deponien wird insbesondere Bentonit zur Erstellung von Schlitz- und Schalwänden, beispielsweise bei der Einkapselung und Sicherung von Altlasten, verwendet. Auch zur Stabilisierung von flüssigen oder pastösen Abfällen werden Tone eingesetzt. In der Abwasserreinigung finden Tone ihre Verwendung als Adsorbentien oder als Pelletiermatrix.

In der vorliegenden Arbeit soll aus den vorstehend genannten Aspekten die Deponietechnik herausgegriffen werden. Um eine sichere Deponierung von Abfällen zu gewährleisten, werden heute in der Deponietechnik verschiedene Fachdisziplinen nach ihrem "Stand der Technik" gefordert und vereint. Die Tonmineralogie steht dabei als interdisziplinäres Bindeglied zwischen den Fachbereichen Geologie/Mineralogie/Chemie und Bodenmechanik.

Stand der Technik

Eine übliche geotechnische Klassifizierung eines Bodens kann heute durch eine tonmineralogische Vollanalyse ergänzt werden. Neben Wassergehalt, Gehalt an organischen Bestandteilen und Karbonatanteil werden weitere tonmineralogische Kenngrößen bestimmt:

Die Kationenaustauschkapazität KAK und die spezifische Oberfläche der Minerale (BET) beschreiben das Sorptionsvermögen und damit auch die Barrierenqualität eines Materials. Mittels röntgenographischer Analysen (XRD) wird weiterhin der Bestand der Hauptminerale und der Tonminerale quantifiziert. Mit diesen Kenntnissen wird ein gegebenes Ausgangsmaterial in Anforderungskriterien eingeordnet. Wichtig ist eine abschließende Dokumentation und langfristige Datensicherung der ermittelten Untersuchungsresultate. Um vorgegebene Anforderungen zu erfüllen, ist es oft notwendig, durch Einmischen von Zuschlagstoffen eine abgestimmte Verbesserung bestimmter Eigenschaften der Barriere zu erreichen. Als mögliche Zuschlagstoffe können eingesetzt werden:

- Ca- oder Na-Bentonit, kaolinitisch/illitische Tone oder Tonmehle, organophiler Adsorberbentonit
- Mischung verschiedener Grundmaterialien oder Böden untereinander (Moränen, Lehmböden, Kieswaschschlämme)

Geowissenschaften und Umwelt
Herausgegeben von J. Matschullat und G. Müller

Die Dosierung und die Art der Zuschlagstoffe (Rezeptur) wird anhand der Resultate der tonmineralogischen Vollanalyse bestimmt.

Schadstofftransportmechanismen

Die Schadstoffausbreitung erfolgt durch mehrere Transportmechanismen. Diese laufen in der technischen Abdichtung, der geologischen Barriere oder im Untergrund einer Altlast gleichzeitig ab:

Durchströmung = konvektiver Schadstofftransport entlang einem hydraulischen Gefälle (wichtige Größen: Hydraulischer Gradient i, Durchlässigkeit k_f, Nutzporosität n').

Dispersion = strömungsabhängige Verteilung gelöster Inhaltsstoffe im Porenwasser (wichtige Größen: Dispersionskoeffizient D_{disp}, longitudinale Dispersivität $_L$).

Diffusion = strömungsunabhängiger Schadstofftransport entlang eines Konzentrationsgradienten (wichtige Größen: Diffusionskoeffizient D_{diff}, Konzentrationsgradient i_C, Retentions- oder Retardationsfaktor R, Verteilungskoeffizient k').

Die Diffusion ist direkt mit dem Adsorptionsvermögen des mineralischen Barrierenmaterials verknüpft. Mit hohen Durchlässigkeiten ist die Diffusion als Schadstofftransportmechanismus vernachlässigbar. Bei mineralischen Abdichtungen mit einem Durchlässigkeitswert k_f um oder kleiner als $1 \cdot 10^{-9}$ m/s gewinnt die Diffusion zunehmend an Bedeutung und kann zum einzig maßgebenden Schadstofftransportmechanismus werden.

Laboruntersuchungen und Transportmodellierung

Kennt man für ein Abdichtungsmaterial die Kennwerte für Durchströmung, Dispersion und Diffusion, kann eine Schadstofftransportmodellierung durchgeführt werden:

- Berechnung der Durchbruchszeiten und -konzentrationen für beliebige Schadstoffe (= Lebensdauer einer Barriere)
- Simulation der Schadstoffausbreitung und des Gefährdungspotentials bei Altlasten, Modellierung der Emissionspfade im Untergrund von Deponien

In vorliegender Publikation soll nicht weiter auf die Theorie der Transportmodellierung eingegangen werden. In Schneider und Göttner (1991) sowie Kinzelbach (1986) werden Transportmodelle behandelt.

Die Abbildung 1 zeigt als Beispiel eine eindimensionale Transportmodellierung für einen organischen Schadstoff (Phenol) mit konstanter Ausgangskonzentration C_o durch eine mineralische Barriere (Mächtigkeit 80 cm, Durchlässigkeit $k_f = 1 \cdot 10^{-9}$ m/s, totale Porosität n = 0,15, longitudinale Dispersivität $_L$ = 0,2 m). Die schadstoffspezifischen Transportparameter sind ein Diffusionskoeffizient von

$D_{diff} = 5 \cdot 10^{-11}$ m²/s und ein zugehöriger Retardationsfaktor von $R = 8$. Berechnet wurde nach der modifizierten Gleichung 5.13 aus Schneider und Göttner (1991).

Nach etwa 25 Jahren haben die ersten Schadstoffmoleküle die Basis der Abdichtung erreicht (Ersteinsatz). Die halbe Ausgangskonzentration des Schadstoffes ($C/C_o = 0{,}5$) wird nach etwa 60 Jahren, und der volle Durchbruch ($C/C_o = 1$) nach etwa 130 Jahren erfolgt sein.

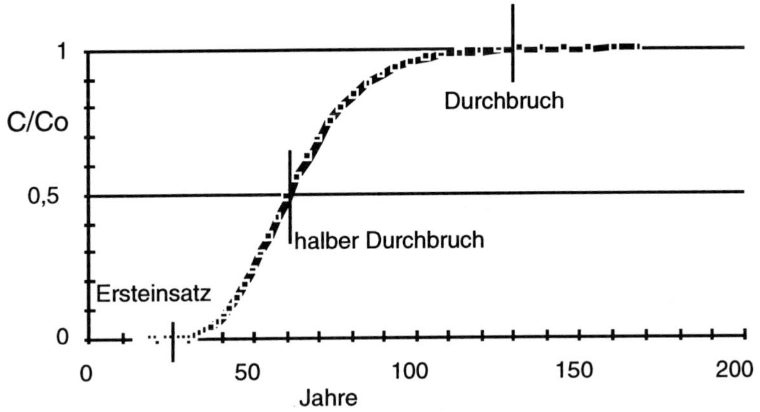

Abb. 1. 1D-Transportmodellierung. Typische Durchbruchskurve von Schadstoffen nach dem eindimensionalen (konvektiven, dispersiven und diffusiven) Schadstofftransportmodell (C_0 = const)

Diese Ganglinie des relativen Schadstoffaustrages (C_o = const.) kann nun mit der tatsächlich erwarteten Sickerwasserfracht kombiniert werden.

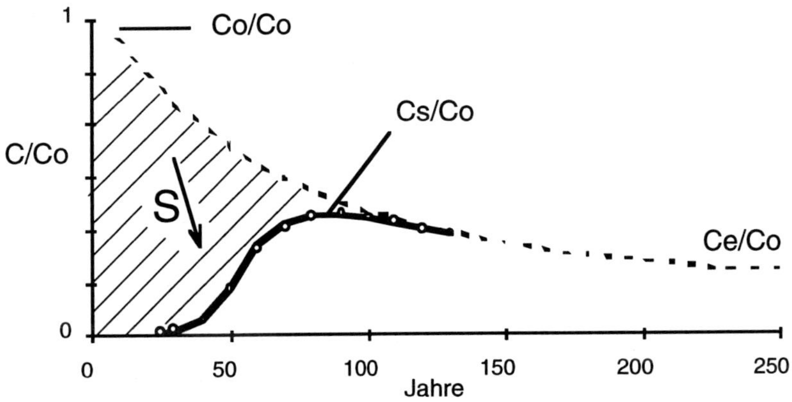

Abb. 2. Schadstoffaustrag aus Deponie, C_0 = maximale Schadstoffkonzentration im Sickerwasser, C_e = Stoffendkonzentration im Sickerwasser, C_s = Spitzenkonzentration, welche tatsächlich unter der Barriere auftritt, S =Sorptionswirkung der Barriere (schraffierte Fläche)

Die gestrichelte Kurve in Abbildung 2 repräsentiert den Austrag eines bestimmten Schadstoffes aus dem Müllkörper (zeitabhängige Reduktion der Ausgangskonzentration C_0). Der Stoff wird mit der Zeit "ausgelaugt" und nähert sich schließlich einer Sickerwasserendkonzentration C_e. Der tatsächliche Stoffaustrag durch die Barriere wird durch die untere durchgezogene Kurve in Abbildung 2 repräsentiert. Entsprechend Abbildung 1 wird eine erste Kontamination nach etwa 25 Jahren die Abdichtung durchwandert haben (Abbildung 2). Der maximale Schadstoffaustrag einer Spitzenkonzentration C_s wird nach etwa 80 bis 90 Jahren erfolgen.

Ein Austrag der ursprünglich anfallenden Maximalkonzentration C_0 wird aufgrund der Sorptionswirkung S der vergüteten mineralischen Barriere (schraffierte Fläche) nie erreicht. Erst nach etwa 130 Jahren entspricht der weitere Schadstoffaustrag dem Verlauf der Stoffflußanalyse mit entsprechend kleinen Emissionen. Maßgebend für die Umweltverträglichkeitsbeurteilung ist somit die Spitzenkonzentration C_s und nicht die maximal anfallende Stoffkonzentration im Sickerwasser! Die Zusammensetzung der mineralischen Abdichtung ist daher ein wesentlicher Faktor für die vorhandene Barrierewirkung. Die vorgestellten Betrachtungen lassen sich analog für eine Transportmodellierung in der geologischen Barriere oder für den Untergrund einer Altlast anwenden.

Schlußfolgerungen

Ein direkter Nachweis und eine Überprüfung des materialspezifischen Schadstofftransportes im Labor ist unter exakten Randbedingungen durchaus möglich. Für eine Beurteilung der Barrierenqualität kann die Durchlässigkeit nur in Verbindung und in Kenntnis der Diffusionskoeffizienten und des Adsorptionsvermögens eines mineralischen Materials mit herangezogen werden.

Das Schadstoffrückhaltevermögen einer Barriere ist proportional zu Art und Menge der Tonminerale und damit auch zur adsorptiven Oberfläche im Material. Die Sorptionswirkung ist nicht von der Fließgeschwindigkeit des Sickerwassers oder dem hydraulischen Gradienten i abhängig. Eine Verringerung der Durchlässigkeit alleine bewirkt keine direkte Erhöhung der Schadstoffrückhaltung.

Literaturverzeichnis

Kinzelbach W (1986) Groundwater Modelling. Developments in Water Sciences 25; Elsevier

Schneider W, Göttner JJ (1991) Schadstofftransport in mineralischen Tonabdichtungen und natürlichen Tonschichten. Geol Jahrb C58, Hannover

9.3 Immobile Fixierung von Schadstoffen in Speichermineralen

Herbert Pöllmann

Einführung

Industrielle Reststoffe, wie Rauchgasreinigungsrückstände, Wirbelschichtaschen, Rotschlämme, Müllverbrennungsaschen und Klärschlämme müssen in großen Mengen in Reststoffdeponien abgelagert werden. Neben fehlenden Anwendungsmöglichkeiten verhindern vor allem hohe Konzentrationen an Schwermetallen, organischen Verbindungen, Anionen und leicht löslichen Chloridsalzen eine Wiederverwendung als Sekundärrohstoff oder Recyclingstoff.

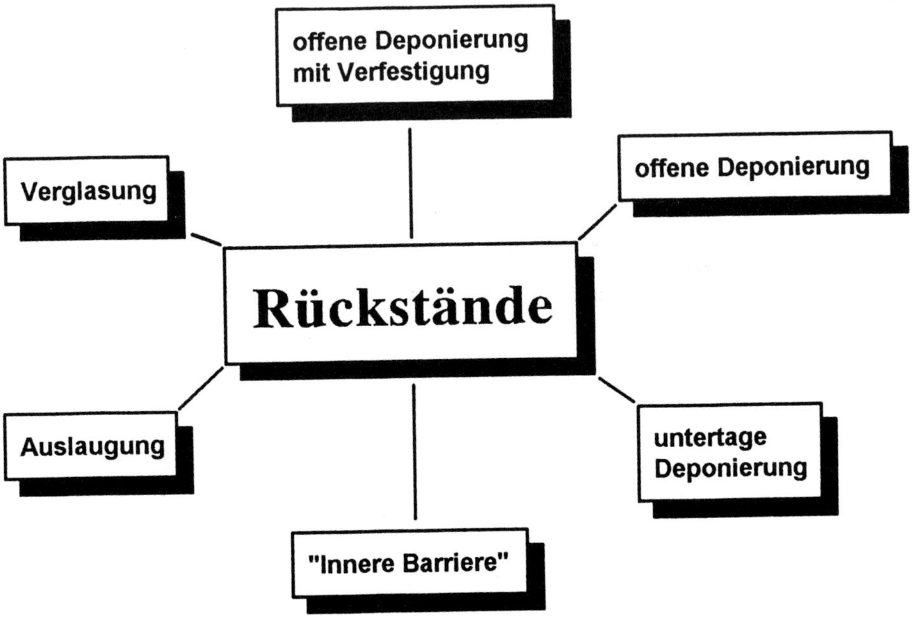

Abb. 1. Entsorgungswege für schadstoffbelastete industrielle Reststoffe

Die verschiedenen Entsorgungsmöglichkeiten zur Verfestigung und Wiederverwendung industrieller Rückstände sind in Abbildung 1 zusammengestellt (Neubauer 1992). Im Literaturverzeichnis sind einige weitere Arbeiten aufgeführt (Auer et al. 1990; Bambauer et al. 1988; Hasset et al. 1990; Kumarathasan et al. 1990; Pöllmann et al. 1991; Oberste-Padtberg et al. 1989; Reimann 1985; Roeder

Geowissenschaften und Umwelt
Herausgegeben von J. Matschullat und G. Müller

et al. 1987; Steffes-Tun 1991; Stemmermann et al. 1990; Wirschung u. Weissflog 1988), die Entsorgungswege und Möglichkeiten detailliert aufzeigen. In dieser Arbeit sollen vor allem die Schadstoffbindungsmöglichkeiten in kristallinen und semikristallinen mineralischen Verbindungen und deren Anwendung auf reale Reststoffe aufgezeigt werden.

Bildung von Speichermineralen – Das Konzept der Inneren Barriere

Die Bedeutung des "Innere-Barriere-Systems" beruht auf der kristallchemischen Fixierung und Immobilisierung von Schadstoffionen in Speichermineralen, die durch zwei Verfahrensschritte gebildet werden:

A) Bildung wasserfreier Minerale durch thermische Reaktion

B) Bildung wasserhaltiger Minerale durch Hydratationsreaktion

Dabei werden die anfallenden Abfallprodukte durch Veränderung des Phasenbestands und anschließende hydraulische Reaktion in ein möglichst auslaugsicheres Gemisch von Speichermineralen umgewandelt. Wesentlich ist insbesondere die chemische und mineralogische Optimierung der Abmischungen verschiedener Reststoffe zur Erzielung einer maximalen Speichermineralbildung.

Die Verfestigung des Deponiegutes erfolgt durch gegenseitige Verzahnung der Mineralphasen die beim hydraulischen Abbindeprozess entstehen. Primäre Speicherminerale, die nicht hydraulisch reagieren, wirken als verfestigender inerter Füllstoff. Im Deponiegut kommt es dann zu einer Permeabilitätserniedrigung und Verdichtung, die der Auslaugbarkeit der Deponiebestandteile ebenfalls entgegenwirkt. Die Auslaugbarkeit des Deponiematerials und eine potentielle Kontamination der Umwelt kann somit erheblich vermindert werden. Die sich bildenden Speicherminerale sollten folgende Eigenschaften aufweisen:

- Vollständige Bildung aus Abmischungen verschiedener industrieller Reststoffe
- Stabilität im geochemischen Milieu der Deponie
- Große chemische Variabilität für den kristallchemischen Einbau von Schadstoffkationen und Anionen
- Bildung eines dichten Gefüges gegen Auslaugung

Für die Realisierung des Konzepts und den Aufbau der "Inneren Barriere" kann schematisch nachfolgendes Modell angewendet werden (Abb. 2). Die wesentlichen Untersuchungen auf Reststoffe für die Anwendung im Konzept der "Inneren Barriere" können wie folgt zusammengefaßt werden:

- Chemische und mineralogische Charakterisierung der zu verwendenden Reststoffe,
- Charakterisierung der Abmischungen, des Brennverhaltens und der neugebildeten Primär- und Sekundärspeicherminerale,
- Bestimmung der Nebenphasen und des Elutionsverhaltens und
- Optimierung der gewonnenen Ergebnisse für den realen Einsatzzweck.

Bei Kenntnis der chemischen und mineralogischen Zusanmmensetzung verschiedener Reststoffe können einige ausgewählte Speicherminerale in hohem Maße durch Abmischung dieser Reststoffe erzeugt werden (Neubauer 1992). Bei Kenntnis einiger Basissysteme kann die Bildung der Speicherverbindungen in den nachfolgenden Systemen gut dargestellt werden:

1. CaO - SiO_2 - Al_2O_3 - $CaSO_4$
2. CaO - SiO_2 - Al_2O_3 - $CaCl_2$
3. CaO - SiO_2 - Al_2O_3 - $CaCl_2$ - MgO
4. CaO - SiO_2 - Al_2O_3 - $CaSO_4$ - $CaCl_2$

Die grundlegende Kenntnis dieser Systeme ermöglicht die Optimierung der Speichermineralbildung bei der Anwendung auf reale Reststoffe. Die Komplexität der Reststoffe führt zu einer weiteren Verkomplizierung, so daß komplexe Phasenverhältnisse nur unter Hinzunahme weiterer Komponenten verstanden werden können.

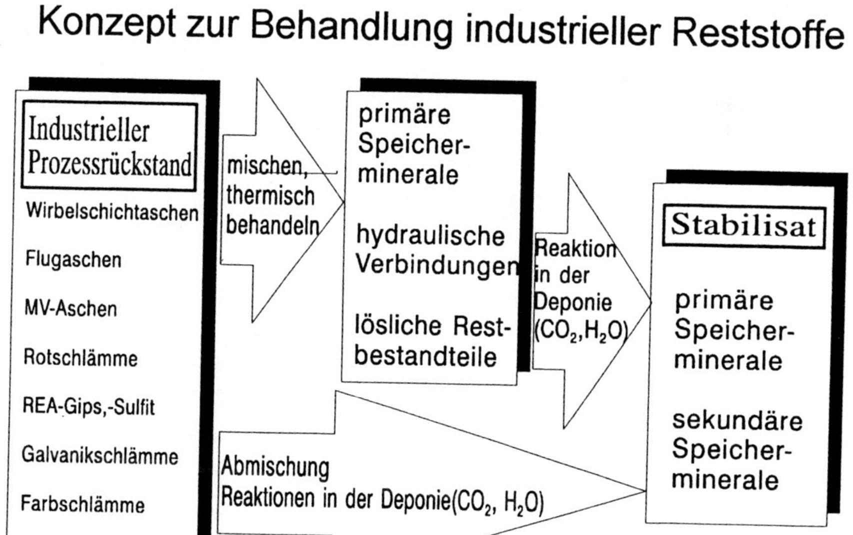

Abb. 2. Schematische Darstellung der Verfahrensschritte zur Herstellung von Speichermineralen aus industriellen Reststoffen

Beispiele für Speicherminerale

Die Schadstoffe können in verschiedenen Speichermineralen fixiert werden, deren kristallchemische Variabilität in Tabelle 1 dargestellt ist:

1. Fixierung von Chlorid, Sulfat und Schwermetallen: **Ellestadit**
   $Me_{10}[Cl)_2/(SiO_4)_3(SO_4)_3]$
2. Fixierung von Oxoanionen und hydraul. Reaktion: **Sodalith**
   $Me_8[Al_{12}O_{24}]\cdot(XO_4)_2$
3. Fixierung von Oxoanionen: **Ettringit**
   $[Ca_6Al_2(OH)_{12}.24H_2O]^{6+}$ $[(SO_4)_3\cdot 2H_2O]^{6-}$
4. Fixierung von Schwermetallen: **Metall-Metall-hydroxisalz**
   $[Me_6Al_2(OH)_{16}]^{2+}$ $[CO_3\cdot nH_2O]^{2-}$
5. Fixierung von organischen Anionen: **Calcium-Aluminium-hydroxisalz**
   $[Ca_4Al_2(OH)_{12}]^{2+}$ $[(OH)_2\cdot nH_2O]^{2-}$

Tabelle 1. Kristallchemie von Apatit, Sodalith, Metall-Metall-hydroxisalz und Ettringit

Kristallchemie von Verbindungen "Silicosulfat-Apatit" A_4 A_6 $[(MO_4)]_6$ / $X_2]$							Kristallchemie von Verbindungen "Aluminat-Sodalith" und "Silikat-Sodalith" M_8 $[T_{12}O_{24}]$ $(XO_4)_2$					
	Ca^{2+}	REE^{3+}						Ca^{2+}				SO_4^{2-}
	Sr^{2+}	Mg^{2+}		CO_3^{2-}		SO_4^{2-}		Sr^{2+}				CrO_4^{2-}
	Na^+	Ba^{2+}		Cl^-		CrO_4^{2-}		Na^+		Al^{3+}		SeO_4^{2-}
	Zn^{2+}	Co^{2+}		OH^-		SeO_4^{2-}		Zn^{2+}		Si^{4+}		WO_4^{2-}
	Fe^{2+}	Ni^{2+}		F^-		WO_4^{2-}		Fe^{2+}		Ge^{4+}		SiO_4^{2-}
A =	Li^+	Al^{3+}	X =	Br^-	M =	SiO_4^{2-}	A =	Li^+	T =	Ga^{3+}	M =	$B(OH)_4^-$
	K^+	Cd^{2+}		O^{2-}		$B(OH)_4^-$		K^+		Be^{2+}		OH^-
	Rb^+	Pb^{2+}				PO_4^{3-}		Rb^+		B^{3+}		Cl^-
	Ag^+	Th^{4+}				AsO_4^{3-}		Ag^+				S^{2-}
	Tl^+	Sn^{2+}				MnO^{4-}		Tl^+				NO_2^-
	Mn^{2+}	Tl^{3+}				VO_4^{3-}		Mn^{2+}				TeO_4^{2-}

Kristallchemie von Verbindungen "laminare Metall-Hydroxysalz-Struktur" Me_4 $[M_2(OH)_{12}]$ $[(X)$ $nH_2O]$ Me_6 $[M_2(OH)_{16}]$ $[(X)$ $nH_2O]$							Kristallchemie der Verbindungen mit Ettringitstruktur A_6 $[Me_2(OH)_{12}$ 24 $H_2O]$ $[(X_3)$ $nH_2O]$						
	Cu^{2+}				CrO_4^{2-}	BrO_3^-		(Co^{2+})				CrO_4^{2-}	SO_4^{2-}
	Ni^{2+}				SeO_4^{2-}	Br^-		(Cu^{2+})				SeO_4^{2-}	CO_3^{2-}
	Zn^{2+}				SeO_3^{2-}			(Na^+)		Mn^{3+}		SeO_3^{2-}	
	Ca^{2+}		Ga^{3+}		SiO_4^{4-}	CO_3^{2-}		Sr^{2+}		Ga^{3+}		SiO_4^{4-}	
	Cd^{2+}		Cr^{3+}		ClO_3^-	ClO_4^-		Ca^{2+}		Cr^{3+}		OH^-	
A =	Mg^{2+}	Me =	Al^{3+}	X =	$B(OH)_4^-$	SO_3^{2-}	A =	Cd^{2+}	Me =	Al^{3+}	X =	NO_2^-	
	Fe^{2+}		Fe^{3+}		OH^-	NO_3^-		(K^+)		Fe^{3+}		JO_3^-	
	Co^{2+}		In^{3+}		NO_2^-	J^-		(Ni^{2+})		Ti^{4+}		BrO_3^-	
	Mn^{2+}				Cl^-	MnO_4^-		(Zn^{2+})		Si^{4+}		ClO_3^-	
					JO_3^-	CN^-						$HCOO^-$	
	C_6H_5-$(CH_2)n$-COO^-				SCN^-	$HCOO^-$						ClO_4^-	
	$(CH_3)n$-$(CH_2)n$-COO^-				SO_4^{2-}	$Al(OH)_4^-$						SO_3^{2-}	
	-OOC-$(CH_2)n$-COO^-				OCN^-							NO_3^-	
												$[(B(OH_4]_2$ $(OH)^{3-}$	
												$[(B(OH)_4]$ $(OH)_2^{3-}$	

1. Silico-Sulfat-Apatit und Silikatapatit (Abb. 3 und Abb. 5). Die kristallchemische Ableitung von Ellestadit und Nasonit aus der klassischen Phosphatapatitzusammensetzung ist:

Apatit

$Ca_{10}[(Cl)_2/(PO_4)_6]$

$Ca_{10}[(Cl)_2/(SO_4)_3(SiO_4)_3]$ $Pb_6Ca_4[(Cl)_2/(Si_2O_7)_3]$

Ellestadit **Nasonit**

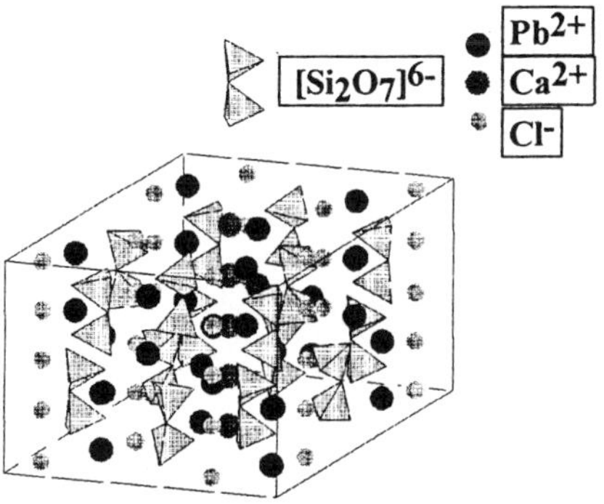

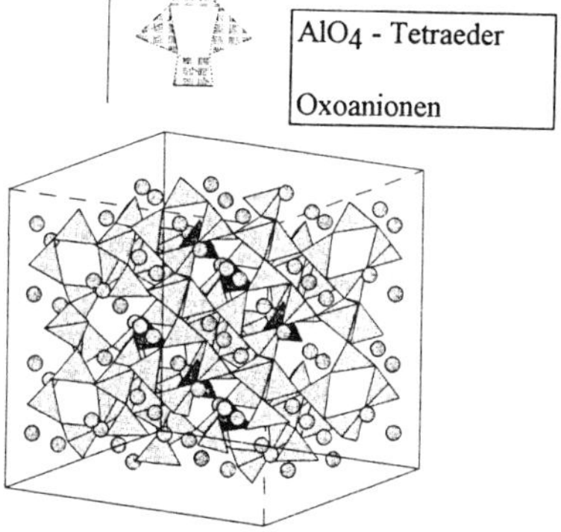

Abb. 3. Kristallstruktur von Nasonit

Abb. 4. Kristallstruktur von Sodalith

2. Aluminat-Sodalith (Abb. 4 und Abb. 6).

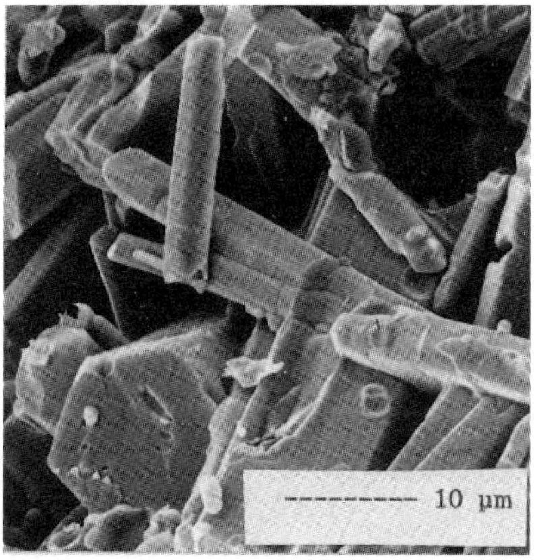

Abb. 5. SEM-Aufnahme : Apatit

Abb. 6. SEM-Aufnahme : Sodalith

3. Laminare Metall-Metall-hydroxisalze (Abb. 7 und Abb. 8).

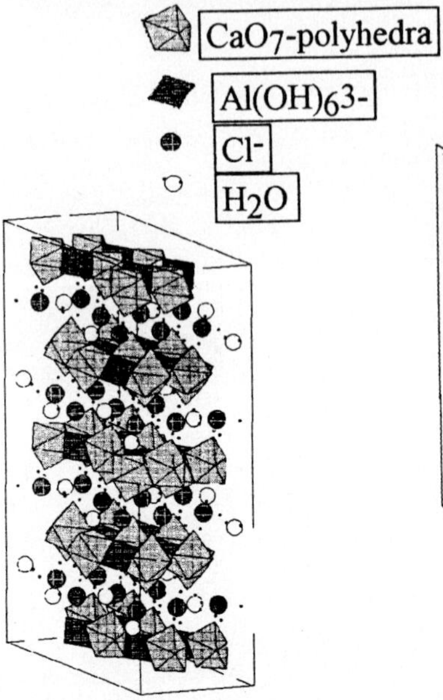

Abb.7. Struktur einer Verbindung vom Typ laminares Metall-Hydroxisalz

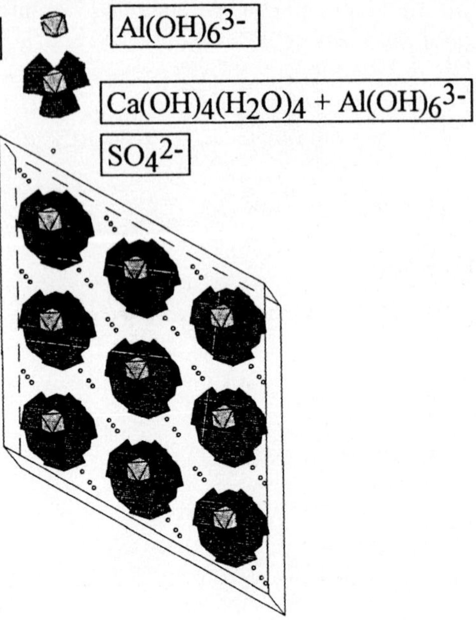

Abb. 9. Kristallstruktur von Ettringit

Die Möglichkeiten der Fixierung in der Schichtstruktur von Metall-Metall-hydroxisalzen können wie folgt zusammengefaßt werden:

- Geladene Oberflächen der Schichtstruktur können anorganische und organische Substanzen adsorbieren.
- Anionen können für OH^- in die Zwischenschicht eingebaut werden.
- Polare anorganische und organische Ionen und Verbindungen können an die Stelle von H_2O in der Zwischenschicht treten oder zusätzlich eingebaut werden.
- Metall-Kationen können diadoch in die Hauptschicht der Schichtverbindungen eingebaut werden.

Die weitere Entwicklung zur Speichermineralbildung ausgehend vom Tetracalciumaluminathydrat ist nachstehend zusammengefaßt:

TCAH

$[Ca_4Al_2(OH)_{12}]^{2+}\ [(OH)_2{\cdot}nH_2O]^{2-}$

Na-Monosulfat

$[Ca_4Al_2(OH)_{12}]^{2+}\ [SO_4{\cdot}0{,}33Na_2SO_4{\cdot}H_2O]^{2-}$

Metall-Metall-hydroxisalz

$[Mg_6Al_2(OH)_{16}]^{2+}\ [SO_4{\cdot}4H_2O]^{2-}$

4. Ettringit (Abb. 9 und Abb. 10).

Abb. 8. SEM-Aufnahme von Metall-Metall-hydroxisalz

Abb. 10. SEM-Aufnahme von Ettringit

Anwendungsbeispiele und Fixierungsmöglichkeiten

Die Möglichkeit der Fixierung von Schadstoffen in Speichermineralen soll an drei typischen Beispielen aufgezeigt werden.

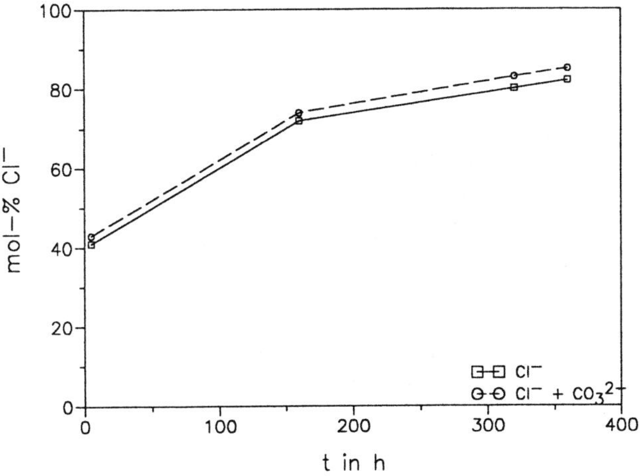

Abb. 11. Einbau von Chlorid in Calciumaluminathydrat nach verschiedenen Zeiten

A) Fixierung von Chlorid in lamellaren Calciumaluminathydraten (Abb. 11). Der Einbau von Chlorid in die Zwischenschicht wurde in Abwesenheit und Gegenwart von CO_2 durchgeführt. Es zeigte sich, daß Carbonat auch in die Zwischenschicht eingebaut wird. Trotzdem ist es möglich, bis zu 15 % Cl^- in der Zwischenschicht zu binden. Die geringfügig niedrigere Bindungsrate von Chlorid an den Festkörper ist auf Mischkristallbildung mit OH^-, CO_3^{2-} und Cl^- zurückzuführen. Detaillierte Untersuchungen dazu wurden von Riedmiller (1991) und Pöllmann (1986) durchgeführt.

B) Fixierung von Oxoanionen in Hydratphasen mit Ettringit- oder Metall-Metall-hydroxisalz-Struktur. Die Fixierung von Sulfat, Chromat und Selenat wurde als Funktion der Zeit untersucht (Abb.12). Es zeigte sich, daß bei hohen Konzentrationen an Oxoanionen stets Ettringit gebildet wird, der sich bei niedrigeren Konzentrationen in eine entsprechende Verbindung der lamellaren Hydroxi-Salze umwandelte. Auch hier spielen Mischkristallbildung mit Carbonat und Hydroxid eine wichtige Rolle. Die Fixierung findet quantitativ bereits nach sehr kurzen Reaktionszeiten statt.

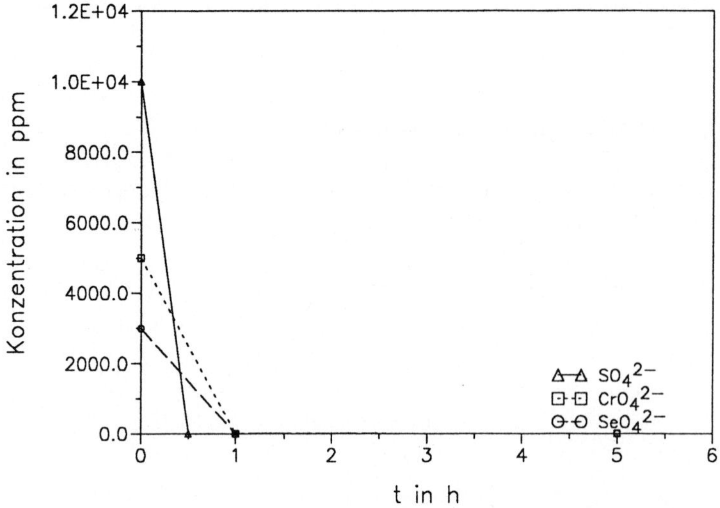

Abb. 12. Bindung von Sulfat, Chromat und Selenat an Ettringit oder lamellare Calcium-Aluminium-hydroxisalze

C) Fixierung von Schwermetallen in lamellaren Metall-Metall-hydroxisalzen. Die Fixierung von Schwermetallen in wässrigen Lösungen ist in Abb. 13 dargestellt. Die quantitative Fällung und der Einbau in entsprechende Schichtstrukturen gelingt vollständig bei entsprechender Versuchsdurchführung. Der wesentliche Vorteil dieses Verfahrens im Vergleich mit der normalen Hydroxidfällung liegt jedoch in der Unlöslichkeit dieser Verbindungen bei Absenkung des pH-Wertes. Dies bedeutet, daß die Präzipitate auch bei Absenkung auf pH = 1 die Schwermetalle immobil in der Kristallstruktur fixieren. Auch bei erhöhten pH-Werten kommt es nicht zu einer Wiederauflösung durch Komplexbildung.

Zusammenfassung und Diskussion

Schwermetalle, leicht lösliche Chloride, Oxoanionen und organische Bestandteile können in Speichermineralen fixiert werden. Durch geeignete Speichermineralbildung in definierten industriellen Reststoffen ist eine vollständige Immobilisierung möglich. Primäre Speicherminerale werden durch thermische Behandlung von Reststoffgemischen gebildet, während sekundäre Speicherminerale aus der hydraulischen Reaktion von Precursorphasen entstehen.

Gleichzeitig wird eine dichtes Gefüge aufgebaut und die Auslaugbarkeit weiter verringert. In Reststoffdeponien wird zusammen mit den äußeren Barrieren damit eine Multibarriere aufgebaut.

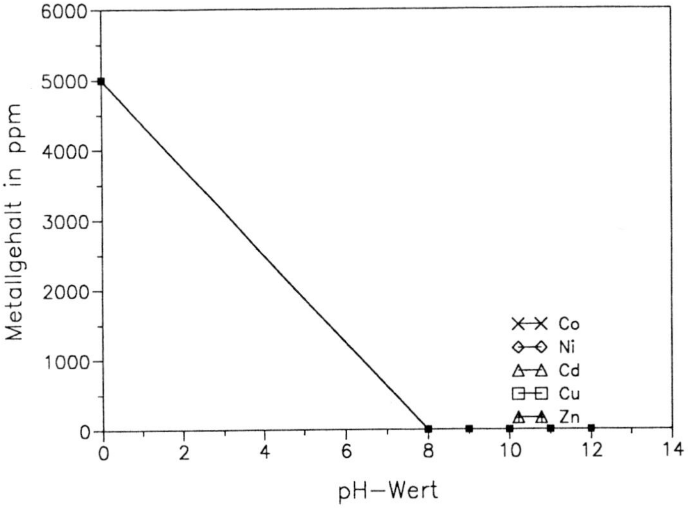

Abb. 13. Einbau von Cobalt, Nickel, Kupfer, Zink und Cadmium im lamellare Metall-Metall-hydroxisalze bei erhöhten pH-Werten (Ausgangskonzentration = 5000 mg/kg)

Literatur

Auer S, Pöllmann H, Kuzel HJ (1990) Immobile Fixierung von CrO_4^{2-} in Zementmineralen. Eur J Min, Beih 1,7

Bambauer HU, Gebhard G, Holtzapfel Th, Krause T (1988) Schadstoffimmobilisierung in Stabilisaten aus Braunkohleaschen und REA-Produkten; 2. Schwermetallfixierung, Bilanzen. Fortschr Min 66:281-290

Hasset DJ, Mc Carthy GJ, Kumarathasan P, Pflueghoeft-Hassett D (1990) Synthesis and characterization of selenate and sulfate-selenate ettringite structure phases. Proc Mat Res Soc

Kumarathasan P, Mc Carthy GJ, Hasset DJ, Pflueghoeft-Hassett D (1990) Oxyanion substituted ettringites: Synthesis, characterization and their potential role in immobilization of As, B, Cr, Se and V. Proc Mat Res Soc

Neubauer J, Pöllmann H (1990) Einbau von Schwermetallen in Silikatapatite. Eur J Min Bei 1,191

Neubauer J (1992) Die Realisierung des Deponiekonzeptes der "Inneren Barriere" für Rauchgasreinigungsrückstände aus Müllverbrennungsanlagen. Dissertation Univ Erlangen

Pöllmann H, Auer S, Neubauer J, Stemmermann P (1991) Bildung eines Innere Barriere Systems in Abfalldeponien – Immobile Fixierung von Chlorid und Schwermetallen in Speichermineralen. Buch der Umweltanalytik, 3:82-83, GIT-Verlag

Pöllmann H (1986) Synthese, Kristallchemie und Kristallographie von laminaren Schichtstrukturen vom Typus des Tetracalciumaluminathydrats mit aliphatischen und aromatischen Carbonsäureanionen. Z Krist 175:170-171

Oberste-Padtberg M, Neubauer J (1989) Laborversuche zur Herstellung von Alinitzementen aus Müllverbrennungsanlagen. Wasser Luft Boden 10

Reimann DO (1985) Transport und Behandlung von Flugstäuben (Bamberger Modell) - VGB Kraftwerkstechnik 65,7:683-687

Riedmiller A (1991) Die Bestimmung von Austauschgleichgewichten um-weltrelevanter Anionen an Tetracalciumaluminathydrat mit Ionenchromatographie und Röntgenanalyse. Diplomarb Erlangen

Roeder A, Hennecke HP, Stradtmann J, Radermacher G (1987) Die Deponierung verfestigter Rückstände aus Rauchgasreinigungsanlagen auf zwei Monodeponien. Erster Teil: Auswahl und Beschreibung der Rückstände und der durchgeführten Untersuchungen. Müll Abfall 19:277-287

Steffes-Tun W (1991) Rückstände aus der Müllverbrennung inertisieren. Umwelt 21,11/12:661-663

Stemmermann P, Pöllmann H, Kuzel HJ (1990) Synthese und Polymorphie von Calciumchlorosilikaten. Eur J Min, Beih 1,251

Wirsching F, Weissflog E (1988) Umweltfreundliche Entsorgung von Reststoffen steinkohlebefeuerter Kraftwerke. VGB Kraftwerkstechnik 68,12:1269-1278

9.4 Fraktalgeometrische Analyse und Modellierung von Mineralisationsprozessen in porösen Medien

Jürgen Kropp und Thomas Klenke

Einleitung

Poröse Medien sind in der natürlichen wie der technischen Umwelt allgegenwärtig. Sie begegnen uns in der Vielzahl klastischer Sedimente, aber auch in Rückstandsstäuben, Filtermaterialien oder Katalysatorschüttungen. Von besonderem Interesse sind vielfach die intrinsischen Prozesse, die in solchen komplexen Strukturen ablaufen. Die Analyse und Charakterisierung von einzelnen Prozessen ist schwierig und gelingt häufig nur teilweise und über eine makroskopische Betrachtung des gesamten Systems. Die Aufklärung von Vorgängen, die auf kleinen Raumskalen ablaufen, oder auch nur die Morphologie einer komplexen Strukturmatrix bleiben einer näheren Untersuchung meist verschlossen. Erst die Kombination von bildanalytischen Verfahren und modernen Methoden der Physik hat die Forschungen auf diesem Gebiet weiter vorangetrieben (Keller et al. 1989). Die Anwendung des Fraktalkalküls (Mandelbrot 1983) ermöglicht die erfolgversprechende Quantifizierung von kleinräumigen Strukturmerkmalen, wie z. B. des Porenraums oder dem Arrangement von Komponenten. Wesentliche Erkenntnis entsprechender Untersuchungen ist, daß hochkomplexe natürliche Systeme nicht einfach als ungeordnet aufzufassen sind, sondern häufig eine nicht-triviale Skaleninvarianz (Selbstähnlichkeit) über viele Größenordnungen aufweisen und durch eine *fraktale Dimension* (Skalierungsexponent) charakterisiert werden können (Krohn 1988; Hansen u. Skjeltorp 1988).

Diagenetische Prozesse, die innerhalb des Porenraumes oder auf einer komplexen Strukturmatrix ablaufen (z.B. physiko-chemische Reaktionen zwischen Substratkomponenten), können dagegen räumlich wie auch zeitlich von stark unterschiedlichem Gewicht sein, so daß die Charakterisierung durch einen einfachen Skalierungsexponenten nicht ausreichend ist. Das Vorhandensein von Elementen an einem Ort (x, y) – insbesondere auch solcher, die an Mineralisationsprozessen beteiligt sind – stellt aber eine weitere wichtige strukturelle Information dar. Um diese quantitativ auswerten zu können, bedarf es der Anwendung eines umfassenderen Konzeptes: Mit Hilfe des Multifraktalkalküls (z.B. Tel 1988) ist die Analyse von Teilmengen einer Bildinformation und die Bestimmung von deren Skalierungsexponenten (*verallgemeinerte fraktale Dimensionen* = $D_B(q)$) möglich. Auf diese Weise können wertvolle Informationen über die räumliche Dichte einer Elementverteilung gewonnen werden, wodurch sich auch Aussagen über die Bedeutung eines abgelaufenden Mineralisationsprozesses machen lassen. Eine Veri-

Geowissenschaften und Umwelt
Herausgegeben von J. Matschullat und G. Müller © 1994 Springer Verlag

fikation der gewonnenen Erkenntnisse kann im Anschluß an die geometrische Analyse durch den Einsatz geeigneter Modellierungs- und Visualisierungsverfahren erfolgen.

Methodisches Konzept

Multifraktalanalyse. Die Kopplung eines elektronenoptischen und energiedispersiven Analyseverfahrens (REM/EDX) mit einer Bildverarbeitungseinheit ermöglicht die schnelle Aufnahme und Digitalisierung von Elementverteilungsbildern (Abb. 1). Auf rezente Sedimentproben angewandt, erlaubt diese Methodik einen Zugang zu sediment-intrinsischen Mineralisationsprozessen; denn im nm bis unteren mm-Bereich können komplexe Strukturmerkmale und die Distribution unterschiedlicher Elemente dokumentiert werden. Die Auswertung und Analyse der digitalisierten Bildinformation durch moderne fraktalgeometrische Methoden (Block et al. 1990; 1991) liefert quantitative Aussagen über die durch Mineralisationsprozesse wesentlich beeinflußte Elementverteilung. Treten innerhalb der untersuchten Struktur rezente Mineralisationsprodukte auf, so werden diese nach Abschluß der geometrischen Auswertung präparativ aufgearbeitet und durch weitere Verfahren, z. B. Röntgendiffraktometrie, qualifiziert.

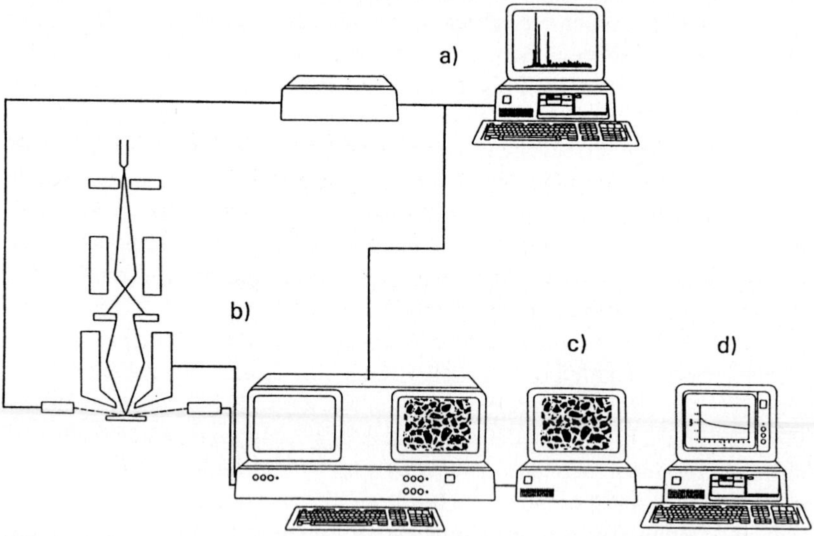

Abb. 1. Aufbau der Versuchsanlage: **a)** energiedispersives Röntgen-Spektrometer (EDX), **b)** Rasterelektronenmikroskop (REM), **c)** Bildprozessor, **d)** Transputersystem installiert in einem AT Personal-Computer

Modellierung. Mit Hilfe des angewandten elektronenoptischen Verfahrens und der sich daran anschließenden Quantifizierung von lokalen Elementverteilungen werden gleichzeitig die Grundlagen für eine Modellierung von morphogenetischen und stoffdynamischen Prozessen geliefert: Die erhaltenen Informationen, z.B. über den strukturellen Aufbau der Hindernismatrix oder das lokale Auftreten von Mineralisierungsprozessen fließen direkt in den Modellansatz ein.

Die Modellierung erfolgt auf der Basis eines Zellulären Automaten (Wolfram et al. 1984): Ein solcher Automat stellt eine mathematische Idealisierung eines natürlichen Systems dar und ist ein in räumlicher und zeitlicher Hinsicht diskretes Modell. Die "Zellen" – Gitterpunkte eines 2D-Gitters – bilden die elementare Einheit eines solchen Computermodells. Sie können lediglich eine endliche Menge von Zuständen annehmen, die sich aus der modellhaften Vorstellung über das zu untersuchende Objekt ergeben (z. B. Porenraum, Mineral). Wechselwirkungen sind nur mit den unmittelbaren Nachbarzellen möglich und werden durch einen Satz von lokalen Transformationsregeln repräsentiert, in denen sich z.B. die Stoffdynamik oder auch die Reaktivität von Teilchen ausdrücken läßt. Die Evolution der gesamten Gitterstruktur erfolgt, indem die zukünftigen Zustände der "Zellen" in diskreten Zeitschritten (Generationen) simultan aus den momentanen Nachbarschaftskonstellationen berechnet werden. Durch diese Methode ist es möglich, das Verhalten komplexer Systeme über lange Zeiträume hinweg im Modell zu beobachten, kleinräumig ablaufende Vorgänge abzubilden und deren Einfluß auf die mesoskopische/makroskopische Ausprägung eines Systems zu erfassen.

Anwendungsbeispiel

Die Leistungsfähigkeit der erläuterten Methoden wird anhand von Sedimentproben, die aus den supratidalen Farbstreifensandwatten der Insel Mellum, Deutsche Bucht stammen, gezeigt: Diese biologisch höchst aktiven marinen Ablagerungen zeichnen sich im Profil durch stark wechselnde Strukturmerkmale (Sandlagen, rezente/subrezente Mikrobenmatten) aus (z. B. Gerdes et al. 1985). Die in diesen Strukturen auftretende frühdiagenetische Bildung von karbonatischen Zementen verdeutlicht, daß die Kenntnis der kleinskaligen Situation eine unerläßliche Voraussetzung für eine erfolgreiche Modellierung und Interpretation von Vorgängen und Veränderungen innerhalb der Struktur bildet: In den oberen Schichten der rezenten Sedimentstruktur kommt es zur biologisch induzierten Mineralisation von Calcit (Kropp et al. 1994). Diese dokumentiert sich in kleinräumigen Variationen der Calcium-Verteilung innerhalb der nur wenige hundert Mikrometer mächtigen Schichtabfolge (Abb. 2a-c).

Analysen der Verteilungsbilder mit Hilfe des Multifraktalkalküls ergeben ein Dimensionsspektrum, welches das Skalierungsverhalten von mit q gewichteten Teilmengen der Bildinformation ausdrückt. Skalieren alle Teilmengen gleich ($D_B(q) \approx$ const. $\forall$ q), so charakterisiert dies eine annähernd homogene Verteilung, während im umgekehrten Fall – je nach Stärke des Abfalls im Spektrum – zunehmend ausgeprägtere Inhomogenitäten in der Elementverteilung zu beobachten sind. Dadurch stellen die mit den Verteilungsbildern korrespondierenden

Multifraktalspektren auch ein Maß für die lokale Intensität des hier untersuchten Mineralisationsprozesses dar.

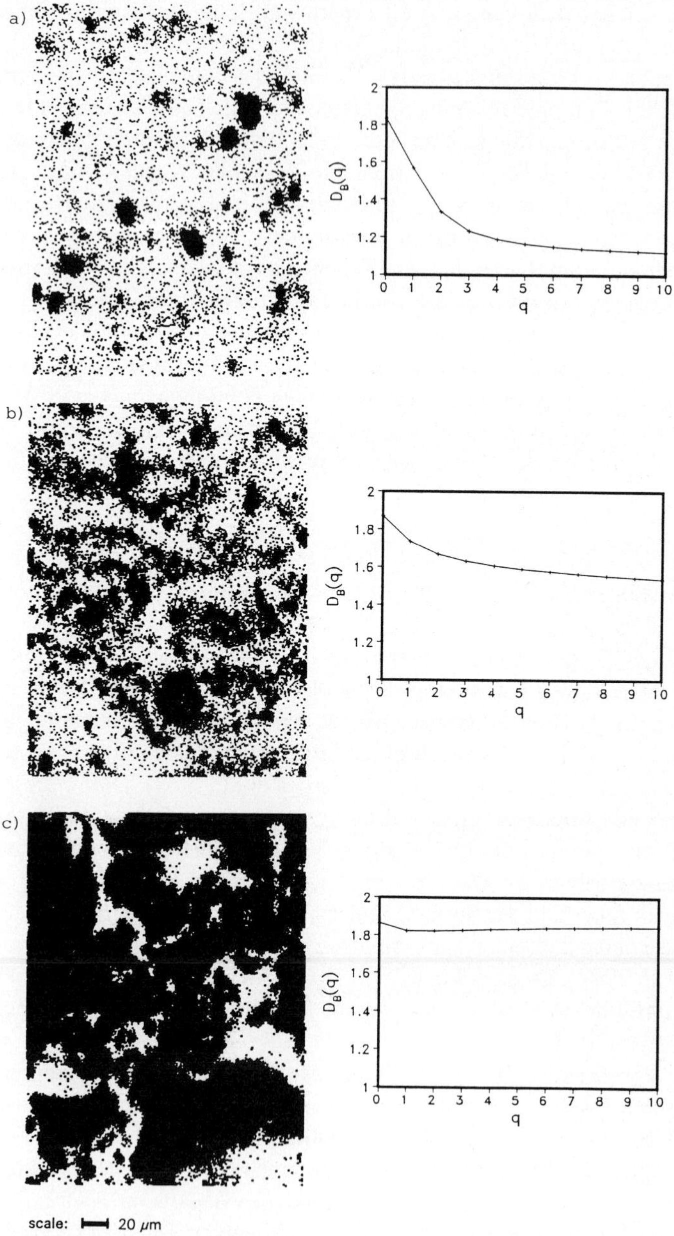

Abb. 2. Calcium-Verteilungsmuster in einer rezenten Farbstreifensandwattstruktur (Auflösung: 512 x 512 Bildpunkte) und zugehörige Multifraktalspektren. a) Tiefenlage: 6,0 mm, 10 794 Punkte; b) Tiefenlage: 6,25 mm, 34 190 Punkte c) Tiefenlage: 6,5 mm, 110 487 Punkte

Für die modellhafte Beschreibung dieser Vorgänge werden auf einem 2D-Gitter, durch das ein sedimentäres Profil repräsentiert wird, biologisch aktive bzw. inaktive "Zellen" stochastisch verteilt (Abb. 3a). Diese Zellen entsprechen im natürlichen System der lebenden Biomasse und unter der Annahme, daß ausreichend Sauerstoff und genügend freie Nachbarzellen (Porenraum) in der Umgebung vorhanden sind, kann diese sich weiter ausbreiten. Im anderen Fall erfolgt der Übergang in ein inaktives Stadium und gegebenenfalls der Tod der "Zelle", durch den das Absterben von Biomasse simuliert wird. Erfolgt im weiteren die heterotrophe Mineralisierung des abgestorbenen biologischen Materials, z.B. durch spezifisch angepaßte Mikroorganismen, dann bilden sich auch innerhalb der Modellstruktur lokal begrenzte Mineralisationszonen heraus (Abb. 3b; vergl. Abb. 2a-c).

Diese Struktur entwickelt sich dynamisch, d.h. Mineralisationsphasen können sich wieder auflösen, wenn durch strukturelle Änderungen an anderer Stelle ein Zutritt von frischem Porenwasser möglich wird. Die Simulation eines solchen realen Systems zeigt, daß für die Bildung von Calcit offenbar im wesentlichen lokale, kleinräumige Umgebungsparameter, wie das Sauerstoffangebot, der pH-Wert oder die Menge abgestorbenen biogenen Materials verantwortlich sind.

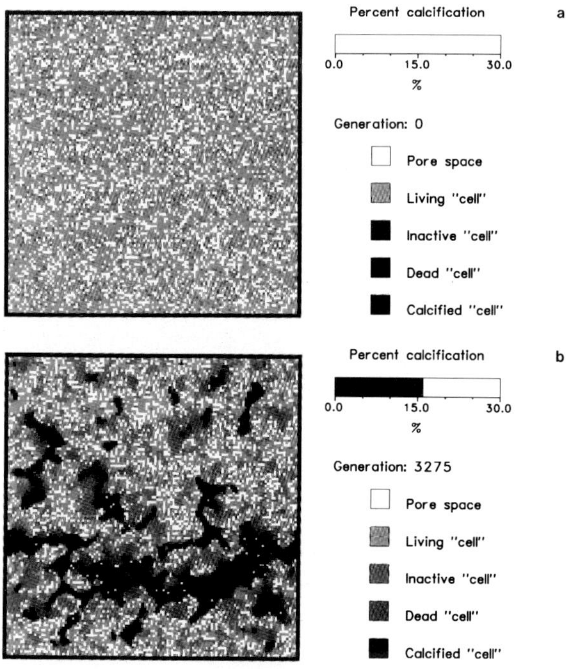

Abb. 3. Modellierung von Calcifizierungsprozessen innerhalb einer bioaktiven Sedimentschicht durch einen Zellulären Automaten: a) Startbedingung (Generation 0): Das sedimentäre Profil wird durch ein 2D-Gitter (Gittergröße 125 x 125 Pixel) repräsentiert, auf dem "Porenraum", inaktive und aktive "Zellen" stochastisch verteilt werden; b) Zustand nach 3.275 Generationen: Wie im natürlichen System bilden sich auch im Modell lokal begrenzte calcifizierte Domänen heraus, deren Gewicht je nach Tiefenlage variiert.

Ausblick

Ein genereller Transfer von optisch-analytischen Dokumentationsverfahren (REM-EDX und Multifraktalanalyse) und Modellierung (Zelluläre Automaten) erscheint möglich. Von besonderem Interesse sind vor allem folgende geowissenschaftlichen Anwendungsbereiche:

- Fixierung, Mobilisierung und Transport von Schadstoffen in porösen Medien, insbesondere von Schwermetallen im Boden und in Deponien;
- Bestimmung von zeitlich veränderlichen Filter- und Abdichtungscharakteristiken bzw. -kapazitäten.

Literatur

Block A, von Bloh W, Schellnhuber HJ (1990) Efficient box-counting determination of generalized fractal dimensions. Phys Rev A42:1869 - 1874

Block A, von Bloh W, Klenke T, Schellnhuber HJ (1990) Multifractal analysis of the microdistribution of elements in sedimentary structures using images from scanning electron microscopy with energy dispersive X-ray spectrometry. J Geophys Res 96,B 10:16223-16230

Gerdes G, Krumbein WE, Reineck HE (1985) The depositional record of sandy, versicolored tidal flats (Mellum Island, Southern North Sea). J Sed Pet 55:265-278

Hansen JP, Skjeltorp AT (1988): Fractal pore space and rock permeability implications. Phys Rev B38:2635-2638

Keller JM, Chen S, Crownover RM (1989) Texture description and segmentation through fractal geometry. Comp Graphics Image Process 45:150-166

Krohn CE (1988) Sandstone fractal and Euclidean pore volume distributions. J Geophys Res 93:3297-3296

Kropp J, Block A, von Bloh W, Klenke T, Schellnhuber HJ (1994): Characteristic multifractal element distributions in recent bioactive marine sediments. In: Kruhl JH (ed) Fractals and Dynamic Systems in Geosciences, Springer Verlag, Berlin

Mandelbrot BB (1983) The fractal geometry of nature. Freeman & Co., New York, 486 pp

Tel T (1988) Fractals, multifractals and thermodynamics. An introductory review. Z Naturforsch 43a:1154-1174

Wolfram S, Former JD, Toffoli T (1984) Cellular automata: Proceedings of an interdisciplinary workshop. Physica D10 D,1/2

9.5 Neue Wege der Sanierung quecksilberbelasteter Böden: Immobilisierung und Niedertemperatur-Pyrolyse

German Müller

Quecksilber und seine Verbindungen

Elementares Quecksilber und die meisten seiner Verbindungen gehören zu den sehr giftigen und z.T. für Organismen leicht verfügbaren Stoffen. Auf Grund ihrer Toxizität können folgende Bindungsarten unterschieden werden:

- elementares Quecksilber, Hg°. Es hat wegen seines hohen Dampfdrucks ein erhebliches toxisches Potential und besitzt darüber hinaus eine toxikologisch wirksame Löslichkeit in Wasser von 0,02 mg/l, die weit über dem Grenzwert für Trinkwasser (0,001 mg/l) liegt;
- anorganische Salze des ein- und zweiwertigen Quecksilbers, die mit organischen Liganden leicht Komplexe bilden können. Ein häufig verwendetes Salz ist das wasserlösliche, sehr giftige Quecksilber(II)chlorid, das unter dem Namen "Sublimat" besser bekannt ist;
- an Huminstoffe gebundenes Hg;
- Quecksilbersulfid, HgS. Das in der Natur in zwei Modifikationen auftretende rote (Zinnober, Cinnabarit) oder schwarze (Metacinnabarit) HgS ist ungiftig "da es in Wasser praktisch unlöslich ist; sogar von konzentrierten Mineralsäuren wird HgS nur langsam aufgelöst "(RÖMPP Chemie Lexikon 1992);
- Organo-Quecksilberverbindungen. Es handelt sich um Verbindungen, in denen Hg an ein Kohlenstoffatom gebunden ist. Die hohe Toxizität beruht darauf, daß die meisten Verbindungen fettlöslich sind und daher leicht biologische Membranen zu durchdringen vermögen. Beispiele sind Methyl- und Phenylquecksilber.

Der biogeochemische Kreislauf des Quecksilbers wird durch die hohe Mobilität des Metalls und der meisten seiner Verbindungen bestimmt. Wichtige, sowohl biotisch wie abiotisch ablaufende Prozesse sind die Methylierung von Hg° und Hg-Verbindungen sowie die Reduktion von Hg-Verbindungen zu Hg°. Bei einer Beurteilung von Hg-Schadensfällen müssen daher nicht nur die primär eingesetzten Hg-Verbindungen, sondern auch mögliche Umwandlungsprodukte beachtet werden.

Quecksilberkontaminierte Standorte

Im Bereich der bergmännischen Gewinnung von Quecksilber-Erzen sowie den meist in unmittelbarer Nachbarschaft befindlichen Anlagen zur Verhüttung und Reinigung des Metalls sind flächenhafte Kontaminationen seit längerem bekannt (z.B. Almadén in Spanien, Idrija in Slowenien). Dies gilt ebenso für Werke der chemischen Industrie, in denen größere Mengen an Quecksilber zu Quecksilberverbindungen (z.B. zu Saatbeizmitteln) weiterverarbeitet wurden. Als Beispiel sei hier die ehemalige "Chemische Fabrik" in Marktredwitz genannt, in der 200 Jahre lang Quecksilber verarbeitet wurde, was zu einer großflächigen Kontamination der Umgebung führte.

Anlaß zu schweren Umweltschäden war auch die sorglose Verwendung von Quecksilber bei der katalytischen Umwandlung von Acetylen in Acetaldehyd und Vinylchlorid, die mit dem Namen Minamata (Japan) verbunden ist und für schwere Erkrankungen und zahlreiche Todesfälle bei Fischerfamilien der Region verantwortlich war (D'Itri u. D'Itri 1977).

Die auch heute noch übermäßige Belastung der Elbe mit Quecksilber (Müller u. Furrer 1994) ist in erster Linie auf den Einsatz des Hg° bei der Chloralkalielektrolyse ("Amalgamverfahren") in der ehemaligen DDR im Raum Halle (Buna, Merseburg, Bitterfeld) zurückzuführen.

Im Zusammenhang mit der Verwendung von Hg° bei der Chloralkalielektrolyse ist auch die Kontamination auf dem ehemaligen Betriebsgelände der Fa. Elwenn & Frankenbach i.L. im Frankfurter Stadtteil Griesheim zu sehen, wo Hg vorwiegend aus Hg-haltigen Schlämmen, die bei der Chloralkalielektrolyse anfielen, durch Destillation recycliert wurde (Hess 1993).

Hohe Hg-Kontaminationen sind auch an Standorten ehemaliger Kyanisierbetriebe zu finden (z.B. in Meckenbeuren, Bad Krozingen, Bingen) in denen Bahnschwellen, Telegrafenmasten, Hopfenstangen etc. mit Quecksilber(II)chlorid ("Sublimat") imprägniert wurden.

Immobilisierung von Quecksilber durch Sulfidfällung

Quecksilbersulfid besitzt eine Löslichkeit von $1{,}3 \cdot 10^{-21}$ mg/l, ist also (praktisch) unlöslich. Die Sulfidfällung von Metallen aus wäßrigen Lösungen ist nicht neu, sie kann z.B. durch Einleiten von Schwefelwasserstoff oder durch Behandlung mit Natriumsulfid geschehen. Der hierbei verwendete bzw. freiwerdende Schwefelwasserstoff ist jedoch wegen seiner hohen Giftigkeit nicht unproblematisch. Auch Organosulfide fällen Metalle als Sulfide aus, jedoch nur im pH-Bereich oberhalb von 7. Die in der wäßrigen Lösung verbleibenden organischen "Reste" können ihrerseits wieder problematisch und schwierig zu entsorgen sein.

Bei am Institut für Sedimentforschung durchgeführten Experimenten mit quecksilberbelasteten Böden und industriellen Reststoffen stellte sich heraus, daß eine normalerweise zur Metallfällung in galvanischen Abwässern eingesetzte Polysulfid-Polysulfanlösung ("Aquaclean 2000", abgekürzt "AC 2000") zu einer raschen Umwandlung des in den Feststoffen enthaltenen elementaren Quecksilbers wie auch der Hg-Verbindungen zu Quecksilbersulfid führt. Diese Reaktion kann somit genutzt werden, um das in belasteten Materialien enthaltene Quecksilber zu immobilisieren.

"AC 2000" ist eine wäßrige Natriumpolysulfid-Polysulfanlösung, in der Schwefel zu ca. 75 % an Polysulfide, ca. 24 % an Polysulfan-monosulfonate (darunter ca. 13 % Thiosulfat) und -disulfonate sowie zu ca. 1 % an elementar gelösten Schwefel gebunden ist. Der Thiosulfatanteil bewirkt, daß bei Reaktionen in saurer Lösung entstehender Schwefelwasserstoff durch SO_2 aus der Thiosulfatkomponente unter Bildung von Polythionsäuren ("Wackenroder'sche Flüssigkeit") und Polysulfanoxiden ("Wackenroder'scher Schwefel") chemisch gebunden wird.

Ein Beispiel, bei dem die Immobilisierung in großtechnischem Maßstab bereits seit einigen Jahren eingesetzt wird, ist die Entsorgung quecksilberhaltiger Leuchtstoffröhren durch die Fa. aqua control Umwelttechnik GmbH in Wiehl-Oberbantenberg. Bei der Zerstörung der Lampen in einer "AC 2000"-Lösung kommt es zur spontanen Bildung von Quecksilbersulfid, das in einem nachfolgenden Prozeß vom Glasbruch mechanisch getrennt wird. Emissionen treten praktisch nicht auf, Messungen im unmittelbaren Arbeitsbereich ergaben Hg-Konzentrationen in der Luft, die unterhalb von 10 % des MAK-Wertes lagen.

Im August 1990 wurde von derselben Firma ein Hg-kontaminiertes Bahngelände vor Ort erfolgreich behandelt. Die seitdem durchgeführten Kontrolluntersuchungen am immobilisierten Material und im Grundwasser-Abstrom gelegenen Beobachtungspegel ergaben, daß das Quecksilber im Boden ausschließlich in der stabilen HgS-Bindungsform vorliegt und im Grundwasser Hg-Konzentrationen gemessen wurden, die unterhalb der Nachweisgrenze von 0,2 µg/l lagen.

Ein von Biester (1994) entwickeltes temperaturgesteuertes Pyrolyseverfahren zur Bestimmung der Bindungsform(en) des Quecksilbers in Feststoffen bietet die Möglichkeit, die Verdampfungstemperatur der verschiedenen Hg-Bindungen zu bestimmen und damit auch deren Umwandlung in HgS nach der Immobilisierung zu dokumentieren.

Die Abbildung 1 dokumentiert das typische Abdampfverhalten eines kontaminierten Bodens, in dem das Quecksilber vorwiegend an Huminstoffe gebunden ist. Nach der Immobilisierung ist der Verdampfungs-Peak in den Bereich wesentlich höherer Temperatur verschoben, die der Zersetzungstemperatur von Quecksilbersulfid entspricht.

Eine Sofortmaßnahme zur Aufrechterhaltung der Produktion wurde von einem süddeutschen Chemiebetrieb selbst durchgeführt: Bei einer Betriebsstörung hatte sich Quecksilber auf Wänden, Boden, Decke und Maschinen einer Produktionshalle niedergeschlagen. Nach einer Behandlung der kontaminierten Bauteile und Maschinen mit "AC 2000" lagen die MAK-Werte in der Luft weit unterhalb des zulässigen Grenzwertes (100 $\mu g/m^3$), so daß die Produktion wieder aufgenommen werden konnte.

In allen Altlasten, in denen elementares Hg auftritt, muß mit einer stetigen Entgasung gerechnet werden, die stark temperaturabhängig und in der warmen Jahreszeit am intensivsten ist. In solchen Fällen empfiehlt sich ein (gegebenenfalls mehrfaches) Besprühen mit "AC 2000" zur sofortigen Unterbindung der Emission, bevor eigentliche Maßnahmen zur Immobilisierung oder Dekontaminierung getroffen werden. Das Besprühen ist ist ebenfall dort sinnvoll. wo im Zuge von Sanierungsmaßnahmen das zu entsorgende Material bewegt werden muß und dabei mit Hg-Emissionen zu rechnen ist. Auf kostenträchtige Einhausungen, Arbeiten im Vollschutz, Luft-Absaugung über Aktiv-Kohlefilter etc. kann dadurch verzichtet werden. Für viele Hg-belastete Standorte dürfte dies überhaupt der erste – leicht finanzierbare – Schritt für eine Sanierung sein.

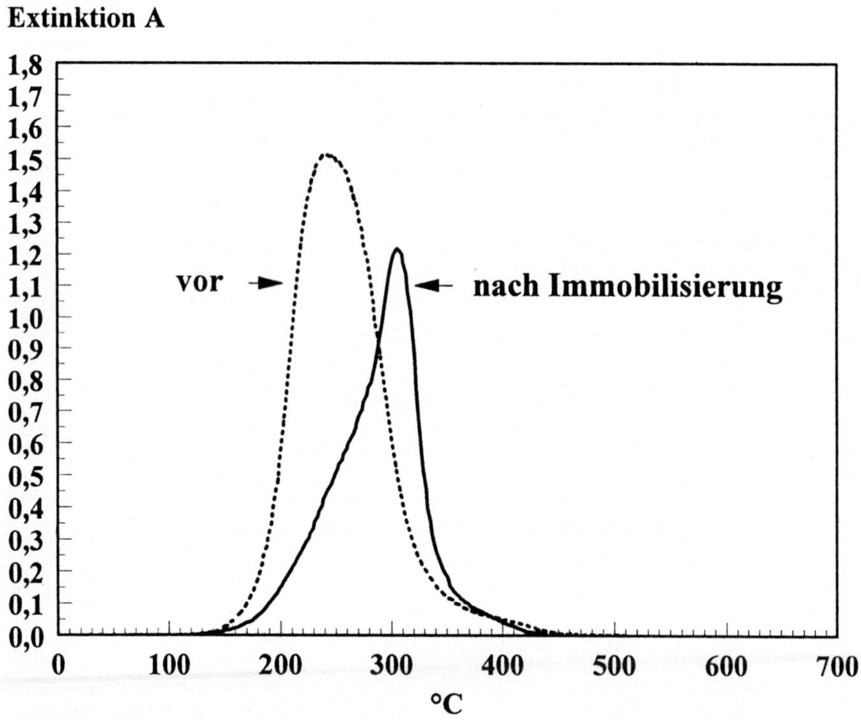

Abb. 1. Abdampfverhalten von Quecksilber (vorwiegend an Huminstoffe gebunden) in einem kontaminierten Boden vor und nach der Immobilisierung mit der Polysulfid-Polysulfonlösung

Für das Langzeitverhalten des immobilisierten Quecksilbers gilt: Eine Einwirkung von konzentrierten Mineralsäuren auf das immobilisierte Material ist selbst unter extremen Bedingungen nicht wahrscheinlich. Vorstellbar ist jedoch eine Oxidation der durch die Polysulfid-Polysulfanlösung ebenfalls in Sulfid überführten Eisenverbindungen unter aeroben Bedingungen, was zur Bildung von schwefliger Säure und letztendlich Schwefelsäure führen kann, die ihrerseits wieder HgS in Lösung bringen könnte.

Um diesen Prozeß von vornherein ausschließen zu können, genügt bereits ein geringer Karbonatgehalt, der entweder in dem zu behandelnden Material bereits vorhanden ist (viele Böden sind kalkhaltig) oder dem Feststoff bei oder nach der Immobilisierung in Form von Kalk (Gesteinsmehl) zugegeben wird. Solange im Substrat Kalk vorhanden ist, verbleibt der pH-Wert im Karbonatpufferungsbereich und die durch die Oxidation von Eisensulfid möglicherweise entstehenden Protonen werden durch die Reaktion mit Kalk neutralisiert.

Auf eine wichtige Reaktion soll in diesem Zusammenhang noch hingewiesen werden: Überschüssige Polysulfid-Polysulfanlösung wird durch Säuren (auch durch Kohlensäure im Bodenwasser!) unter Bildung von elementarem Schwefel zersetzt, der in dem immobilisierten Material verbleibt und einen zusätzlichen Langzeitschutz bietet, da Quecksilber mit dem elementaren Schwefel ebenfalls unter Bildung von HgS reagiert.

Zur Zeit werden am Institut für Sedimentforschung Untersuchungen über das Bindungsvermögen von weiteren schwefelhaltigen Verbindungen zur Immobilisierung von Quecksilber durchgeführt, über die zu einem späteren Zeitpunkt berichtet werden soll.

Dekontaminierung quecksilberbelasteter Feststoffe durch Niedertemperatur-Pyrolyse

Für die Dekontaminierung Hg-belasteter Böden und anderer Feststoffe wurden im Technikums- und Pilotmaßstab thermische Verfahren entwickelt, bei denen hohe Temperaturen (in der Regel über 500 °C) eingesetzt werden, um die im Substrat vorhandenen Hg-Verbindungen zu zerstören und das Quecksilber als gasförmiges Hg° freizusetzen, das anschließend nach Abkühlung durch Kondensation wieder abgeschieden wird.

Die Problematik dieser Verfahren liegt darin, daß in der Abluft in der Regel noch zu hohe Hg-Konzentrationen auftreten und darüber hinaus bei den hohen Temperaturen der thermischen Zersetzung auch organische Stoffe verdampfen bzw. überhaupt erst entstehen, die eine Nachverbrennung bei Temperaturen über 800 °C mit anschließender Rauchgaswäsche erforderlich machen.

Bei einem von der Fa. Harbauer, Berlin, entwickelten und bereits im Einsatz befindlichen Verfahren zur Reinigung quecksilberkontaminierter Böden mit Hilfe der Vakuumdestillation wird das zu entsorgende Material bei einem Unterdruck von 100 hPa und einer Temperatur von im Mittel 310 °C behandelt (Hennig 1993), einer Temperatur, die sich vom (theoretischen) Siedepunkt des metallischen Quecksilbers bei 356 °C unter Normalbedingungen ableitet.

Untersuchungen von Biester (1994) an einer großen Zahl Hg-kontaminierter Standorte ergaben, daß die Verdampfungstemperaturen der in den Feststoffen auftretenden definierten Hg-Verbindungen (und auch des Hg°!) weit niedriger liegen, als in der Literatur angegeben wird. Der Grund dürfte darin liegen, daß die Literaturwerte sich auf die Sublimation und nicht auf die Zersetzung der Verbindung beziehen. So liegt die Sublimationstemperatur für Cinnabarit und Metacinnabarit (beides HgS) nach Kaiser u. Tölg (1980) bei 584 °C. Nach Biester (1994) setzt jedoch die thermische Zersetzung in Inertgas bereits bei 225 °C für Metacinnabarit und bei 275 °C für Cinnabarit ein.

Bei Hg° im Bereich einer ehemaligen Kyanisieranlage beginnt die Verdampfung bereits bei 90 °C und erreicht ihr Maximum bei 110 °C, das zweite Maximum bei 230 °C stammt von an Huminstoffe gebundenem Quecksilber (Abb. 2).

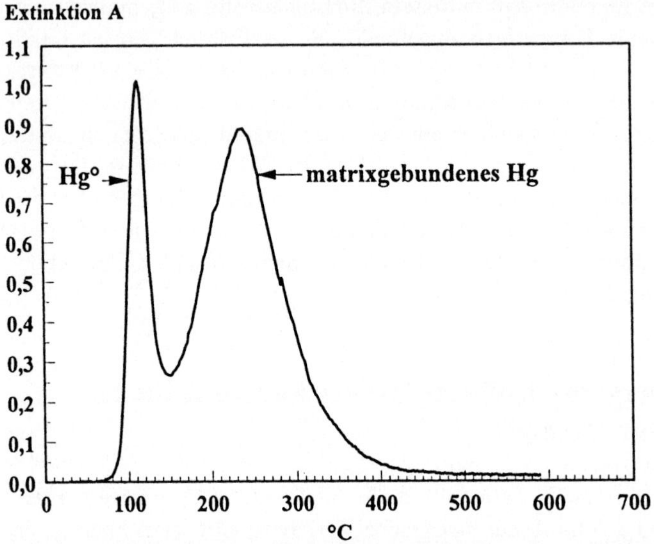

Abb. 2. Abdampfverhalten von Quecksilber, das als Hg° und matrixgebunden (vorwiegend an Huminstoffe gebunden) im Boden eines ehemaligen Kyanisierbetriebes auftritt

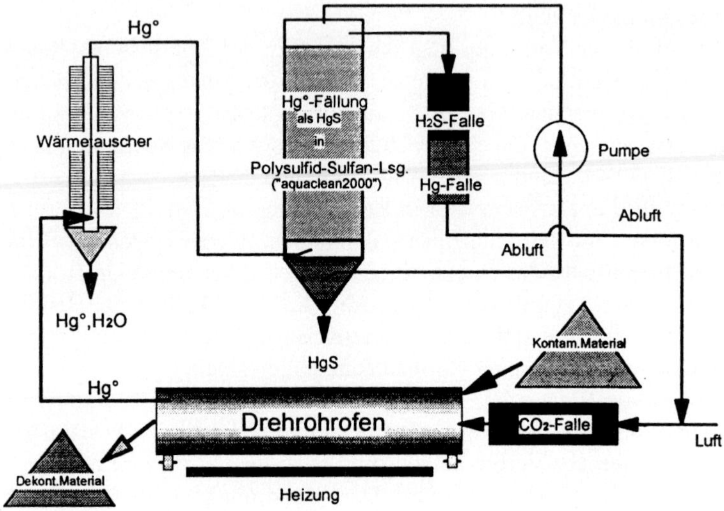

Abb. 3. Schema einer Anlage zur Dekontaminierung Hg-belasteter Reststoffe

Das hier vorgeschlagene thermische Verfahren nutzt die Tatsache, daß in vielen Schadensfällen eine Verdampfung des Quecksilbers bereits bei relativ niedrigen Temperaturen (unterhalb von 300 °C) durch eine Trockendestillation in einem indirekt beheizten Ofen (rotierender Trommeltrockner) stattfindet (Abb. 3). Die erforderliche maximale Verdampfungstemperatur und die Behandlungsdauer werden zuvor im Laboratorium ermittelt. Die Abscheidung des Quecksilbers erfolgt durch Kondensation in einem Wärmetauscher und Einleitung des noch Hg°-haltigen Luftstromes in eine wäßerige Alkalipolysulfid-Sulfanlösung, wobei eine spontane Ausfällung von HgS stattfindet. Zwei "Polizeifilter"und die Führung des Luftstromes im Kreislauf garantieren eine emissionsfreie Dekontaminierung. Die CO_2-Falle im Luftstrom ist erforderlich, um eine Zersetzung der Polysulfid-Polysulfanlösung zu vermeiden.

Das Dekontaminierunsverfahren in der hier vorgestellten Form ist dort anwendbar, wo außer Quecksilber keine anderen organischen Schadstoffe mit niedrigem Siedepunkt (Phenole, leichtflüchtige Chlorkohlenwasserstoffe, Mineralöl) im Boden enthalten sind, für deren Beseitigung zusätzliche Maßnahmen ergriffen werden müßten. Für die meisten ehemaligen Kyanisierplätze trifft diese Voraussetzung zu.

Literatur

Biester H (1994) Möglichkeiten der Anwendung eines temperaturgesteuerten Pyrolyseverfahrens zur Bestimmung der Bindungsform des Quecksilbers in Böden und in Sedimenten. Heidelberger Geowiss Abh 74:156 S.

D'Itri PA, D'Itri FM (1977) Mercury contamination: a human tragedy. Wiley & Sons, New York, 301 S.

Kaiser G, Tölg G (1980) Mercury. In: Hutzinger O (Hrsg) The Handbook of Environmental Chemistry. Anthropogenic compounds 3A:1-58; Springer Verlag Berlin

Hess A (1993) Verteilung, Mobilität und Verfügbarkeit von Quecksilber in Sedimenten am Beispiel zweier hochbelasteter Industriestandorte. Heidelberger Geowiss Abh 71:171 S.

Hennig R (1993) Reinigung von quecksilberkontaminierten Böden mit Hilfe eines kombinierten Wasch- und Destillationsverfahrens. In: Arendt F, Annokkee GJ, Bosman R, van den Brink WJ (Hrsg) Altlastensanierung '93:1335-1344; Kluwer Academic Publ Niederlande

Müller G, Furrer R (1994) Die Belastung der Elbe mit Schwermetallen. Erste Ergebnisse von Sedimentuntersuchungen. Naturwissenschaften, im Druck

Römpp Chemie Lexikon (1992) 9. Aufl., 5:3745

Sachverzeichnis

B

C

D

E

F

O

P

Q

R

S

T

Springer-Verlag und Umwelt

Als internationaler wissenschaftlicher Verlag sind wir uns unserer besonderen Verpflichtung der Umwelt gegenüber bewußt und beziehen umweltorientierte Grundsätze in Unternehmensentscheidungen mit ein.

Von unseren Geschäftspartnern (Druckereien, Papierfabriken, Verpackungsherstellern usw.) verlangen wir, daß sie sowohl beim Herstellungsprozeß selbst als auch beim Einsatz der zur Verwendung kommenden Materialien ökologische Gesichtspunkte berücksichtigen.

Das für dieses Buch verwendete Papier ist aus chlorfrei bzw. chlorarm hergestelltem Zellstoff gefertigt und im pH-Wert neutral.

Druck: Mercedesdruck, Berlin
Verarbeitung: Buchbinderei Lüderitz & Bauer, Berlin